工业和信息化精品系列教材

Ubuntu Linux
操作系统

项目式微课版

梁玲 钟小平 ◉ 主编

陈炯 陈永平 苏锋 ◉ 副主编

UBUNTU LINUX
OPERATING SYSTEM

人民邮电出版社

北 京

图书在版编目（ＣＩＰ）数据

Ubuntu Linux操作系统：项目式微课版 / 梁玲，钟
小平主编. -- 北京：人民邮电出版社，2023.3
工业和信息化精品系列教材
ISBN 978-7-115-60084-4

Ⅰ．①U… Ⅱ．①梁… ②钟… Ⅲ．①Linux操作系统
—高等学校—教材 Ⅳ．①TP316.89

中国版本图书馆CIP数据核字(2022)第176690号

内 容 提 要

　　本书主要讲解 Ubuntu 操作系统的基本操作、配置管理、软件开发平台和服务器部署。全书共 10
个项目，内容包括 Ubuntu 快速入门、熟悉 Ubuntu 命令行操作、用户与组管理、文件与目录管理、磁
盘存储管理、软件包管理、系统高级管理、Shell 编程与自动化运维、部署软件开发工作站和部署 Ubuntu
服务器。本书内容丰富，注重实践性和可操作性，对知识点有相应的操作示范，便于读者快速上手。

　　本书可作为高等院校、高职高专院校计算机相关专业的教材，也可作为 Ubuntu 操作系统操作人员
的参考书及培训教材。

◆ 主　　编　梁　玲　钟小平
　　副 主 编　陈　炯　陈永平　苏　锋
　　责任编辑　桑　珊
　　责任印制　王　郁　焦志炜

◆ 人民邮电出版社出版发行　　北京市丰台区成寿寺路 11 号
　　邮编　100164　　电子邮件　315@ptpress.com.cn
　　网址　https://www.ptpress.com.cn
　　固安县铭成印刷有限公司印刷

◆ 开本：787×1092　1/16
　　印张：20.75　　　　　　　　　　　　2023 年 3 月第 1 版
　　字数：529 千字　　　　　　　　　2025 年 3 月河北第 4 次印刷

定价：69.80 元

读者服务热线：(010)81055256　印装质量热线：(010)81055316
反盗版热线：(010)81055315

前 言
PREFACE

作为开源操作系统的优秀代表，Linux 在服务器平台、桌面应用和嵌入式应用等领域应用广泛，并形成了自己的产业生态。Linux 凭借其开放性和安全性优势，在服务器领域占据着重要地位，尤其是在高性能计算集群领域。随着 Linux 不断改善用户的桌面系统体验，它在桌面操作系统领域的市场份额也在逐步提升。云计算、大数据、物联网等新兴信息技术应用大部分以 Linux 作为操作系统平台。为加速解决操作系统国产化问题，许多国产操作系统都是基于 Linux 研发的。学好 Linux 有助于读者过渡到国产自主操作系统的使用和运维，服务于国家构建安全可控的信息技术体系。党的二十大报告提出"必须坚持科技是第一生产力、人才是第一资源、创新是第一动力，深入实施科教兴国战略、人才强国战略、创新驱动发展战略，开辟发展新领域新赛道，不断塑造发展新动能新优势。"本书全面贯彻党的二十大精神，落实推动产教融合、科教融汇，优化职业教育类型定位的要求，旨在培养掌握 Linux 操作系统的管理和运维应用型人才，既能服务自主可控操作系统的国家战略，又能满足紧缺人才的亟需。

培养掌握 Linux 操作系统的管理人才和运维应用型人才，既能服务自主可控操作系统的开发战略，又能满足我国紧缺人才的需求。我国很多高等院校、职业院校的计算机相关专业，都将 Linux 操作系统作为一门重要的专业基础课程。而 Ubuntu 又是 Linux 桌面系统的首选，尤其适合初学者快速入门。

本书注重理论实践一体化，采用项目式结构，适合模块化教学、项目教学、案例教学、情景教学等模式。本书共设置 10 个学习情景（项目），37 个任务。项目 1 讲解 Ubuntu 桌面版的安装并引领读者快速入门。项目 2 讲解 Ubuntu 命令行操作。项目 3 ～项目 7 讲解 Ubuntu 各类系统的配置管理，涉及用户与组、文件与目录、磁盘存储、软件包以及系统高级管理。项目 8 讲解通过 Shell 编程实现的系统管理运维自动化。项目 9 讲解部署软件开发工作站。项目 10 讲解安装 Ubuntu 服务器版并部署网络服务。本书基于 Ubuntu 20.04 LTS 讲解，涉及桌面版和服务器版。

由于编者水平有限，书中难免存在不足之处，敬请广大读者批评指正。

编　者
2023 年 5 月

目 录

CONTENTS

目 录
CONTENTS

项目 3　用户与组管理 / 67

项目 4　文件与目录管理 / 88

目 录
CONTENTS

目 录

CONTENTS

项目 6　软件包管理 / 153

目 录
CONTENTS

Ubuntu Linux 操作系统（项目式微课版）

目 录

CONTENTS

项目 9 部署软件开发工作站 / 248

【课堂学习目标】 / 248

目 录

CONTENTS

项目1
Ubuntu快速入门

01

Linux 是操作系统的"后起之秀"，Ubuntu 是目前 Linux 桌面操作系统的优秀代表。为便于读者快速入门，本项目将通过 4 个典型任务，引领读者认识 Linux 和 Ubuntu，掌握 Ubuntu 桌面版的安装，熟悉 Ubuntu 桌面环境的基本操作，学会在 Ubuntu 桌面版中安装和使用日常办公软件。掌握 Ubuntu 桌面版的使用对桌面操作系统的国产替代具有一定的借鉴意义。研发和使用国产操作系统都有利于将信息产业的安全牢牢掌握在自己手里。

【课堂学习目标】

☞ 知识目标

➢ 了解 Linux 操作系统，熟悉其特点和版本。
➢ 了解 Ubuntu 操作系统，熟悉其特点和版本演变。
➢ 了解 Ubuntu 桌面环境及其基本操作。
➢ 了解常用的 Ubuntu 桌面应用软件。

☞ 技能目标

➢ 掌握 Ubuntu 桌面版的安装方法。
➢ 学会桌面个性化设置和远程桌面使用。
➢ 掌握在 Ubuntu 上安装 Windows 应用程序的方法。
➢ 掌握 LibreOffice 办公套件的基本使用。

☞ 素养目标

➢ 激发学习新知识、新技术的兴趣。
➢ 养成调查研究的作风。
➢ 增强关键技术国产替代、自主可控的使命感。
➢ 培养家国情怀，增强文化自信。

任务 1.1　认识 Linux 和 Ubuntu

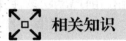

任务要求

Linux 继承了 UNIX 操作系统的稳定性，不仅功能强大，而且可以自由使用，在桌面应用、服务器平台、嵌入式应用等领域形成了自身的产业环境，市场份额不断增加。作为一个新兴的 Linux 发行版，Ubuntu 是目前非常热门的 Linux 发行版之一。本任务的基本要求如下。

（1）了解 Linux 的发展。

（2）理解 Linux 的体系结构。

（3）了解 Linux 的版本。

（4）了解 Ubuntu 的发展。

（5）了解 Ubuntu 的应用。

相关知识

1.1.1　Linux 的发展

操作系统（Operating System，OS）是非常基本、非常重要的系统软件。UNIX 是一种经典的操作系统，起源于 UNIX 的 Linux 现已发展成为一种主流的操作系统。Linux 在产生和发展的过程中深受 UNIX 操作系统、GNU 项目、GPL 协议、POSIX 标准和 Minix 操作系统的影响。

1. UNIX 操作系统

UNIX 原本是针对小型机主机环境开发的操作系统，采用集中式分时多用户体系结构。经过不断发展，UNIX 成为可移植的操作系统，能够运行在各种计算机上，包括大型主机和巨型计算机，以及个人计算机（Personal Computer，PC）。

作为一种强大的多用户、多任务操作系统，UNIX 支持多种处理器架构。它的版本很多，但是大多要与硬件相配套，代表产品包括 HP-UX、IBM AIX 等。UNIX 目前的商标权由国际开放标准组织所拥有，只有符合单一 UNIX 规范的 UNIX 操作系统才能使用 UNIX 这个名称，否则只能被称为类 UNIX（UNIX-like）。

2. GNU 项目与 GPL 协议

早期计算机程序的源代码（Source Code）都是公开的，到 20 世纪 70 年代，源代码开始对用户封闭，既对程序员造成了不便，又限制了软件的发展。为此，UNIX 爱好者 Richard M.Stallman（理查德·M. 斯托尔曼）提出了开放源代码（Open Source Code）的概念，提倡大家共享自己的程序，让更多人参与校验，在不同的平台进行测试，以编写出更好的程序。他在 1984 年创立了 GNU 与自由软件基金会（Free Software Foundation，FSF），目标是创建一套完全自由的操作系统。

GNU 是 "GNU's Not UNIX" 的递归缩写，意在开发出一套与 UNIX 相似而不是 UNIX 的系统。所谓的 "自由"（Free），并不是指价格免费，而是指使用软件对所有的用户来说是自由的，即用户在取得软件之后，可以进行修改，从而在不同的计算机平台上发布和复制。

为保证 GNU 软件可以被自由地使用、复制、修改和发布，所有 GNU 软件都有一份在禁止其他人添加任何限制的情况下，授权所有权利给任何人的协议条款。针对不同场合，GNU 提供以下 3 个协议条款。

（1）GNU 通用公共许可证（General Public License，GPL）。

（2）GNU 较宽松公共许可证（Lesser General Public License，LGPL）。

（3）GNU 自由文档许可证（GNU Free Documentation License，GFDL）。

其中 GPL 条款使用非常广泛。GPL 的精神是开放、自由，为优秀的程序员提供展现自己才能的平台，使他们能够编写出自由、高质量、容易理解的软件。任何软件加上 GPL 授权之后，即成为自由的软件，任何人均可获得，同时亦可获得其源代码。获得 GPL 授权软件后，任何人均可根据需要修改其源代码。除此之外，经过修改的源代码应回报给网络社会，供大家参考。

GPL 的出现为 Linux 的诞生奠定了基础。1991 年，Linus Torvalds（莱纳斯·托瓦尔兹）按照 GPL 条款发布了 Linux，很快就吸引了专业人士加入 Linux 的开发，从而促进了 Linux 的快速发展。

3. POSIX 标准

可移植操作系统接口（Portable Operating System Interface，POSIX）是类 UNIX 操作系统接口集合的国际标准。该标准基于现有的 UNIX 实践和经验，描述操作系统的调用服务接口，用于保证编写的应用程序可以在源代码级移植到多种操作系统上运行。Linux 是一种起源于 UNIX，以 POSIX 标准为框架而发展起来的、开放源代码的操作系统，因而能够与绝大多数 UNIX 操作系统兼容。

4. Minix 操作系统

Minix 是基于微内核架构的类 UNIX 计算机操作系统。它最初发布于 1987 年，全部的源代码开放给大学教学和研究工作。2000 年 Minix 重新改为伯克利软件套件（Berkeley Software Distribution，BSD）授权，成为自由和开放源代码的软件。

全套 Minix 除了启动部分以汇编语言编写以外，其他大部分都是用 C 语言编写的，包括内核、内存管理和文件管理 3 个部分。Linux 是其作者受到 Minix 的影响而开发的，但在设计思想上 Linux 和 Minix 大相径庭。Minix 在内核设计上采用的是微内核，而 Linux 与原始的 UNIX 一样采用宏内核。

5. Linux 的诞生

Linus Torvalds 设计 Linux 的目标是要开发可用于 Intel 386 或奔腾处理器的 PC 上，且具有 UNIX 全部功能的操作系统。1991 年 10 月 5 日，他在 comp.os.minix 新闻组上发布消息，正式向外宣布 Linux 内核系统的诞生。1994 年 Linux 第一个正式版本 1.0 发布，随后通过 Internet 迅速传播。

Linux 是一套可在 GPL 下免费获得的自由软件，用户可以无偿地得到它及其源代码，还可以无偿地获得大量的应用程序，而且可以任意地修改和补充它们。Linux 能够在 PC 上实现全部的 UNIX 特性，具有支持多任务、多用户的能力。

6. Linux 的应用

Linux 自诞生之后，发展迅速。最早发布的 Linux 仅是一个内核，一些机构和公司将 Linux 内核、源代码及相关应用软件集成为一个完整的操作系统，便于用户安装和使用，从而形成 Linux 发行版。这些发行版本不仅包括完整的 Linux 操作系统，还包括文本编辑器、高级语言编译器等应用软件，以及 X Window 图形用户界面。其中很多软件得益于 GNU 项目。

Linux 在服务器平台、桌面应用、嵌入式应用等领域得到了良好发展，并形成了自己的产业生态，包括芯片制造商、硬件厂商、软件提供商等。

Linux 具有完善的网络功能和较高的安全性，继承了 UNIX 操作系统的稳定性，在全球各地的服务器平台上市场份额不断增加。

在高性能计算集群（High-Performance Computing Cluster，HPCC）中，Linux 是无可争议的"霸主"，在全球排名前 500 的高性能计算机系统中，Linux 占据 90% 以上的份额。

作为一个基于开源软件的平台，Linux 在云计算、大数据、区块链、深度学习等新兴技术领域发挥了核心优势。Linux 基金会的研究结果表明，约 86% 的企业在使用 Linux 操作系统进行云计算、大数据平台的构建。

在桌面应用领域，Windows 仍然具备绝对优势，但是 Ubuntu 等注重桌面体验的发行版本的不断进步，能够满足日常办公和软件开发的需要，使得 Linux 在桌面应用领域的市场份额逐步提升。

在物联网、车联网、嵌入式系统、移动终端等领域，Linux 占据着极大的份额。

1.1.2　Linux 体系结构

Windows 系列操作系统采用微内核体系结构、模块化设计，将对象分为用户模式层和微内核，如图 1-1 所示。用户模式层由一组组件（子系统）构成，将与微内核有关的必要信息与其最终用户和应用程序隔离开来。微内核有权访问系统数据和硬件，能直接访问内存，并在被保护的内存区域中执行代码。

Linux 操作系统采用单内核体系结构，内核代码结构紧凑、执行速度快。如图 1-2 所示，内核是 Linux 操作系统的主要部分，它可实现进程管理、存储管理、设备管理、文件管理和网络管理，为核外的所有程序提供运行环境。

具体来说，Linux 采用分层设计，层次结构如图 1-3 所示，它包括 4 层。每层只能与它相邻的层通信，层间具有从上到下的依赖关系，靠上的层依赖于靠下的层，但靠下的层并不依赖于靠上的层。各层系统介绍如下。

（1）用户应用程序。用户应用程序位于整个系统的最顶层，是 Linux 操作系统上运行的应用程序集合，常见的用户应用程序有字处理应用程序、多媒体处理应用程序、网络应用程序等。

（2）操作系统服务。操作系统服务位于用户应用程序与 Linux 内核之间，主要是指那些为用户提供服务且执行操作系统部分功能的程序，为应用程序提供系统内核的调用接口。X 窗口系统、Shell 命令解释系统、内核编程接口等就属于操作系统服务的子系统，这一部分也称为系统程序。

（3）Linux 内核。靠近硬件系统的是内核，即 Linux 操作系统常驻内存部分。Linux 内核是整个操作系统的核心，由它实现对硬件资源的抽象和访问调度。它为上层调用提供了统一的虚拟机器接口，在编写上层程序时无须考虑计算机使用何种类型的物理硬件，也无须考虑临界资源问题。每个上层进程执行时就像它是计算机上的唯一进程，独占了系统的所有内存和其他硬件资源。但实际上，系统可以同时运行多个进程，由 Linux 内核保证各进程对临界资源的安全使用。运行在内核之上的程序可分为系统程序和用户程序两大类，但它们都运行在用户模式之下。内核之外的所有程序必须通过系统调用才能进入操作系统的内核。

（4）硬件系统。硬件系统包含 Linux 所使用的所有物理设备，如中央处理器（Central Processing Unit，CPU）、内存、硬盘和网络设备等。

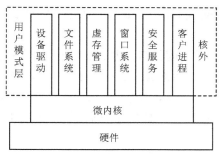

图1-1 微内核体系结构

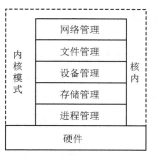

图1-2 单内核体系结构

图1-3 Linux 系统层次结构

1.1.3 Linux 版本

Linux 的版本分为两种：内核版本和发行版本。从技术角度看，Linux 是一个内核。内核指的是一个提供硬件抽象层、磁盘及文件系统控制、多任务等功能的系统软件。一个内核并不是一套完整的操作系统，Linux 内核是难以被普通用户直接使用的。为方便普通用户使用，很多厂商在 Linux 内核基础上开发了自己的完整操作系统，形成 Linux 的发行版本。

1. 内核版本

内核版本是指由内核小组开发维护的系统内核的版本号。内核版本的每一个版本号都是由 4 个部分组成的，其形式如下：

[主版本].[次版本].[修订版本]-[附加版本]

主版本和次版本两者共同构成当前内核版本号。次版本还表示内核类型，偶数说明是稳定的产品版本，奇数说明是开发中的实验版本。实验版本还将不断地增加新的功能，不断地修正 bug 从而发展到产品版本，而产品版本不再增加新的功能，只是修改错误。在产品版本的基础上再衍生出一个新的实验版本，继续增加功能和修正错误，由此不断循环。在生产环境中应当使用稳定的产品版本。

修订版本表示是第几次修正的内核。附加版本是由 Linux 产品厂商所定义的版本编号，是可以省略的。

可以执行命令 uname -r 来查看系统的内核版本号，例如：

```
tester@linuxpc1:~$ uname -r
5.11.0-44-generic
```

本例中 Linux 内核版本号为 5.11.0-44-generic，这表明其主版本号为 5；次版本号为 11，表示这是实验版本；修订版本号为 0；附加版本号为 44；generic 表示通用版本。

2. 发行版本

Linux 的发行版本通常包含一些常用的工具性的实用程序（Utility），供普通用户日常操作和管理员维护操作使用。此外，Linux 操作系统还有成百上千的第三方应用程序可供选用，如数据库管理系统、文字处理系统、Web 服务器程序等。

用户在登录到 Linux 字符界面时，可以在提示信息中看到内核版本号，例如：

```
Ubuntu 20.04.3 LTS linuxpc1 tty3
```

发行版本由发行商确定，知名的发行版本有 Red Hat、CentOS、Debian、SUSE、Ubuntu 等。

发行版本的版本号因发行者的不同而不同。Red Hat 和 Debian 是目前 Linux 发行版中非常重要的两大分支。

Red Hat 是商业上运作非常成功的 Linux 发行版本，普及程度很高，由 Red Hat 公司发行。目前 Red Hat 分为两个系列：一个是 Red Hat Enterprise Linux（简称 RHEL），Red Hat 公司提供收费技术支持和更新，适合服务器用户；另一个是 Fedora，它面向桌面用户，Fedora 是 Red Hat 公司新技术的"实验场"，许多新的技术都会在 Fedora Core 中检验，如果稳定则会考虑将其加入 Red Hat Enterprise Linux 中。

Debian 是迄今为止完全遵循 GNU 规范的 Linux 操作系统。Ubuntu 是 Debian 的一个改版，也是现在最流行的 Linux 桌面操作系统之一。"Ubuntu"一词源于非洲，中文音译为"乌班图"。Ubuntu 基于 Debian 发行版，每半年发布一个新版本。

1.1.4 Ubuntu 的父版本 Debian

Debian 是 Ubuntu 的一个父版本，于 1993 年 8 月由一名美国普渡大学学生 Ian Murdock（伊恩·默多克）首次发布。Debian 是一个纯粹由自由软件组合而成的作业环境。系统中绝大部分基础工具来自 GNU 项目，因此 Debian 的全称为 Debian GNU/Linux。它并没有任何的营利组织支持，开发团队由来自世界各地的志愿者组成，官方开发者的总数将近千名，而非官方的开发者亦为数众多。

Debian 以其坚守 UNIX 和自由软件的精神以及给予用户众多选择而闻名。它永远是自由软件，可以在网上免费获得。Debian 是极为精简的 Linux 发行版，操作环境干净，安装步骤简易，拥有方便的套件管理程序，可以让使用者轻松地寻找、安装、移除、更新程序，或升级系统。Debian 建立有健全的软件管理制度，包括 bug 汇报、套件维护人等制度，让它所收集的软件品质位居其他 Linux 发行版之上。Debian 拥有庞大的套件库，使用者只需通过它自带的软件管理系统便可下载并安装套件。Debian 套件库分类清楚，使用者可以明确地选择安装自由软件、半自由软件或闭源软件。

Debian 的缺点和不足主要表现在以下 3 个方面。

- 软件不能及时获得更新。
- 一些非自由软件不能得到很好的支持。
- 发行周期偏长。

有很多 Linux 发行版都继承了 Debian，其中非常著名的就是 Ubuntu，它继承了 Debian 的优点，是集成在 Debian 中经过测试的、优秀、自由的开源 GNU/Linux 操作系统。

1.1.5 Ubuntu 的诞生与发展

Ubuntu 由 Mark Shuttleworth（马克·沙特尔沃思）创立，以 Debian GNU/Linux 不稳定分支为开发基础，其首个版本于 2004 年 10 月 20 日发布。Ubuntu 使用了 Debian 的大量资源，同时其开发人员作为贡献者也参与 Debian 社区开发，还有许多热心人士也参与了 Ubuntu 的开发。2005 年 7 月 8 日，Mark Shuttleworth 与 Canonical 有限公司宣布成立 Ubuntu 基金会，以确保将来 Ubuntu 得以持续开发与获得支持。Ubuntu 的出现得益于 GPL，同时对 GNU/Linux 的普及尤其是桌面普及做出了巨大贡献，使更多人共享开源成果。

Ubuntu 旨在为广大用户提供一个最新的、同时又相当稳定的，主要由自由软件构建而成的操作系统。它具有庞大的社区力量，用户可以方便地从社区获得帮助。

Ubuntu 主要提供 3 种官方版本，分别是用于 PC 的 Ubuntu 桌面版、用于服务器和云的 Ubuntu 服务器版和用于物联网设备和机器人的 Ubuntu Core。

Ubuntu 每半年发行一个新的版本，版本号由发布年月组成。例如第一个版本 4.10，代表是在 2004 年 10 月发行的。Ubuntu 会发行长期支持（Long-Term Support，LTS）版本，更新维护的时间比较长，大约两年会推出一个正式的大改版版本。值得一提的是，自 Ubuntu 12.04 LTS 开始，桌面版和服务器版 LTS 均可获得 Canonical 有限公司为期 5 年的技术支持。Canonical 是一家全球的软件公司，Ubuntu 支持服务的原厂提供商。企业可选择 Ubuntu 专家培训、支持或者咨询，但需要支付一定费用，以支持 Ubuntu 的持续发展。

Ubuntu 每个发行版本都提供相应的代号，代号由两个单词组成，而且两个单词的第一个字母都是相同的，第一个单词为形容词，第二个单词为表示动物的名词。例如，Ubuntu 18.04 LTS 的代号为 "Bionic Beaver"（仿生海狸），Ubuntu 20.04 LTS 的代号为 "Focal Fossa"（马岛长尾狸猫）。

任务实现

1.1.6　了解 Ubuntu 的发展前景

Ubuntu 更接近 Debian 的开发理念，它主要使用自由、开源的软件，而其他发行版本往往会附带很多闭源的软件。Ubuntu 是最为安全的操作系统之一，内置防火墙和病毒保护软件，LTS 版本提供 5 年的安全补丁和更新。如图 1-4 所示，Ubuntu 自发布以来，在 Linux 中的市场份额不断增长，达到了接近 50% 的占有率，越来越多的用户从 CentOS 等其他 Linux 平台迁移到 Ubuntu。

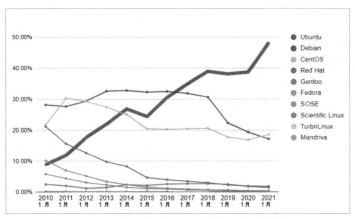

图 1-4　Web 网站选用 Linux 发行版的统计数据

Ubuntu 是非常优秀的 Linux 桌面系统，为全球数百万的台式计算机和笔记本电脑提供生产力。其桌面版预装了许多必要的应用程序，如办公套件、浏览器、电子邮件和多媒体应用等，而且 Ubuntu 软件中心提供了成千上万的游戏和应用程序。

Ubuntu 是开发人员青睐的软件开发平台。根据 2020 年 HackerEarch 公司的调查，在选择 Linux 发行版作为开发平台时，约 66% 有经验的开发人员和约 69% 的学生会选择 Ubuntu。这是因为 Ubuntu 提供了开发工作所需的开源软件。

Ubuntu 已成为重要的服务器平台，其服务器版不再局限于传统服务器的角色，而是不断增加新的功能。Ubuntu 服务器版可让公共或私有数据中心在经济和技术上都具有出色的可扩展性。无论是部署 OpenStack 云、Hadoop 集群还是部署包含上万个节点的大型渲染农场，Ubuntu 服务器版都能提供性价比极佳的横向扩展能力。

Ubuntu 是安全的物联网平台。从智能家居到智能无人机、机器人、工业系统，Ubuntu 是嵌入式 Linux 的新标准，用户可以选择 Ubuntu 服务器版或 Ubuntu Core。

Ubuntu 提供多云体验。在工作站中、数据中心内、边缘计算端和云上，Ubuntu 都可提供一致的体验。特别是在公有云上，Ubuntu 通过无缝集成层提供了很好的体验。

Ubuntu 是基础设施栈的核心。Ubuntu 是构建大规模基础架构（如 OpenStack 私有云、Kubernetes、高性能计算、大数据）的首选平台。

1.1.7 调查 Ubuntu 的国内应用现状

通过查找资料，我们获取了有关 Ubuntu 在国内的应用情况，下面从两个方面进行总结。

1. Ubuntu 在国内的应用

鉴于 Ubuntu 在 Linux 桌面操作系统中的突出地位，国内选用 Ubuntu 桌面版的较多。Ubuntu 硬件支持好，入门容易。大部分 Linux 软件都提供了 Ubuntu 的安装包，Ubuntu 软件中心提供了超过 4 万个应用程序，包含各种丰富的软件包组和功能集，几乎可以满足任何项目的要求，国内有很多机构提供 Ubuntu 的镜像源，如阿里巴巴集团、网易公司、清华大学、中国科学技术大学等。Ubuntu 桌面版的国内用户主要有 Linux 初学者、软件开发人员及游戏爱好者。

由于历史传承和服务器厂商要求，Linux 服务器版使用较多的是 Red Hat 和 CentOS。CentOS 是一个基于 Red Hat 提供的源代码的企业级 Linux 发行版，国内许多用户选择 CentOS 来替代商业版的 RHEL。但目前 CentOS 官方放弃了对 CentOS 8 的技术支持，重心已从 CentOS Linux 转移到 CentOS Stream。作为 CentOS 强劲的竞争对手，Ubuntu 服务器版的占有率也在日益增长，目前阿里云和腾讯云都支持 Ubuntu。

2. Ubuntu 与国产操作系统替代

为保证自主可控，确保信息安全，工业和信息化部加大力度支持基于 Linux 的国产操作系统的研发和应用，并倡导用户使用国产操作系统。

国产操作系统大多是以 Linux 为基础进行二次开发的操作系统。这是因为在超级计算机领域 Linux 具有绝对的领先优势，在桌面操作系统领域 Ubuntu 成为主流，移动端主流的安卓系统也是基于 Linux 的。

目前常用的国产操作系统有深度操作系统（deepin）、安超云操作系统（Archer OS）、优麒麟（Ubuntu Kylin）、银河麒麟（KylinOS）、中标麒麟（NeoKylin）、起点操作系统（StartOS）等。

深度操作系统是美观易用、安全可靠的国产桌面操作系统，界面如图 1-5 所示。该操作系统是在 Debian 基础上开发的 Linux 操作系统，与 Ubuntu 同源。

优麒麟是基于 Ubuntu 的官方衍生版，是专门为中国市场打造的免费操作系统，包括 Ubuntu 用户期待的多种功能，并配有必备的中文软件及程序。优麒麟是由工业和信息化部 CCN 开源软件创新联合实验室支持和主导的开源项目。相对于原版的 Ubuntu，优麒麟进行了大量本地化工作，增加了大量专为国内用户开发的特色定制功能和应用，如中文输入法、WPS 办公套件、麒麟应用安装器、麒麟截图、网银支付、农历日历等，更加适合国情，适合新手入门学习。优麒麟的桌面主题和图标都非常优美，而操作方式和 Windows 的基本没有差别，如图 1-6 所示。

银河麒麟除了支持以 x86、PowerPC、SPARC 等为代表的国际主流 CPU，还支持以飞腾、龙芯、兆芯、鲲鹏、申威、海光等为代表的国产 CPU。该操作系统基于 Ubuntu 开发。

图 1-5　深度操作系统

图 1-6　优麒麟操作系统

任务 1.2　安装 Ubuntu 桌面版

任务要求

作为全球最流行且最有影响力的 Linux 开源系统之一，Ubuntu 自发布以来在应用体验方面不断进行优化。Ubuntu 桌面版采用 GNOME 桌面环境的图形化用户界面，特别适合初学者。本任务以 Ubuntu 20.04.3 LTS 为例示范 Ubuntu 桌面版的安装，基本要求如下。

（1）掌握 Ubuntu 桌面版的安装。

（2）学会登录、注销与关机。

相关知识

安装 Ubuntu 之前要做一些准备工作，如硬件检查、分区准备、分区方法选择。

Ubuntu 20.04.3 LTS 桌面版的硬件的最低要求如下。

• 至少 2GHz 的双核处理器（64 位）。

• 4GB 内存。

• 25GB 可用硬盘空间。

• 数字通用光盘（Digital Versatile Disc，DVD）驱动器或通用串行总线（Universal Serial Bus，USB）端口，用于安装程序介质。

如果要在安装过程中在线下载软件包，需要确保计算机能够连接访问 Internet。

在物理计算机上安装 Ubuntu 20.04.3LTS 桌面版，可以将从官网下载的安装包刻录到光盘，或者将其制作成可启动的 U 盘，从光盘或 U 盘启动安装。在虚拟机安装只需将安装包作为镜像文件装载到虚拟光驱。

刚开始使用 Linux 的读者应当了解 Linux 磁盘分区知识。在系统中使用磁盘都必须先进行分区。Windows 系统使用盘符（驱动器标识符）来标明分区，如 C、D、E 等（A 和 B 表示软驱），用户可以通过相应的驱动器字母访问分区。Linux 操作系统使用单一的目录树结构，整个系统只有一个根目录，各个分区以挂载到某个目录的形式成为根目录的一部分。Linux 使用设备名称加分区编号来标明分区。小型计算机系统接口（Small Computer System Interface，SCSI）磁盘、串行高级技术附件（Serial Advanced Technology Attachment，SATA）磁盘均可表示为"sd"，并且在"sd"之后使用小写字母表示磁盘编号，磁盘编号之后是分区编号，使用阿拉伯数字表示。例如，第一块 SCSI 或 SATA 磁盘被命名为 sda，第二块为 sdb；第一块 SCSI 或 SATA 磁盘的第一个主分区表示为 sda1，第二个主分区表示为 sda2。

　　每个操作系统都需要一个主分区来引导，该分区存放有引导整个系统所需的程序文件。操作系统引导程序必须安装在用于引导的主分区中，而其主体部分可以安装在其他主分区或扩展分区中。要保证有足够的未分区磁盘空间来安装 Linux 操作系统。在 Ubuntu 安装过程中，可以使用可视化工具进行分区。

✕ 任务实现

1.2.1　安装 Ubuntu 桌面版

微课1-1

安装Ubuntu
桌面版

　　本任务以在 VMware Workstation 虚拟机上安装 Ubuntu 桌面版为例示范安装过程。从 Ubuntu 官网下载 Ubuntu 桌面版安装包，这里下载的版本是 20.04.3，文件名为 ubuntu-20.04.3-desktop-amd64.iso。

　　（1）配置虚拟机的虚拟光驱，使其连接 Ubuntu 安装包的 ISO 文件，然后启动虚拟机，安装程序首先检测硬盘，检测完毕出现图 1-7 所示的界面，确认从左侧列表中选择的安装语言为"中文（简体）"。

　　如果直接在物理计算机上安装，先将计算机设置为从光盘启动，再将安装光盘插入光驱，重新启动。

　　（2）单击"试用 Ubuntu"按钮，启动图 1-8 所示的 Ubuntu 试用系统，在桌面右击，在弹出的快捷菜单中选择"显示设置"命令，将分辨率设置为 1280 像素 ×768 像素，然后单击桌面上的"安装 Ubuntu 20.04.3 LTS"图标，出现欢迎界面。

　　由于 Ubuntu 20.04.3 安装过程要求的屏幕分辨率较高，在 VMware Workstation 虚拟机上直接安装时默认分辨率不能满足要求。

图 1-7　启动安装向导

图 1-8　试用 Ubuntu

（3）单击"继续"按钮，出现图1-9所示的界面，这里左右两边都选择"Chinese"。

（4）单击"继续"按钮，出现图1-10所示的界面，这里选中"正常安装"单选按钮，勾选"安装Ubuntu时下载更新"复选框。

图1-9 选择键盘布局

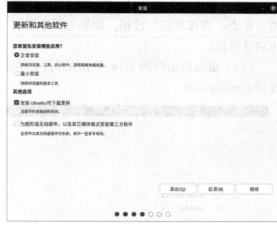

图1-10 选择更新和其他软件

如果在物理计算机上安装，则会提示是否连接网络。如果不能连接Internet，则建议勾选"为图形或无线硬件，以及其他媒体格式安装第三方软件"复选框。

（5）单击"继续"按钮，出现图1-11所示的界面，选择安装类型。这里选择"清除整个磁盘并安装Ubuntu"。如果要保留磁盘其他分区或数据，应选择"其他选项"，可以创建或调整磁盘分区之后再安装。

（6）单击"现在安装"按钮，出现图1-12所示的界面，显示自动创建的分区信息，并提示是否将改动写入磁盘。若要自行调整，则单击"后退"按钮。这里确认将改动写入磁盘。

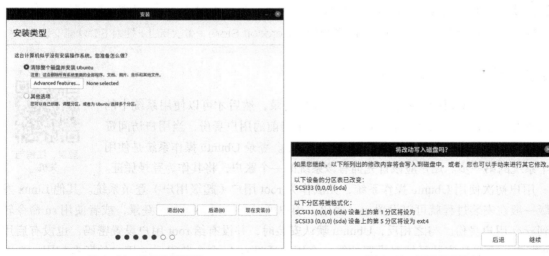

图1-11 选择安装类型

图1-12 显示分区信息

（7）单击"继续"按钮，出现"您在什么地方？"的提示，选择所在时区，默认值为"Shanghai"，可根据需要改为国内其他城市。

（8）单击"继续"按钮，出现图 1-13 所示的界面，输入个人姓名和计算机名，设置用户名及其密码，选择默认的登录方式为"登录时需要密码"。

（9）单击"继续"按钮，进入正式的安装界面，安装过程中需要在线下载软件包。

（10）安装完成后，出现"安装完毕。您需要重新启动计算机以使用新安装的系统"提示对话框，单击"现在重启"按钮。如果光驱中还有光盘（本例中为镜像文件），则会提示移除该介质重启计算机。

（11）重启后出现图 1-14 所示的界面，单击用户名会出现相应的登录界面，输入密码，即可登录 Ubuntu 系统。

图 1-13　设置计算机名和用户

图 1-14　Ubuntu 登录界面

提示　在 Windows 10 系统中除了使用虚拟机安装 Ubuntu 之外，还可以使用官方支持的适用于 Linux 的 Windows 子系统（Windows Subsystem for Linux），以便在 Windows 系统上运行 Ubuntu，不过这需要从 Microsoft Store（微软商店）搜索下载才能安装。

1.2.2　登录、注销与关机

微课1-2

登录、注销与关机

在使用 Ubuntu 操作系统之前用户必须先登录，然后才可以使用系统中的各种资源。登录的目的就是使系统能够识别出当前的用户身份，当用户访问资源时就可以判断该用户是否具备相应的访问权限。登录 Ubuntu 操作系统是使用这个系统的第一步。用户应该首先拥有该系统的一个账户，将其作为登录凭证。

用户初次使用 Ubuntu 操作系统，无法作为 root 用户（超级用户）登录系统。其他 Linux 发行版一般在安装过程就可以设置 root 密码，用户可以直接用 root 账户登录，或者使用 su 命令转换到 root 用户身份。与之相反，Ubuntu 默认安装时，并没有给 root 用户设置密码，也没有启用 root 账户，而是让安装系统时设置的第一个用户通过 sudo 命令获得 root 用户的所有权限。在图形用户界面中执行系统配置管理操作时，会提示输入管理员密码，类似于 Windows 系统中的用户账户控制。

用户首次登录 Ubuntu 时，界面中会显示 Ubuntu 中的新特性，单击"前进"按钮，根据提示完成更新之后，进入图 1-15 所示的桌面环境。

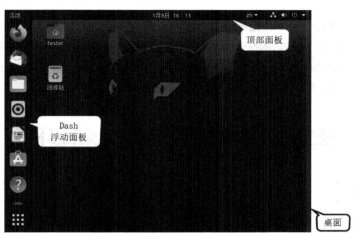

图 1-15　Ubuntu 桌面环境

　　可以发现 Ubuntu 界面非常简洁，首次登录时只有简单的桌面、顶部面板和 Dash 浮动面板。顶部面板可提供对窗口和应用程序、日历和日程，以及像声音、网络连接和电源这样的系统属性的操作。单击右上角的任一图标可打开系统状态菜单，可以调整音量或屏幕亮度、编辑 Wi-Fi 连接详细信息、检查电池状态、注销或切换用户、关闭计算机等。

　　注销就是退出某个用户的会话，是登录操作的反向操作。注销会结束当前用户的所有进程，但是不会关闭系统，也不影响系统上其他用户的工作。注销当前登录的用户，目的是以其他用户身份登录系统。打开系统状态菜单，再选择"关机/注销"命令展开状态菜单，如图 1-16 所示，选择"注销"即可安全执行注销并进入登录界面。

　　如果要关机，打开系统状态菜单，选择"关机/注销"命令，再选择"关机"命令，弹出图 1-17 所示的关机界面，可以执行重启或关机操作。 进入关机界面后如果不进行任何操作，则系统将在 60s（这是默认设置）后自动关机。

图 1-16　系统状态菜单

图 1-17　关机界面

　　系统状态菜单中还可以执行挂起操作。挂起是指将当前处于运行状态的数据保存在内存中，系统只对内存供电，而硬盘、屏幕和 CPU 等部件则停止供电。由于数据存储在内存中，因此进入等待状态和唤醒的速度比较快。不过这些数据保存在内存中，如果断电则会使数据丢失。

提示　在 VMware Workstation 虚拟机中安装 VMware Tools 即可实现主机与虚拟机之间的文件共享，支持自由拖曳的功能，可在虚拟机与主机之间自由移动鼠标指针，还可全屏化虚拟机屏幕。在新版本的 VMware Workstation 虚拟机中安装 Ubuntu 桌面版的过程中已经自动安装了 VMware Tools，无须再单独安装。

任务 1.3　熟悉 Ubuntu 桌面环境

任务要求

Linux 服务器通常并不需要图形环境，因为图形环境要额外占用系统资源，但是 Linux 桌面版的图形环境极其重要，因为它决定了用户操作的便捷性，会影响用户体验。图形用户界面是 Ubuntu 桌面版的基础环境，初学者应掌握其基本使用。本任务的基本要求如下。

（1）了解 Ubuntu 桌面环境的基本知识。

（2）熟悉 Ubuntu 桌面环境的基本操作。

（3）掌握 Ubuntu 桌面的个性化设置。

（4）学会使用 Ubuntu 软件中心安装和更新软件包。

（5）掌握 Ubuntu 远程桌面的使用。

相关知识

1.3.1　Ubuntu 桌面环境

大多数 Linux 专业人员倾向于使用文本（命令行）界面，但是初学者往往更喜欢图形用户界面。微软的 Windows 是基于图形用户界面的操作系统，其图形环境与内核紧密结合。Linux 操作系统本身并没有集成图形用户界面，而是由 X Window System 单独提供图形用户界面解决方案，这样就使得 Linux 的图形用户界面更灵活，可以根据需要选用不同的桌面环境。

X Window System 只是提供了建立窗口的一个标准，具体的窗口形式由窗口管理器决定。窗口管理器是 X Window System 的组成部分，用来控制窗口的外观，并提供与用户交互的方法。对于使用图形用户界面操作系统的用户来说，仅有窗口管理器提供的功能是不够的。为此，开发人员在窗口管理器的基础上，增加各种功能和应用程序，提供更为完善的图形用户界面，这就是桌面环境。作为一个整体的环境，桌面环境包括应用程序、窗口管理器、登录管理器、桌面程序、设置界面等。

Linux 桌面环境实际上是由一系列程序组成的，工具条、面板等其实都是程序。一个完整的图形桌面环境至少包括一个会话程序、一个窗口管理器、一个面板和一个桌面程序。

目前主流的 Linux 桌面环境包括 GNOME（GNU 网络对象模型环境）、KDE（K 桌面环境）、XFCE（类 UNIX 操作系统上的轻量级桌面环境）和 LXDE（轻量级 X11 桌面环境）。GNOME 桌面环境具有很好的稳定性，是多数 Linux 发行版的默认桌面环境，它由桌面（包括其图标）、应用程序窗口、面板（包括顶部或底部面板）组成。KDE 桌面环境与 Windows 界面比较接近，更加友好。Ubuntu 桌面版现在默认使用的桌面环境是 GNOME。

1.3.2　VNC 与远程桌面

所谓远程桌面，是指从作为主控端的一台计算机，远程登录到另一台作为被控端的计算机的图形用户界面。在远程桌面中，可以像在本地直接操作该计算机一样执行各种管理操作任务。被远程管理操作的计算机必须具有图形用户界面，并且开启远程桌面功能，两端的计算机必须使用相同的远程桌面协议。

目前常用的远程桌面协议有 VNC（Virtual Network Computing，虚拟网络计算）协议、SPICE（Simple Protocol for Independent Computing Environment，独立计算环境简单协议）、RDP（Remote Desktop Protocol，远程桌面协议）。VNC 支持的网络流量较小，主要用于 Linux 操作系统的远程桌面管理；SPICE 支持的网络流量较大，主要用于虚拟机的虚拟桌面应用；RDP 主要用于 Windows 操作系统的远程桌面。

VNC 基于客户 – 服务器模式，VNC 服务器部署在被控端计算机上，VNC 客户端部署在主控端计算机上。VNC 支持 UNIX、Linux、Windows 和 macOS 等多种操作系统，便于基于网络实现跨平台的远程登录和管理。

新版本的 Ubuntu 桌面版内置的屏幕共享功能就是远程桌面，具体通过 vino-server 软件实现 VNC 服务器。用户可以使用任何 VNC 客户端远程连接到 Ubuntu 桌面版，与其共享屏幕。

 注意　　Ubuntu 服务器默认不提供图形用户界面，要对外远程桌面连接，必须先安装一个可用的桌面环境。

✕　**任务实现**

1.3.3　熟悉桌面环境的基本操作

微课1-3

熟悉桌面环境的基本操作

Ubuntu 20.04.3 LTS 桌面版采用 GNOME 3 完全重绘了用户界面，提供了易于操作的环境。

1. 使用活动概览视图

要熟悉 Ubuntu 桌面环境的基本操作，首先要了解活动概览视图（Activities Overview）。

Ubuntu 默认处于普通视图，单击屏幕左上角的"活动"按钮，或者按 <Super> 键（<Windows> 键），可在普通视图和活动概览视图之间来回切换。如图 1-18 所示，活动概览视图是一种全屏模式，提供从一个活动切换到另一个活动的多种途径。它会显示所有已打开的窗口的预览，以及收藏的应用程序和正在运行的应用程序的图标。另外，它还集成了搜索与浏览功能。

处于活动概览视图时，顶部面板左上角的"活动"按钮自动加上下画线。

在活动概览视图的左边可以看到 Dash 浮动面板，它就是一个收藏夹，放置最常用的程序和当前正在运行的程序，单击其中的图标可以打开相应的程序，如果程序已经运行了，会高亮显示（正在运行的程序在图标左侧显示一个红点，多个副本就有多个红点），右击其中的图标会显示最近使用的窗口。也可以将图标从 Dash 浮动面板中拖动到视图，或者拖动到右边的任一工作区。

切换到活动概览视图时桌面上显示的是窗口概览视图，显示当前工作区中所有窗口的实时缩略图，其中只有一个是处于活动状态的窗口。每一个窗口代表一个正在运行的图形用户界面应用程序。上部有一个搜索框，可用于查找主目录中的应用程序、设置及文件等。工作区选择器位于活动概览视图右侧，用于切换到不同的工作区。

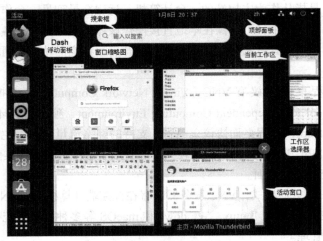

图 1-18　活动概览视图

2. 启动应用程序

启动并运行图形用户界面应用程序的方法有很多，列举如下。

• 从 Dash 浮动面板中选择要运行的应用程序。对于经常使用的应用程序，可以将其添加到 Dash 浮动面板中。常用应用程序即使没有处于运行状态，也会位于该面板中，以便用户快速访问。在 Dash 浮动面板图标上右击会显示一个菜单，允许选择任一运行程序的窗口，或者打开一个新的窗口，还可以按住 <Ctrl> 键单击图标打开一个新窗口。

• 单击 Dash 浮动面板底部的网格图标▦会显示应用程序概览视图，也就是应用程序列表，如图 1-19 所示。单击其中想要运行的应用程序，或者将一个应用程序拖动到活动概览视图或工作区缩略图中即可启动相应的应用程序。

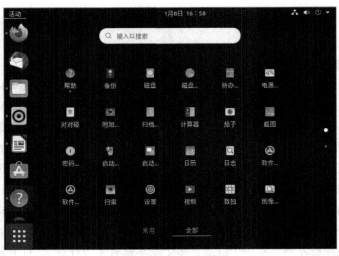

图 1-19　应用程序列表

• 打开活动概览视图后，直接在搜索框中输入程序的名称，系统会自动搜索该应用程序，并显示相应的应用程序图标，单击该图标即可运行应用程序。如果没有出现搜索框，先单击屏幕上部的搜索条，再输入。

• 在终端窗口中执行命令来运行图形化应用程序。

3. 将应用程序添加到 Dash 浮动面板

进入活动概览视图，单击 Dash 浮动面板底部的网格图标，右击要添加的应用程序，从弹出的快捷菜单中选择"添加到收藏夹"命令，或者直接拖动其图标到 Dash 浮动面板中。要从 Dash 浮动面板中删除应用程序，右击该应用程序，从弹出的快捷菜单中选择"从收藏夹中移除"命令即可。

4. 窗口操作

在 Ubuntu 中运行应用程序时都会打开相应的窗口，如图 1-20 所示，应用程序窗口的标题栏右上角通常是窗口最小化、窗口最大化和窗口关闭按钮；一般窗口都有菜单，且可以通过拖动边缘来改变大小；同一个工作区的多个窗口之间可以使用 <Alt>+<Tab> 组合键进行切换。

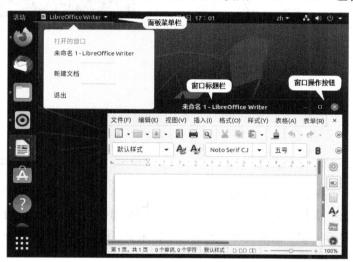

图 1-20　窗口操作

5. 使用工作区

可以使用工作区将应用程序组织在一起。将应用程序放在不同的工作区中是组织和归类窗口的一种有效的方法。

在工作区之间切换可以使用鼠标或键盘。进入活动概览视图之后，屏幕右侧显示工作区选择器，单击要进入的工作区，或者按 <Page Up> 或 <Page Down> 翻页键在工作区选择器中上下切换。

在普通视图中启动的应用程序位于当前工作区。在活动概览视图中，可以通过以下方法使用工作区。

• 将 Dash 浮动面板中的应用程序拖动到右侧某工作区中，在该工作区中运行该程序。

• 将当前工作区中某窗口的实时缩略图拖动到右侧的某工作区，使得该窗口切换到该工作区。

• 在工作区选择器中，可以将一个工作区中的应用程序窗口缩略图拖动到另一个工作区，使该应用程序切换到目标工作区中运行。

6. 使用图形用户界面应用程序

以文件管理器和文本编辑器为例。单击文件按钮打开图 1-21 所示的界面，类似于 Windows 资源管理器，文件管理器可用于访问本地文件、文件夹及网络资源。文件夹默认以图标方式显示，也可以切换到列表方式，还可以指定排序方式。展开"其他位置"可以选择"位于本机"查看主机上的所有资源，或选择"网络"浏览网络资源。

Ubuntu 提供图形化文本编辑器 gedit 来查看和编辑纯文本文件。纯文本文件是没有应用字体或风格格式的普通文本文件，如系统日志和配置文件。可在应用程序列表中浏览或查找"文本编辑器"或"gedit"，或者在终端仿真窗口命令行中运行 gedit 命令打开文本编辑器。文本编辑器界面如图 1-22 所示，可以打开、编辑并保存纯文本文件，还可以从其他图形化桌面程序中剪切和粘贴文本、创建新的文本文件及输出文件。

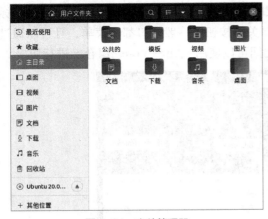

图 1-21　文件管理器

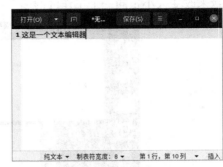

图 1-22　文本编辑器

文本编辑过程中需要进行中英文输入状态切换，单击桌面面板右上角的"en"按钮，弹出相应的下拉菜单，单击"汉语 (Intelligent Pinyin)"可以切换到中文输入法，此时右上角"en"按钮变为"中"按钮。单击"中"按钮会弹出相应的下拉菜单，除了可以切换回英文输入法之外，还可以设置中文输入法的选项。

1.3.4　实现桌面个性化设置

用户在开始使用 Ubuntu 时，往往要根据自己的需求对桌面环境进行定制。多数设置针对当前用户，不需要用户认证，而有关系统的设置则需要拥有 root 特权。在系统状态菜单中选择"设置"命令，或者在应用程序列表中单击设置图标，打开图 1-23 所示的"设置"应用程序，它可执行各类系统设置任务。这里仅介绍部分常用的设置。

微课1-4

实现桌面个性化设置

1. 显示设置

默认的显示器分辨率为 800 像素 × 600 像素，一般不能满足实际需要，所以要修改屏幕分辨率。从"设置"应用程序中选择"显示器"选项打开相应界面，从"分辨率"下拉列表中选择所需的分辨率，然后单击"应用"按钮即可。

2. 外观设置

外观设置涉及多项设置。从"设置"应用程序中选择"外观"选项打开相应的界面，在"Dock"

区域可设置 Dash 浮动面板在屏幕上的位置、图标的大小等，在"Windows colors"区域可设置窗口颜色。

图 1-23　Ubuntu 系统"设置"应用程序

从"设置"应用程序中选择"外观"选项打开相应的界面，可以设置屏幕或锁定屏幕的背景壁纸、图片和色彩等。

从"设置"应用程序中选择"通用辅助"选项打开相应的界面，可设置对比度、光标大小、是否缩放等。

3. 锁屏设置

从"设置"应用程序中选择"隐私"选项打开相应的界面，单击"锁屏"按钮出现图 1-24 所示的窗口，默认 5min 无操作将自动关闭屏幕并开启屏幕锁定功能，从挂起状态唤醒屏幕时需要输入密码。为方便测试，最好关闭自动锁屏功能。

图 1-24　锁屏功能设置

4. 输入法设置与输入法切换

从"设置"应用程序中选择"区域与语言"选项，打开图 1-25 所示的界面，其中列出当前的输入源（输入法），单击输入源后面的选项按钮⚙，弹出图 1-26 所示的设置界面，可以设置输入源之间切换使用的快捷键。

回到区域与语言设置界面，可以根据需要添加其他输入源。这里选中"汉语"输入源，单击右下角的齿轮图标，弹出相应的对话框，可以设置该输入法为首选项。

图 1-25　区域与语言设置　　　　　　　　　图 1-26　输入源选项设置

5. 快捷键设置

在桌面应用中经常要用到快捷键，从"设置"应用程序中选择"键盘快捷键"选项打开相应的界面，可以查看系统默认设置的各类快捷键，也可以根据需要进行编辑或修改。

6. 网络设置

从"设置"应用程序中选择"网络"选项，打开图 1-27 所示的界面，其中列出已有网络接口的当前状态，默认的"有线"连接处于打开状态（可切换为关闭状态），单击其右侧的 ⚙ 按钮，弹出图 1-28 所示的对话框，可以根据需要查看或修改该网络连接的设置。默认在"详细信息"选项卡中显示网络连接的详细信息。

图 1-27　网络设置　　　　　　　　　　　图 1-28　网络连接详细信息

可以切换到其他选项卡查看和修改相应的设置，例如切换到"IPv4"选项卡，这里将默认的"自动 (DHCP)"改为"手动"，并输入互联网协议（Internet Protocol，IP）地址和域名服务（Domain Name Service，DNS）信息，如图 1-29 所示。要使修改的设置生效，除了单击"应用"按钮之外，还需关闭网络连接，再开启网络连接（操作图 1-27 所示的开关按钮）。

还可以单击桌面右上角的任一图标弹出系统状态菜单，从中操作网络连接选项，打开上述网络设置界面。

图 1-29　网络连接的 IPv4 设置

1.3.5　安装和更新软件包

Ubuntu 软件中心类似于苹果商店（App Store），提供软件包供用户根据需要进行搜索、查询、安装和卸载。对于 Ubuntu 官方仓库中的软件包，可以通过该中心自动从后端的软件源下载安装。这是 Ubuntu 桌面版中非常简单的安装方式，能让用户安装和卸载许多流行的软件包，非常适合初学者使用。有些软件包安装不成功，会出现"下载软件包文件失败""下载软件仓库信息失败"一类的提示，这主要是软件源的问题，解决的办法是变更软件源。

1. 使用 Ubuntu 软件中心安装和更新软件包

从应用程序列表中打开 Ubuntu 软件中心之后，用户可以通过关键字搜索来查找想安装的软件包，或者通过分类浏览来选择要安装的程序。如图 1-30 所示，找到要安装的软件包，这里以文本编辑器软件 GNU Emacs 为例，单击"Emacs（Terminal）"即可进入该软件包的详细信息页面。此页面将给出应用程序截图和简要介绍，单击其中的"安装"按钮，弹出图 1-31 所示的"需要认证"对话框，由于安装软件需要特权（root 权限），输入当前管理员账户的密码，单击"认证"按钮，获得授权后即开始安装软件。安装成功之后即可正常使用软件。

通过 Ubuntu 软件中心可以查看已经安装的软件列表，单击窗口标题栏中的"已安装"按钮即可，此处也可以移除（卸载）软件。

图 1-30　搜索软件包

图 1-31　用户认证

2. 变更软件源和更新软件

从应用程序列表中找到"软件和更新"程序并运行它,默认出现图 1-32 所示的界面,在"Ubuntu 软件"选项卡中查看和设置软件源,从"下载自"下拉列表中选择所需的软件源(默认选择的是"中国的服务器")。如果选择"其他站点",将打开图 1-33 所示的对话框,从下拉列表中选择一个下载服务器作为软件源,或者直接单击"选择最佳服务器"按钮(这种情况由于要测试下载速度,可能会耗费较长时间),建议将软件源改为阿里云。更改软件源之后将会自动更新软件缓存。

图 1-32　设置软件源

图 1-33　选择下载服务器

除了设置软件源之外,"软件和更新"程序还有一项重要的功能是更新软件。切换到"更新"选项卡,可以设置系统更新选项,如图 1-34 所示。默认允许自动更新,如果系统有更新升级,会自动提醒可用的系统升级,自动打开软件更新器,如图 1-35 所示,界面中会显示需要下载的软件包大小,单击"更新详情"可以进一步查看需要更新的软件清单。如果需要更新,单击"立即安装"按钮即可。

还可以手动运行软件更新器程序,从应用程序列表中找到它运行即可。

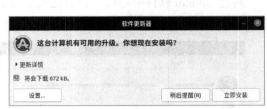

图 1-34　设置系统更新选项

图 1-35　软件更新器

1.3.6　使用远程桌面

Ubuntu 20.04.3 LTS 桌面版可以开启屏幕共享功能,供其他计算机远程访问其桌面。

1. 在 Ubuntu 桌面版中启用屏幕共享

在 Ubuntu 桌面版中启用屏幕共享的方法如下。

微课1-6

使用远程桌面

Ubuntu Linux 操作系统(项目式微课版)

（1）打开"设置"应用程序，选择左侧面板中的"共享"选项。

（2）如图 1-36 所示，单击右上角的"共享"开关，使其处于打开状态，默认"屏幕共享"处于"已关闭"状态。

（3）单击"屏幕共享"，弹出"屏幕共享"对话框。

（4）如图 1-37 所示，单击左上角的开关使屏幕共享处于打开状态，此时对话框底部的网络连接开关也相应打开；选中"需要密码"单选按钮，然后在"密码"文本框中输入密码。

该密码最多包含 8 个字符，与任何 Ubuntu 用户都不相关，仅供远程客户端连接本系统时使用。

（5）关闭"屏幕共享"对话框，再关闭"设置"应用程序。

图 1-36　启动共享功能

图 1-37　启用屏幕共享并设置密码

2. 从 Linux 计算机上远程连接 Ubuntu 桌面

Linux 计算机需要使用 VNC 客户端远程连接 Ubuntu 计算机的桌面，与该 Ubuntu 计算机共享屏幕。Remmina 就是 VNC 客户端，许多 Linux 发行版计算机预装该软件，从 Ubuntu 应用程序列表中找到 Remmina 程序并启动该程序，单击左上角的▣按钮以创建新的连接，弹出图 1-38 所示的对话框，在此处配置到远程计算机的连接。

下面在 Ubuntu 桌面版中示范远程桌面客户端的配置操作。

在"名称"文本框中输入用于识别远程连接的名称；从"协议"下拉列表中选择"Remmina VNC 插件"选项；在"服务器"文本框中输入远程计算机的 IP 地址或网络名称（附带端口），这里使用默认的 5900 端口；在"用户密码"文本框中输入 Ubuntu 计算机设置屏幕共享时所使用的密码。

完成连接配置后，单击"保存"按钮返回 Remmina 主界面，界面中列出新的连接，如图 1-39 所示。

图 1-38　远程桌面设定

图 1-39　Remmina 主界面

双击该连接即可连接到远程 Ubuntu 计算机的桌面。但前提是远程计算机必须正在运行，并且必须以设置屏幕共享功能的用户账户登录。成功连接后，Ubuntu 计算机的桌面上会弹出通知，通知用户已有人控制其桌面。

微课1-7

从 Windows 计算机上远程连接 Ubuntu 桌面

3. 从 Windows 计算机上远程连接 Ubuntu 桌面

Windows 操作系统在 VNC 连接中使用的加密功能与 Ubuntu 操作系统存在兼容问题，因此需要首先在启用屏幕共享功能的 Ubuntu 计算机上关闭加密功能。通常打开终端窗口，执行以下命令来关闭 Vino Server 的加密功能。

```
tester@linuxpc1:~$ gsettings set org.gnome.Vino require-encryption false
```

然后在 Windows 计算机上配置远程桌面客户端。这里以 RealVNC 为例。

（1）从 RealVNC 官网下载 VNC Viewer 应用程序并安装。安装很简单，只需接受默认设置。

（2）安装完成后，启动 VNC Viewer 应用程序。

（3）从 "File" 菜单中选择 "New Connection" 命令以新建远程连接，弹出图 1-40 所示的远程连接属性设置窗口，在 "VNC Server" 文本框中输入远程 Ubuntu 计算机的 IP 地址或网络名称；在 "Name" 文本框中为该连接命名；从 "Encryption" 下拉列表中选择 "Let VNC Server choose" 选项，让 VNC 服务器选择加密类型；取消勾选 "Authenticate using single sign-on (SSO) if possible" 和 "Authenticate using a smartcard or certificate store if possible" 两个复选框。

（4）单击 "OK" 按钮，新创建的连接图标出现在 VNC Viewer 主界面中。

（5）双击该图标以连接到远程计算机，出现一个初始化连接的对话框。

（6）弹出图 1-41 所示的警告对话框，这是因为当前加密设置为可选的，而 Windows 计算机不会使用加密。这里勾选 "Don't warn me about this again." 复选框以免再次警告，再单击 "Continue" 按钮。

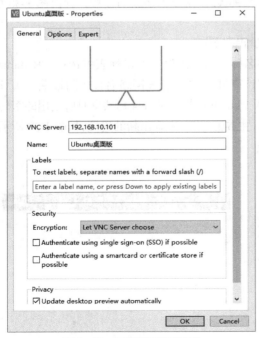

图 1-40　远程连接属性设置

图 1-41　未加密连接警告

24

Ubuntu Linux 操作系统（项目式微课版）

（7）弹出图 1-42 所示的对话框，在"Password"文本框中输入 Ubuntu 计算机设置屏幕共享时所使用的密码。

（8）单击"OK"按钮，连接成功后即可在 VNC Viewer 主界面中使用远程 Ubuntu 计算机的桌面，如图 1-43 所示。Ubuntu 计算机桌面上也会弹出相应的通知。

图 1-42　远程连接密码设置　　　　　图 1-43　使用远程 Ubuntu 计算机的桌面

注意　Windows 操作系统的 VNC 连接未加密，因此不要使用这种连接处理私密内容。

任务 1.4　使用 Ubuntu 桌面版进行日常办公

任务要求

Ubuntu 是目前 Linux 桌面操作系统的典型代表，所提供的桌面应用很有特色，颇受广大用户青睐。对于考虑日常办公要使用 Linux 操作系统取代 Windows 操作系统的用户来说，Ubuntu 桌面版就是比较好的选择。本任务针对日常办公介绍相关软件的安装和使用，对桌面系统的国产替代有一定的借鉴意义。本任务的具体要求如下。

（1）了解和使用 Ubuntu 常用的上网软件。

（2）掌握使用 Wine 容器安装 Windows 应用程序的方法。

（3）了解音频、视频的播放工具。

（4）了解 LibreOffice 办公套件的组成，熟悉该套件的使用。

相关知识

1.4.1　Ubuntu 桌面应用

用于 PC 的 Ubuntu 桌面版能够支持丰富的桌面应用，可以满足日常办公和娱乐的需要。Ubuntu 桌面版提供了较为完善的 Internet 应用，能够满足用户上网需求。多媒体已成为一类非常活跃的计算机信息载体，Ubuntu 桌面版对多媒体的播放和编辑提供了有力的支持。对桌面操作系统来说，办公软件非常重要，Ubuntu 预装有与 Windows 桌面办公软件 Microsoft Office 类似、功能相当的 LibreOffice 套件。除了预装常用的桌面应用软件外，Ubuntu 还可以方便地安装第三方应用软件。一些未提供 Linux 版本的国内软件，可以通过 Wine 容器来安装使用。编者为国内用户推荐的 Ubuntu 桌面版日常办公软件如表 1-1 所示。

表1-1　Ubuntu桌面版日常办公软件

软件	功能	软件	功能
LibreOffice、WPS	办公套件	XMind	思维导图
钉钉	办公通信	Flameshot	屏幕截图
微信、TIM（使用 Wine 容器）	即时通信	Rhythmbox	音频播放
火狐	浏览器	VLC	视频播放
Thunderbird	电子邮件	Audacity	音频编辑
GIMP（相当于 Photoshop）	图像处理	OpenShot	视频编辑
Inkscape（相当于 CorelDRAW）	矢量图编辑	VirtualBox	虚拟机
Dia（相当于 Microsoft Visio）	图表编辑	搜狗输入法	输入法

1.4.2　LibreOffice 概述

LibreOffice 是功能丰富的开源办公套件，已被世界上部分地区的教育、行政、商务部门及个人用户接受并使用。它包含 6 大组件，具体说明如表 1-2 所示。

表1-2　LibreOffice组件

LibreOffice 组件	默认文档格式	功能	类似的 Microsoft Office 组件
Writer	.odt	文字处理	Word
Cacl	.ods	电子表格处理	Excel
Impress	.odp	演示文稿制作	PowerPoint
Draw	.odg	矢量图形绘制	Visio
Math	.odf	公式编辑	Word 公式编辑器
Base	.odb	桌面数据库管理	Access

LibreOffice 能够与 Microsoft Office 系列及其他开源办公软件深度兼容，且支持的文档格式相当全面。LibreOffice 拥有强大的数据导入和导出功能，能直接导入 PDF 文档、微软 Works 文件、Lotus Word 文件，支持主要的 OpenXML 格式。

LibreOffice 自身的文档格式为 ODF（Open Document Format，开放文档格式）。ODF 是一种规范，是基于可扩展标记语言（eXtensible Markup Language，XML）的文件格式，已正式成为国际标准。作为纯文本文档，ODF 与传统的二进制格式不同，它最大的优势在于其开放性和可继承性，具有跨平台性和跨时间性，基于 ODF 格式的文档在若干年以后仍然可以由最新版的任意平台、任意一款办公软件打开使用，而传统的基于二进制的封闭格式的文档在多年以后可能面临不兼容等问题。ODF 向所有用户免费开放，可以让不同程序、平台之间都自由地交换文件。

ODF 格式的文本文档的扩展名一般为 .odt。一个 ODT 文档实质上是一个打包的文件，并且通常都经过了 ZIP 格式的压缩。

![任务实现]

1.4.3 使用 Web 浏览器

Web 浏览器是非常基本的上网工具，Web 应用程序的使用也需要 Web 浏览器。Windows 系统内置 IE 浏览器，而 Ubuntu 桌面版预装 Firefox 浏览器，也可根据需要安装 Chrome 浏览器等。

1. 使用 Firefox 浏览器

Mozilla Firefox（中文俗称"火狐"）是由 Mozilla 基金会与开源团体共同开发的开源 Web 浏览器。Firefox 支持标签页浏览、拼写检查、即时书签、自定义搜索等功能，重视个性化支持、安全性和用户隐私保护。

在确认连接 Internet 的前提下，在 Ubuntu 计算机上运行 Firefox 浏览器，其基本界面如图 1-44 所示。Firefox 的操作与其他浏览器的操作差不多，在地址栏中输入正确网址即可访问相关网站。

单击工具栏右侧的 ≡ 按钮即可弹出图 1-45 所示的应用程序菜单，从中选择所需的命令即可进行相应的配置和管理操作。

图 1-44　Firefox 浏览器界面　　　　　　图 1-45　应用程序菜单

从应用程序菜单中选择"设置"命令打开首选项设置窗口，如图 1-46 所示，默认显示"常规"选项卡，在其中可以进行一些基本设置。可根据需要切换到其他选项卡进行设置。

所谓标签页浏览，就是在同一个窗口内打开多个页面进行浏览，Firefox 默认设置已支持此功能。单击标签页顶端右侧的加号按钮即可打开一个新的标签页，如图 1-47 所示，可以在不同的标签页中输入网址浏览，并可方便地进行切换。

附加组件主要用于解决 Firefox 的扩展问题，便于用户根据需要定制浏览器。从应用程序菜单中选择"扩展和主题"命令打开相应的界面，单击 ⚙ 按钮，可以查看当前已安装的扩展，还可以添加、删除或禁用扩展。其他的主题、插件、语言等附加组件的操作与扩展的操作相同。

2. 使用 Chrome 浏览器

Chrome 浏览器将简约的界面设计与先进的技术相融合，具有较高的稳定性和安全性，可以让用户快速、轻松和安全地浏览网络。

图 1-46　Firefox 首选项设置

图 1-47　Firefox 多标签浏览

Ubuntu 桌面版没有预装 Chrome 浏览器，用户可以下载该浏览器的 .deb 软件包，下载完成后双击该软件包，或者右击该软件包并选择"用软件安装打开"命令，运行安装 .deb 软件包的安装程序，单击图 1-48 所示的"安装"按钮直接进行安装。

安装完毕即可运行 Chrome 浏览器，如图 1-49 所示，其操作非常简单。

图 1-48　运行安装 .deb 软件包的安装程序

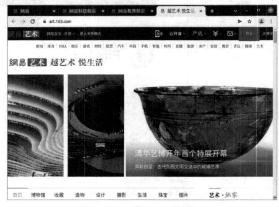

图 1-49　Chrome 浏览器

1.4.4　收发电子邮件

几乎所有的电子邮件服务商都支持用户通过 Web 浏览器在线收发邮件，但是邮件较多的用户通常会选用专门的邮件客户端工具来收发和处理邮件。Ubuntu 早期版本中，大都使用 Evolution 客户端，其用户接口和功能与 Windows 中 Outlook 的相似，它是 Linux 平台上使用非常广泛的协作软件。目前 Ubuntu 桌面版预装的邮件客户端是 Thunderbird。

Thunderbird 简单易用、功能强大，支持个性化配置，支持因特网消息访问协议（Intranet Message Access Protocol，IMAP）、邮局协议（Post Office Protocol，POP）及超文本标记语言（Hypertext Markup Language，HTML）邮件格式。Thunderbird 安全性好，不仅支持垃圾邮件过滤和反"钓鱼"欺诈，而且提供适合企业应用的安全策略，包括安全多用途互联网邮件扩展（Secure Multipurpose Internet Mail Extensions，S/MIME）、数字签名、信息加密，以及对各种安全设备的支持。

下面简单示范一下 Thunderbird 的使用。首次启动该软件后，会弹出对话框要求设置邮件账户，这里设置现有的电子邮件账户，输入已有的电子邮件账户及其密码（有的要求使用授权码），输入完成后单击"继续"按钮，Thunderbird 自动从 Mozilla ISP 数据库中查找提取该邮件账户的配置信息，如图 1-50 所示，单击"完成"按钮完成账户设置。

注意 为提高安全性，现在多数电子邮件服务商要求第三方客户端使用授权码登录，这种授权码不是电子邮件账户本身的登录密码，需要专门申请。另外，默认的邮件接收选择的是 IMAP 服务器，或者改用 POP3 服务器。用户也可以通过 Thunderbird 申请新的电子邮件账户。

完成邮件账户设置之后，即可进行邮件收发，Thunderbird 收件箱如图 1-51 所示。如果需要更多的功能，可以单击右上角的 ≡ 按钮打开 Thunderbird 的菜单，从中选择相应的命令来实现。

图 1-50　邮件账户设置

图 1-51　Thunderbird 收件箱

1.4.5　使用微信和 TIM

腾讯公司的微信和 TIM 除了用于聊天之外，还方便用户的日常办公。但这两款软件官方都没有提供 Linux 安装包，在 Ubuntu 计算机上可以考虑使用 Wine 容器来运行 Windows 版本的软件。Wine 全称为 Wine Is Not an Emulator，意为 Wine 不是模拟器，是一款能在非 Windows 系统上运行 Windows 应用程序的容器软件，可以在 Linux、macOS、Android 等平台中使用。使用 Wine 容器安装 Windows 应用程序时还需配置工具，如 Winecfg、Winetricks，下面的示范操作中选用 Winetricks 工具。

1. 安装和使用微信

微信已从一款跨平台的通信工具发展为综合性的信息平台。在 Ubuntu 操作系统中安装微信的方法如下。

微课1-8

安装和使用微信

（1）使用 Ubuntu 软件中心安装 Wine 容器。也可以打开终端窗口，执行以下命令来安装。

```
sudo apt install wine
```

（2）使用 Ubuntu 软件中心安装 Winetricks 工具。也可以在终端窗口中执行以下命令来安装。

```
sudo apt install winetricks
```

Winetricks 实际上只是个脚本文件，如果需要最新版本，可以直接下载脚本文件来运行。

（3）打开浏览器，到微信官网下载 Windows 版的微信安装包。

（4）在终端窗口中执行 winetricks 命令（也可以直接从应用程序列表中找到 Winetricks 图标）启动 Winetricks，弹出图 1-52 所示的对话框，选中"选择默认的 Wine 容器"单选按钮。

此处不建议执行 sudo winetricks 命令，因为这将在 root 用户主目录中安装软件。

（5）单击"确定"按钮，出现图 1-53 所示的对话框，管理当前容器，这里选中"运行卸载程序"单选按钮。

图 1-52　Winetricks 程序　　　　　　　　　　图 1-53　管理当前容器

（6）单击"确定"按钮，弹出图 1-54 所示的对话框，仿照 Windows 系统的"添加 / 删除程序"工具来安装和卸载软件。

（7）单击"安装"按钮，弹出图 1-55 所示的对话框，找到下载好的微信安装包，然后单击"打开"按钮。

图 1-54　添加 / 删除程序　　　　　　　　　　图 1-55　提供微信安装包

（8）出现图 1-56 所示的对话框，单击"安装"按钮。安装完毕即可运行微信电脑版，登录之后即可正常使用，如图 1-57 所示。

（9）安装完毕，桌面上出现一个名为"微信 .desktop"的文件，右击该文件，选择"允许启动"命令，该文件会以微信图标显示，双击该图标就可以打开微信。

也可以从应用程序列表中找到微信图标来打开微信。

图 1-56　安装微信　　　　　　　　　　图 1-57　使用微信

2. 安装和使用 TIM

微课1-9

安装和使用 TIM

TIM 是 QQ 的办公简洁版，是专注于团队办公协作的跨平台沟通工具。它无缝同步 QQ 好友和消息，提供云文件、在线文档、邮件、日程、收藏、会议等办公功能，支持多人在线协作编辑 Word、Excel 文档。建议办公用户安装 TIM。在 Ubuntu 操作系统中安装 TIM 的方法如下。

（1）确认已经安装 Wine 容器和 Winetricks 工具。

（2）到 QQ 官网下载 Windows 版的 TIM 安装包。

（3）参照安装微信的步骤，使用 Winetricks 工具安装 TIM。注意，提供下载的 TIM 安装包时需从"文件类型"下拉列表中选择"程序 (*.exe)"选项，如图 1-58 所示。

（4）安装完毕运行 TIM，登录之后即可正常使用，如图 1-59 所示。

可以发现，与安装的微信不同，安装的 TIM 在桌面上或应用程序列表中都没有图标。可以参照微信自行添加图标，继续下面的操作。

（5）在桌面上复制"微信.desktop"文件，再将其重命名为"TIM.desktop"。

图 1-58　提供 TIM 安装包　　　　　　图 1-59　使用 TIM

（6）打开 TIM.desktop 文件，将其内容修改如下。

```
[Desktop Entry]
Name=TIM
Exec=env WINEPREFIX="/home/tester/.wine" wine-stable C:\\\\windows\\\\
command\\\\start.exe /Unix /home/tester/.wine/dosdevices/c:/'Program Files
(x86)'/Tencent/TIM/Bin/TIM.exe
Type=Application
StartupNotify=true
Path=/home/tester/.wine/dosdevices/c:/Program Files (x86)/Tencent/TIM/Bin
Icon=/home/tester/.wine/dosdevices/c:/Program Files (x86)/Tencent/TIM/
TIMUninst.ico
StartupWMClass=TIM.exe
```

其中的路径设置可以参照微信的安装路径查找 TIM 的安装路径。注意，Exec 值中文件夹名含空格时需要使用引号。至于其中用到的用户主目录，读者需根据自己的实际情形更换。

（7）保存文件，再右击该文件，选择"允许启动"命令，该文件会以 TIM 图标显示在桌面上，双击该图标就可以打开 TIM。

（8）要从应用程序列表中找到 TIM 图标来打开 TIM，还需执行以下命令。

```
tester@linuxpc1:~$ sudo cp /home/tester/桌面/TIM.desktop /usr/share/applications
```

1.4.6　播放多媒体

Ubuntu 桌面版预装有音频播放器和视频播放器。

Rhythmbox 是 Ubuntu 默认安装的音乐播放和管理软件，可以播放各种音频格式的音乐、管理收藏的音乐，其界面如图 1-60 所示。Rhythmbox 提供了很多功能，如音乐回放、音乐导入、抓取和刻录音频 CD（Compact Disc，小型光碟）、显示歌词等。通过配置插件，Rhythmbox 还可扩展更多的功能。

Totem 是 Ubuntu 默认安装的视频播放软件（应用程序列表中的图标名为"视频"），可播放多种格式的视频，以及 DVD、VCD（Video Compact Disc，小型影碟）与 CD。默认情况下，可能无法播放某些格式的视频或电影，这是由于尚未安装相应的解码器（codec）所致，虽然可以自动搜索解码器，但有时候安装并不顺利。建议改用其他视频播放器，如 VLC。

VLC 能播放来自各种网络资源的 MPEG、MPEG2、MPEG4、DivX、MOV、WMV、QuickTime、Ogg/Vorbis 文件、DVD、VCD，以及其他格式的流媒体等，当然也能播放本地的媒体文件。可以使用 Ubuntu 软件中心搜索并安装 VLC。安装完毕启动该软件，即可播放视频，如图 1-61 所示。安装 VLC 之后，Totem 所需的一些解码器也会自动安装。

图 1-60　Rhythmbox 音频播放器

图 1-61　VLC 视频播放器

1.4.7　使用 LibreOffice 办公套件

LibreOffice 办公套件的具体操作涉及的内容非常多，多数与 Microsoft Office 和 WPS 的使用类似。这里仅介绍 Libre Office 两个比较有特色的功能。

1. 体验 LibreOffice 主程序

LibreOffice 的界面没有 Microsoft Office 那么华丽，但非常简单实用，对系统配置要求较低，占用资源很少。与 MicrosoftOffice 由多个分立程序组合在一起不同，LibreOffice 只有一个主程序，其他程序都是基于这个主程序对象派生的，可以在任何一个程序中创建所有类型的文档。LibreOffice 的操作也很简单，只需在主菜单中选择"文件"→"新建"（或者单击工具栏上"新建"按钮右侧的 按钮），选择所需要的文档类型，就可以打开相应的程序和工具。

例如，如果运行了 LibreOffice Writer，出现的是 Writer 的界面、菜单和工具栏，但实际上已经打开了所有的 LibreOffice 程序（如 Cacl、Impress 等）。这样在任意一个已打开的 LibreOffice 窗口中都可以直接新建 LibreOffice 的其他文件，使用起来非常便捷。如图 1-62 所示，在 Writer 界面中可以通过下拉菜单直接创建其他类型的文档。

图 1-62　直接新建 LibreOffice 的其他类型的文档

2. 使用主控文档编辑大型文档

主控文档（*.odm）可用于管理大型文档，例如具有许多章节的书籍。可将主控文档视为单个 LibreOffice Writer 文件的容器，这些单个文件称为子文档。主控文档具有如下特点。

- 输出主控文档时，会输出所有子文档的内容、索引及所有文本内容。
- 可以在主控文档中为所有子文档创建目录和索引目录。
- 子文档中使用的样式，例如新的段落样式，会自动导入主控文档。
- 查看主控文档时，主控文档中已存在的样式优先于从子文档导入的同名样式。
- 对主控文档的更改永远不会使子文档发生更改。

在主控文档中添加文档或创建新的子文档时，主控文档中会创建一个链接。不能在主控文档中直接编辑子文档的内容，但可以通过"导航"对话框打开任何子文档进行编辑。下面进行简单的示范。

（1）准备 3 个文档用作子文档。可以使用 LibreOffice Writer 新建，也可以将现有的 Word 文档另存为 ODF 文本文档格式（.odt）。在本例中 3 个文档分别为 01Basic.odt、02SYSMan.odt 和

03AD.odt。

（2）在 LibreOffice Writer 中新建一个主控文档，在其中输入部分内容，并保存它。注意其文件扩展名为 .odm。

（3）按 <F5> 键或者从"视图"菜单中选择"导航"命令，弹出导航对话框，默认已进入主控文档模式。如图 1-63 所示，"导航"对话框顶部的功能按钮分别是"切换主控文档视图""编辑""更新""插入""同时保存内容""上移""下移"，也可以使用快捷菜单进行相应的操作。

（4）插入子文档，以建立主控文档与子文档之间的联系。在"导航"对话框中选中"文本"右击，在弹出的快捷菜单中选择"插入"→"文件"命令，打开"文件选择"对话框，可以分别选择前面准备的 3 个文档，也可以一次性选择。此处的文本代表主控文档的内容。

（5）完成文档选择之后，"导航"对话框中会显示新添加的子文档（仅是一种链接），如图 1-64 所示，可根据需要调整顺序。

图 1-63　主控文档的"导航"对话框

图 1-64　主控文档的子文档链接

（6）尝试添加一个新的子文档。在"导航"对话框中右击最下面的子文档链接，在弹出的快捷菜单中选择"插入"→"新建文档"命令，打开"文件"对话框，选择保存新建子文档的文件夹并为该文档命名。

（7）完成之后，当前的主控文档操作界面如图 1-65 所示。

图 1-65　主控文档操作界面

（8）此时可在主控文档中对整个大型文档进行操作（如输出主控文档、在主控文档中创建目

Ubuntu Linux 操作系统（项目式微课版）

录和索引，但不能编辑子文档部分的内容，因为子文档只是一个外部链接），也可以跳转到各个子文档并打开它们分别操作（可以单独打开子文档，或者在主控文档的"导航"对话框中双击子文档的链接）。可以通过活动概览视图查看当前主控文档和子文档分别打开的情形。

（9）子文档同步到主控文档。子文档的编辑必须单独打开该文档进行操作，保存修改的内容之后，可以在主控文档的"导航"对话框中单击"更新"按钮并选择"全部"命令，将所有更改的子文档同步更新到主控文档。

另外，打开主控文档，首先将弹出图 1-66 所示的对话框，提示主控文档包含外部链接，询问是否更新，单击"是"按钮。

图 1-66　文档同步更新提示

提示　主控文档和子文档在为用户提供便利的同时，也减少了单个大文档在保存、打开等操作过程中出现损失或错误的可能。为了让主控文档和子文档在格式上一致，建议使用共用的文档模板。

项目小结

Ubuntu 是基于 Debian 的开源 Linux 发行版，一直受到个人用户和专业人士的广泛欢迎，Ubuntu 桌面版是非常流行的 Linux 桌面操作系统，也是初学者首选的 Linux 发行版。通过本项目的实施，读者应当了解 Linux 和 Ubuntu 的发展沿革、功能特点和应用场景，学会 Ubuntu 桌面版的安装和基本操作，能够使用 Ubuntu 桌面版进行日常办公，达到快速入门的目的。接下来的项目主要基于 Ubuntu 桌面版实施 Linux 的系统配置管理和开发平台部署，最后一个项目将讲解 Ubuntu 服务器的部署和运维。

课后练习

一、选择题

1. 以下关于 Linux 内核版本号 5.11.0-44 的说法中，不正确的是（　　　）。
   A. 主版本号为 5
   B. 该版本为产品版本
   C. 修订版本号为 0
   D. 44 是厂商编号

2. 以下关于 Linux 的说法中，不正确的是（　　　）。
   A. Linux 起源于 UNIX
   B. Linux 采用单内核体系结构
   C. Linux 是单用户多任务的操作系统
   D. Linux 在高性能计算集群领域表现突出

3. 以下操作系统中不属于自由软件的是（　　　）。

　　A. Ubuntu　　　　　　B. CentOS　　　　　　C. Debian　　　　　　D. Windows 7

4. 以下关于 Ubuntu 的说法中，不正确的是（　　　）。

　　A. Ubuntu 会对 LTS 版本提供无限期技术支持

　　B. Ubuntu 源自 Debian

　　C. Ubuntu 是开源的 Linux 操作系统

　　D. Ubuntu 桌面版是优秀的 Linux 桌面操作系统

5. Ubuntu 20.04.3 LTS 桌面版默认使用的桌面环境是（　　　）。

　　A. Unity　　　　　　B. KDE　　　　　　C. LXDE　　　　　　D. GNOME

6. LibreOffice Writer 默认的文档格式为（　　　）。

　　A. .odt　　　　　　B. .ods　　　　　　C. .odw　　　　　　D. .odf

二、简答题

1. 什么是 GNU GPL？它对 Linux 有何影响？
2. 简述 Linux 的体系结构。
3. 简述 Linux 内核版本与发行版本。
4. 简述 Ubuntu 与 Debian 的关系。
5. 活动概览视图有什么作用？
6. 安装软件包时为什么需要用户认证？
7. LibreOffice Writer 的主控文档有哪些特点？主要用途是什么？

项目实训

实训 1　安装 Ubuntu 桌面版

实训目的

掌握 Ubuntu 桌面版操作系统的安装。

实训内容

（1）准备实验用计算机（建议用虚拟机）和 Ubuntu 桌面版的 ISO 镜像文件。

（2）运行 Ubuntu 桌面版安装向导。

（3）安装完成后，根据提示移除安装介质并重启计算机。

（4）登录 Ubuntu 操作系统，然后执行关机操作。

实训 2　熟悉 Ubuntu 桌面环境的基本操作

实训目的

（1）熟悉 Ubuntu 的桌面环境。

（2）掌握 Ubuntu 桌面环境的基本操作。

实训内容

（1）了解并使用活动概览视图。

（2）启动并运行图形用户界面应用程序。

（3）将应用程序添加到 Dash 浮动面板。

（4）操作窗口。

（5）工作区操作和切换。

实训 3　使用远程桌面

实训目的

掌握远程访问 Ubuntu 桌面的方法。

实训内容

（1）在 Ubuntu 桌面版中启用屏幕共享功能并做好相应配置。

（2）在 Windows 计算机上安装 RealVNC 的 VNC Viewer 软件。

（3）使用 VNC Viewer 软件登录 Ubuntu 桌面版。

实训 4　使用 LibreOffice 办公套件

实训目的

（1）熟悉 LibreOffice 办公套件的操作界面和文件格式。

（2）掌握 LibreOffice 办公套件的基本使用。

实训内容

（1）试用 LibreOffice Writer 进行文字处理。

（2）试用 LibreOffice Calc 编辑电子表格。

（3）试用 LibreOffice Impress 创建演示文稿。

（4）试用 LibreOffice Draw 绘制矢量图。

（5）试用 LibreOffice Math 进行公式编辑。

实训 5　安装并试用优麒麟操作系统

实训目的

体验本地化的国产 Linux 桌面操作系统。

实训内容

（1）准备实验用计算机（建议用虚拟机）和优麒麟的 ISO 镜像文件。

（2）运行优麒麟安装向导。

（3）安装完成后试用优麒麟的中国特色功能。

项目2
熟悉Ubuntu命令行操作

02

通过项目 1 的实施，我们已经安装了 Ubuntu 桌面版，并熟悉了图形用户界面的基本操作。虽然 Ubuntu 图形用户界面使用起来很方便，但是要熟练掌握 Linux 操作系统，完成各种配置管理任务，我们还需要掌握命令行操作，使用命令行管理 Linux 操作系统仍然是非常基本和非常重要的方式。本项目将通过 3 个典型任务，引领读者熟悉 Ubuntu 的命令行界面，掌握命令行的基本用法，学会命令行文本编辑器的使用。值得一提的是，任务 3 中涉及比较特殊的终端用户界面的介绍。命令行操作需要输入代码，要求读者做到严谨细致，学习起来也有一定难度，初学者需要多加练习。

【课堂学习目标】

☞ 知识目标

➢ 了解 Linux 命令行界面。
➢ 了解 Shell 和 Linux 命令语法格式。
➢ 了解终端用户界面。

☞ 技能目标

➢ 掌握不同命令行界面的切换方法。
➢ 学会远程登录 Linux 命令行界面。
➢ 掌握 Linux 命令行的基本用法。
➢ 掌握命令行文本编辑器的使用方法。

☞ 素养目标

➢ 培养勤学苦练的学习作风。
➢ 培养严谨细致的工作作风。
➢ 养成自主学习的习惯。

任务 2.1　熟悉 Linux 命令行界面

任务要求

命令行界面是 Linux 操作系统中常用的人机交互界面。到目前为止，Linux 很多重要的任务依然必须由命令行完成，而且执行相同的任务，由命令行来完成会比使用图形用户界面操作要简捷、高效得多。使用命令行主要有 3 种方式，分别是在桌面环境中使用终端仿真器，进入文本模式后登录到终端，从其他计算机上远程登录到 Linux 命令行界面。本任务的要求如下。

（1）了解 Linux 的命令行界面。

（2）熟悉桌面环境下的终端窗口操作。

（3）熟悉文本模式与图形用户界面的切换操作。

（4）使用命令行重启和关闭 Linux 操作系统。

（5）掌握远程登录 Linux 操作系统的方法。

相关知识

2.1.1　操作系统的命令行界面

用户界面（User Interface，UI）是计算机操作系统中非常直观的部分，一般分为命令行界面（Command-Line Interface，CLI）和图形用户界面（Graphical User Interface，GUI）两种类型。早期的操作系统只使用 CLI 这种完全基于文本的环境，用户只有使用键盘输入命令才能完成任务。CLI 为用户提供一个可视的提示界面，用户通过键盘输入命令，计算机将数据输出到屏幕上。现在所有流行的桌面操作系统都支持 GUI，这种界面允许用户使用可视化对象，如窗口、下拉菜单、鼠标指针和图标来操作软件；允许用户通过鼠标等点击设备输入命令。终端用户往往更喜欢 GUI，因为它使计算机操作变得非常容易和直观。

用户界面的简单易用是以牺牲性能为代价的。一些 GUI 软件的大小往往是 CLI 软件的上百倍，而且比 CLI 更加复杂，这就使得 GUI 软件需要更多的内存和 CPU 时间。考虑到普通用户倾向于使用图形桌面环境，GUI 现在是桌面操作系统所必需的。

2.1.2　Linux 的终端、控制台与伪终端

理解终端、控制台与伪终端的概念有助于深入了解不同的命令行界面。

1. Linux 终端与控制台

终端（Terminal）是一种字符型设备，它有多种类型，通常使用 tty 来简称各种类型的终端设备。在 Linux 操作系统中，计算机显示器通常被称为控制台（Console），它仿真了 Linux 类型的终端，并且有一些设备特殊文件与之相关联，如 tty0、tty1、tty2 等。默认情况下，Linux 操作系统允许用户同时打开 6 个虚拟控制台（tty1 ～ tty6）进行操作，每个控制台可以让不同的用户登录，运行不同的应用程序。每个控制台有一个设备特殊文件与之相关联，文件名为 tty 加上序号。例如，1 号控制台的设备特殊文件为 tty1，2 号控制台的设备特殊文件为 tty2。注意，tty0 表示当前所使用的是虚拟控制台的一个别名，不管当前正在使用哪个虚拟控制台，系统所产生的信息都会发送

到该控制台上。

直接在 Linux 计算机上的登录称为从控制台登录。在本机上登录字符界面或图形用户界面都可以看作登录到终端。字符界面是一种文本模式（Text Mode），没有任何图形用户界面环境，是标准的命令行界面，完全依赖命令行进行交互操作。实际应用中的 Linux 服务器一般仅提供文本模式，以免图形环境额外占用大量的系统资源。

2. Linux 伪终端

可以将在图形用户界面启动的终端窗口和远程登录创建的终端都称为伪终端（Pseudo Terminal）。Linux 操作系统在图形用户界面中通过终端仿真器提供的命令行界面是仿真终端，便于用户直接在图形用户界面中使用命令进行操作，与 Windows 操作系统中的命令提示符窗口类似。用户使用支持 Telnet、安全外壳（Secure Shell，SSH）的远程客户端通过网络登录到 Linux 计算机的命令行界面称为远程登录（有别于登录图形用户界面的远程桌面）。远程登录 Linux 计算机之后，可以与直接在该计算机上操作一样。

任务实现

微课2-1

使用终端窗口

2.1.3　使用终端窗口

Ubuntu 图形用户界面中的终端窗口提供命令行工作模式。

1. 打开终端窗口

在 Ubuntu 的 Dash 浮动面板中默认未提供终端应用程序的图标，可以使用如下几种方法打开终端窗口。

• 按 <Ctrl>+<Alt>+<T> 组合键。这个组合键适用于各种版本的 Ubuntu。
• 从应用程序列表中（默认位于"工具"文件夹）找到"终端"程序并运行它。
• 进入活动概览视图，输入"终端"或"gnome-terminal"搜索"终端"程序，然后运行它。

首次运行终端应用程序后，建议将终端应用程序添加到 Dash 浮动面板，以便今后通过快捷方式运行。终端窗口如图 2-1 所示，界面中将显示一串提示符，它由 4 部分组成，格式如下：

当前用户名 @ 主机名　当前目录　命令提示符

普通用户登录后，命令提示符为 $；root 用户登录后，命令提示符为 #。在命令提示符之后输入命令即可执行相应的操作，执行的结果也显示在该窗口中。

由于终端窗口是图形用户界面的终端仿真器，用户可以通过相应的菜单很方便地修改终端的设置，如字符编码、字体颜色、背景颜色等，单击 ☰ 按钮，选择"高级"命令，则可以选择几种典型的终端行列数（如 80×43、132×24）或者清除当前屏幕；从"编辑"菜单中选择"配置文件首选项"命令，可打开图 2-2 所示的对话框并进行相应的设置。

可根据需要打开多个终端窗口。在 Ubuntu 20.04 中还可以单击已打开的终端窗口的 ⊞ 按钮，在该窗口中打开多个标签页，如图 2-3 所示，每个标签页相当于一个子终端窗口。

图 2-1　终端窗口　　　　　　　　　　　　　图 2-2　配置终端首选项

图 2-3　终端窗口标签页

按 <F11> 键可以开启终端窗口的全屏显示，再次按该键则退出全屏显示。

可以使用图形操作按钮关闭终端窗口，也可在终端命令行中执行 exit 命令关闭当前终端窗口。注意，在终端窗口的命令行中不能进行用户登录和注销操作。

提示　在桌面环境的终端窗口中使用命令行操作比直接使用 Linux 文本模式要方便一些，既可打开多个终端窗口，又可借助图形用户界面来处理各种配置文件。建议初学者先在终端使用命令行，待熟悉之后，再转入文本模式。本书的操作实例多数是在终端窗口中完成的。

2. 验证 Linux 伪终端

Linux 的伪终端是主设备（Master）和从设备（Slave）组成的成对逻辑终端设备，对主设备的操作会反映到从设备上。主设备代表有显示器（输出）和键盘（输入），从设备是在伪终端上运行的命令行程序。Linux 中的 /dev/ptmx 文件用于创建伪终端主从设备对。当一个进程（如仿真终端）打开它，获取伪终端主设备的文件描述符，同时在 /dev/pts 目录下创建一个从设备文件。

在 Ubuntu 桌面环境中打开多个终端窗口，然后执行以下命令查看伪终端相关文件。

```
tester@linuxpc1:~$ ls -l /dev/pt*
crw-rw-rw- 1 root tty    5, 2 1月  14 15:31 /dev/ptmx
/dev/pts:
总用量 0
crw--w---- 1 tester tty 136, 0 1月  14 14:58 0
crw--w---- 1 tester tty 136, 1 1月  14 14:58 1
crw--w---- 1 tester tty 136, 2 1月  14 15:31 2
c--------- 1 root   root   5, 2 1月  14 14:54 ptmx
```

这些文件的第一列使用 c 标识，表示是字符设备文件。/dev/ptmx 是伪终端主从设备对文件；

/dev/pts 目录下的 0、1、2 代表的是 3 个从设备文件，表明当前打开了 3 个终端窗口；/dev/pts/ptmx 是主设备文件，它对应的显示器和键盘设备只有一套，可以由多个从设备调用。

2.1.4 使用文本模式

在文本模式下使用各种命令可以高效地完成管理和操作任务。

微课2-2　使用文本模式

1. 切换到文本模式

Ubuntu 桌面版启动之后直接进入图形用户界面，可根据需要切换到文本模式。在早期版本的 Ubuntu 桌面版中，默认情况下可按 <Ctrl>+<Alt>+<F(n)>（其中 F(n) 为 F1 ～ F6，分别代表 1 ～ 6 号控制台）组合键切换到文本控制台界面，在文本控制台界面中可按 <Ctrl>+<Alt>+<F7> 组合键返回到图形用户界面。而在新版本的 Ubuntu 桌面版中，tty1 仅是为用户提供交互式登录的图形用户界面，每个用户登录之后就会占用后面一个未使用的 tty，要切换到文本控制台界面，也只能使用未占用的 tty。同一个用户只能登录到一个图形用户界面，但是可以登录到不同的文本控制台界面。

默认情况下，Ubuntu 桌面版总共只有 6 个 tty（可以通过修改 /etc/systemd/logind.conf 文件中的 NAutoTVs 和 ReserveTV 两个参数来调整）。如果没有任何用户登录到图形用户界面，则按 <Ctrl>+<Alt>+<F2/F3/F4/F5/F6> 进入 tty（2 ～ 6）终端。如果有用户登录到图形用户界面，则会顺次占有未使用的 tty，没有其他用户登录的话就是 tty2。如果再有一个用户通过图形用户界面成功登录，则会占用未使用的 tty，这样可用的文本控制台就少了一个。按 <Ctrl>+<Alt>+<F7> 组合键不会返回到图形用户界面，而是出现黑屏。下面演示文本模式与图形用户界面的切换。

（1）启动 Ubuntu 桌面版，先登录到图形用户界面，此时该用户占用了 tty2 控制台。

（2）按 <Ctrl>+<Alt>+<F3> 组合键进入 tty3 文本控制台并进行登录，如图 2-4 所示。

（3）按 <Ctrl>+<Alt>+<F4> 组合键进入 tty4 文本控制台并进行登录。

（4）按 <Ctrl>+<Alt>+<F2> 组合键回到图形用户界面，打开终端窗口，执行 who 命令查看当前系统上有哪些用户登录，可以发现登录到图形用户界面的用户的终端名称为 :0（表示是一个虚拟终端），而登录到文本控制台的用户的终端名称以 tty 开头，如图 2-5 所示。

为安全起见，在文本模式下，用户输入的口令（密码）不在屏幕上显示，而且用户名和口令输入错误时只会给出 "login incorrect" 提示，不会明确地提示究竟是用户名还是口令错误。在文本模式下执行 logout 或 exit 命令即可注销，退出登录。

图 2-4　文本控制台界面

图 2-5　查看当前登录用户

2. 在文本模式下关机和重启系统

通过直接关掉电源来关机是很不安全的做法，文本模式下用户可以使用专门的命令来关机和重启系统。Ubuntu 中具有管理员权限的用户就可以执行关机或重启命令。

执行 reboot 命令重启系统。

```
reboot
```

通常执行 shutdown 命令来关机。该命令有很多选项,这里介绍常用的选项。例如,要立即关机,执行以下命令。

```
shutdown -h now
```

Linux 是多用户系统,在关机之前应提前通知所有登录的用户,如以下命令表示 10min 之后关机,并向用户给出提示。

```
shutdown +10 "System will shutdown after 10 minutes"
```

也可以使用 halt 命令关机,它实际调用的是命令 shutdown -h。执行 halt 命令,将停止所有进程,将所有内存中的缓存数据都写到磁盘上,待文件系统写操作完成之后,停止内核运行。halt 命令的选项 -p 用于设置关闭电源,省略此选项表示仅关闭系统而不切断电源。

还有一个关机命令 poweroff 相当于 halt -p,在关闭系统的同时切断电源。

另外,命令 shutdown -r 也可用于系统重启,功能与 reboot 命令相同。

2.1.5 远程登录 Linux 命令行界面

微课2-3

远程登录 Linux
命令行界面

1.3.6 小节实现了远程登录 Ubuntu 桌面,这里介绍远程登录 Ubuntu 命令行界面。在 Windows 计算机中可以通过终端仿真应用程序远程登录到 Ubuntu 计算机,这类应用程序又被称为远程客户端,比较常用的有 PuTTY、SecureCRT,它们都支持 SSH 和 Telnet 协议。Linux 发行版一般预装 SSH 客户端,使用 ssh 命令进行远程登录。这里示范使用 PuTTY 作为 SSH 客户端通过 SSH 协议远程登录到 Ubuntu 计算机的操作步骤。

1. 在 Ubuntu 计算机中启用 SSH 服务

Ubuntu 桌面版默认没有安装 SSH 服务器,首先要安装 SSH 服务器并启用 SSH 服务。

(1)打开终端窗口,在其中执行以下命令安装 SSH 服务器。

```
sudo apt install openssh-server
```

根据提示输入当前用户的密码,完成软件包的安装。

(2)执行以下命令检查 SSH 服务器的状态。

```
systemctl status sshd
```

如果 SSH 服务没有启动,则需要执行 systemctl start sshd 命令启动该服务。

(3)开放防火墙 SSH 端口,以便 Ubuntu 计算机接受 SSH 连接。

```
sudo ufw allow ssh
```

如果不能确定当前是否正在使用简易防火墙(Uncomplicated Firewall,UFW),则可以执行以下命令进行检测。

```
sudo ufw status
```

实际上 Ubuntu 桌面版默认未开启 UFW,来自外部的任何访问不受防火墙控制。

2. 使用 PuTTY 远程登录 Ubuntu 计算机

这里以 Windows 10 计算机(可以是 VMware Workstation 主机或虚拟机)作为 SSH 客户端。

（1）从 PuTTY 官网上下载 Windows 版本的安装包（本例为 putty-64bit-0.76-installer.msi），执行该文件完成安装。

（2）从程序菜单中找到 PuTTY 并启动它，单击左侧目录树中的"Session"节点，设置 PuTTY 会话基本选项，如图 2-6 所示，这里只需在"Host Name(or IP address)"文本框中输入要连接的 Ubuntu 主机的 IP 地址，单击"Open"按钮启动连接。

（3）首次启动到目标主机的远程连接时会弹出图 2-7 所示的"PuTTY Security Alert"（PuTTY 安全警告）对话框，提示是否要信任该目标主机，单击"Accept"按钮会出现 Ubuntu 主机的登录界面。

图 2-6　配置 SSH 连接

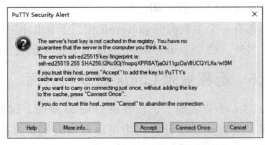

图 2-7　"PuTTY 安全警告"对话框

（4）如图 2-8 所示，输入 tester 账户的密码即可登录该 Ubuntu 主机。与文本控制台一样，成功登录之后可以进行操作，执行 logout 或 exit 命令即可退出远程登录。

这里执行 who 命令查看当前系统上有哪些用户登录，如图 2-8 所示，可以发现用户远程登录的终端名称为 pts/1，这是一个伪终端，并且在登录时间后面显示了用于远程登录的主机的 IP 地址（表示从哪里登录）。

图 2-8　远程登录到 Ubuntu 主机

任务 2.2　熟悉 Linux 命令行的基本使用

任务要求

熟悉命令行界面之后，就需要掌握命令行的操作，如输入命令和执行命令。在 Linux 操作系统中看到的命令其实就是 Shell 命令，使用 Linux 命令行就要用到 Shell。本任务在讲解 Shell 和命令行的用法之后，通过使用命令行进行系统配置来让读者进一步熟悉命令行，具体要求如下。

（1）理解 Shell 的概念，了解 Shell 的版本和基本用法。

（2）了解 Linux 命令行的语法格式。

（3）掌握 Linux 命令行的使用技巧。

（4）学会命令行输入输出重定向和管道操作。

（5）使用命令行设置环境变量。

（6）使用命令行配置主机名、网络连接和防火墙。

 相关知识

2.2.1 什么是 Shell

在 Linux 中，Shell 就是外壳的意思，是用户和系统交互的接口。如图 2-9 所示，Shell 提供了用户与系统内核进行交互操作的一种接口。Shell 是一种命令行方式的交互接口，接收用户输入的命令，并将其送到内核去执行。

实际上 Shell 是一个命令解释器，拥有自己内建的 Shell 命令集。用户在命令提示符后输入的命令都由 Shell 先接收并进行分析，然后传给 Linux 内核执行。执行结果返回给 Shell，由它在屏幕上显示。不管命令执行成功与否，Shell 总是会再次给出命令提示符，等待用户输入下一个命令。Shell 又是一种程序设计语言，允许用户编写由 Shell 命令组成的程序，这种程序通常称为 Shell 脚本（Shell Script）或命令文件。

图 2-9　Linux Shell 示意图

总的来说，Linux Shell 主要提供以下 3 种功能。

- 解释用户在命令提示符后输入的命令，这是最主要的功能。
- 支持个性化的用户环境设置，通常由 Shell 初始化配置文件实现。
- 编写 Shell 脚本，实现系统高级管理功能。

> **提示**　Shell 脚本是指使用 Shell 所提供的语句所编写的命令文件，又称 Shell 程序。它可以包含任意从键盘输入的 Linux 命令。Shell 脚本最基本的功能就是汇集一些在命令行中输入的连续指令，将它们写入脚本，然后直接执行脚本来启动一连串的命令行指令，如用脚本定义防火墙规则或者执行批处理任务。如果经常用到相同执行顺序的操作命令，就可以将这些命令写成脚本文件，以后要进行同样的操作时，在命令行输入该脚本文件名即可。

Shell 本身是一个用 C 语言编写的程序，虽然它不是 Linux 内核的一部分，但它调用了系统内核的大部分功能来执行程序、建立文件，并以并行方式协调各个程序的运行。因此，对于用户来说，Shell 是非常重要的实用程序，是用于与 Linux 操作系统之间交互的桥梁，用户的大部分工作是通过 Shell 完成的。

2.2.2 Shell 的版本

Shell 有多种不同版本，按照来源可以分为两大类型：一类是由贝尔实验室开发的，以 Bourne Shell（sh）为代表，与之兼容的有 Bourne Agian Shell（bash）、Korn Shell（ksh）、Z Shell（zsh）；另一类是由加州大学伯克利分校开发的，以 C Shell（csh）为代表，与之兼容的有 TENEX C Shell（tcsh）。

Ubuntu 默认使用的 Shell 程序是 bash。bash 是 Bourne Again Shell 的缩写，是 Linux 标准的默认 Shell，操作和使用非常方便。bash 基于 sh，吸收了 csh 和 ksh 的一些特性。bash 是 sh 的增强版本，完全兼容 sh，也就是说，用 sh 编写的脚本可以不加修改地在 bash 中执行。

2.2.3　Shell 的基本用法

用户进入 Linux 命令行（切换到文本模式，或者在图形用户界面中打开终端，或者远程登录到 Linux 主机）时，就已自动运行了一个默认的 Shell 程序。用户看到 Shell 的提示符，在提示符后输入一串字符，Shell 将对这一串字符进行解释。输入的这一串字符就是命令行。

使用以下命令查看当前使用的 Shell 版本。

```
tester@linuxpc1:~$ echo $SHELL
/bin/bash
```

如果安装有多种 Shell 程序，要改变当前 Shell 程序，只需在命令行中输入 Shell 名称。此时退出 Shell 程序，执行 exit 命令即可。用户可以嵌套进入多个 Shell，然后使用 exit 命令逐个退出。

建议用户使用默认的 bash，如无特别说明，本书中的命令行操作例子都是在 bash 下执行的。bash 提供了几百个系统命令，尽管这些命令的功能不同，但它们的使用方式和规则都是统一的。

Shell 中除使用普通字符外，还可以使用特殊字符，应注意其特殊的含义和作用范围。

在 Shell 中的引号有 3 种，即单引号、双引号和反引号。由单引号（'）标注的字符串视为普通字符串，包括空格、$、/、\ 等特殊字符。由双引号（"）标注的字符串，除 $、\、单引号和双引号仍作为特殊字符并保留其特殊功能外，其他字符都视为普通字符对待。\ 是转义符，Shell 不会对其后面的那个字符进行特殊处理，要将 $、\、单引号和双引号作为普通字符，在其前面加上转义符即可。由反引号（`）标注的字符串被 Shell 解释为命令行，在执行时首先执行该命令行，并以它的标准输出结果替代该命令行（反引号标注的部分，包括反引号）。

常见的其他符号有 #（注释）、|（分隔两个管道命令）、;（分隔多个命令）、~（用户的主目录）、$（变量前需要加，用于引用变量值）、&（将该符号前的命令放到后台执行），这些符号的具体使用将在涉及有关功能时介绍。

2.2.4　Linux 命令行语法格式

用户进入命令行界面时，可以看到一个 Shell 提示符（管理员为 #，普通用户为 $），提示符标识命令行的开始，用户可以在它后面输入任何命令及其选项（Option）和参数（Argument）。输入的命令必须遵循一定的语法规则，命令行中输入的第 1 项必须是一个命令的名称，从第 2 项开始是命令的选项或参数，各项之间必须由空格或制表符隔开，语法格式如下：

```
提示符　命令　选项　参数
```

有的命令不带任何选项和参数。Linux 命令行操作严格区分大小写，命令、选项和参数都是如此。

（1）选项。选项是包括一个或多个字母的代码，前面有一个"-"（短横线），主要用于改变命令执行动作的类型。例如，如果没有任何选项，ls 命令只能列出当前目录中所有文件和目录的名称；而使用带 -l 选项的 ls 命令将列出文件和目录列表的详细信息。

使用一个命令的多个选项时，可以简化输入。例如，将命令 ls -l -a 简写为 ls -la。

对于由多个字母组成的选项（长选项格式），前面必须使用"--"符号，如 ls --directory。

有些选项既可以使用短选项格式，又可以使用长选项格式，例如 ls -a 与 ls --all 意义相同。

（2）参数。参数通常是命令的操作对象，多数命令可使用参数。例如，不带参数的 ls 命令只能列出当前目录下的文件和目录，而使用参数的 ls 命令可列出指定目录或文件中的文件和目录。例如：

```
tester@linuxpc1:~$ ls snap
snap-store
```

使用多个参数的命令必须注意参数的顺序。有的命令必须带参数。

同时带有选项和参数的命令，通常选项位于参数之前。

提示　　本书约定，在具体的命令行用法中，方括号（[ ]）内的选项或参数是可选的，角括号（< >）内的选项或参数是必需的。

2.2.5 环境变量及其配置文件

与 Windows 系统下需要配置环境变量一样，在 Linux 操作系统中，很多程序和脚本都通过环境变量获取系统信息、存储临时数据、进行系统配置。环境变量用来存储有关 Shell 会话和工作环境的信息。例如设置 PATH 环境变量，当要求系统运行一个程序而没有提供它所在位置的完整路径时，系统除了在当前目录下面寻找此程序外，还会到 PATH 中指定的路径去寻找。

Ubuntu 环境变量包括系统环境变量和用户环境变量这两种类型，前者对整个系统或所有用户都有效，是全局环境变量；后者仅仅对当前用户有效，是局部环境变量。Ubuntu 提供多种环境变量配置文件来定制环境变量。

对于系统环境变量，可以使用 /etc/environment 或 /etc/profile 文件来设置。/etc/environment 设置整个系统的环境，与登录用户无关；而 /etc/profile 设置所有用户的环境，与登录用户有关。

在 Ubuntu（包括 Debain 系列的 Linux 发行版）系统中，当一个用户登录系统或使用 su 命令切换到另一个用户时，设置用户环境首先读取的文件就是 /etc/profile。在读取 /etc/profile 文件之后，用户登录系统时再读取 /etc/environment 文件中的环境变量。修改这些文件之后，可以通过 source 命令使改动的环境变量在当前 Shell 环境下立即生效，要使环境变量在其他 Shell 环境下生效，修改 /etc/profile 后，用户应重新登录，修改 /etc/environment 后应重启系统。

提示　　不建议用户通过 /etc/environment 文件来添加或修改环境变量，因为 /etc/environment 文件是面向系统的，设置出了问题影响会比较大。建议通过 /etc/profile 文件设置环境变量，这个文件作用于所有登录用户。

设置用户环境变量的配置文件主要有以下 3 种。

• ～ /.profile（～表示当前用户主目录）：每个用户都可使用该文件输入专用于当前用户的 Shell 环境变量。当用户登录时该文件仅执行一次。默认情况下，该文件设置一些环境变量，并执行用户的 .bashrc 文件。～ /.profile 文件类似于 /etc/profile，该文件修改后也需要重启系统才会生效。

• ～ /.bashrc：该文件包含专用于当前用户的 bash 环境变量，每个用户都有一个这样的文件。当用户登录时或每次打开新的 bash 时，该文件就会被读取。修改该文件不用重启系统，重新打开一个 bash 即可生效。

　　• ～/etc/bash.bashrc：该文件作用于每一个运行 bash 的用户。～/.bashrc 会调用 /etc/bash.bashrc 文件。当打开 bash 时，该文件就会被读取。修改该文件不用重启系统，任何用户打开一个新的 bash 即可生效。

　　总的来说，在 Ubuntu 计算机中登录 Shell 时，各个环境配置文件的读取顺序为：

`/etc/profile → /etc/environment → ~/.profile → ~/.bashrc → /etc/bash.bashrc`

　　当每次退出 bash 时，还要读取～/.bash_logout 文件中的设置。

　　如果同一个环境变量在用户环境变量配置文件和系统环境变量配置文件中定义有不同的值，则最终的值以用户环境变量为准。

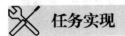
任务实现

2.2.6　巧用 Linux 命令行

　　在使用 Linux 命令行的过程中，需要掌握以下方法和技巧。

1. 编辑修改命令行

　　命令行实际上是一个可编辑的文本缓冲区，在按 <Enter> 键前，可以对输入的内容进行编辑，如删除字符、删除整行、插入字符。这样用户在输入命令的过程中出现错误，无须重新输入整个命令，只需利用编辑操作，即可改正错误。

　　有些命令的交互式操作需要用户输入内容，输入过程中按 <Ctrl>+<D> 组合键将提交一个文件结束符（End of File，EOF）以结束键盘输入。在出现命令行提示符时按 <Ctrl>+<D> 组合键相当于执行 exit 命令。

2. 清除屏幕

　　在 Windows 的磁盘操作系统（Disk Operating System，DOS）命令行界面中清除屏幕的命令是 cls，而在 Linux 命令行界面中对应的命令是 clear。执行 clear 命令将会清除屏幕，只保留一行命令提示符。也可以按 <Ctrl>+<L> 组合键来实现与 clear 命令一样的效果。

　　另外，执行 reset 命令则会完全清除终端屏幕，之前的终端输入操作信息都将被清空。

3. 自动补全命令

　　bash 具有命令自动补全功能，当用户输入了命令、文件名的一部分时，按 <Tab> 键就可将剩余部分补全；如果不能补全，再按一次 <Tab> 键就可获取与已输入部分匹配的命令或文件名列表，供用户从中选择。这个功能可以减少不必要的输入错误，非常实用。

　　例如，输入"mkd"之后连按两次 <Tab> 键，将给出可用的命令列表。

```
tester@linuxpc1:~$ mkd
mkdir    mkdosfs
```

　　输入"mkdi"之后按两次 <Tab> 键将自动补全 mkdir 命令。

```
tester@linuxpc1:~$ mkdir
```

　　再给出一个补全路径和文件名的例子。输入"ls /h"之后按 <Tab> 键，补全 /home 路径。

```
tester@linuxpc1:~$ ls /home/
```

```
tester
```

输入"ls /home/"之后按 <Tab> 键，补全其下级路径。

```
tester@linuxpc1:~$ ls /home/tester/
公共的  模板  视频  图片  文档  下载  音乐  桌面  desktop.ini  snap
```

4. 调用历史命令

用户执行过的命令保存在一个命令缓存区中，称为命令历史表。默认情况下，bash 可以存储 1 000 条历史命令。用户可以查看自己的历史命令，根据需要重新调用历史命令，以提高命令行使用效率。

按上、下方向键，便可以在命令行上逐次显示已经执行过的各条命令，用户可以修改并执行这些命令。

如果命令非常多，可使用 history 命令列出最近用过的所有命令，显示结果为历史命令加上数字编号。如果要执行其中某一条命令，可输入"! 编号"来执行该编号代表的历史命令。下面给出一个例子，显示历史命令之后，再执行其中的第 7 条历史命令。

```
tester@linuxpc1:~$ history
    1  exit
    2  uname -r
    3  gedit
(此处省略)
tester@linuxpc1:~$ !7
date
2022 年 01 月 11 日 星期二 20:57:56 CST
```

可以通过参数来限制仅显示指定数目的历史命令，例如仅显示最近 3 条历史命令。

```
tester@linuxpc1:~$ history 3
   71  history
   72  date
   73  history 3
```

5. 使用命令别名

复杂的命令可能包括多条命令、多个选项或参数，用户可以为其创建一个简单的别名来简化今后的使用。当用户使用命令别名时，系统就会自动地找到并执行该别名对应的实际命令。执行 alias 命令查询当前已经定义的命令别名列表。使用 alias 命令可以创建命令别名，使用 unalias 命令可取消指定的命令别名。使用 alias 命令创建别名的用法如下。

```
alias  命令别名 = 实际命令字符串
```

注意等号两边不能有空格，右边的命令字符串如果包含空格或特殊字符，需要用引号标注。下面给出一个创建命令别名、使用命令别名和取消命令别名的例子。

```
tester@linuxpc1:~$ alias ls-ssh="ls -la /home/tester/.ssh/"
tester@linuxpc1:~$ ls-ssh
总用量 8
drwx------  2 tester tester 4096 1 月    8 17:38 .
drwxr-xr-x 18 tester tester 4096 1 月    9 20:26 ..
tester@linuxpc1:~$ unalias ls-ssh
tester@linuxpc1:~$ ls-ssh
ls-ssh：未找到命令
```

6. 一行中使用多条命令和命令行续行

在一个命令行中可以使用多条命令，用分号";"将各条命令隔开。下面的例子一行中有两条命令，第 1 条命令列出当前目录，第 2 条命令显示当前目录。

```
tester@linuxpc1:~$ ls -l;pwd
```

也可在几个命令行中输入一条命令，用反斜线"\"将一个命令行持续到下一行。例如：

```
tester@linuxpc1:~$ ls -l -a \
> /home
总用量 12
drwxr-xr-x  3 root    root    4096 1月    5 16:56 .
drwxr-xr-x 20 root    root    4096 1月    5 16:52 ..
drwxr-xr-x 18 tester  tester  4096 1月    9 20:26 tester
```

7. 强制中断命令运行

在运行命令的过程中，可使用 <Ctrl>+<C> 组合键强制中断当前运行的命令或程序。例如，当屏幕上产生大量输出，或者等待时间太长，或者进入不熟悉的环境时，可强制中断当前命令的运行。

8. 使用 sudo 命令运行特权命令

Linux 操作系统的部分命令的执行需要 root 特权。Ubuntu 默认并未启用 root 用户账户，普通用户需要执行 root 特权的命令（会给出相应提示）时，需要在命令前加 sudo，根据提示输入正确的密码后，Ubuntu 为该用户临时授予 root 特权执行该条命令。下面给出一个简单的例子。

```
tester@linuxpc1:~$ cat /etc/shadow
cat: /etc/shadow: 权限不够
tester@linuxpc1:~$ sudo cat /etc/shadow
[sudo] tester 的密码：
root:!:18997:0:99999:7:::
daemon:*:18858:0:99999:7:::
# 以下省略
```

9. 获得联机帮助

Linux 命令非常多，许多命令有各种选项和参数，在具体使用时要善于利用相关的帮助信息。Linux 操作系统安装有联机手册（Man Pages），为用户提供命令和配置文件的详细介绍，是用户的重要参考资料。使用 man 命令可显示联机手册，基本用法如下：

```
man [选项] 命令名或配置文件名
```

运行该命令显示相应的联机手册，它提供基本的交互控制功能，如翻页查看。输入 q 命令即可退出 man 命令界面。

使用 info 命令能获取更为详细的帮助文档，其输出的页面比 man 命令的更好、更容易理解，也更友好，但内容组织成多个区段，而 man 命令更容易使用。info 命令的基本用法如下：

```
info [选项] 命令名或配置文件名
```

也可输入 q 命令退出 info 命令界面。

对于 Linux 命令，也可使用 --help 选项获取某命令的帮助信息。如要获取 cat 命令的帮助信息，可执行 cat --help 命令。

2.2.7　处理命令行输入与输出

与 DOS 类似，Shell 程序通常自动打开 3 个标准文件：标准输入文件（stdin）、标准输出文件（stdout）和标准错误输出文件（stderr）。可通过以下命令查看这 3 个文件：

```
tester@linuxpc1:~$ ls -l /dev/st*
lrwxrwxrwx 1 root root 15 1月  12 08:52 /dev/stderr -> /proc/self/fd/2
lrwxrwxrwx 1 root root 15 1月  12 08:52 /dev/stdin -> /proc/self/fd/0
lrwxrwxrwx 1 root root 15 1月  12 08:52 /dev/stdout -> /proc/self/fd/1
```

这 3 个文件默认对应的是控制终端设备，其中 stdin 的文件名为 /dev/stdin，其文件描述符为 0，一般对应终端键盘；stdout 和 stderr 的文件名分别为 /dev/stdout 和 /dev/stderr，文件描述符分别为 1 和 2，对应的是终端屏幕。默认情况下，命令从 stdin 对应的终端键盘获取输入内容，将执行结果信息输出到 stdout 对应的终端屏幕，如果有错误信息，则同时输出到 stderr 对应的终端屏幕，这就是使用标准输入输出作为命令的输入输出。但是，有时可能要改变标准输入输出，例如改为从文件获取输入内容，或者将结果输出到文件中，这就涉及重定向和管道操作。

1. 输入重定向

输入重定向主要用于改变命令的输入源，让输入不要来自键盘，而来自指定文件。输入重定向符号为"<"，基本用法如下：

命令 < 文件

例如，wc 命令用于统计指定文件包含的行数和字符数，直接执行不带参数的 wc 命令，等用户输入内容之后，按 <Ctrl>+<D> 组合键结束输入后才对输入的内容进行统计。而执行输入重定向命令可以通过文件为 wc 命令提供统计源，例如：

```
tester@linuxpc1:~$ wc < /etc/protocols
  64  474 2932
```

2. 输出重定向

输出重定向主要用于改变命令的输出，让标准输出不要显示在屏幕上，而写入指定文件中。输入重定向符号为">"，基本用法如下：

命令 > 文件

例如，ls 命令在屏幕上列出文件列表，不能保存列表信息。要将结果保存到指定的文件，就可使用输出重定向，下面的例子将当前目录中的文件列表信息写到所指定的文件中，然后查看该文件内容进行验证。

```
tester@linuxpc1:~$ ls -l > mydir.txt
tester@linuxpc1:~$ cat mydir.txt
总用量 40
drwxr-xr-x 2 tester tester 4096 1月   5 17:16 公共的
(此处省略)
-rw------- 1 tester tester  402 11月 21 09:40 desktop.ini
-rw-rw-r-- 1 tester tester    0 1月  12 10:34 mydir.txt
drwx------ 3 tester tester 4096 1月   8 17:54 snap
```

如果写入已有文件，则将该文件重写（覆盖）。要避免重写破坏原有数据，可选择追加功能，将重定向符号由">"改为">>"，下例将当前目录中的文件列表信息追加到指定文件的末尾。

```
tester@linuxpc1:~$ ls -l snap >> mydir.txt
```

以上是对标准输出来讲的,至于标准错误输出的重定向,只需要换一种符号,将"＞"改为"2＞";将"＞＞"改为"2＞＞"。将标准输出和标准错误输出重定向到同一文件,则使用符号"&＞"。下面给出一个简单的错误重定向的例子。

```
tester@linuxpc1:~$ ls work 2> myerr.txt
tester@linuxpc1:~$ cat  myerr.txt
ls: 无法访问 'work': 没有那个文件或目录
```

3. 管道
管道用于将一个命令的输出作为另一个命令的输入,使用"|"来连接命令。可以将多个命令依次连接起来,前一个命令的输出作为后一个命令的输入。基本用法如下:

命令1 | 命令2 …… | 命令n

在 Linux 命令行中,管道操作非常实用。例如,以下命令将 ls 命令的输出结果提交给 grep 命令进行搜索。

```
tester@linuxpc1:~$ ls | grep "s"
desktop.ini
snap
```

在执行输出内容较多的命令时,可以通过管道使用 more 命令进行分页显示,例如:

```
tester@linuxpc1:~$ cat /var/log/dmesg | more
```

4. 命令替换
命令替换与管道有些类似,不同的是,命令替换将一个命令的输出作为另一个命令的参数,常用命令格式为:

命令1 `命令2`

其中命令2的输出作为命令1的参数,注意这里的符号是反引号,被它标注的内容将作为命令执行,执行的结果作为命令1的参数。例如,以下命令将 pwd 命令列出的目录作为 ls 命令的参数,结果是显示当前目录下的文件。

```
tester@linuxpc1:~$ pwd
/home/tester
tester@linuxpc1:~$ ls `pwd`
公共的模板视频图片文档下载音乐桌面  desktop.ini  mydir.txt  myerr.txt  snap
tester@linuxpc1:~$ ls `pwd`/snap
snap-store
```

命令替换也可以改为"$()"来实现,基本用法如下:

命令1 $(命令2)

不过,"$()"并不是所有的 Shell 都支持。

2.2.8　查看和设置环境变量

用户可直接引用环境变量,也可修改环境变量来定制运行环境。

1. 查看环境变量
常用的环境变量有 PATH（可执行命令的搜索路径）、HOME（用户主目

微果2-6

查看和设置环境
变量

Ubuntu Linux 操作系统（项目式微课版）

录）、LOGNAME（当前用户的登录名）、HOSTNAME（主机名）、PS1（当前命令提示符）、SHELL（用户当前使用的 Shell）等。

要引用某个环境变量，在其前面加上"$"。使用 echo 命令查看单个环境变量，例如：

```
tester@linuxpc1:~$ echo $PATH
/usr/local/sbin:/usr/local/bin:/usr/sbin:/usr/bin:/sbin:/bin:/usr/games:/
usr/local/games:/snap/bin
```

执行不带选项或参数的 env 命令可以查看所有环境变量。

使用 printenv 命令查看指定环境变量（不用加 $）的值，例如：

```
tester@linuxpc1:~$ printenv PATH
/usr/local/sbin:/usr/local/bin:/usr/sbin:/usr/bin:/sbin:/bin:/usr/games:/
usr/local/games:/snap/bin
```

2. 设置临时的环境变量

使用 export 临时设置的环境变量，不会永久保存。下面给出一个简单的例子。

```
tester@linuxpc1:~$ export CLASS_PATH=./JAVA_HOME/lib:$JAVA_HOME/jre/lib
tester@linuxpc1:~$ echo $CLASS_PATH
./JAVA_HOME/lib:/jre/lib
```

可以在设置环境变量时引用已有的环境变量，例如：

```
tester@linuxpc1:~$ export PATH="$PATH:./JAVA_HOME/lib:$JAVA_HOME/jre/lib"
tester@linuxpc1:~$ printenv PATH
/usr/local/sbin:/usr/local/bin:/usr/sbin:/usr/bin:/sbin:/bin:/usr/games:/
usr/local/games:/snap/bin:./JAVA_HOME/lib:/jre/lib
```

也可以通过直接赋值来添加或修改某个环境变量，此时环境变量不用加上"$"，如默认历史命令记录数量为 1000，要修改它，只需在命令行中为其重新赋值。例如：

```
tester@linuxpc1:~$ HISTSIZE=1010
tester@linuxpc1:~$ echo $HISTSIZE
1010
```

这些临时设置的环境变量只在当前的 Shell 环境中有效。要使设置的环境变量永久保存，应当使用配置文件。

3. 编辑环境变量配置文件

可在环境变量配置文件中使用 export 命令新增、修改或删除环境变量。下面给出的例子在 /etc/profile 文件中修改环境变量，并验证效果。

（1）执行以下命令编辑 /etc/profile 文件。

```
tester@linuxpc1:~$ sudo nano /etc/profile
[sudo] tester 的密码：
```

根据提示输入密码，打开 Nano 编辑器编辑 /etc/profile 文件，在末尾加上一行定义：

```
export PATH="$PATH:./JAVA_HOME/lib:$JAVA_HOME/jre/lib"
```

（2）保存该文件并退出 Nano 编辑器。

（3）执行命令查看修改后的 PATH 环境变量，结果发现其并未生效。

```
tester@linuxpc1:~$ printenv PATH
/usr/local/sbin:/usr/local/bin:/usr/sbin:/usr/bin:/sbin:/bin:/usr/games:/
usr/local/games:/snap/bin
```

（4）执行以下命令使 /etc/profile 中修改的环境变量立即生效。

```
tester@linuxpc1:~$ source /etc/profile
```

（5）再次查看修改的 PATH 环境变量，结果发现其已经生效。

```
tester@linuxpc1:~$ printenv PATH
/usr/local/sbin:/usr/local/bin:/usr/sbin:/usr/bin:/sbin:/bin:/usr/games:/
usr/local/games:/snap/bin:./JAVA_HOME/lib:/jre/lib
```

注意 新的环境变量只能在当前的终端环境中生效，打开新的 Shell 终端时，它在新的终端环境中是不生效的。因此要使 /etc/profile 环境变量全局生效，只有注销之后重新登录或者直接重启系统。

2.2.9 使用命令行进行网络配置

微课2-7

为进一步熟悉命令行操作，下面示范使用命令行进行网络配置。Ubuntu 桌面版的网络配置比较简单。

使用命令行进行
网络配置

1. 设置主机名

主机名是标识网络上设备的标签，同一网络上不应有多台具有相同主机名的计算机。安装好 Ubuntu 操作系统后，可以根据需要更改主机名，通常使用功能比较强的 hostnamectl 命令。执行该命令不带任何参数的情况下，会显示主机名及其系统信息。

```
tester@linuxpc1:~$ hostnamectl
    Static hostname: linuxpc1
          Icon name: computer-vm
            Chassis: vm
         Machine ID: 113e669ec2444d2a81d7f1ff255dca0c
            Boot ID: 2918af06c80a42c89748fe83b72ba99a
     Virtualization: vmware
   Operating System: Ubuntu 20.04.3 LTS
             Kernel: Linux 5.11.0-46-generic
       Architecture: x86-64
```

我们所说的主机名实际上是指静态主机名（Static Hostname），使用 set-hostname 子命令可以更改主机名，下面的例子更改主机名后再使用 hotsname 命令查看当前主机名进行验证。

```
tester@linuxpc1:~$ hostnamectl set-hostname pc1.abc.com
tester@linuxpc1:~$ hostname
pc1.abc.com
```

请读者将主机名改回原来的主机名。

2. 配置网络连接

新版本的 Ubuntu 的网卡设备命名方式有所变化，采用一致性网络设备命名，可以基于固件、拓扑、位置信息来设置固定名称，由此带来的好处是命名自动化，名称完全可预测，硬件因故障更换也不会影响设备的命名，可以让硬件更换无缝过渡。但不足之处是比传统的命名格式更难读。这种命名格式为：网络类型＋设备类型编码＋编号。例如，ens33 表示一个以太网卡（en），使用的编号是板载设备索引号，设备类型编码是 s，编号是 33。前两个字符表示网络类型，如 en 表示以太网（Ethernet），wl 表示无线局域网（Wireless Local Area Network，WLAN），ww 表示无线广域网（Wireless Wide Area Network，WWAN）；第 3 个字符代表设备类型，如 o 表示板载设备索引号，s 表示热插拔插槽索引号；后面的编号来自设备。

新版本的 Ubuntu 桌面版默认的网络服务由 NetworkManager 提供，这是一个动态控制和配置网络的守护进程，用于保持当前网络设备及连接处于工作状态，同时也支持传统的 ifcfg 类型配置文件。NetworkManager 可以用于以太网、虚拟局域网、桥接、Wi-Fi、移动宽带等网络连接的配置管理。NetworkManager 可以配置网络别名、IP 地址、静态路由、DNS、虚拟专用网络（Virtual Private Network，VPN）连接以及其他特殊参数。

NetworkManager 有自己的命令行工具 nmcli。使用它可以查询网络连接的状态，也可以用来管理网络连接。nmcli 的语法格式为：

```
nmcli [OPTIONS] OBJECT { COMMAND | help }
```

其中 OPTIONS 表示选项，OBJECT 表示操作对象，COMMAND 表示操作命令，如果使用 help 命令将显示帮助信息。OBJECT 和 COMMAND 可以用全称也可以用简称，最少可以只用一个字母，建议用前 3 个字母。

NetworkManager 提供的连接是一组网络配置设置，一个设备可以配置多个连接，根据需要在连接之间便捷切换。比如，一个网卡可以设置用于静态 IP 地址和动态 IP 地址的不同连接，再根据需要激活其中一个连接。

接下来示范通过命令行配置网络连接。通常先使用 ip 命令查看要配置的网卡。这个命令替代传统的 ifconfig 和 route 命令。其 address（可简写为 addr，甚至可简写为 a）子命令主要用于查看或设置与 IP（或 IPv6）有关的各项参数。

（1）执行以下命令查看当前的网络配置信息。

```
tester@linuxpc1:~$ ip addr
1: lo: <LOOPBACK,UP,LOWER_UP> mtu 65536 qdisc noqueue state UNKNOWN group
default qlen 1000
    link/loopback 00:00:00:00:00:00 brd 00:00:00:00:00:00
    inet 127.0.0.1/8 scope host lo
       valid_lft forever preferred_lft forever
    inet6 ::1/128 scope host
       valid_lft forever preferred_lft forever
2: ens33: <BROADCAST,MULTICAST,UP,LOWER_UP> mtu 1500 qdisc fq_codel state
UP group default qlen 1000
    link/ether 00:0c:29:51:5c:91 brd ff:ff:ff:ff:ff:ff
    altname enp2s1
    inet 192.168.10.101/24 brd 192.168.10.255 scope global noprefixroute
ens33
       valid_lft forever preferred_lft forever
    inet6 fe80::5b0d:55dd:cefb:2ea/64 scope link noprefixroute
       valid_lft forever preferred_lft forever
```

以上显示的是当前已有的网卡的设备信息、IP 地址、广播地址以及其他的地址属性。可以发现本地的网卡名称为 ens33。

（2）执行以下命令显示当前的所有网络连接。

```
tester@linuxpc1:~$ nmcli connection show
```

```
NAME        UUID                                         TYPE       DEVICE
有线连接 1  ae0bdb01-4e01-3982-99de-3d612b76104e         ethernet   ens33
```

例中名为"有线连接 1"（Wired Connection 1）的连接有一个通用唯一识别码（Universally Unique Identifer，UUID），类型（TYPE）为以太网，它所绑定的设备是名为 ens33 的网卡。

（3）执行以下命令查看有线连接 1 的详细信息。由于连接名称中有空格，可以使用双引号标注，当然还可以使用 UUID 来指定连接。

```
tester@linuxpc1:~$ nmcli connection show "有线连接 1"
（此处省略）
IP4.ADDRESS[1]:         192.168.10.101/24
IP4.GATEWAY:            192.168.10.2
IP4.ROUTE[1]:           dst = 192.168.10.0/24, nh = 0.0.0.0, mt = 100
IP4.ROUTE[2]:           dst = 169.254.0.0/16, nh = 0.0.0.0, mt = 1000
IP4.ROUTE[3]:           dst = 0.0.0.0/0, nh = 192.168.10.2, mt = 100
IP4.DNS[1]:             192.168.10.2
```

可以查看该连接的 IP 地址（IP4.ADDRESS[1]）、网关（IP4.GATEWAY）和 DNS 设置（IP4.DNS[1]）。

（4）使用 modify 子命令修改连接设置，例如：

```
tester@linuxpc1:~$ nmcli connection modify "有 线 连 接 1" ipv4.addr
192.168.1.120/24
```

（5）执行以下命令激活该连接，使修改的设置生效。

```
tester@linuxpc1:~$ nmcli connection up  "有线连接 1"
```

可以使用 ip a 命令来验证 IP 地址的修改。请读者将该连接的 IP 地址改为原来的 192.168.10.101/24。

（6）执行以下命令创建一个名为 Dhcp 的新连接，未带任何 IP 参数，IP 地址会通过动态主机配置协议（Dynamic Host Configuration Protocol，DHCP）自动获取。

```
tester@linuxpc1:~$nmcliconnectionaddcon-name Dhcp type Ethernet ifname ens33
连接 "Dhcp" (a543baed-d450-4135-ab85-baf81f798fa7) 已成功添加
```

（7）查看当前的网络连接，可以发现新连接 Dhcp 的 DEVICE 列值为空，说明它没有与网卡绑定，并未生效。

```
tester@linuxpc1:~$ nmcli connection show
NAME        UUID                                         TYPE       DEVICE
有线连接 1  ae0bdb01-4e01-3982-99de-3d612b76104e         ethernet   ens33
Dhcp        a543baed-d450-4135-ab85-baf81f798fa7         ethernet   --
```

（8）执行以下命令激活名为 Dhcp 的连接，使其设置生效。

```
tester@linuxpc1:~$ nmcli connection up  Dhcp
连接已成功激活（D-Bus 活动路径：/org/freedesktop/NetworkManager/ActiveConnection/6)
```

（9）可以使用 ip a 命令验证 IP 地址是否通过 DHCP 动态获取。

```
inet 192.168.10.128/24 brd 192.168.10.255 scope global dynamic noprefixroute ens33
```

提示

一个网卡如果配置有多个连接，同一时间内只能绑定一个连接，系统启动时则根据连接的优先级来确定到底绑定哪个连接。优先级由 connection.autoconnect-priority 属性值确定，数值越大优先级越高。新创建的连接默认优先级为 0，而 Ubuntu 安装过程中为网卡自动创建的连接的优先级为 -999。本例需要系统启动后改回原来的连接，执行以下命令提升其优先级：

```
nmcliconnectionmodify" 有线连接 1" connection.autoconnect-priority 10
```

3. 配置防火墙

UFW 是一种易于使用且可靠的防火墙，支持 Ubuntu 的 IPv4 和 IPv6 版本。防火墙配置的更改需要 root 特权。

执行以下命令检查 UFW 的当前状态：

```
tester@linuxpc1:~$ sudo ufw status
[sudo] tester 的密码：
状态：不活动
```

结果表明当前没有启用 UFW。

执行以下命令启用 UFW：

```
tester@linuxpc1:~$ sudo ufw enable
在系统启动时启用和激活 UFW
```

一般使用端口号或服务名来定义防火墙规则。下面的命令定义规则，允许从外部访问本机的超文本传送协议（Hypertext Transfer Protocol，HTTP）服务。

```
tester@linuxpc1:~$ sudo ufw allow http
规则已添加
规则已添加 (v6)
```

再次检查 UFW 的当前状态，可以发现 HTTP 对应的 80 端口已经开放。

```
tester@linuxpc1:~$ sudo ufw status
状态：激活
至                          动作            来自
-                          --             --
22/tcp                     ALLOW          Anywhere
80/tcp                     ALLOW          Anywhere
22/tcp (v6)                ALLOW          Anywhere (v6)
80/tcp (v6)                ALLOW          Anywhere (v6)
```

最后执行以下命令禁用 UFW：

```
tester@linuxpc1:~$ sudo ufw disable
UFW 在系统启动时自动禁用
```

任务 2.3 熟悉命令行文本编辑器

任务要求

Linux 操作系统配置需要编辑大量的配置文件，在图形用户界面中编辑这些文件很简单，通常使用类似于 Windows 记事本的 gedit。管理员往往要在文本模式下操作，这就需要熟练掌握命令行文本编辑器。Vim 和 Nano 是两个主流的命令行文本编辑器。Nano 编辑器使用的是特殊的终端用户界面。文本模式下编辑文件时还有中文显示与中文输入的问题。本任务的具体要求如下。

（1）掌握 Vim 编辑器的用法。

（2）掌握 Nano 编辑器的用法。

（3）了解终端用户界面。

（4）解决文本模式下的中文显示和输入问题。

相关知识

2.3.1 Vim 编辑器

Vi 是一个功能强大的文本模式全屏幕编辑器，也是 UNIX/Linux 平台上非常通用、非常基本的文本编辑器，Ubuntu 提供的版本为 Vim，Vim 相当于 Vi 的增强版本。掌握 Vim 对于 Linux 操作系统管理员来说是必需的。

1. Vim 操作模式

Vim 分为以下 3 种操作模式，代表不同的操作状态，熟悉这一点尤为重要。

• 命令模式（Command Mode）：输入的任何字符都作为命令（指令）来处理。

• 插入模式（Insert Mode）：又称编辑模式，输入的任何字符都作为插入的字符来处理。

• 末行模式（Last Line Mode）：执行文件级或全局性操作，如保存文件、退出编辑器、设置编辑环境等。

命令模式下可控制屏幕光标的移动、行编辑（删除、移动、复制），输入相应的命令可进入插入模式。进入插入模式的命令有以下 6 个。

• a：从当前光标位置右边开始输入下一字符。

• A：从当前光标所在行的行尾开始输入下一字符。

• i：从当前光标位置左边插入新的字符。

• I：从当前光标所在行的行首开始插入字符。

• o：从当前光标所在行新增一行并进入插入模式，光标移到新的一行行首。

• O：从当前光标所在行上方新增一行并进入插入模式，光标移到新的一行行首。

从插入模式切换到命令模式，只需按 <Esc> 键。

命令模式下输入 ":" 切换到末行模式，从末行模式切换到命令模式，也需按 <Esc> 键。

如果不知道当前处于哪种模式，可以直接按 <Esc> 键确认进入命令模式。

2. 打开 Vim 编辑器

在命令行中输入 vi 命令即可进入 Vim 编辑器，如图 2-10 所示。

这里没有指定文件名，将打开一个新文件，保存时需要给出一个明确的文件名。如果给出指

图 2-10　Vim 编辑器

定文件名，如 vi filename，将打开指定的文件。如果指定的文件名不存在，则打开一个新文件，保存时使用该文件名。

对于普通用户来说，如果要将编辑的文件保存到个人主目录之外的目录，需要 root 特权，这时就要使用 sudo 命令，如 sudo vi。要修改一些配置文件，往往需要加上 sudo 命令。

3. 编辑文件

刚进入 Vim 之后处于命令模式下，不要急着用上、下、左、右方向键移动光标，而是要输入 a、i、o 中的任一字符（用途前面有介绍）进入插入模式，正式开始编辑。

在插入模式下只能进行基本的字符编辑操作，可使用键盘操作键（非 Vim 命令）打字、删除、退格、插入、替换、移动光标、翻页等。

其他一些编辑操作，如整行操作、区块操作，需要按 <Esc> 键回到命令模式中进行。实际应用中插入模式与命令模式之间的切换非常频繁。下面列出常见的 Vim 编辑命令。

（1）移动光标。可以直接用键盘上的方向键来上、下、左、右移动，但正规的 Vim 的用法是用小写英文字母 h、j、k、l，分别控制光标左、下、上、右移一格。其他常用的光标操作如下：

- 按 <Ctrl>+<B> 组合键上翻一页，按 <Ctrl>+<F> 组合键下翻一页；
- 按 <0> 键移到光标所在行行首，按 <$> 键移到该行行尾，按 <w> 键光标跳到下个单词开头；
- 按 <G> 键移到文件最后一行，按 <n G> 键（n 为数字，下同），移到文件第 n 行。

（2）删除。

- 字符删除：按 <x> 键向后删除一个字符；按 <n x> 键，向后删除 n 个字符。
- 行删除：按 <dd> 键删除光标所在行；按 <n dd> 键，从光标所在行开始向下删除 n 行。

（3）复制。

- 字符复制：按 <y> 键复制光标所在字符，按 <yw> 键复制从光标所在处到字尾的字符。
- 行复制：按 <yy> 键复制光标所在行；按 <n yy> 键，复制从光标所在行开始往下的 n 行。

（4）粘贴。删除和复制的内容都将放到内存缓冲区。使用命令 p 将缓冲区内的内容粘贴到光标所在位置。

（5）查找字符串。

- /关键字：先按 </> 键，再输入要寻找的字符串，然后按 <Enter> 键向下查找字符串。
- ?关键字：先按 <?> 键，再输入要寻找的字符串，然后再按 <Enter> 键向上查找字符串。

（6）撤销或重复操作。如果误操作一个命令，按 <u> 键恢复到上一次操作。按 <.> 键可以重复执行上一次操作。

4. 保存文件和退出 Vim

保存文件和退出 Vim 要进入末行模式才能操作。

- :w filename：将文件存入指定的文件 filename。
- :wq：将文件以当前文件名保存并退出 Vim 编辑器。
- :w：将文件以当前文件名保存并继续编辑。
- :q：退出 Vim 编辑器。
- :q!：不保存文件并强行退出 Vim 编辑器。
- :qw：保存文件并退出 Vim 编辑器。

5. 其他全局性操作

在末行模式下还可执行以下操作。

- 列出行号：输入 set nu，按 <Enter> 键，在文件的每一行前面都会列出行号。
- 跳到某一行：输入数字，再按 <Enter> 键，就会跳到该数字指定的行。
- 替换字符串：输入"范围 / 字符串 1/ 字符串 2/g"，可将文件中指定范围的字符串 1 替换为字符串 2，g 表示替换不必确认；如果将 g 改为 c，则在替换过程中要求确认是否替换。范围使用"m,ns"的形式表示从 *m* 行到 *n* 行，对于整个文件，则可表示为"1,$s"。

6. 多文件操作

要将某个文件的内容复制到另一个文件中当前光标处，可在末行模式下执行命令 :r filename，filename 的内容将粘贴进来。要同时打开多个文件，启动时加上多个文件名作为参数，如 vi filename1 filename2。打开多个文件之后，在末行模式下可以执行命令 :next 和 :previous 在文件之间切换。

2.3.2 终端用户界面

除了图形用户界面（GUI）和命令行界面（CLI）之外，还有一种特殊的终端用户界面（Terminal User Interface，TUI）。

早期的计算机使用 CLI，在 GUI 出现之前，TUI 在终端中提供了一种非常基本的图形交互方式，让用户拥有更佳的视觉效果，并且可以使用鼠标和键盘与应用程序进行交互。Nano 编辑器就是典型的 TUI 应用程序，如图 2-11 所示。NetworkManager 的 nmtui 网络管理工具采用的也是 TUI，如图 2-12 所示。

图 2-11　Nano 编辑器

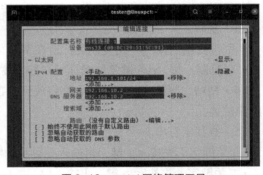

图 2-12　nmtui 网络管理工具

TUI 应用程序实质上还是 CLI 应用程序，仅在终端中使用，在命令行中执行具体的 TUI 应用程序即可打开其界面。

TUI 又被称为文本用户界面（Text-based User Interface）。在屏幕和 TUI 中显示的是文本，其中的图形也是通过文本字符实现的。

任务实现

2.3.3　使用 Vim 编辑配置文件

多数情况下，Vim 用于编辑 Linux 操作系统的各种配置文件。这里以编辑 SSH 服务器主配置文件 /etc/ssh/sshd_config 为例，其 PermitEmptyPasswords 选项值默认为 no，表示不允许用密码为空的账户登录，这里将该值修改为 yes。

确认当前已经安装 openssh-server。

（1）在命令行中执行以下命令，根据提示输入密码，打开 Vim 编辑器，查看和编辑 /etc/ssh/sshd_config。

```
tester@linuxpc1:~$ sudo vi /etc/ssh/sshd_config
```

（2）默认处于命令模式，按 <Ctrl>+<F> 组合键下翻一页，直至文档末尾；再按 <Ctrl>+<B> 组合键上翻一页，直至文档首部。

（3）按 </> 键，接着输入要寻找的字符串"Empty"，再按 <Enter> 键向下查找字符串，定位到下列行：

```
#PermitEmptyPasswods no
```

（4）此时仍处于命令模式，将光标移动到行首，按 <Delete> 键删除"#"。

（5）将光标移动到行末的"no"字符串前面，按 <a> 键进入插入模式，在当前光标右侧输入"yes"字符串。

（6）按 <Esc> 键切换到命令模式，连按两次 <X> 键删除"no"字符串。

（7）输入":"符号切换到末行模式，再输入"wq"字符串，保存该文件并退出 Vim 编辑器。如果需要使修改的配置生效，则要重新启动 sshd.service 服务。

2.3.4 使用 Nano 编辑配置文件

Nano 是一个终端用户界面的文本编辑器，比 Vi 和 Vim 要简单得多，比较适合 Linux 初学者使用，目前大部分 Linux 发行版都开始预装 Nano。执行 nano 命令打开文本文件之后即可直接编辑。这里简单示范一下编辑 /etc/ssh/sshd_config 文件，将 PermitEmptyPasswords 选项值改为默认的 no。

（1）在命令行中执行以下命令，根据提示输入密码，打开 Nano 编辑器，查看和编辑 /etc/ssh/sshd_config，如图 2-13 所示。

```
tester@linuxpc1:~$ sudo nano /etc/ssh/sshd_config
```

（2）默认处于文档编辑状态，并给出了当前可用的组合键。组合键中的 ^ 表示 <Ctrl> 键，如 ^O 就是 <Ctrl>+<O> 组合键；M- 表示 <Alt> 键，如 M-U 表示 <Alt>+<U> 组合键。

（3）按 <Ctrl>+<G> 组合键打开 Nano 编辑器的帮助文档，可查看详细的操作说明。按 <Ctrl>+<X> 组合键关闭帮助文档。

（4）尝试使用翻页键快速浏览要编辑的文档，或者使用鼠标快速定位。

（5）按 <Ctrl>+<W> 组合键在当前页尾出现搜索提示符，如图 2-14 所示，接着输入要寻找的字符串"Empty"，再按 <Enter> 键查找字符串，定位到下列行：

```
PermitEmptyPasswods yes
```

（6）通过方向键或鼠标将当前光标移动到"yes"处，将其更改为"no"字符串。

（7）按 <Ctrl>+<O> 组合键输入要写入的文件名，按 <Enter> 键保存当前文档。

（8）按 <Ctrl>+<X> 组合键退出 Nano 编辑器。

图 2-13　编辑 /etc/ssh/sshd_config　　　　　　图 2-14　在 Nano 编辑器中进行搜索

2.3.5　解决文本模式下的中文显示和输入问题

微课2-9

解决文本模式下的中文显示和输入问题

在 Ubuntu 安装过程中，如果选择的语言是中文，这样在完成安装后，系统默认的语言将会是中文。即使安装有中文语言包，在文本模式下也无法正常显示中文信息，更不能输入中文，中文字符通常以菱形字符显示。例如，在文本模式下运行的 Nano 编辑器界面如图 2-15 所示。下面先示范解决中文显示乱码问题的 3 种方法，然后解决文本模式下的中文输入问题。

1. 修改 LANGUAGE 环境变量

Ubuntu 安装过程选择中文语言之后，与语言相关的两个环境变量值如下。

```
tester@linuxpc1:~$ printenv LANGUAGE LANG
zh_CN:zh
zh_CN.UTF-8
```

其中 LANGUAGE 用于设置应用程序的界面语言，LANG 用于指定所有与 locale（用于定义运行时环境）有关的变量的默认值。这里只需将 LANGUAGE 的值修改为 en_US:en。

```
tester@linuxpc1:~$ export LANGUAGE=en_US:en
```

在文本模式下打开 Nano 编辑器进行测试，如图 2-16 所示，可以发现乱码显示正常了，只是全部变为英文，因为当前的应用程序界面语言被修改了。

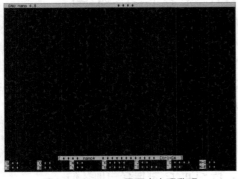
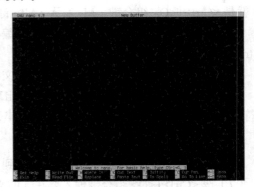

图 2-15　Nano 界面中出现乱码　　　　　　　图 2-16　Nano 界面变成英文

这里只是临时修改了应用程序界面语言，当然也可以修改环境变量配置文件 /etc/environment 或 Ubuntu 的语言配置文件 /etc/default/locale 来永久性修改应用程序界面语言。

2. 改用远程客户端显示中文

可以通过终端仿真应用程序（如 PuTTY 和 SecureCRT）远程登录到 Ubuntu 计算机，这样在命令行下执行有中文输出的命令就不会显示乱码。例如，通过 PuTTY 登录到 Ubuntu 计算机，打开 Nano 编辑器进行测试，如图 2-17 所示，可以发现能够正常显示中文界面。

这是因为在这些终端程序中，界面配置的字体编码为 UTF-8，仍然采用 Ubuntu 默认的 zh_CN.UTF-8 编码，但在此类终端中经过编码

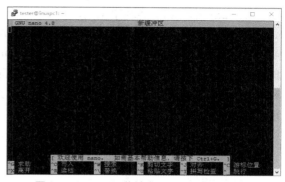

图 2-17 PuTTY 终端中 Nano 正常显示中文

修正后正确显示出来。在 PuTTY 终端中也能够利用 PuTTY 所在的操作系统环境输入中文。

3. 在文本模式下使用终端仿真器显示中文

安装第三方中文显示终端仿真器程序，现在比较流行的是 fbterm。这相当于给 Ubuntu 操作系统增加了中文工具。具体操作步骤如下。

（1）将软件安装源改为国内的阿里云镜像。通过图形用户界面的"软件和更新"程序将 Ubuntu 操作系统的默认下载服务器（未提供 fbterm 安装源）进行更改，如图 2-18 所示。

（2）执行以下命令安装 fbterm 软件包。

```
tester@linuxpc1:~$ sudo apt install fbterm
```

（3）执行以下命令将 tester 用户加入 video 组。

```
tester@linuxpc1:~$ sudo adduser tester video
```

（4）执行以下命令修改 /usr/bin/fbterm 文件的执行权限。

```
tester@linuxpc1:~$ sudo chmod u+s /usr/bin/fbterm
```

这样普通用户无须使用 sudo 命令就能执行 fbterm 命令。

（5）在文本模式下执行 fbterm 命令，进入 fbterm 控制台。

（6）执行 nano 命令打开 Nano 编辑器进行测试，如图 2-19 所示，可以发现能够正常显示中文界面。

图 2-18 将软件安装源改为阿里云镜像

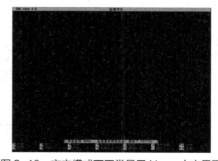

图 2-19 文本模式下正常显示 Nano 中文界面

（7）退出 Nano 编辑器。

（8）按 <Ctrl>+<Alt>+<E> 组合键退出 fbterm 控制台，回到文本模式。

fbterm 控制台的功能很强，运行 fbterm 之后即在用户主目录下生成 .fbtermrc 配置文件，通过修改该配置文件可以调整字体样式、大小、颜色的设置。

4. 在文本模式下实现中文输入

fbterm 控制台解决了文本模式下的中文显示问题，要输入中文，还需要安装和配置中文输入软件。通常使用小企鹅输入法 fcitx 来实现 Linux 文本模式下的中文输入。fcitx 是一个支持扩展的输入法框架，本身的核心实现很简单，但是插件提供强大的功能，使用输入法引擎来支持不同种类的语言。如加挂五笔、拼音等输入法就可以方便地输入中文。下面示范 fcitx 的安装和配置，前提是已经安装 fbterm。

fcitx 的安装和配置可以在 Ubuntu 桌面版的终端窗口中进行。

（1）安装 fcitx 软件。

```
tester@linuxpc1:~$ sudo apt install fcitx
```

（2）安装拼音、五笔输入法。

```
tester@linuxpc1:~$ sudo apt install fcitx-frontend-fbterm
```

（3）编辑 fbterm 配置文件 ~/.fbtermrc，修改其中的 input-method 参数值：

```
input-method=fcitx-fbterm
```

（4）编辑用户环境变量配置文件 ~/.bashrc，在最后一行加入如下语句：

```
alias fbterm='LANG=zh_CN.UTF-8 LC_ALL=zh_CN.UTF-8 fbterm -i fcitx-fbterm'
```

这个语句定义一个名为 fbterm 的命令别名，为 fbterm 控制台定义环境。

（5）重启 Ubuntu 操作系统。

（6）切换到文本模式（例如按 <Ctrl>+<Alt>+<F2> 组合键）进行测试。

登录之后先执行 fbterm 命令启动，接着再执行 fcitx 命令加挂中文输入法。如果显示"X11未初始化"的提示信息，按 <Ctrl>+<C> 组合键中止即可，不影响中文输入法的使用。

按 <Ctrl>+ 空格组合键在中文和英文输入法之间进行切换。中文输入状态如图 2-20 所示。注意，有时按该组合键切换中英文输入时会出现两个问号，可以考虑按 <Shift> 键来进行中英文输入切换。

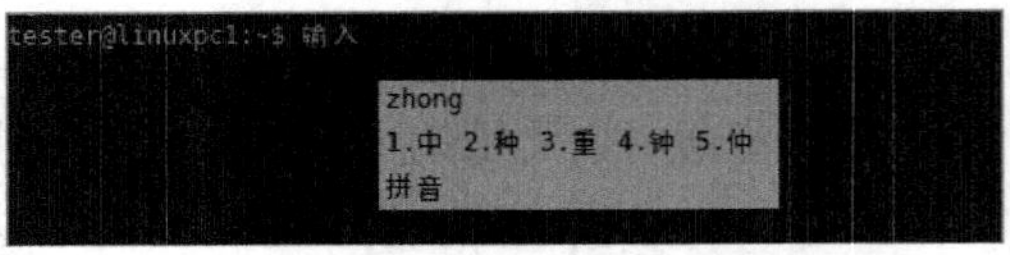

图 2-20　文本模式下的中文输入

当前处于 fbterm 控制台下，如果要切换到系统的其他控制台，需要按 <Ctrl>+<Alt>+<E> 组合键退出 fbterm 控制台，回到正常的文本模式。

> **提示**　生产环境中的 Linux 服务器通常采用文本模式，就国内应用来说，中文输入和显示很有必要。另外，一些自主可控的国产计算机，如龙芯电脑，需要运行文本模式的 Linux 操作系统时，就需要解决中文输入和显示问题。打造国产操作系统，推动信息技术应用创新产业发展。

项目小结

在熟悉命令的前提下，使用命令行界面往往要比使用图形用户界面的操作速度快。因此图形用户界面的操作系统都保留着可选的命令行界面。Linux 擅长快速、批量、自动化、智能化管理系统及处理业务，尤其是系统的配置管理和运维，这方面主要得益于其功能强大的命令行工具。通过本项目的实施，读者应当熟悉 Ubuntu 的命令行界面，初步掌握 Ubuntu 的命令行操作，后续项目中的配置管理任务主要是通过命令行操作完成的。

课后练习

一、选择题

1. 以下关于 Linux 命令行界面的说法中，不正确的是（　　　）。
   A. 桌面环境中的终端窗口也是命令行界面
   B. 一般情况下命令行的操作效率高于图形用户界面的操作效率
   C. SSH 远程登录的是命令行界面
   D. 远程桌面客户端登录的是命令行界面

2. 启动 Ubuntu 桌面版，接着登录到图形用户界面之后，占用的控制台是（　　　）。
   A. tty1　　　　　　　B. tty2　　　　　　　C. tty3　　　　　　　D. tty0

3. 管理员用户登录 Ubuntu 计算机之后，默认的命令提示符为（　　　）。
   A. ~　　　　　　　　B. #　　　　　　　　C. $　　　　　　　　D. @

4. 在 Ubuntu 计算机中登录 Shell 时，首先读取的环境配置文件是（　　　）。
   A. /etc/profile　　　B. /etc/environment　　C. ~/.profile　　　D. ~/.bashrc

5. Shell 命令运行过程中需要强制中断运行，可以按组合键（　　　）。
   A. <Ctrl>+<D>　　B. <Ctrl>+<L>　　C. <Ctrl>+<C>　　D. <Ctrl>+<P>

6. bash 具有命令自动补全功能，这需要用到（　　　）键。
   A. Alt　　　　　　　B. Shift　　　　　　C. Ctrl　　　　　　D. Tab

7. 要将屏幕输出追加到指定文件的末尾，可以使用的操作符是（　　　）。
   A. >　　　　　　　　B. >>　　　　　　　C. <　　　　　　　D. <<

8. 在 Vim 编辑器中从命令模式进入末行模式需要输入（　　　）符号。
   A. :　　　　　　　　B. a　　　　　　　　C. ?　　　　　　　D. /

9. 在 Vim 编辑器的命令模式中输入（　　　）不会进入插入模式。
   A. a　　　　　　　　B. I　　　　　　　　C. O　　　　　　　D. e

10. 以下关于 TUI 的说法中，不正确的是（　　　）。
    A. TUI 应用程序是基于命令行界面的
    B. TUI 的图形通过文本字符实现
    C. TUI 应用程序是基于图形用户界面的
    D. 要在命令行中启动 TUI 应用程序

二、简答题

1. 为什么要学习命令行？
2. 什么是 Shell？它有什么作用？
3. 环境变量分为哪两种类型？如何设置环境变量？
4. 简述命令行命令的语法格式。
5. 管道有什么作用？
6. 简述输入与输出重定向的作用。
7. 命令替换有什么作用？如何进行命令替换？
8. 远程登录和远程桌面有什么不同？

项目实训

实训 1　Ubuntu 文本模式与图形用户界面的切换

实训目的

（1）熟悉 Ubuntu 虚拟控制台。

（2）掌握文本模式与图形用户界面的切换。

实训内容

（1）在图形用户界面中切换到文本模式。

（2）在文本模式中返回到已登录的图形用户界面。

（3）切换到交互式登录图形用户界面。

（4）执行 who 命令查看当前登录情况。

实训 2　熟悉 Ubuntu 命令行的基本操作

实训目的

（1）熟悉命令语法格式。

（2）熟悉命令行的基本用法。

实训内容

（1）编辑修改命令行。

（2）自动补全命令。

（3）调用历史命令。

（4）命令行续行。

（5）强制中断命令运行。

（6）输入重定向与输出重定向。

（7）管道操作。

（8）命令替换。

实训 3　使用 Vim 编辑器

实训目的

（1）熟悉 Vim 编辑器的 3 种操作模式。

（2）熟悉字符编辑操作。

（3）掌握文件的打开和保存。

实训内容

（1）执行 vi 命令进入 Vim 编辑器，打开一个新文件。

（2）输入 a、i、o 中的任一字符进入插入模式。

（3）字符编辑操作：移动光标、字符删除与行删除、字符复制与行复制、粘贴、查找字符串。

（4）撤销或重复操作。

（5）按 <Esc> 键进入命令模式。

（6）在命令模式下输入 "：" 切换到末行模式。

（7）在末行模式下输入 "wq:" 将文件以当前文件名保存并退出 Vim 编辑器。

项目3
用户与组管理

03

通过项目 2 的实施，我们已经熟悉了 Linux 命令行操作。Linux 是一种多用户操作系统，支持多个用户同时登录到系统，并能响应每个用户的需求，用户的身份决定了其资源访问权限。用户账户用于用户身份验证、授权资源访问、审核用户操作，可以对用户进一步分组以简化管理工作，提高管理效率。本项目将通过两个典型任务，引领读者创建和管理用户账户和组账户。用户和组的管理非常重要，在实际工作中要强化安全意识，注意妥善保管密码，合理分配用户权限。

【课堂学习目标】

☞ 知识目标
- ➢ 了解 Linux 用户账户及其配置文件。
- ➢ 了解 Linux 组账户及其配置文件。
- ➢ 理解 Ubuntu 的超级用户权限。

☞ 技能目标
- ➢ 掌握管理员账户获得 root 特权的方法。
- ➢ 学会使用图形用户界面工具和命令行工具创建和管理用户账户。
- ➢ 学会使用图形用户界面工具和命令行工具创建和管理组账户。
- ➢ 掌握多用户登录和用户切换的操作方法。

☞ 素养目标
- ➢ 强化管理意识。
- ➢ 增强效率意识。
- ➢ 增强信息安全保密意识。

任务 3.1　创建和管理 Linux 用户账户

📄▷ **任务要求**

　　Ubuntu 是一个多用户、多任务的分时操作系统，任何一个用户要获得系统的使用权限，都必须要拥有一个用户账户。用户账户代表登录和使用系统的身份。本任务的要求如下。

　　（1）了解 Linux 用户账户及其类型。

　　（2）理解 Ubuntu 的超级用户权限。

　　（3）了解用户账户配置文件。

　　（4）学会使用图形用户界面工具创建和管理用户账户。

　　（5）学会使用命令行工具创建和管理用户账户。

　　（6）掌握使用管理员账户获取 root 特权的方法。

　　（7）熟悉多用户登录和用户切换的操作。

⤢ **相关知识**

3.1.1　Linux 用户账户

　　在操作系统中，每个用户对应一个账户。用户账户是用户的身份标识（相当于通行证），通过账户，用户可登录到某台计算机上，访问已经被授权访问的资源。每个用户账户都可以有自己的主目录（Home Directory，又译为"家目录"）。主目录或称主文件夹，是用户登录后首次进入的目录。Linux 操作系统使用用户 ID（User ID，UID）作为用户账户的唯一标识。Linux 操作系统通常将用户账户分为 3 种类型：超级用户（Super User）、系统用户（System User）和普通用户（Regular User），具体说明如表 3-1 所示。表 3-1 中以 Ubuntu 为准，注意，多数 Linux 发行版中，普通用户的 UID 是从 500 开始编号的。

表3-1　Ubuntu用户账户

账户类型	UID	说明	主要用途
超级用户	0	根账户 root，可以执行所有任务，在系统中不受限制地执行任何操作，具有最高的系统权限	类似于 Windows 系统中的管理员账户，但是比 Windows 系统中管理员账户的权限更高，一般情况下不要直接使用 root 账户
系统用户	1～499，65 534	系统本身或应用程序使用的专门账户，没有特别的权限。系统用户分两种，一种是由系统安装时自行建立的系统账户，另一种是用户自定义的系统账户	Linux 操作系统用户账户与 Windows 系统中用于服务的特殊内置账户类似
普通用户	从 1 000 开始	常规账户，一般是供实际用户登录使用的账户	登录到 Linux 操作系统，但不执行管理任务，主要用于运行文字处理、收发邮件等日常应用

3.1.2　Ubuntu 的超级用户权限

　　Linux 操作系统中具有最高权限的 root 账户就是超级用户，可以对系统做任何事情，这对系统安全来说可能是一种严重威胁。为此 Ubuntu 默认禁用 root 账户。然而，许多系统配置和管理操作需要 root 特权，如安装软件、添加或删除用户和组、添加或删除硬件和设备、启动或禁止网络服务、执行某些系统调用、关闭和重启系统等，为此 Linux 提供了特殊机制，可让普通用户临时具备 root 特权，具体有以下两种方法。

- 用户执行 su 命令（不带任何参数）将自己的权限提升为 root 特权。
- 使用 sudo 命令临时使用 root 身份运行程序，执行完毕后自动返回到普通用户状态。

1. Ubuntu 的管理员和标准账户

Ubuntu 将普通用户进一步分为两种类型：管理员和标准账户。管理员是指具有管理权限的普通用户，有权删除用户、安装软件和驱动程序、修改日期和时间，或者进行一些可能导致计算机不稳定的操作。标准账户不能进行这些操作，只能够修改自己的个人设置。

Ubuntu 管理员主要执行系统配置管理任务，但不能等同于 Windows 系统管理员，其权限比标准账户高，比超级管理员则要低很多。工作中需要超级用户权限时，管理员可以通过 sudo 命令获得超级用户的所有权限。

Ubuntu（包括其父版本 Debian）默认禁用 root 账户，在安装过程中不提供 root 账户设置，而只设置一个普通用户，并且让这个系统安装时创建的第一个用户自动成为 Ubuntu 管理员。

2. Ubuntu 的 sudo 命令

通常情况下，在 Ubuntu 中用户看到的普通用户命令提示符为 "$"，当普通用户需要执行 root 权限的命令（会给出相应提示）时，需要在命令前加 sudo。根据提示输入正确的密码后，Ubuntu 操作系统将会执行该条命令，该用户就好像是超级用户，实际上是临时具有 root 权限。

sudo 命令用于切换用户身份来执行命令，语法格式如下：

```
sudo [选项] <命令> ...
```

该命令允许当前用户以 root 或其他普通用户的身份来执行命令，使用 -u 选项可以指定用户要切换的身份，默认为 root 身份。sudo 配置文件 /etc/sudoers 中指定 sudo 用户及其可执行的特权命令。sudo 命令的具体工作过程如下。

（1）用户执行 sudo 命令时，系统会读取 sudo 配置文件 /etc/sudoers，判断该用户是否有执行 sudo 命令的权限。

（2）确认该用户具有可执行 sudo 命令的权限后，让用户输入自己的密码进行确认。

（3）如果密码输入正确，则开始执行 sudo 命令中以参数形式提供的命令。

Ubuntu 安装时创建的第一个用户是管理员，会自动加入 sudo 组，有权执行 sudo 命令。

3. Ubuntu 的 su 命令

使用 su 命令临时改变用户身份，可让一个普通用户切换为超级用户或其他用户，并可让该用户临时拥有所切换用户的权限，切换时需输入用户的密码；也可以让超级用户切换为普通用户，临时以低权限身份处理事务，切换时无须输入目标用户的密码。其用法为：

微课3-1

Ubuntu 的 su 命令

```
su [选项] [用户登录名]
```

多数 Linux 版本中不带任何参数的 su 命令会将用户的权限提升至 root 特权，前提是需要提供 root 密码。由于 Ubuntu 限制严格，默认不提供 root 密码，也就不能直接使用 su 命令将用户权限升至 root 特权，而必须使用 sudo 来获得 root 特权。如果要临时变成 root 身份，可以执行 sudo su root 命令，前提是当前用户具备可执行 sudo 命令的权限，此时需要输入当前用户的密码，具体过程示范如下：

```
tester@linuxpc1:~$ sudo su root
[sudo] tester 的密码：
root@linuxpc1:/home/tester#
```

此时切换为 root 身份，命令行提示符为"#"，当前目录仍为原用户的主目录。可以使用 su 命令切换回原用户（或其他用户）身份，并且不用输入密码（因为具有 root 权限），示范如下：

```
root@linuxpc1:/home/tester# su tester
tester@linuxpc1:~$
```

注意，使用 su 命令将当前普通用户切换为其他普通用户，需要输入目标用户的密码。

4. Ubuntu 管理员在图形用户界面中获得 root 特权

Ubuntu 安装过程中创建的第一个用户会自动作为管理员，在命令行中需要具备 root 特权时，可以使用 sudo 命令。在图形用户界面中执行系统管理任务时，往往也需要 root 特权，一般会弹出认证对话框，要求输入当前管理员账户的密码，认证通过后才能执行相应任务。有的图形用户界面软件会提供锁定功能，执行需要 root 特权的任务时先要通过用户认证来解锁。

3.1.3 用户账户配置文件

微课3-2

查看用户账户
配置文件

在 Linux 操作系统中，用户账户和密码存放在不同的配置文件中。创建和管理用户账户时，无论是使用图形用户界面工具，还是使用命令行工具，都会将相应的信息保存到配置文件中，这两种工具之间没有本质的区别，主要是操作界面不同。Linux 用户账户及其相关信息（除密码之外）均存放在 /etc/passwd 配置文件中。由于所有用户对该文件均有读取的权限，因此密码信息并未保存在该文件中，而是保存在 /etc/shadow 文件中。

1. 用户账户配置文件 /etc/passwd

该文件是文本文件，可以直接查看。/etc/passwd 文件除了使用文本编辑器查看之外，还可以使用 cat 等文本文件显示命令在控制台或终端窗口中查看。这里从中提出部分记录进行分析。

```
root:x:0:0:root:/root:/bin/bash
daemon:x:1:1:daemon:/usr/sbin:/usr/sbin/nologin
bin:x:2:2:bin:/bin:/usr/sbin/nologin
sys:x:3:3:sys:/dev:/usr/sbin/nologin
tester:x:1000:1000:tester,,,:/home/tester:/bin/bash
systemd-coredump:x:999:999:systemd Core Dumper:/:/usr/sbin/nologin
sshd:x:127:65534::/run/sshd:/usr/sbin/nologin
```

该文件中一行定义一个用户账户，每行均由 7 个字段构成，各字段值之间用冒号分隔，每个字段均标识该账户某方面的信息，基本格式如下：

```
账户名:密码:UID:GID:注释:主目录:Shell
```

/etc/passwd 文件中各字段的说明如表 3-2 所示。

在本例中，root 是超级用户，UID 和 GID 均为 0；tester 是普通登录用户，UID 和 GID 均为 1000，Shell 为 /bin/bash；sshd 是用于 SSH 服务的系统用户，UID 为 127，Shell 为 /usr/sbin/nologin，不被允许登录 Linux 操作系统。

如果要临时禁用某个账户，可以在 /etc/passwd 文件中给该账户的记录行前加上"*"。

表3-2　/etc/passwd文件中各字段的说明

字段	说明
账户名	用户名，又称登录名。最长不超过 32 个字符，可使用下画线和短横线
密码	使用 x 表示，因为 /etc/passwd 文件不保存密码信息
UID	用户账户编号
GID	组账户编号，用于标识用户所属的默认组
注释	可以是用户全名或其他说明信息（如电话）
主目录	用户登录后首次进入的目录，这里必须使用绝对路径
Shell	用户登录后所使用的一个命令行界面。Ubuntu 默认使用的是 /bin/bash，如果该字段的值为空，则表示使用 /bin/bash。如果要禁止用户账户登录 Linux，只需将该字段设置为 /usr/sbin/nologin

如果需要从 /etc/passwd 文件中查找特定的信息，可结合管道操作使用 grep 命令来实现。

2. 用户账户密码配置文件 /etc/shadow

为安全起见，用户账户的密码采用 MD5 加密算法加密后，保存在 /etc/shadow 配置文件中，该文件需要 root 特权才能修改，shadow 组成员可以读取，其他用户被禁止访问。/etc/shadow 文件可以使用 sudo cat /etc/shadow 命令直接查看，这里从中挑出与 /etc/passwd 文件示例中对应的几行数据进行分析。

```
root::18997:0:99999:7:::
daemon:*:18858:0:99999:7:::
bin:*:18858:0:99999:7:::
sys:*:18858:0:99999:7:::
tester:$6$SsmZkoPNlXLN1TTT$1at6/hfPafFNQxD.9s3ZQqlD/kuDFkjzAykTYsv4x32BUnG0
o9WDGxeoD.0tmfET80VRjb4tUtRG0v7JhgTWe0:18997:0:99999:7:::
systemd-coredump:!!:18997:::::
sshd:*:19002:0:99999:7:::
```

/etc/shadow 文件是 /etc/passwd 文件的"影子"文件，也是每行定义和保存一个账户的相关信息。每行均由 9 个字段构成，各字段值之间用冒号分隔，基本格式如下：

账户名：密码：最近一次修改：最短有效期：最长有效期：过期前警告期：过期日期：禁用：保留用于未来扩展

第 2 个字段存储的是加密后的用户密码。该字段存储的除了加密的用户密码之外，还有几个特殊值，如空值表示没有密码；"*"表示该账户被禁止登录系统（通常是服务的系统账户）；"!"或以"!"开头的密码表示该账户被锁定（禁用）；"! !"表示该账户从未设置过密码。

第 3 个字段记录最近一次修改密码的日期，该字段采用相对日期格式，即从 1970 年 1 月 1 日到修改密码日期的天数。第 7 个字段记录的密码过期日期也采用相对日期格式，如果值为空，则表示密码永不过期。第 4 个字段表示密码多少天内不许修改，0 值表示可随时修改。第 5 个字段表示密码多少天后必须修改。第 6 个字段表示密码过期之前多少天开始发出警告信息。

✕ 任务实现

3.1.4　使用图形用户界面工具创建和管理用户账户

为便于直观地管理用户，Ubuntu 提供相应的图形用户界面配置管理工具。

微果3-3

使用图形用户界面工具创建和管理用户账户

1. 使用"用户账户"管理工具

Ubuntu 内置一个名为"用户账户"的图形用户界面工具，该工具能够创建用户、设置密码和删除用户。下面示范新建用户账户的步骤。

（1）打开"设置"应用程序，单击"详细信息"按钮打开相应的对话框，单击"用户"按钮，出现图 3-1 所示的界面，列出当前已有的用户账户。

（2）由于涉及系统管理，需要超级管理员权限，权限默认处于锁定状态，单击"解锁"按钮，弹出图 3-2 所示的对话框，输入当前登录用户的密码，单击"认证"按钮完成解锁。

图 3-1　用户账户管理界面

图 3-2　用于解锁的用户认证

（3）要添加用户账户，单击"添加用户"按钮，弹出图 3-3 所示的对话框，选择账户类型，设置全名和用户名（账户名称）。

添加 Ubuntu 用户时可以选择账户类型：标准和管理员。输入全名时，系统将根据全名自动生成用户名。可以保留自动生成的用户名，也可以根据需要修改用户名。

（4）完成用户设置后，单击"添加"按钮，新建的用户账户如图 3-4 所示。

图 3-3　添加用户账户

图 3-4　新建的用户账户

对于已有的用户账户，可以查看用户的账户类型、登录历史和上次登录时间，设置登录选项（密码和自动登录）。管理员账户可以删除现有的用户账户，从账户列表中选择要删除的用户账户，单击右下角的"移除用户"按钮，弹出图 3-5 所示

图 3-5　删除用户的提示

示的提示对话框，可以选择是否同时删除该账户的主目录、电子邮件目录和临时文件。

2. 使用"用户和组"管理工具

上述 Ubuntu 内置的"用户账户"工具仅支持创建或删除账户以及设置密码，但不支持组管理，也不支持用户权限设置。可以安装图形用户界面的系统管理工具 gnome-system-tools 来解决这个问题，具体方法是在命令行中执行以下命令：

```
sudo apt install gnome-system-tools
```

安装该工具后，单击 Dash 浮动面板底部的网格图标显示应用程序列表，选中"用户和组"程序（或者搜索"用户和组"）并运行，其界面如图 3-6 所示。添加和删除用户账户比较简单，这里重点介绍一下用户账户的设置。

例如，从左侧列表中选中要设置的用户账户，在右侧显示其基本信息，单击"账户类型"右侧的"更改"按钮（首次使用将先要求用户认证）打开图 3-7 所示的对话框，更改用户账户类型。默认用户账户类型为"自定义"，可以将其更改为"管理员"或"桌面用户"（Ubuntu 标准用户）。

图 3-6　"用户和组"管理工具

图 3-7　更改用户账户类型

还可以对用户账户进行高级设置。从列表中选中要设置的用户账户，单击"高级设置"按钮打开相应的对话框，切换到"用户权限"选项卡，如图 3-8 所示，可以设置用户权限。切换到"高级"选项卡，如图 3-9 所示，可以设置用户的高级选项，包括主目录、默认使用的 Shell、所属主组（默认组或主要组）以及用户 ID，还可以禁用账户。

图 3-8　设置用户权限

图 3-9　设置用户高级选项

3.1.5　使用命令行工具创建和管理用户账户

命令行工具效率高，管理员应当掌握使用命令行工具管理和操作用户账户的方法。

1. 查看用户账户

Linux 没有提供直接查看用户列表的命令，这可以通过查看用户配置文件 /etc/passwd 来解决。该文件包括所有的用户，如果要查看特定用户，可以用文本编辑器打开该配置文件后进行搜索；也可以在命令行中执行文件显示命令，并通过管道操作使用 grep 命令来搜索，例如：

```
tester@linuxpc1:~$ grep "xiaoai" /etc/passwd
xiaoai:x:1001:1001:xiaoai,,,:/home/xiaoai:/bin/bash
```

2. 添加用户账户

在 Ubuntu 中添加用户账户可使用 Linux 通用命令 useradd，其基本用法如下：

```
useradd [选项] <用户名>
```

该命令的选项较多，例如 -d 用于指定用户主目录；-m 用于创建用户的主目录（默认不会创建）；-g 用于指定该用户所属主要组（名称或 ID 均可）；-G 用于指定用户所属其他组列表，各组之间用逗号分隔；-p 用于指定用户的加密密码（可以使用 openssl 等工具生成加密密码）；-r 用于指定创建一个系统用户账户，建立系统用户账户时不会建立主目录，其 UID 也会有限制；-s 用于指定用户登录时所使用的 Shell，默认为 /bin/sh；-u 用于指定新用户的 UID。

对于没有指定上述选项的情况，系统将根据 etc/default/useradd 配置文件中的定义为新建用户账户提供默认值，如是否创建用户私有目录等。Linux 还利用 /etc/skel 目录为新用户初始化主目录。/etc/skel 目录一般是存放用户启动文件的目录，这个目录由 root 权限控制，当管理员添加用户时，这个目录下的文件自动复制到新添加的用户的主目录下。/etc/skel 目录下的文件都是隐藏文件，也就是类似 .file 格式的文件。可通过修改、添加、删除 /etc/skel 目录下的文件，来为用户提供一个统一的、标准的、默认的用户环境。

下面是一个创建用户账户的简单例子，在创建一个名为 wang 的用户账户的同时指定主目录home/wang（注意使用 -m 选项），创建私有用户组 wang，将登录 Shell 指定为 /bin/bash，自动赋予一个 UID。

```
tester@linuxpc1:~$ sudo useradd -m wang
tester@linuxpc1:~$ grep wang /etc/passwd
wang:x:1003:1003::/home/wang:/bin/sh
```

默认情况下，创建用户账户的同时也会建立一个与用户名同名的组账户，该组作为用户的主组（默认组）。

值得一提的是，useradd -D 用于显示或更改默认的 useradd 配置，也就是 etc/default/useradd文件中的设置参数。下面的例子显示默认的 useradd 配置：

```
tester@linuxpc1:~$ useradd -D
GROUP=100              # 默认的用户组
HOME=/home            # 把用户的主目录建在 /home 中
INACTIVE=-1           # 是否启用账户过期禁用（对应 /etc/shadow 的"禁用"字段），-1 表示不启用
EXPIRE=               # 账户终止日期（对应 /etc/shadow 的"过期日期"字段），不设置表示不启用
SHELL=/bin/sh         # 所用 Shell 的类型
SKEL=/etc/skel        # 新建用户主目录的模板存放位置
CREATE_MAIL_SPOOL=no     # 是否创建邮箱
```

这些参数决定了添加用户时的默认设置。useradd -D 命令也可以通过指定其他选项来修改默认的 useradd 配置：

```
useradd -D [-g 默认组] [-b 默认主目录] [-f 账户过期禁用] [-e 过期日期] [-s 默认 Shell]
```

Ubuntu 还特别提供 adduser 命令用于创建用户账户，其选项使用长格式。添加普通用户（非管理员）的语法格式如下：

```
adduser [--home 用户主文件夹] [--shell SHELL] [--no-create-home（无主文件夹）
] [--uid UID] [--firstuid ID] [--lastuid ID] [--gecos GECOS] [--ingroup 用户
组 | --gid 组ID] [--disabled-password（禁用密码）] [--disabled-login（禁止登录）]
[--encrypt-home] 用户名
```

adduser 命令执行过程中可提供交互对话，便于用户按照提示设置必要的用户账户信息，这样可以不带选项就设置密码等。

```
tester@linuxpc1:~$ sudo adduser zhang
正在添加用户 "zhang"...
正在添加新组 "zhang" (1004)...
正在添加新用户 "zhang" (1004) 到组 "zhang"...
创建主目录 "/home/zhang"...
正在从 "/etc/skel" 复制文件...
新的 密码：
重新输入新的 密码：
passwd：已成功更新密码
正在改变 zhang 的用户信息
请输入新值，或直接按 <Enter> 键以使用默认值
全名 []：
房间号码 []：
工作电话 []：
家庭电话 []：
其他 []：
这些信息是否正确？ [Y/n] y
tester@linuxpc1:~$ grep zhang /etc/passwd
zhang:x:1004:1004:,,,:/home/zhang:/bin/bash
```

添加一个管理员账户的语法格式如下：

```
adduser --system [--home 用户主文件夹] [--shell SHELL] [--no-create-home（无
主文件夹）] [--uid 用户ID] [--gecos GECOS] [--group | --ingroup 用户组 | --gid 组
ID] [--disabled-password（禁用密码）] [--disabled-login（禁止登录）] 用户名
```

3. 管理用户账户密码

创建用户账户时如果没有设置密码，账户将处于锁定状态，此时用户账户将无法登录系统。可到 /etc/shadow 文件中查看密码，密码部分以 "!" 开头。

```
wang:!:19008:0:99999:7:::
```

可使用 passwd 命令为用户设置密码，其用法如下：

```
passwd [选项] [用户名]
```

普通用户只能修改自己账户的密码或查看密码状态。如果不提供用户名，则表示是当前登录的用户。只有具有 root 特权才能管理其他用户的账户密码。下面讲解 passwd 命令的主要用法。

（1）设置账户密码。设置密码后，原密码将自动覆盖。接上例，为新建用户 wang 设置密码：

```
tester@linuxpc1:~$ sudo passwd wang
新的 密码：
重新输入新的 密码：
passwd：已成功更新密码
```

用户账户密码设置完成后，就可使用它登录系统了。

（2）账户密码锁定与解锁。使用带 -l 选项的 passwd 命令可锁定账户密码，其用法如下：

```
passwd -l 用户名
```

例如，执行以下命令先锁定 wang 账户的密码，然后查看该账户的密码信息。

```
tester@linuxpc1:~$ sudo passwd -l wang
passwd：密码过期信息已更改。
tester@linuxpc1:~$ sudo grep wang /etc/shadow
wang:!$6$psQdyE7ZbzWRzB0o$WI1.nbjWiRGRUYTIp/fY/5H8YMgL.dvrgkE/41a0dBGOLszd7
sLEXmZcRzekcYUaZd07TEg7bduvd8BHuOrG/0:19009:0:99999:7:::
```

可以发现，账户密码锁定就是在 /etc/shadow 文件中的密码字段最前面加上 "!"，让密码暂时失效。密码一经锁定将导致对应账户无法登录系统。使用带 -u 选项的 passwd 命令可解除锁定。

（3）查询密码状态。使用带 -S 选项的 passwd 命令可查看某账户密码当前的状态。例如：

```
tester@linuxpc1:~$ sudo passwd -S wang
wang L 01/17/2022 0 99999 7 -1
```

返回的结果中第 2 列表示密码可用性（L 表示密码被锁住，NP 表示没有密码，P 表示有一个可用的密码），第 3 ～ 6 列分别表示密码的最后修改时间、密码最小生存期（两次更改密码之间的天数）、密码最大生存期（密码保持有效的天数）和密码过期之前被警告的天数，第 7 列表示密码的失效时间（-1 表示没有失效时间）。

> 提示　可以使用 change 命令更改用户密码过期信息。其 -l 选项列出用户和密码的有效期，-d 选项指定最后修改日期，-E 选项指定密码过期日期，-m 和 -M 选项分别指定密码最小和最大生存期，-W 选项指定密码生效前被警告天数，-l 选项指定密码过期后账户被锁定的天数。

（4）删除账户密码。使用带 -d 选项的 passwd 命令可删除账户密码。账户密码删除后，用户将不能登录系统，除非重新设置。

4. 更改用户账户

对于已创建的用户账户，可使用 usermod 命令来更改其各项属性，包括用户名、主目录、用户组、登录 Shell 等，用法为：

```
usermod [选项] 用户名
```

大部分选项与添加用户所用的 useradd 命令的相同，这里重点介绍几个不同的选项。使用 -l 选项更改用户账户名：

```
usermod -l 新用户名 原用户名
```

使用 -L 选项锁定账户，与 passwd -l 命令类似，临时禁止该用户登录：

```
usermod -L 用户名
```

如果要解除账户锁定，使用 -U 选项即可。

另外，可以使用命令 chfn 来更改用户的个人信息，如真实姓名等。语法格式为

```
chfn [ 选项 ] [ 用户名 ]
```

"[选项]"中 -f 选项表示设置全名（真实姓名），-h 选项表示设置家庭电话，-o 选项表示设置办公地址。

5. 删除用户账户

要删除用户账户，可使用 userdel 命令来实现，其用法为

```
userdel [-r] 用户名
```

如果使用 -r 选项，则在删除该账户的同时，一并删除该账户对应的主目录和邮件目录。

注意，userdel 不允许删除正在使用（已经登录）的用户账户。

另一个用户删除命令 deluser 在 Ubuntu 中使用较多，其 --remove-home 选项表示同时删除用户的主目录和邮箱；--remove-all-files 选项表示删除用户拥有的所有文件；--backup 选项表示删除前将文件备份，--backup-to <DIR> 选项指定备份的目标目录（默认是当前目录）；--system 选项表示只有当该用户是系统用户时才删除。

3.1.6 考察 sudo 配置文件

/etc/sudoers 配置文件用于定义执行 sudo 命令的用户和特权。查看 /etc/sudoers 配置文件的内容，编者将部分注释译为中文。

```
tester@linuxpc1:~$ sudo cat /etc/sudoers
# 此文件必须以 root 身份使用 visudo 命令进行编辑
# 建议在 /etc/sudoers.d/ 文件中增加定义而不要直接修改此文件
Defaults    env_reset
Defaults    mail_badpass
Defaults
secure_path="/usr/local/sbin:/usr/local/bin:/usr/sbin:/usr/bin:/sbin:/bin:/
snap/bin"
# 主机别名定义
# 用户别名定义
# 命令别名定义
# 用户特权定义
root    ALL=(ALL:ALL) ALL
# admin 组成员可以获得 root 特权
%admin  ALL=(ALL) ALL
# 允许 sudo 组成员执行任何命令
%sudo   ALL=(ALL:ALL) ALL
# 包含 /etc/sudoers.d 目录的配置文件
#includedir /etc/sudoers.d
```

分析以上 /etc/sudoers 配置文件的内容，可知必须以 root 身份使用 visudo 命令来编辑该文件，即执行以下命令打开该配置文件进行编辑：

```
sudo visudo
```

该文件的主要功能是定义用户特权，用户特权定义的语法格式如下：

```
用户   可用的主机 =（可以变换的身份） 可执行的命令
```

- 第 1 项表示可使用 sudo 命令的用户或组账户，用户为组账户时，前面加上"%"。
- 第 2 项表示该用户可在哪台主机上执行 sudo 命令，ALL 表示所有计算机。

• 第 3 项表示该用户能够以何种身份来执行后面的命令。ALL 表示能够以任何用户的身份执行命令，包括 root。这一项可以使用"（用户：组）"的格式，表示执行 sudo 命令后，用户切换到特定组中的特定用户的身份（权限）。

• 第 4 项表示使用 sudo 命令能够执行的命令列表，命令部分可以附带一些其他选项。ALL 表示用户能够执行系统中的所有命令。

默认情况下，root 可以在任何主机上以任何用户身份执行任何命令，admin 组成员和 sudo 组成员使用 sudo 命令时也具备 root 特权。普通用户要使用 sudo 命令，可以加入 sudo 组，也可以在 sudo 配置文件中为该用户专门加入许可定义。

例如，zhang 用户不是管理员，未加入 sudo 组，所以不能执行 sudo 命令：

```
tester@linuxpc1:~ sudo ufw status
[sudo] zhang 的密码：
zhang 不在 sudoers 文件中。此事将被报告。
```

在 Ubuntu 中还可以通过执行命令 sudo -i 暂时切换到 root 身份登录，根据提示输入用户密码后变更为 root 登录，看到超级用户命令提示符"#"，当执行完相关的命令后，执行 exit 命令回到普通用户状态（命令提示符变回"$"）。整个过程示范如下。

```
tester@linuxpc1:~$ sudo -i
[sudo] tester 的密码：
root@linuxpc1:~# passwd -S wang        // 临时具有 root 权限，无须使用 sudo 命令
wang L 01/17/2022 0 99999 7 -1
root@linuxpc1:~# passwd -u wang
passwd：密码过期信息已更改。
root@linuxpc1:~# exit
注销
tester@linuxpc1:~$
```

提示 Ubuntu 默认禁用 root 账户，所有需要 root 权限的操作都可用 sudo 命令来代替。Ubuntu 的 sudo 命令的超时时间默认为 5min，也就是说，执行 sudo 命令时用户输入密码进行认证之后，5min 内再次执行 sudo 命令就不用进行认证。如果要改变这个超时设置，执行 sudo visudo 命令打开 /etc/sudoers 配置文件，找到"Defaults env_reset"行，在该语句后面加入",timestamp_timeout=x"，x 为超时时间的分钟数，例如可设置为 15（min）。另外也可将该值设置为 -1，这样在注销或退出终端之前都不需要认证。要强制取消 sudo 免认证，可执行命令 sudo -k 结束密码的有效期限，或者执行命令 sudo -K 彻底删除相应的时间戳，这样执行 sudo 命令时会要求输入密码。

3.1.7 在 Ubuntu 系统中启用 root 账户登录

有的用户仍然希望像在其他 Linux 发行版中一样直接使用 root 账户登录，以便集中执行一批系统配置管理任务，这在 Ubuntu 中也是可以实现的。

（1）执行以下命令为 root 账户设置密码。

```
tester@linuxpc1:~$ sudo passwd root
新的 密码：
重新输入新的 密码：
```

微课3-5

在 Ubuntu
系统中启用
root 账户登录

```
passwd：已成功更新密码
```

（2）编辑 /usr/share/lightdm/lightdm.conf.d/50- ubuntu.conf 配置文件，添加以下定义：

```
greeter-show-manual-login=true
```

（3）编辑 /etc/pam.d/gdm-autologin 文件，注释掉其中的"auth required pam_succeed_if.so user != root quiet_success"行（前面加上"#"）。

（4）编辑 /etc/pam.d/gdm-password 文件，注释掉其中的"auth required pam_succeed_if.so user != root quiet_success"行（前面加上"#"）。

（5）编辑 /root/.profile 文件，将最后一行内容替换为以下两行内容。

```
tty -s && mesg n || true
mesg n || true
```

上述几个配置文件的编辑都需要 root 特权，建议使用 sudo nano 命令打开进行修改。

（6）重启系统就能够以 root 账户登录 Ubuntu 操作系统。

在图形用户界面登录时需要单击图 3-10 所示的用户列表中的"未列出？"，根据提示输入 root 账户名称及其密码进行登录，登录成功之后可以看到桌面上的 root 文件夹，并提示是以特权用户身份登录的，如图 3-11 所示。

图 3-10　用户登录界面

图 3-11　以特权用户身份成功登录之后的界面

3.1.8　多用户登录与用户切换

Linux 可以支持多个用户同时登录，文本模式下的用户登录和用户切换已经在项目 2 中介绍过。这里补充介绍图形用户界面下的相关操作。

微课3-6

多用户登录与
用户切换

1. 查看登录用户

在多用户工作环境中，每个用户可能都在执行不同的任务。要查看当前系统上有哪些用户登录，可以使用 who 命令。

管理员还可以使用 last 命令查看系统的历史登录情况。要查看系统整体的登录历史记录，可以直接运行 last 命令；要查看某个用户的登录历史记录，可以在 last 命令后加上用户名。

长期运行的系统上可能有很多登录历史记录，可以在 last 命令中加入选项列出指定的行数。例如要查看最近两次登录事件，可以运行以下命令：

```
tester@linuxpc1:~$ last -2
tester    :0                :0              Mon Jan 17 15:39    still logged in
root      :0                :0              Mon Jan 17 12:10 - 12:12  (00:02)
wtmp begins Wed Jan  5 17:15:29 2022
```

2. 多用户登录

对于多用户登录，在登录界面上会列出具有登录权限的用户列表，供登录时选择，如图 3-10 所示。为便于介绍，这里准备了 6 个用户账户（包括 root）。首选 tester 账户登录，成功登录之后，按 <Ctrl>+<Alt>+<F1> 组合键再次进入图形环境的用户登录界面，选择另一个用户账户登录。重复此步骤直至这 6 个用户账户全部登录完毕。

按 <Ctrl>+<Alt>+<F1> 组合键切换到 tester 用户登录的桌面，执行 who 命令可发现 6 个用户全部登录。

```
tester@linuxpc1:~$ who
tester    :0          2022-01-17 17:06 (:0)
xiaoai    :1          2022-01-17 17:06 (:1)
zhang     :2          2022-01-17 17:06 (:2)
laoli     :3          2022-01-17 17:07 (:3)
wang      :4          2022-01-17 17:07 (:4)
root      :5          2022-01-17 17:07 (:5)
```

试着执行 reboot 命令重启系统，由于还有其他用户登录，给出提示信息，列出其他用户登录之后所在的 tty 控制台。

```
tester@linuxpc1:~$ reboot
User root is logged in on tty8.
User wang is logged in on tty7.
User laoli is logged in on tty5.
User zhang is logged in on tty4.
User xiaoai is logged in on tty3.
Pleaseretryoperation after closing inhibitors and logging out other users.
Alternatively, ignore inhibitors and users with 'systemctl reboot -i'.
```

可以发现 tty6 控制台被跳过，在图形用户界面登录的用户不会占用它，如果在图形用户界面登录的用户较多，则会顺次占用 tty6 后面的控制台（本例中有 tty7 和 tty8）。按 <Ctrl>+<Alt>+<F6> 组合键可以发现 tty6 控制台是为文本模式保留的，如图 3-12 所示。本例表明在图形用户界面登录的不止 6 个虚拟机控制台，按 <Ctrl>+<Alt>+<F9> 组合键会出现黑屏。

提示 如果分别以多个用户登录文本控制台，则可以发现最多只能使用 5 个文本控制台（tty2 ~ tty6），tty1 始终是保留给图形用户界面登录的。当然可以在此基础上继续以图形用户界面登录。

3. 用户切换

图形用户界面中的用户切换是以另一个用户账户在图形用户界面中登录，与使用 su 命令切换不同的用户身份不同。单击桌面右上角的任一图标弹出系统状态菜单，再选择"关机 / 注销"命令，展开状态菜单，如图 3-13 所示，选择"切换用户"命令会转到图 3-10 所示的界面，选择要切换（登录）的用户账户，根据提示输入登录密码即可切换到另一个图形用户界面。用户切换后会打开另一个图形用户界面（会占用新的 tty）。

图 3-12　tty6 控制台

图 3-13　切换用户

任务 3.2　创建和管理 Linux 组账户

任务要求

当管理员为用户分配权限时，经常会遇到多个用户对同一个资源具有相同访问权限的情况，如果将这些用户账户加入组并且为组账户分配权限，则这些用户账户都将具有相同的访问权限。显然，组账户可以大大简化管理员为用户分配权限的工作。熟悉用户账户的创建和管理之后，还需要掌握组账户的创建和管理。本任务的具体要求如下。

（1）了解 Linux 组账户及其类型。

（2）了解组账户配置文件。

（3）学会使用图形用户界面工具创建和管理组账户。

（4）学会使用命令行工具创建和管理组账户。

相关知识

3.2.1　Linux 组账户及其类型

组是一类特殊账户，是指具有相同或者相似特性的用户集合，又称用户组，也有译为"组群"或"群组"的。将权限赋予某个组，组中的成员用户即可自动获得这种权限。如果一个用户属于某个组，该用户就具有在该计算机上执行各种任务的权利和能力。可以向一组用户而不是每一个用户分配权限。

用户与组属于多对多的关系。一个组可以包含多个不同的用户。一个用户可以同时属于多个组，其中某个组为该用户的主要组（Primary Group），其他组为该用户的次要组。主要组又称初始组（Initial Group），实际上是用户的默认组，当用户登入系统之后，立刻就拥有该组的相关权限。在 Ubuntu 中创建用户账户时，会自动创建一个同名的组作为该用户的主要组（默认组）。

与用户账户类似，组账户分为超级组（Super Group）、系统组（System Group）和自定义组。Linux 操作系统也使用组 ID（GID）作为组账户的唯一标识。超级组名为 root，GID 为 0，只是不像 root 用户一样具有超级权限。系统组由 Linux 操作系统本身或应用程序使用，GID 的范围为 1～499。自定义组由管理员创建，在 Ubuntu 中其 GID 默认从 1000 开始。

3.2.2 组账户配置文件

在 Linux 操作系统中，与用户账户信息一样，组账户信息也存放在不同的配置文件中。其中基本信息存放在 /etc/group 文件中，而关于组管理的信息（组密码、组管理员等）则存放在 /etc/gshadow 文件中。

组账户配置文件 /etc/group 是文本文件，可以直接查看。这里从中挑出几行内容进行分析。

```
root:x:0:
daemon:x:1:
bin:x:2:
sys:x:3:
sssd:x:131:
sudo:x:27:tester,xiaoai
tester:x:1000:
sambashare:x:133:tester,xiaoai
systemd-coredump:x:999:
xiaoai:x:1001:xiaoai
```

每个组账户在 /etc/group 文件中占用一行，并且用冒号分隔为 4 个字段，格式如下。

组名：组密码：GID：组成员列表

注意，在该文件中用户的主要组不会将该用户自己作为成员列出，只有用户的次要组才会将其作为成员列出。例如，tester 的主要组是 tester，但 tester 组的成员列表中并没有列出该用户。

组账户密码配置文件是 /etc/gshadow。该文件用于存放组的加密密码。每个组账户在 /etc/gshadow 文件中占用一行，并且用冒号分隔为 4 个字段，格式如下。

组名：加密后的组密码：组管理员：组成员列表

下面列出 /etc/gshadow 文件中的两行内容。

```
tester:!::
sudo:*::tester,xiaoai
```

本例中 sudo 组的成员有 tester 和 xiaoai，它们都能执行 sudo 命令。

✂ 任务实现

3.2.3 使用"用户和组"工具管理组账户

微果3-7

使用"用户和组"工具管理组账户

Ubuntu 内置的"用户账户"工具不支持组账户管理，可以考虑改用"用户和组"管理工具。打开"用户和组"工具（见图 3-6），单击"管理组"按钮打开图 3-14 所示的对话框，显示系统中可用的组（其中很多是内置的系统组），可以添加、删除组，或者设置组的属性。添加或删除组需要超级管理员权限（管理员需要经过用户认证）。

添加组账户的界面如图 3-15 所示，需要设置组名和 GID，根据需要选择组成员。这里是在组中添加用户作为组成员。

组属性设置界面与添加组账户界面类似，用于修改组的基本设置（组名和组 ID），添加组成员。

例如，可以根据需要为 sudo 组添加成员。

Ubuntu 安装过程中创建的第一个用户账户为管理员，除了属于以它自己命名的主要组外，还属于 adm、cdrom、sudo、dip、plugdev、lpadmin、sambashare 等系统组。

图 3-14　设置组账户

图 3-15　添加组账户界面

3.2.4　使用命令行工具创建和管理组账户

组账户的创建和管理与用户账户的类似，由于涉及的属性比较少，因此比较容易。Linux 也没有提供直接查看组列表的命令，这可以通过查看组配置文件 /etc/group 来解决，操作方法与用户列表的查看方法相似。Ubuntu 提供了几个命令行工具用于管理组账户，添加、修改或删除组账户需要 root 特权。

1. 创建组账户

创建组账户的 Linux 通用命令是 groupadd，其用法为

```
groupadd  [选项]   组名
```

使用 -g 选项可自行指定组的 GID。使用 -r 选项，则创建系统组，其 GID 值小于 500。若不带此选项，则创建普通组。下面创建一个名为 newtest 的组账户。

```
tester@linuxpc1:~$ sudo groupadd newtest
```

与创建用户账户一样，Ubuntu 还特别提供了一个 addgroup 命令用于创建组账户，其选项使用长格式，该命令执行过程中可提供交互对话。添加一个普通用户组的语法格式如下：

```
addgroup [--gid ID]   组名
```

添加一个管理员用户组的语法格式如下：

```
addgroup --system [--gid GID]   组名
```

2. 修改组账户

组账户创建后可使用 groupmod 命令对其相关属性进行修改，主要是修改组名和 GID，其用法如下：

```
groupmod  [-g GID]  [-n 新组名]   组名
```

3. 删除组账户

删除组账户使用 groupdel 命令来实现，其用法如下：

```
groupdel 组名
```

要删除的组不能是某个用户账户的主要组，否则将无法删除；若要删除，则应先删除引用该组的成员账户，再删除组。

另一个组账户删除命令 delgroup 在 Ubuntu 中使用较多。其中的 --system 选项表示只有当该用户组是系统组时才删除；--only-if-empty 选项表示只有当该用户组中无成员时才删除。

4. 管理组成员

groups 命令用于显示某用户所属的全部组，如果没有指定用户名则默认为当前登录用户，下面是一个简单的例子。

```
tester@linuxpc1:~$ groups
tester adm cdrom sudo dip video plugdev lpadmin lxd sambashare
tester@linuxpc1:~$ groups wang
wang : wang sudo testgroup
```

要查看某个组有哪些组成员，需要查看 /etc/group 配置文件，其每一个条目的最后一个字段就是组成员用户列表。

```
tester@linuxpc1:~$ grep sudo /etc/group
sudo:x:27:tester,xiaoai,wang
```

可以使用 gpasswd 命令将用户添加到指定的组，使其成为该组的成员，其用法如下：

```
gpasswd -a  用户名  组名
```

下面给出一个简单的例子。

```
tester@linuxpc1:~$ sudo gpasswd -a zhang sudo
正在将用户"zhang"加入"sudo"组中
```

也可以使用用户账户更改命令 usermod 来将用户添加到组中，sudo usermod sudo zhang 命令等同于 sudo gpasswd -a zhang sudo 命令。

将某用户从组中删除的用法如下：

```
gpasswd -d  用户名  组名
```

将多个用户设置为组成员（添加到组中）的用法如下：

```
gpasswd -M  用户名,用户名,...  组名
```

另外，还可以使用 adduser 命令将用户添加到组中，使用 deluser 命令将用户从组中删除，基本用法如下：

```
adduser  用户名  组名
deluser  用户名  组名
```

提示　执行 id 命令可以查看指定用户或当前用户（不提供用户名表示显示当前用户的信息）的信息，其中会给出该用户的所属组。例如，查看 tester 用户的信息，显示的所属组信息包括组账户的 GID 和名称。

```
tester@linuxpc1:~$ id tester
用户 id=1000(tester)  组 id=1000(tester)  组 =1000(tester),4(adm),
24(cdrom), 27(sudo),30(dip),44(video),46(plugdev),120(lpadmin),132
(lxd),133(sambashare)
```

项目小结

通过本项目的实施，读者应当了解 Linux 用户账户与组账户的概念和类型，理解 Ubuntu 的超级用户权限，了解用户账户与组账户配置文件，掌握用户账户与组账户的创建和管理。由于图形用户界面工具的功能较弱，读者应重点熟悉使用命令行工具来管理用户账户与组账户的方法，掌握 sudo 和 su 命令的使用，能够利用组账户来简化用户账户的权限分配。项目 4 要实施的是文件与目录管理。

课后练习

一、选择题

1. 在 Ubuntu 操作系统中，UID 为 65534 的用户账户类型是（　　）。
   A. 超级用户　　　　B. 系统用户　　　　C. 常规用户　　　　D. 普通用户

2. 在 Linux 操作系统中，root 账户的 UID 是（　　）。
   A. 0　　　　　　　B. 1　　　　　　　C. 1000　　　　　　D. 65536

3. 以下关于 Ubuntu 组账户的说法中，正确的是（　　）。
   A. 一个用户只能属于一个组，因为多个组的权限分配混乱
   B. 组成员自动获得该组的权限，超级组像 root 用户一样具有超级权限
   C. 当用户登入系统之后，立刻就拥有其主要组的相关权限
   D. 用户的主要组账户必须要与用户账户同名

4. 名为 gly 的 Ubuntu 管理员在名为 myhost 的主机上成功执行 sudo su root 命令后，显示的一串命令行提示符是（　　）。
   A. root@myhost:/home/gly#　　　　　　B. gly@myhost:/home/gly#
   C. gly@myhost:~$　　　　　　　　　　D. root@myhost:~#

5. 在 Ubuntu 系统中，用户账户加密后的密码存放到（　　）文件中。
   A. /etc/passwd　　B. /etc/shadow　　C. /etc/password　　D. /etc/gshadow

6. /etc/shadow 文件中有一行记录为 "bin:*:18858:0:99999:7:::"，以下关于 bin 账户的说法中，不正确的是（　　）。
   A. bin 是系统用户　　　　　　　　　　B. bin 被禁止登录
   C. bin 被锁定　　　　　　　　　　　　D. bin 账户的密码会过期

7. /etc/group 文件中有一行记录为 "sudo:x:27:zhangsan,lisi"，以下说法中不正确的是（　　）。
   A. sudo 组账户的 GID 是 27　　　　　　B. zhangsan 是 sudo 组成员
   C. lisi 可以执行 sudo 命令　　　　　　　D. lisi 可以直接执行 su root 命令

8. 在 Ubuntu 操作系统中，新建用户账户 user-a 并为其设置密码 ABC123xyz 的命令是（　　）。
   A. useradd -p $(openssl passwd -1 ABC123xyz) user-a
   B. useradd -P ABC123xyz user-a
   C. adduser --password ABC123xyz user-a
   D. adduser -P ABC123xyz user-a

9. 在 Ubuntu 操作系统中，新建用户账户 user-b 并为其创建主目录的命令是（　　）。

A. useradd -M user-b   B. useradd -m user-b

C. useradd -H user-b   D. adduser --home user-b

10. 在 Ubuntu 操作系统中，以下锁定 user-c 账户的命令中，不正确的是（　　　）。

A. passwd -l user-c   B. usermod -l user-c

C. passwd --lock user-c   D. usermod -L user-c

11. 在 Ubuntu 操作系统中，要让 user-c 用户能够执行 sudo 命令，以下解决方案中不正确的是（　　　）。

A. 将 user-c 加入 sodu 组   B. 编辑 sudo 配置文件，为 user-c 定义许可

C. 将 user-c 更改为 Ubuntu 管理员   D. 将 user-c 更改为 Ubuntu 系统用户

12. 在 Ubuntu 操作系统中，将用户账户 user-d 添加到 sudo 组的命令是（　　　）。

A. gpasswd -A user-d sudo   B. gpasswd -a user-d sudo

C. gpasswd -G user-d sudo   D. usermod -G user-d sudo

二、简答题

1. Linux 用户一般分为哪几种类型？

2. Ubuntu 管理员与普通用户相比，有什么特点？

3. Ubuntu 管理员如何获得 root 特权？

4. 如何让普通用户能够使用 sudo 命令？

5. 用户账户配置文件有哪些？各有什么作用？

6. 简述 /etc/passwd 文件中各字段的含义。

7. 组账户配置文件有哪些？各有什么作用？

8. 简述 /etc/group 文件中各字段的含义。

项目实训

实训 1　练习"用户和组"管理工具的使用

实训目的

（1）安装"用户和组"管理工具。

（2）熟悉该工具的使用。

实训内容

（1）安装系统管理工具 gnome-system-tools。

（2）打开该工具。

（3）添加一个用户。

（4）添加一个组。

实训 2　练习 adduser 命令的操作

实训目的

掌握 Ubuntu 专用命令 adduser 的使用。

实训内容

（1）执行 adduser 命令以交互方式创建一个普通用户。

（2）了解 adduser 命令创建普通用户的语法格式。

（3）了解 adduser 命令创建管理员用户的语法格式。

实训 3　练习组账户的命令行管理操作

实训目的

掌握组账户的命令行操作。

实训内容

（1）创建一个新的组。

（2）查看用户所属组。

（3）将用户添加到新建组中。

（4）将用户从该新建组中删除。

实训 4　考察用户和组账户的配置文件

实训目的

掌握用户和组账户的配置文件的使用。

实训内容

（1）查看用户账户配置文件 /etc/passwd 并获取用户账户列表。

（2）查看用户账户密码配置文件 /etc/shadow 并获取用户密码列表。

（3）利用 grep 命令从 /etc/passwd 文件中获取特定用户的信息。

（4）查看组账户配置文件 /etc/group 并获取组账户列表。

（5）查看组账户密码配置文件 /etc/gshadow 并获取组账户密码列表。

项目4
文件与目录管理

04

通过项目 3 的实施，我们已经熟悉了用户与组的管理操作。在操作系统中，软件、数据都是以文件的形式存在的，文件与目录的管理是一项基本的 Linux 操作系统管理工作。Linux 操作系统使用与 Windows 操作系统不一样的目录结构。对于多用户、多任务的 Linux 操作系统来说，文件与目录的访问权限管理必不可少。本项目将通过 3 个典型任务，引领读者掌握文件和目录的管理和文件访问权限的设置。Linux 操作系统管理涉及大量的配置文件和日志文件，掌握这类文本文件的命令行操作，尤其是 grep、sed 和 awk 命令，能大大提高工作效率，任务 4.2 中专门讲解文本文件的内容处理。Linux 虽然是开源系统，但是使用文件系统层次标准来统一配置目录结构是有必要的。在文件和目录管理工作中要强化标准意识，遵循文件和目录命名规范。

【课堂学习目标】

☞ 教学目标

➤ 理解 Linux 目录结构。
➤ 了解 Linux 文件类型。
➤ 理解文件和目录访问权限。

☞ 技能目标

➤ 熟练使用文件管理器和命令行工具操作目录。
➤ 熟练使用文件管理器和命令行工具操作文件。
➤ 学会使用 grep、sed、awk 等命令行工具分析、处理文本文件内容。
➤ 掌握文件和目录访问权限的管理。

☞ 素养目标

➤ 培养工程师思维。
➤ 增强标准意识和规范意识。
➤ 培养精益求精、追求卓越的精神。

任务 4.1 Linux 目录操作

任务要求

文件是 Linux 操作系统处理信息的基本单位，所有软件都以文件形式进行组织。目录是包含许多文件项目的一类特殊文件，每个文件都登记在一个或多个目录中。目录也可看作文件夹，包括若干文件或子文件夹。本任务的要求如下。

（1）理解 Linux 目录结构和路径。

（2）了解 Linux 文件目录命名规范和目录配置标准。

（3）学会使用文件管理器管理目录。

（4）学会使用命令行工具管理目录。

相关知识

4.1.1 Linux 的目录结构

Windows 系统中每个磁盘分区都有一个独立的根目录，有几个分区就有几棵目录树，如图 4-1 所示。各个分区之间的关系是并列的，采用盘符（如 C、D、E）进行区分和标识，可通过相应的盘符访问分区。每个分区的根目录用反斜线（\）表示。

与 Windows 系统不一样，Linux 操作系统没有盘符的概念，不存在 C 盘、D 盘等，所有的文件和目录都"挂在一棵目录树上"，磁盘、光驱都作为特定的目录挂在目录树上，其他设备也作为特殊文件挂在目录树上，而且这些目录和文件都有着严格的组织结构。

也就是说，Linux 操作系统使用单一的目录树结构，整个系统只有一个根目录，如图 4-2 所示，各个分区挂载到被挂载到目录树的某个目录中，通过访问挂载点目录，即可实现对这些分区的访问。根目录用正斜线（/）表示。

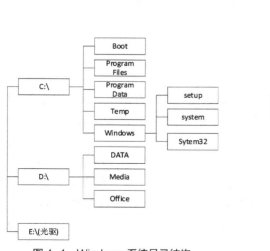

图 4-1 Windows 系统目录结构

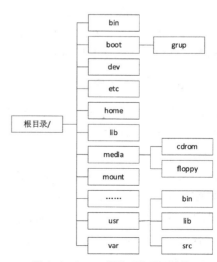

图 4-2 Linux 操作系统目录结构

Linux 使用树形目录结构来分级、分层组织管理文件，最上层是根目录。所有的文件与目录都由根目录开始，再分出一个个分支，一般将这种目录配置方式称为目录树（Directory Tree）。目录树的主要特性如下。

- 目录树的起始点为根目录。
- 每一个目录不仅能使用本地分区的文件系统，也能使用网络上的文件系统。
- 每一个文件在目录树中的文件名（包含完整路径）都是独一无二的。

4.1.2 Linux 的路径

路径用于指定一个文件在分层的树形结构（即文件系统）中的位置，可采用绝对路径，也可采用相对路径。绝对路径为由根目录开始的文件名或目录名称，例如 /home/wang/.bashrc；相对路径为相对于当前路径的文件名写法，例如 ../../home/wang/ 等，开头不是根目录的路径写法就属于相对路径的写法。相对路径是以当前所在路径的相对位置来表示的。

为便于在不同目录之间跳转，除了根目录之外，Linux 还提供几个特殊的目录，具体说明如表 4-1 表示。

表4-1 Linux的特殊目录

目录	说明	目录	说明
/	根目录	–	上一次的工作目录
.	当前目录	~	当前登录用户的主目录
..	当前目录的上一层目录	~用户名	特定用户账户的主目录

4.1.3 文件与目录的命名规范

在 Linux 中，文件和目录的名称由字母、数字和其他符号组成，应遵循以下命名规范。

- 目录或文件名长度可以达到 255 个字符。
- 包含完整路径名称及根目录（/）的完整文件名长度为 4 096 个字符。
- 严格区分大小写。
- 可以包含空格等特殊字符，但必须使用引号标注；不可以包含 "/" 字符。还应避免使用特殊字符：*、?、>、<、;、&、!、[ ]、|、\、'、"、`、( )、{ }。
- 同类文件应使用同样的扩展名。

4.1.4 Linux 目录配置标准

Linux 的开发人员和用户比较多，制定固定的目录配置标准有助于对系统文件和不同的用户文件进行统一管理，为此 Linux 基金会出台了文件系统层次标准（Filesystem Hierarchy Standard，FHS）。

FHS 定义了两层规范。第 1 层规范定义根目录下面的各个目录应该放置什么文件，例如 /etc 应该放置配置文件，/bin 与 /sbin 则应该放置可执行文件等。第 2 层规范则是针对 /usr 及 /var 这两个目录的子目录来定义，例如 /var/log 放置系统登录文件，/usr/share 放置共享数据等。

FHS 仅定义出最上层（/）及其子层（/usr、/var）的目录内应该放置的文件，在其他子目录层级内可以自行配置。

Linux 操作系统安装时就已创建了完整而固定的目录结构，并指定了各个目录的作用和存放的文件类型。Linux 规范的系统目录如表 4-2 所示。

表4-2　Linux规范的系统目录

目录	说明
/bin	存放用于系统管理、维护的常用、实用命令文件
/boot	存放用于系统启动的内核文件和引导装载程序文件
/dev	存放设备文件
/etc	存放系统配置文件，如网络配置、设备配置、X Window 系统配置文件等
/home	各个用户的主目录，其中的子目录名称为各用户名
/lib	存放动态链接共享库（其作用类似于 Windows 里的 .dll 文件）
/media	为光盘、软盘等设备提供的默认挂载点
/mnt	为某些设备提供的默认挂载点
/root	root 用户主目录，不要将其与根目录混淆
/proc	系统自动产生的映射，查看该目录中的文件可获取有关系统硬件运行的信息
/sbin	存放系统管理员或者 root 用户使用的命令文件
/usr	存放应用程序和文件
/var	保存经常变化的内容，如系统日志

 任务实现

微课4-1
使用文件管理器
进行目录操作

4.1.5　使用文件管理器进行目录操作

　　Ubuntu 桌面环境使用的文件管理器是名为 Nautilus 的应用程序，这个工具与 Windows 资源管理器类似，用于管理计算机的文件和系统，可以将目录称作"文件夹"。单击 Dash 浮动面板上的□按钮（或者单击 Dash 浮动面板底部的网格图标，再单击应用程序列表中的"文件"程序），打开相应的文件管理器，即可执行文件和文件夹的浏览和管理任务。

　　要创建、修改或删除文件夹，用户必须对所创建、修改或删除的文件夹的父文件夹具有写权限，一般用户只能对自己的主目录（主文件夹）进行全权操作。

　　如图 4-3 所示，文件管理器提供路径栏。路径栏中的左侧是后退和前进按钮，接着显示当前路径。单击当前路径右侧的向下箭头，会弹出快捷菜单，可执行新建文件夹、添加书签、全选、在终端打开等目录操作。路径栏右侧的 4 个按钮分别用于文件夹搜索、视图切换（图标和列表两种）、排序方式更改、文件夹操作。

　　文件管理器还支持快捷菜单操作。右击文件夹中的空白处，从弹出的快捷菜单中选择"新建文件夹"命令打开相应的对话框，这里新建一个名为 test 的目录。右击文件管理器中的某个文件夹，弹出的快捷菜单会显示该文件夹的操作命令，如图 4-4 所示。

　　系统根目录（"计算机"节点，相当于 Windows 中的"我的电脑"）下的多数文件夹的创建和修改权限属于 root，在图形用户界面的文件管理器中无权操作，除非以 root 身份登录。而在命令行中则可以临时切换到 root 身份对文件夹进行操作。

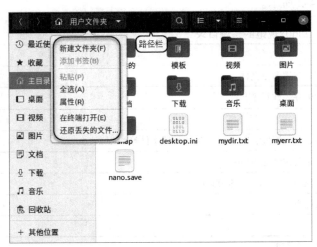

图 4-3　Ubuntu 文件管理器　　　　　　　图 4-4　操作文件夹的快捷菜单

4.1.6　使用命令行工具进行目录操作

在命令行中操作目录非常灵活，考虑用户权限问题，一般创建、修改、删除目录需要使用 sudo 命令临时切换到 root 身份，否则将提示权限不够。当然也可以通过为普通用户赋予目录的写权限来解决目录的访问权限问题。下面讲解目录的部分基本操作，目录的复制、删除和移动的用法请参见 4.2.4 小节中的文件复制、删除和移动。

1. 创建目录

使用 mkdir 命令创建由目录名命名的目录。如果在目录名前面没有给出任何路径，则在当前目录下创建；如果给出了一个存在的路径，则会在指定的路径下创建。语法格式如下：

```
mkdir [选项]... 目录名 ...
```

例如，使用以下命令在自己主目录之外的位置创建一个目录：

```
tester@linuxpc1:~$ sudo mkdir /usr/testdir
```

在用户自己的主目录中创建目录，则无须使用 sudo 命令。

另外，-p（--parents）选项表示创建目录时要同时创建该目录的父目录，不过该父目录已存在也不会被当作错误处理。下面给出一个简单的例子。

```
tester@linuxpc1:~$ ls /test
ls: 无法访问 '/test': 没有那个文件或目录
tester@linuxpc1:~$ sudo mkdir -p /test/mydir
```

2. 删除空目录

使用 rmdir 命令可以删除一个或多个空目录，语法格式如下：

```
rmdir [选项]... 目录 ...
```

-p（--parents）选项表示递归删除空目录，当子目录被删除后，父目录为空时也一同被删除。如果是非空目录，则保留下来。

3. 改变工作目录

以下两种命令可以用来改变工作目录。

（1）cd 命令。cd 命令用于改变 Shell 的工作目录，当不带任何参数时，返回到用户的主目录。语法格式如下：

```
cd [-L|[-P [-e]] [-@]] [目录]
```

（2）pwd 命令。该命令用于显示 Shell 当前工作目录的绝对路径，没有任何选项或参数。

4. 显示目录内容

ls 命令用于显示指定目录（默认为当前目录）的内容，语法格式如下：

```
ls [选项]... [文件]...
```

默认情况下输出条目按字母顺序排列。如果没有给出参数，则显示当前目录下所有子目录和文件的信息。其选项非常多，常用的选项及其含义如下。

- -a：显示所有的文件，包括以 "." 开头的隐藏文件。
- -c：按文件修改时间排序。
- -i：在输出的第 1 列显示文件的索引节点号。
- -l：以长格式显示文件的详细信息。
- -r：按逆序显示 ls 命令的输出结果。
- -R：递归地显示指定目录的各个子目录中的文件。

通常使用 -l 选项以长格式显示目录内容的详细信息，输出的信息分成 7 个字段（列），依次是文件类型与权限、目录或链接数目、文件所有者、所属组、文件大小、建立或最近修改的日期、文件名。这里给出目录的详细内容示例并进行分析。

```
-rw-------     1 tester tester 4     1月 12 15:48   nano.save   # 文件示例
drwxr-xr-x    3 tester tester 4096  1月  8 17:54   snap        # 目录示例
```

第 1 个字段共有 10 个字符，第 1 个字符表示文件的类型：- 表示普通文件；b 表示块设备文件；c 表示字符设备文件；d 表示目录（目录是一种特殊的文件）；l 表示链接文件；p 表示管理文件；s 表示套接字文件。

第 2 个字段表示目录或链接的数目，对于目录，表示它的第一级子目录的个数；对于文件，表示指向它的硬链接文件的个数。

第 5 ~ 7 个字段分别表示该文件（目录）的大小、建立或最近修改日期和文件（目录）名。

其他字段在任务 4.3 讲解文件访问权限时再讲解。

对于目录来说，第 2 个字段的值表示的目录数还包含两个隐含目录。每个目录下面都隐含表示当前目录的 . 目录和表示上一层目录的 .. 目录。下面进行验证，执行 ls -l 命令时加上 -a 选项。

```
tester@linuxpc1:~$ ls -a -l snap
总用量 12
drwx------    3 tester tester 4096 1月   8 17:54   .
drwxr-xr-x 18 tester tester 4096 1月  19 21:08   ..
drwxr-xr-x  4 tester tester 4096 1月   8 17:54   snap-store
```

可以发现，snap 的目录数为 3，实际的第一级子目录只有 snap-store 这一个。

ll 是 ls -al 命令的别名，可以使用 ll 来代替 ls -al。

ls 命令的文件名参数中可使用通配符。文件（包括目录）名参数中可以使用通配符来扩展匹配条件,其中星号（*）表示任何字符串,例如 *log* 表示文件名含有 log 的任何文件;问号（?）表示任何单个字符,例如 a?c 表示文件名由 a、任意字符和 b 组成的任何文件（如 a2c、atc）。通配符主要用于文件名匹配与搜索等,在 cp、find、ls、rm、mv 等文件和目录操作命令中可使用通配符来匹配文件和目录名。而正则表达式则用于匹配过滤文本内容,在 grep、sed、awk、vim 等文本内容处理工具中可使用正则表达式。

任务 4.2　Linux 文件操作

任务要求

在 Linux 操作系统中,软件、数据是文件,设备也是文件,目录还是文件。学习 Linux,我们必须掌握文件的基本操作。与目录相比,文件操作的功能更为丰富。Linux 操作系统包括大量的文本文件,如源代码文件、标准输入输出文件（相当于特殊的文本文件）、普通文本文件、各种配置文件、日志文件等。文本文件内容的处理非常重要,是管理员要掌握的必要技能。本任务在介绍文件的通用操作之外,还专门讲解并示范 grep、sed、awk 等命令行文本处理工具的使用。

（1）了解 Linux 的文件结构和文件类型。

（2）学会使用文件管理器管理文件。

（3）学会使用命令行工具管理文件。

（4）掌握文本文件的命令行基本操作。

（5）学会使用 grep、sed 和 awk 等工具处理文本内容。

相关知识

4.2.1　Linux 文件结构

Linux 文件无论是一个程序、一个文档、一个数据库,还是一个目录,操作系统都会赋予文件相同的结构,具体包括以下两部分。

• 索引节点:又称 I 节点。在文件系统结构中,索引节点是包含相应文件信息的一个记录,这些文件信息包括文件权限、文件所有者、文件大小等。

• 数据:文件的实际内容,可以是空的,也可以非常大,并且有自己的结构。

4.2.2　Linux 文件类型

可以将 Linux 文件分为以下 4 种类型。

1. 普通文件

普通文件也称为常规文件,包含各种长度的字符串。Linux 内核对这些文件没有进行结构化,只是将其作为有序的字符序列提交给应用程序,由应用程序自己进行组织和解释。普通文件包括文本文件、数据文件和可执行的二进制程序等。

2. 目录文件

目录文件是一种特殊文件，利用它可以构成文件系统的分层树形结构。目录文件也包含数据，但与普通文件不同的是，Linux 内核对这些数据加以结构化，即它是由成对的"索引节点号 / 文件名"构成的列表。索引节点号是检索索引节点表的索引，索引节点中存有文件的状态信息。文件名是给一个文件分配的文本形式的字符串，用来标识该文件。在一个指定的目录中，任何两项都不能有同样的名字。

将文件添加到一个目录中时，该目录的大小会增大，以便容纳新文件名。当删除文件时，目录的大小不会减小，内核对该目录项标注特殊标记，以便下次添加一个文件时重新使用它。每个目录文件中至少包括两个条目：".."表示上一层目录，"."表示该目录本身。

3. 设备文件

设备文件是一种特殊文件，除了存放在文件索引节点中的信息外，它们不包含任何数据。系统利用它们来标识各个设备驱动器，内核使用它们与硬件设备通信。设备文件又可分为两种类型：字符设备文件和块设备文件。

Linux 将设备文件置于 /dev 目录下，系统中的每一个设备在该目录下有一个对应的设备文件，并有一些命名约定。例如，串口 COM1 的文件名为 /dev/ttyS0，/dev/sda 对应第一个 SCSI 硬盘（或 SATA 硬盘），/dev/sda5 对应第一个 SCSI 硬盘（或 SATA 硬盘）的第一个逻辑分区，光驱表示为 /dev/cdrom，软驱表示为 /dev/fd0。Linux 还提供伪设备（实际上不存在的）文件，如 /dev/null、/dev/zero。

4. 链接文件

链接文件是一种特殊文件，提供对其他文件的参照。它们存放的数据是文件系统中通向文件的路径。当使用链接文件时，内核自动地访问所指向的文件路径。例如，当需要在不同的目录中使用相同文件时，可以在一个目录中存放该文件，在另一个目录中创建一个指向该文件（目标）的链接，然后通过这个链接来访问该文件，这就避免了重复占用磁盘空间，而且也便于同步管理。

链接文件有两种类型，分别是符号链接（Symbolic Link）和硬链接（Hard Link）。

符号链接文件类似于 Windows 系统中的快捷方式，其内容是指向原文件的路径。原文件删除后，符号链接文件就失效了；删除符号链接文件并不影响原文件。

硬链接是对原文件建立的别名。建立硬链接文件后，即使删除原文件，硬链接文件也会保留原文件的所有信息。因为实质上原文件和硬链接文件是同一个文件，二者使用同一个索引节点，无法区分原文件和硬链接文件。与符号链接文件不同，硬链接文件和原文件必须在同一个文件系统上，而且不允许链接至目录。

✕ 任务实现

4.2.3　使用文件管理器进行文件操作

在 Ubuntu 桌面环境使用文件管理器进行文件操作。打开文件管理器，执行文件浏览和管理任务。

要创建文件的用户必须对所创建的文件的文件夹具有写权限。一般用户只能在自己的主目录

（主文件夹）中进行文件操作，Ubuntu 支持快捷菜单操作，如图 4-5 所示。例如，从快捷菜单中选择"属性"命令，弹出相应的对话框，如图 4-6 所示，可以查看和设置文件的基本信息、权限和打开方式。其中基本信息包括文件的名称、类型、大小、上级文件夹等。

图 4-5　Ubuntu 文件操作快捷菜单　　　　　　图 4-6　文件属性

　　除了用户主目录，普通用户在其他位置无权进行文件创建、删除和修改操作，除非以 root 身份登录。而在命令行中用户可以临时获取 root 特权进行操作。

　　如果权限允许，在文件管理器中找到相应的文本文件，可直接使用 gedit 编辑器打开来查看其内容。

4.2.4　使用命令行工具进行文件操作

　　在命令行中操作文件非常灵活，考虑用户权限问题，一般创建、修改、删除文件需要使用 sudo 命令临时切换到 root 身份，否则将提示权限不够。

1. 创建文件

使用 touch 命令可以创建文件。语法格式如下：

```
touch  [选项]...  文件 ...
```

　　如果指定的文件不存在，则会生成一个空文件，除非提供 -c 或 -h 选项。

　　如果指定的文件存在，该命令会将其存取时间和修改时间更改为当前时间。-a 选项表示只将文件存取时间修改为当前时间；-d 选项表示将文件的存取和修改时间格式改为 yyyymmdd；-m 选项表示仅将文件更改时间更改为当前时间。

　　使用 touch 命令可以同时创建和处理多个文件。下面给出创建两个空文件的例子。

```
tester@linuxpc1:~$ touch test1 test2                    # 同时创建两个空文件
tester@linuxpc1:~$ ls -l test*                          # 查看这两个文件的详细信息
-rw-rw-r-- 1 tester tester 0 1月  20 11:28 test1
-rw-rw-r-- 1 tester tester 0 1月  20 11:28 test2
```

2. 查找文件

Ubuntu 操作系统提供多种文件查找命令，说明如下。

　　（1）find 命令。该命令用于在目录路径中查找满足查询条件的文件并执行指定操作。语法格式如下：

```
find [-H][-L][-P][-Olevel][-D 调试选项 ][ 路径 ]... [ 匹配表达式 ]
```

微果4-2

查找文件

find 命令需要判断路径和匹配表达式，将第一个"-""( )"或"!"之前的部分视为目录路径，之后的字符串视为选项或匹配表达式。如果没有设置路径，那么 find 查找当前目录；如果没有设置选项或参数，那么 find 默认提供 -print 选项，即将匹配的文件输出到屏幕。

find 功能非常强大，复杂的匹配表达式由下列部分组成：操作符、选项、测试表达式以及动作。

• 选项包括位置选项和普通选项，它针对整个查找任务，而不是仅仅针对某一个文件，其结果总是返回 true（真）。例如，-depth 选项可以使 find 命令先匹配所有的文件，再在子目录中查找；-regextype 用于选择要使用的正则表达式类型；-follow 表示遇到符号链接文件就跟踪至链接所指向的文件。

• 测试表达式针对具体的一个文件进行匹配测试，返回 true 或者 false（假）。例如，-name 选项表示按照文件名查找文件，-user 表示按照文件所有者来查找文件，-type 指定查找某一类型的文件（b 为块设备文件、d 为目录、c 为字符设备文件、l 为符号链接文件、f 为普通文件）。

• 动作则是对某一个文件进行某种处理，返回 true 或者 false。特别常见的动作就是输出到屏幕（-print 选项）。

上述 3 部分又可以通过操作符（Operator）组合在一起形成更大、更复杂的匹配表达式。操作符按优先级排序，包括：括号"( )"、"非"运算符（! 或 -not）、"与"运算符（-a 或 -and）、"或"运算符（-o 或 -or）、并列符号逗号（,）。未指定操作符时默认使用"-and"操作符。

例如，查找当前用户主目录下文件扩展名为 .txt 的文件，可执行以下命令：

```
tester@linuxpc1:~$ find ~ -name "*.txt"
/home/tester/mydir.txt
/home/tester/myerr.txt
/home/tester/.thunderbird/vn99sb1w.default-release/SecurityPreloadState.txt
（以下省略）
```

find 使用 -exec 选项可以对查找到的文件调用外部命令进行处理，注意语法格式比较特殊，外部命令之后需要"{} \;"结尾，必须由一个";"结束，通常 Shell 都会对";"进行处理，所以用"\;"防止这种情况出现。注意，"}"和"、"之间一定要有一个空格。

```
find [ 路径 ]... [ 匹配表达式 ] -exec 外部命令 {} \;
```

在下面的例子中对查询结果使用 grep 命令进一步查询文件内容。find 命令首先匹配所有文件名为"passwd*"的文件，然后执行 grep 命令查看在这些文件中是否存在一个名为"tester"的用户。这里涉及需要 root 特权的文件，需要使用 sudo 命令。

```
tester@linuxpc1:~$ sudo find /etc -name "passwd*" -exec grep "tester" {} \;
[sudo] tester 的密码：
tester:x:1000:1000:tester,,,:/home/tester:/bin/bash
tester:x:1000:1000:tester,,,:/home/tester:/bin/bash
```

（2）whereis 命令。该命令用于从特定目录中查找符合条件的源代码文件、二进制文件或 man 帮助页文件。该命令的语法格式如下。

```
whereis [ 选项 ]... [ 文件名 ]
```

whereis 命令有多个选项，-b 表示只查找二进制文件，-B< 目录 > 用于定义二进制文件查找路径；-m 表示只查找 man 帮助页文件，-M< 目录 > 用于定义 man 帮助页文件查找路径；-s 表示只查找源代码文件，-S< 目录 > 用于定义源代码文件查找路径；-l 表示输出有效查找路径。

例如，使用 whereis 命令查找符合条件的二进制文件和 man 帮助页文件。

```
tester@linuxpc1:~$ whereis  -b -m shadow
shadow: /etc/shadow /usr/share/man/man5/shadow.5.gz
```

（3）locate 命令。locate 命令用于查找文件，比 find 命令的查找速度快，但它需要一个数据库，这个数据库由每天的例行工作程序（crontab）自动建立和维护。该命令的语法格式如下：

```
locate [选项]... [模式]...
```

其中 -d 选项指定 locate 命令所使用的数据库（默认为 /var/lib/mlocate/mlocate.db）；-c 选项表示只列出查到的条目数量，-A 选项表示列出匹配的所有条目；-w 选项表示匹配整个路径。

由于 locate 命令从数据库中查找文件，权限不像 find 命令遍历文件那样受限，不需要使用 sudo 命令，也不像 whereis 命令查找的文件类型受限。Ubuntu 操作系统默认没有安装 locate 工具，需要先执行 sudo apt install mlocate 命令进行安装，再使用它。下面给出一个使用 locate 命令的例子。

```
ester@linuxpc1:~$ locate passwd
/etc/passwd
/etc/passwd-
/etc/pam.d/chpasswd
/etc/pam.d/passwd
（以下省略）
```

3. 复制文件（目录）

使用 cp 命令可以将源文件或目录复制到目标文件或目录中。语法格式如下：

```
cp [选项]... 源文件或目录 目标文件或目录
```

可以将源文件复制到目标文件，也可以将多个源文件复制到目录。如果有多个参数，且最后一个参数是目录，则将前面指定的文件和目录复制到该目录下；如果最后一个参数不是已存在的目录，则 cp 命令将给出错误信息。

这个命令选项较多，-a 表示将文件的属性一起复制；-d 表示复制文件时保留链接；-f 表示强制复制，会覆盖已经存在的目标文件而不给出提示；-i 表示在覆盖目标文件之前给出提示；-p 表示除复制文件外，还将修改时间和访问权限也复制到新文件中；-r 表示递归复制目录及其子目录内的所有内容；-s 表示不复制文件，只是生成链接文件。

下面给出几个使用 cp 命令的典型例子。

```
tester@linuxpc1:~$ cp mydir.txt testfilecp    # 将一个文件复制到另一个新创建的文件
tester@linuxpc1:~$ ls -l testfilecp
-rw-rw-r-- 1 tester tester 70 1月  20 19:58 testfilecp
tester@linuxpc1:~$ cp  *.txt testdircp        # 将符合条件的文件复制到不存在的目录
cp: 目标 'testdircp' 不是目录
tester@linuxpc1:~$ cp  -r snap/* testdircp    # 将一个目录下所有的文件复制到另一个目录
tester@linuxpc1:~$ ls -l testdircp
总用量 4
drwxr-xr-x 4 tester tester 4096 1月  20 20:05 snap-store
tester@linuxpc1:~$ cp  -r snap testdircp      # 将整个目录复制到另一个目录
tester@linuxpc1:~$ ls -l testdircp
总用量 8
drwx------ 3 tester tester 4096 1月  20 20:06 snap
drwxr-xr-x 4 tester tester 4096 1月  20 20:05 snap-store
tester@linuxpc1:~$ cp test1 test2 testdircp            # 将两个文件复制到另一个目录
```

注意，使用 cp 命令复制目录时，必须使用 -r 或 -R 选项，而且目标目录可以是不存在的目录。另外，cp 命令还可以使用 -t 选项来明确指定目标目录，其用法如下：

```
cp [选项]... -t 目标目录  源文件...
```

4. 删除文件（目录）

使用 rm 命令可以删除一个目录中的一个或多个文件和目录，也可以将某个目录及其下属的所有文件和子目录全部删除。语法格式如下：

```
rm [选项] ... 文件...
```

对于链接文件，rm 命令只是删除整个链接文件，而原文件保持不变。

-i 选项表示删除前逐一询问确认；-f 选项表示即使文件属性为只读，也会直接删除；-r 选项将目录及子目录和文件都删除；-d 选项表示删除空目录。

使用 rmdir 命令无法删除非空目录，而用 rm 命令加上 -r 选项则可以删除非空目录，例如：

```
tester@linuxpc1:~$ rmdir testdircp
rmdir: 删除 'testdircp' 失败：目录非空
tester@linuxpc1:~$ rm -r testdircp
```

5. 移动文件（目录）

使用 mv 命令可以移动文件或目录，还可以在移动的同时修改文件或目录名。语法格式如下：

```
mv  [选项]... 源文件或目录  目标文件或目录
```

参数为源文件和目标文件时，会将源文件重命名为目标文件。最后一个参数是目录，则会将源文件或目录移动到该目标目录。

其中 -i 选项表示使用交互模式，当目标目录存在同名的目标文件时，用覆盖方式写文件，但在写入之前给出提示。-f 选项与 -i 选项正好相反，覆盖之前不给出任何提示。还可以使用 -t 选项明确指定目标目录。

6. 创建链接文件

使用 ln 命令创建链接文件，即在文件之间创建链接。建立符号链接文件的语法格式如下：

```
ln -s  目标（原文件或目录）  链接文件
```

建立硬链接文件的语法格式如下：

```
ln  目标（原文件）  链接文件
```

链接的对象可以是文件，也可以是目录。如果链接指向目录，那么用户就可以利用该链接直接进入被链接的目录，而不用给出到达该目录的一长串路径。

```
tester@linuxpc1:~$ ln -s mydir.txt s-linkmydir          # 创建符号链接文件
tester@linuxpc1:~$ ln  mydir.txt h-linkmydir            # 创建硬链接文件
tester@linuxpc1:~$ ls -l *linkmydir                     # 查看链接文件进行验证
-rw-rw-r-- 2 tester tester 70 1月  12 10:39 h-linkmydir
lrwxrwxrwx 1 tester tester  9 1月  20 20:55 s-linkmydir -> mydir.txt
```

7. 压缩与解压缩

用户在对计算机系统中的数据进行备份时常常会压缩备份文件，以便节省存储空间。另外，通过网络传输压缩文件时也可以减少传输时间。在以后需要使用存放在压缩文件中的数据时，必须先将它们解压缩。

（1）gzip 命令。gzip 命令用于对文件进行压缩和解压缩。它用 Lempel-Ziv（伦佩尔－齐夫）编码减少文件的大小，被压缩的文件扩展名是 .gz。gzip 命令的语法格式如下：

```
gzip [选项] 压缩的文件 / 解压缩的文件
```

（2）unzip 命令。unzip 命令用于对 WinZip 格式的压缩文件进行解压缩。语法格式如下：

```
unzip [选项] 压缩的文件
```

（3）tar 命令。tar 命令用于对文件和目录进行压缩，或者对压缩包解压缩。语法格式如下：

```
tar [选项] 文件或目录
```

4.2.5　使用命令行工具处理文本文件内容

Linux 操作系统中的配置文件、日志文件等都是文本文件，与图形用户界面工具相比，使用命令行工具可以更高效地查看和处理文本文件的内容，如对文件内容执行显示、查找、比较、排序、统计等操作。

1. 显示文件内容

（1）cat 命令。cat 命令用于连接文件并将其输出到标准输出设备上，不过常用来显示文件内容。语法格式如下：

```
cat [选项]... [文件]...
```

该命令有两项功能：一是用来显示文件的内容，它依次读取参数所指定的文件，并将它们的内容输出到标准输出设备上，也就是显示出来；二是用来连接两个或多个文件，将它们的内容合并起来，然后通过输出重定向保存到指定的文件中。

其中 -n 选项表示从 1 开始对所有输出的行编号；-b 选项和 -n 选项作用相似，只不过对空白行不编号。

（2）more 命令。如果文件太长，用 cat 命令只能看到文件最后一页，而用 more 命令时可以逐页显示文件内容。more 命令的语法格式如下：

```
more [选项] <文件>...
```

该命令一次显示一屏文本，满屏后停下来，并且在屏幕的底部出现一个提示信息，给出已显示的文本占该文件的百分比。

（3）less 命令。less 命令也用来分页显示文件内容，但功能比 more 更强大，其语法格式如下：

```
less [选项] <文件>...
```

less 比 more 更灵活。例如，按 <Page Up> 或 <Page Down> 键可以向前、向后移动一页，按上、下方向键可以向前、向后移动一行。

（4）head 命令。head 命令用于在屏幕上显示文件的开头若干行或若干字节。语法格式如下：

```
head [选项]... [文件]...
```

使用 -n 选项指定从文件开头的显示行数，默认为 10 行。-c 选项后跟参数指定从文件开头的显示字节数。指定字节数可以使用单位，如 b 为 512 字节；kB 为 1000 字节，K 为 1024 字节。

head 命令用于同时显示多个文件，文件名列表以空格分开，显示每个文件之前先显示文件名。

（5）tail 命令。tail 命令用于在屏幕上显示指定文件的末尾若干行或若干字节，与 head 命令正好相反，语法格式如下：

```
tail [选项]... [文件]...
```

行数由参数值来确定，显示行数的默认值为 10，即显示文件的最后 10 行内容。

使用 -f 选项可以显示随文件增长即时输出的新增数据，非常适合于查看正在改变的日志文件。例如，执行 tail -f -n 5 /var/log/auth.log 命令可以用来实时显示最新的 5 条登录认证日志，如图 4-7 所示，最尾部（最新）的内容显示在屏幕上，并且不断刷新，直至按 <Ctrl>+<C> 组合键退出。

```
tester@linuxpc1:~$ tail -f -n 5 /var/log/auth.log
Jan 20 20:30:01 linuxpc1 CRON[4398]: pam_unix(cron:session): session closed for user root
Jan 20 21:17:01 linuxpc1 CRON[4652]: pam_unix(cron:session): session opened for user root by (uid=0)
Jan 20 21:17:01 linuxpc1 CRON[4652]: pam_unix(cron:session): session closed for user root
Jan 20 21:30:01 linuxpc1 CRON[4743]: pam_unix(cron:session): session opened for user root by (uid=0)
Jan 20 21:30:01 linuxpc1 CRON[4743]: pam_unix(cron:session): session closed for user root
```

图 4-7 实时显示日志文件内容

（6）od 命令。od 命令用于按照特殊格式查看文件内容。语法格式如下：

```
od  [选项]... [文件]...
```

od 将指定文件以八进制形式（默认）转储到标准输出。如果指定了多于一个的文件参数，程序会自动将输入的内容整合为列表并以同样的形式输出。如果没有指定文件，或指定文件为"-"，将从标准输入读取数据。

（7）nl 命令。该命令用于将文件添加行号标注后再显示。语法格式如下：

```
nl [选项]... [文件]...
```

2. 查找文件内容

grep 命令用来在文本文件中查找指定模式的单词或短语，并在标准输出上显示包括给定字符串模式的所有行。语法格式如下：

```
grep [选项]... 模式 [文件]...
```

这个命令功能强大，具有很多选项，这里仅介绍基本用法。

grep 命令特别适合于在指定文件中查找特定模式及查找特定主题。可以将要查找的模式看作一些关键词，查看指定的文件中是否包含这些关键词。如果没有指定文件，它们就从标准输入中读取。在正常情况下，每个匹配的行都被显示到标准输出上。如果要查找的文件不止一个，则在每一行输出之前加上文件名。

可以使用选项对匹配方式进行控制，如 -i 表示忽略大小写，-x 表示强制整行匹配，-w 表示强制关键字完全匹配，-v 用于排除匹配的行，-e 用于定义正则表达式。下面给出一个例子。

```
tester@linuxpc1:~$ grep -i 'home' /etc/passwd
syslog:x:104:110::/home/syslog:/usr/sbin/nologin
cups-pk-helper:x:113:120:user for cups-pk-helper service,,,:/home/cups-pk-
helper:/usr/sbin/nologin
tester:x:1000:1000:tester,,,:/home/tester:/bin/bash
xiaoai:x:1001:1001:xiaoai,,,:/home/xiaoai:/bin/bash
laoli:x:1002:1002:laoli,,,,:/home/laoli:/bin/bash
```

查找的结果中"home"会被标红显示。

还可以使用选项对查找结果输出进行控制。如 -m 定义多少次匹配后停止查找，-n 指定输出的同时输出行号，-H 为每一匹配项输出文件名，-r 在指定目录中进行递归查询。

3. 对文件内容排序

sort 命令用于对文本文件的各行进行逐行排序，并将结果显示在标准输出上。语法格式如下：

```
sort [选项]... [文件]...
```

4. 比较文件内容

（1）comm 命令。comm 命令对两个已经排好序的文件进行逐行比较，只显示它们共有的行。语法格式如下：

```
comm [选项]... 文件1 文件2
```

-1 选项表示不显示仅在文件 1 中存在的行，-2 选项表示不显示仅在文件 2 中存在的行，-3 选项表示不显示在 comm 命令输出中的第 1 列、第 2 列和第 3 列。

（2）diff 命令。diff 命令逐行比较两个或多个文件，列出它们的不同之处，并且提示为使两个或多个文件一致需要修改的行。如果这些文件完全一样，则该命令不显示任何输出。语法格式如下：

```
diff [选项]... 文件列表
```

5. 统计文件内容

wc 命令用于统计指定文件的字节数、字数、行数，并输出结果。语法格式如下：

```
wc [选项]... [文件名]...
```

如果没有给出文件名，则从标准输入读取数据。如果多个文件一起进行统计，则给出所有指定文件的总统计数。

wc 命令输出列的顺序和数目不受选项顺序和数目的影响，输出格式如下：

```
行数 字数 字节数 文件名
```

可使用选项来进一步控制统计内容，-c 表示只统计字节数，-1 表示只统计行数，-w 表示只统计字数。

提示　　一些文本内容操作命令，如 cat、head、tail、od、nl、sort、wc，使用时如果未指定文件参数，或指定文件参数为 "-"，将从标准输入读取数据，即进入交互式输入界面，输入内容后按 <Ctrl>+<D> 组合键结束输入并执行文本内容操作。

4.2.6　使用 sed 命令处理文本文件内容

微课4-3

可以使用 sed 命令通过脚本编排的指令来筛选和转换文本内容，如分析统计关键字的使用，对内容进行增删、替换等。无须使用文本编辑器，用户通过一条 sed 命令就可以完成文本文件的内容修改。Sed 命令主要用来自动编辑一个或多个文件、简化对文件的反复操作、编写 Shell 脚本来处理内容等。例如，以非交互方式对配置文件进行更改。

使用sed命令处理文本文件内容

1. sed 的基本用法

sed 主要以行为单位处理文本文件，可以对文本文件中的行进行替换、删除、添加或选定等。语法格式如下：

```
sed [选项]... {脚本} [输入文件]...
```

该命令利用脚本来处理文件。可以使用 -e（--expression）选项来指定脚本内容，也可以使用 -f（--file）选项来指定脚本文件以便从该文件中读取脚本。如果这两个选项中一个都没有提供，则第一个非选项参数被视为脚本，其他非选项参数被视为输入文件。如果不提供输入文件，则程序将从标准输入读取数据。默认情况下，所有来自文件中的数据都会显示出来，加上 -n 选项，则只有经过 sed 特殊处理的行（或操作）才会显示在屏幕上。

使用 sed 的关键是编写用于处理文本文件的脚本。脚本中使用命令处理行，多数命令都可以由一个地址或一个地址范围作为前导来限制它们的作用范围。脚本通常用引号标注。

2. sed 的子命令

sed 命令用于处理由地址指定的各输入行，如果没有指定地址则处理所有的输入行。sed 的子命令以单字母为主，具体说明如表 4-3 所示。

表4-3　sed的子命令

子命令	说明
a	在目标行的下面新增一行或多行，后面的参数可以以字符串的形式指定新增行的内容。多行时除最后一行外，每行末尾需用 "\" 续行
c	替换指定行，后面的参数可以以字符串的形式指定要替换的行内容。多行时除最后一行外，每行末尾需用 "\" 续行
d	删除指定行
i	在目标行的上面插入一行或多行，后面的参数可以以字符串的形式指定插入行的内容。多行时除最后一行外，每行末尾需用 "\" 续行
p	显示指定行的内容，通常与 -n 选项一起使用
s	替换内容，无须指定地址范围，通常与正则表达式配合使用
!	表示后面的命令对所有未被选定的行发挥作用
=	输出当前行号
#	将注释扩展到下一个换行符之前

3. sed 的地址

sed 的地址既可以是一个行号（"$" 表示最后一行），也可以是一个正则表达式。注意，在使用行号时，sed 的行号是从 1 开始的。使用地址范围时，起止行号之间用 ","，分隔，也可以用 "起始行号，+N" 的格式表示从指定行开始的 N 行。

下面的例子显示 /etc/passwd 文件中第 2 ～ 4 行的内容：

```
tester@linuxpc1:~$ sed -n  '2,4p' /etc/passwd
daemon:x:1:1:daemon:/usr/sbin:/usr/sbin/nologin
bin:x:2:2:bin:/bin:/usr/sbin/nologin
sys:x:3:3:sys:/dev:/usr/sbin/nologin
```

sed 可以一次执行多条子命令，使用 ";" 分隔各个子命令，例如显示第 2 行和第 4 行的内容：

```
tester@linuxpc1:~$ sed -n  '2p;4p' /etc/passwd
daemon:x:1:1:daemon:/usr/sbin:/usr/sbin/nologin
sys:x:3:3:sys:/dev:/usr/sbin/nologin
```

下面的例子在 mydir.txt 文件末尾添加一行内容：

```
tester@linuxpc1:~$ sed  '$a # This is my dir' mydir.txt
总用量 4
drwxr-xr-x 4 tester tester 4096 1月   8 17:54 snap-store
```

```
# This is my dir
tester@linuxpc1:~$ cat mydir.txt                           # 查看文件内容
总用量 4
drwxr-xr-x 4 tester tester 4096 1月   8 17:54 snap-store
```

可以发现虽然添加了一行，但文件内容并未改变。

4. 使用 sed 修改文本文件

默认情况下，sed 操作不会改变文件内容，只有使用 -i 选项才可以改变文件内容。下面对上面的例子进行修改，可以对比结果。

```
tester@linuxpc1:~$ sed  -i  '$a # This is my dir' mydir.txt
tester@linuxpc1:~$ cat mydir.txt
总用量 4
drwxr-xr-x 4 tester tester 4096 1月   8 17:54 snap-store
# This is my dir
```

sed 的 -i 选项特别方便使用 Shell 脚本修改配置文件以完成自动化配置。

5. 使用 sed 替换文件内容

sed 的替换命令 s 非常实用，基本用法如下：

```
sed [选项]... 's/原字符串/新字符串/' 文件
sed [选项]... 's/原字符串/新字符串/g' 文件
```

这两种用法的区别在于"g"标记。没有"g"标记表示只替换第一个匹配到的字符串，有"g"标记表示替换所有能匹配到的字符串。下面给出一个使用替换命令 s 的简单例子。

```
tester@linuxpc1:~$ sed   's/my dir/my dirlist/' mydir.txt
总用量 4
drwxr-xr-x 4 tester tester 4096 1月   8 17:54 snap-store
# This is my dirlist
```

当然，使用正则表达式可以实现更为复杂的替换功能。

6. 在 sed 命令中使用正则表达式

sed 命令可以使用正则表达式进行模式查找和替换，实现更高级的文本处理功能。它的正则表达式使用两个正斜线标注。sed 支持使用特殊元字符来进行模式匹配，常用的元字符如表 4-4 所示。

表4-4　常用的元字符

元字符	说明
^	匹配行首的行，如 /^sed/ 匹配所有以 sed 开头的行
$	匹配行尾的行，如 /sed$/ 匹配所有以 sed 结尾的行
.	匹配一个非换行符的任意字符的行
*	匹配 0 个或多个字符的行
[]	匹配指定字符集内的任一字符的行，如 /[Ss]ed/ 匹配包含 Sed 或 sed 的行
[^]	匹配指定字符集外的任一字符的行，如 /[^Ss]ed/ 匹配包含 ed，但 ed 之前的字符不是 S 或 s 的行
&	保存查找串以便在替换串中引用，如 s/sed/**&**/ 表示 sed 将被替换为 **sed**
\<	匹配词首的行，如 /\<sed/ 匹配包含以 sed 开头的单词的行
\>	匹配词尾的行，如 /sed\>/ 匹配包含以 sed 结尾的单词的行

下面的例子使用正则表达式来匹配指定行，删除 SSH 配置文件中的注释行（以"#"开头）

和空行。

```
sed   's/#.*//g' /etc/ssh/sshd_config | sed /^$/d
tester@linuxpc1:~$ sed   's/#.*//g' /etc/ssh/sshd_config | sed /^$/d
Include /etc/ssh/sshd_config.d/*.conf
ChallengeResponseAuthentication no
UsePAM yes
X11Forwarding yes
PrintMotd no
AcceptEnv LANG LC_*
Subsystem sftp   /usr/lib/openssh/sftp-server
```

sed 本身是一个管道命令，本例中管道符号前的 sed 命令删除注释行，然后提交给管道符号后的 sed 命令进一步删除空行。正则表达式的使用非常灵活，以下命令具有与上例中命令相同的效果。

```
sed /^#/d /etc/ssh/sshd_config | sed /^$/d
```

注意　sed 是基于行来处理的文件流编辑器，无法操作空文件。可以考虑改用 echo 命令向空文件中添加内容。例如 echo "Please test!" >> file.txt 会将内容添加到目标文件末尾。

4.2.7　使用 awk 命令分析处理文本文件内容

微课4-4

使用 awk 命令分析处理文本文件内容

作为功能强大的文本分析处理工具，awk 不仅能够对行进行操作，而且能够对列进行操作，某些功能与数据库类似，在数据文件操作、文本搜索和处理、算法的原型设计和试验等方面都有应用，国内用户主要将其用于文本处理和报表生成。Ubuntu 操作系统中该工具名为 mawk，语法格式如下：

```
mawk [选项]...   [脚本] [输入文件]...
```

mawk 等同于 Linux 通用的 awk 命令，本书中一般用 awk 命令。"[选项]"中 -f 选项指定提供 awk 命令的脚本文件中供 awk 读取，如果不提供此选项，则第一个参数就是脚本文本。可以使用 "--" 符号来显式指定输入文件。除了通过参数提供要处理的文本文件外，还可以通过管道操作提供要处理的文本内容。

awk 具有强大的编程能力，有自己的样式扫描和文本处理语言，可以通过脚本编程实现非常复杂的功能。限于篇幅，这里仅介绍部分常用的功能。

1. awk 的基本用法

awk 的基本功能是在文件或者字符串中基于指定模式提取内容，然后针对提取的内容进行其他文本处理操作。基本用法如下：

```
awk [选项]... '{[模式] 操作}' [输入文件]...
```

其中模式（Pattern）指定 awk 要查找的内容，用于提取符合条件的信息；而操作（Action）是对符合条件的内容所执行的一系列命令。操作由一个或多个命令、函数、表达式组成，它们之间由换行符或分号隔开，并置于 "{}" 内。"{}" 用于对一系列指令进行分组，相当于代码块。awk 脚本由一系列模式 - 操作对和函数定义组成。脚本通常要使用单引号或双引号标注。

awk 通常以文件的行作为处理单位。awk 每接收文件的一行，就执行相应的命令来处理文本。

处理完接收文件的最后一行后，awk 便结束运行。下面的例子依次对 /etc/passwd 文件中的每一行执行 print 命令后显示处理结果。

```
tester@linuxpc1:~$ awk '{print $0}' /etc/passwd
root:x:0:0:root:/root:/bin/bash
daemon:x:1:1:daemon:/usr/sbin:/usr/sbin/nologin
（以下省略）
```

本例中每个数据行相当于一条记录，由 ":" 分隔为多个字段（列），可以使用 -F 选项来明确指定分隔符，以便区分字段。下面的例子将 /etc/passwd 中的第 1 个和第 3 个字段通过 print 命令进行字符串拼接后，再显示出来。

```
tester@linuxpc1:~$ awk -F":" '{ print $1 " " $3 }' /etc/passwd
root 0
daemon 1
（以下省略）
```

2. awk 的变量、运算符、命令、函数和控制语句

上面的例子中已经涉及内置变量，常用的 awk 内置变量如表 4-5 所示。

表4-5　常用的awk内置变量

内置变量	说明	内置变量	说明
$n	当前记录的第 n 个字段	FILENAME	当前文件名
$0	完整的输入记录（整行数据）	FS	字段分隔符，默认是空格和制表符
ARGC	命令行参数的数目	RS	行分隔符，默认是换行符
ARGIND	命令行中当前文件的位置（从 0 开始算）	OFS	输出字段的分隔符，默认为空格
NF	一条记录的字段的数目	ORS	输出记录的分隔符，默认为换行符
NR	已经读出的行数，从 1 开始	OFMT	数字输出的格式，默认为 % .6g

例如，查看 /etc/passwd 文件中第 33 ～ 35 行的内容，其中用到 $0 变量：

```
tester@linuxpc1:~$ awk '{if(NR>=33 && NR<=35) print $0 }' /etc/passwd
speech-dispatcher:x:114:29:Speech Dispatcher,,,:/run/speech-dispatcher:/bin/false
avahi:x:115:121:Avahi mDNS daemon,,,:/var/run/avahi-daemon:/usr/sbin/nologin
kernoops:x:116:65534:Kernel Oops Tracking Daemon,,,:/:/usr/sbin/nologin
```

另外，还可以使用 -v 选项设置用户自定义变量，将外部变量传递给 awk。具体格式为 "-v 变量名 = 变量值"，每定义一个变量需要使用一个 -v 选项。

与编程语言一样，awk 提供算术运算符、赋值运算符、关系运算符、逻辑运算符和正则运算符。例如，逻辑运算符可以指定多个条件，逻辑或运算符为 "||"，逻辑与运算符为 "&&"。

awk 中同时提供了 print 和 printf 两种输出命令。其中 print 命令的参数可以是变量、数值或者字符串，字符串必须用双引号标注，参数用逗号分隔。printf 命令的用法和 C 语言中 printf 的用法基本相似，可以格式化字符串，适合输出复杂的文本格式。printf 需要指定格式，后面的字符串定义内容需要使用双引号标注，下面给出一个例子。

```
tester@linuxpc1:~$ awk -F: '{printf "用户名：%s    UID: %d\n",$1,$3}' /etc/passwd
用户名：root    UID: 0
用户名：daemon    UID: 1
（以下省略）
```

awk 命令本身不提供修改文件的选项，但是通过输出命令的重定向可以间接实现文件内容的

修改，基本用法如下：

```
awk '{print > "输入文件"}' 输入文件
```

注意，重定向符号后面的文件名需要加双引号。

awk 提供一些内置函数，如 split() 用于将字符串分隔后保存至数组中，length() 返回字符串长度；tolower() 将所有字母转为小写字母，toupper() 将所有字母转为大写字母。

awk 提供多种流程控制语句实现复杂的编程，如条件语句 if-else，循环语句 while、do-while、for，条件分支语句 case。

3. 使用模式指定匹配条件

awk 支持多种模式定义。默认情况下，awk 使用空模式，可以匹配任意输入行。

模式可以使用正则表达式，用正斜线标注。指定模式之后，awk 就只处理能够匹配模式的行。最简单的是字符串匹配，以下命令查找 /etc/passwd 文件中含有 "nologin" 的行。

```
tester@linuxpc1:~$ awk '/nologin/{print $0}' /etc/passwd
```

模式也可以使用元字符，例如，以下例子查找 /etc/passwd 文件中以 "root" 开头的行。

```
tester@linuxpc1:~$ awk '/^root/{print $0}' /etc/passwd
root:x:0:0:root:/root:/bin/bash
```

模式也可以使用匹配表达式，"~" 运算符表示匹配，"~!" 运算符表示不匹配。下面的例子从 etc/passwd 文件中找出第 5 个字段中含有 "test" 的行。

```
tester@linuxpc1:~$ awk -F":" '$5~/test/{print $0}'  /etc/passwd
tester:x:1000:1000:tester,,,:/home/tester:/bin/bash
```

模式还可以使用关系（布尔）表达式，如对字符串或数字进行比较测试，结果为真才执行操作代码。例如，查找 /etc/passwd 文件中第 1 个字段值为 "gdm" 的行。

```
tester@linuxpc1:~$ awk -F":" '$1=="gdm" {print $0}' /etc/passwd
gdm:x:125:130:Gnome Display Manager:/var/lib/gdm3:/bin/false
```

4. 使用 BEGIN 和 END 模块

BEGIN 模块和 END 模块是 awk 的特殊模式。BEGIN 模块中的代码仅在 awk 命令执行前运行一次，通常用于开始处理输入文件中的文本之前执行初始化代码。END 模块中的代码仅在处理了输入文件中的所有行之后运行，通常用于执行最终计算或在输出内容末尾添加摘要信息。使用 BEGIN 和 END 模块的方法如下：

```
awk [选项]... 'BEGIN{ 开始代码块 } 模式 { 操作 } END{ 结束代码块 }' [输入文件]...
```

这样的 awk 脚本由 BEGIN 模块、能够使用模式匹配的通用代码块、END 模块 3 个部分组成。不过这 3 个部分都是可选的。下面的例子列出当前目录下扩展名为 .txt 的文件，并统计其总容量。

```
tester@linuxpc1:~$ ll *.txt | awk 'BEGIN {size=0;} {size=size+$5;print "文
件名:" $9 " 容量:"$5} END{print "总容量:",size}'
文件名：mydir.txt 容量：87
文件名：myerr.txt 容量：53
总容量：140
```

BEGIN 模块中初始化内部变量 size；中间的代码块逐行计算文件容量的和，同时输出文件名及其容量；END 模块输出总容量（所有文件的容量和）。这里的管道操作为 awk 命令提供输入文本供其处理。

提示 grep、sed 和 awk 号称 Linux "三剑客"，熟练使用这 3 个工具可以提升 Linux 操作系统的运维效率。它们都是以行为单位处理文本的，grep 适合单纯地查找或匹配文本；sed 适合编辑修改符合条件的文本；awk 具备编程能力，可以胜任 grep 和 sed 所能完成的全部工作，而且具备更精细的文本处理功能，更适合复杂文本的处理。一条 awk 命令就能实现非常复杂的功能，充分体现了执着专注、精益求精、追求卓越的工匠精神。这种精神值得我们学习。

任务 4.3　文件和目录权限管理

任务要求

对于多用户、多任务的 Linux 操作系统来说，文件和目录的权限管理非常重要。考虑到目录是一种特殊文件，如无特别说明，文件和目录权限可以统称为文件权限。文件权限是指对文件的访问控制，决定哪些用户和哪些用户组对某文件或目录具有哪种访问权限。对文件权限的更改包括两个方面：修改文件所有者和用户对文件的访问权限。本任务的具体要求如下。

（1）了解文件访问者身份和文件访问权限。
（2）学会使用文件管理器管理文件和文件夹的访问权限。
（3）学会使用命令行工具变更文件所有者和所属组。
（4）掌握使用符号模式设置文件访问权限的方法。
（5）掌握使用数字模式设置文件访问权限的方法。
（6）了解默认访问权限和特殊权限的设置。

相关知识

4.3.1　文件访问者身份

文件访问者身份是指文件权限设置所针对的用户和用户组，共有以下 3 种类型。

• 所有者（Owner）：每个文件都有它的所有者，又称属主。默认情况下，文件的创建者即为其所有者。所有者对文件具有所有权，是一种特别权限。

• 所属组（Group）：指文件所有者所属的组（简称属组），可为该组指定访问权限。默认情况下，文件创建者的主要组即为该文件的所属组。

• 其他用户（Others）：指除文件所有者和所属组，以及 root 用户之外的所有用户。通常其他用户对于文件总是拥有最低的权限，甚至没有任何权限。

4.3.2　文件和目录访问权限

对于每个文件和目录可以指定 3 种不同级别的访问权限，具体说明如表 4-6 所示。注意，文件和目录的访问权限有所不同。

表4-6　Linux文件和目录访问权限

访问权限	文件访问权限	目录访问权限
读（Read）	可以读取该文件内容	可以读取该目录结构
写（Write）	可以查看、修改、添加或删除该文件的内容，但不一定能删除该文件	可以更改该目录的结构，查看、修改、添加或删除该目录中的文件或子目录
执行（Execute）	如果该文件为应用程序或脚本等可执行文件，则可以执行它	可以访问该目录（目录本身不可执行），例如可以使用 cd 命令进入该目录

4.3.3　文件访问权限组合

为所有者、所属组和其他用户 3 类身份的用户赋予读、写和执行这 3 种不同级别的访问权限，就形成了一个包括 9 种具体访问权限的组合，如图 4-8 所示。

这 9 种具体的访问权限都包括在文件（目录）属性中，可以通过查看文件属性来详细查看。通常使用

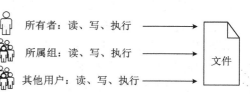

图4-8　文件访问权限组合

ls -l 或 ll 命令显示文件详细信息，这里给出一个文件详细信息的示例并进行分析。

```
-rw-rw-r--        1      tester tester 70      1月      12 10:39    mydir.txt
[ 文件类型与权限 ]  [ 链接 ] [ 所有者 ]    [ 所属组 ] [ 容量 ] [ 修改日期 ]   [ 文件名 ]
```

其中文件信息共有 7 个字段，其中与权限有关的有 3 个字段。第 1 个字段表示文件类型与权限，共有 10 个字符，说明如下：

第 1 个字符表示文件类型。接下来的字符以 3 个为一组，分别表示文件所有者、所属组和其他用户的权限。每一种用户的 3 种文件访问权限依次用 3 个字母 r、w 和 x 表示，对应读、写和执行，这 3 种权限的位置不会改变，如果没有某种权限，则在相应权限位置用 "-" 表示。

第 3 个字段表示这个文件的所有者，第 4 个字段表示这个文件的所属组。

4.3.4　特殊权限

Linux 对文件或目录提供 3 种特殊权限：suid、sgid 和 sticky。

Linux 的 suid（setuid）和 sgid（setgid）与用户进程的权限有关。Linux 为每个用户进程分配一个 UID 和一个 GID，进程需要访问文件的时候，就按照 UID 和 GID 来使用权限。正常情况下，UID 和 GID 将会被分配为执行对应命令的用户的 UID 和 GID，从而维持权限体系的正常运转。但是有些命令必须要绕过正常权限体系才能执行，最典型的是 passwd 命令要让用户修改自己的密码，但是用户密码以加密形式存放在 /etc/shadow 文件中，该文件只允许 root 账户读写，为此 Linux 使用了 suid 机制让普通用户执行 passwd 命令时自动拥有 root 账户的 UID 身份。

所谓 suid 机制就是在权限组中增加 suid/sgid 位，设置有 suid 位的文件被执行时自动获得文件所有者的 UID，同样设置有 sgid 位的文件被执行时自动获得文件所属组的 GID。实际上 sgid 很少使用，主要还是使用 suid。这两种权限容易带来安全性问题，为此 Linux 规定它们仅对二进制可执行文件有效，不适用于内核脚本文件。

为防止用户任意删除或修改别人的文件，可以设置 sticky 权限，这样只有文件的所有者才可以删除、移动和修改文件。sticky 权限只对目录有效，对文件没有效果。

任务实现

4.3.5 使用文件管理器管理文件和文件夹访问权限

在图形用户界面中可使用文件管理器，通过查看或修改文件或文件夹的属性来管理访问权限，可以为所有者、所属组和其他用户设置访问权限。

以主文件夹（主目录）中的一个文件的权限设置为例，打开文件管理器，右击要设置权限的文件夹，在弹出的快捷菜单中选择"属性"命令打开相应对话框，显示该文件的基本信息，切换到图 4-9 所示的"权限"选项卡，分别列出所有者、所属组和其他用户的当前访问权限。要修改访问权限，可以打开"访问"下拉列表，从中选择所需的权限。Ubuntu 对文件可以设置以下 4 种访问权限。

- 无：没有任何访问权限（注意，不能对所有者设置此权限）。
- 只读：可打开文件查看内容，但是不能做任何更改。
- 读写：可打开和保存文件。
- 执行：允许作为程序执行文件。

与文件相比，Ubuntu 操作系统的文件夹访问权限表示略有差别，打开某文件夹的"属性"对话框，切换到"权限"选项卡，如图 4-10 所示，文件夹涉及以下 4 种访问权限。

- 无：没有任何访问权限（注意，不能对所有者设置此权限）。
- 只能列出文件：可列出文件清单。
- 访问文件：可以查看文件，但是不能做任何更改。
- 新建和删除文件：这是最高权限。

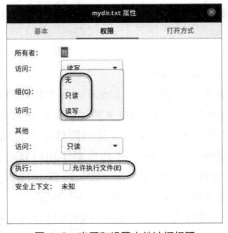

图 4-9　查看和设置文件访问权限

图 4-10　查看和设置文件夹访问权限

文件夹下的文件或子文件夹默认继承上级文件夹的访问权限，还可以单独定制其访问权限。单击"更改内含文件的权限"按钮弹出图 4-11 所示的对话框，可查看或设置该文件夹所包含的文件和文件夹的访问权限。

普通用户在文件管理器中可以变更所有者为自己文件的所属组，不过能够变更的所属组范围仅限于所有者自己所属的组。只

图 4-11　更改内含文件的权限

有 root 用户可以任意变更所有者和所属组。

注意

只有文件所有者或 root 账户才有权修改文件访问权限。Ubuntu 默认禁用 root 账户，在命令行中可使用 sudo 命令获取 root 权限，而文件管理器不支持 root 授权，这给文件权限的管理带来了不便。例如，管理员可以查看自己主目录之外的文件或目录的权限，但不能更改它们的权限，如图 4-12 所示。当然，如果以 root 身份登录系统，则使用文件管理器设置文件和文件夹的权限不受任何限制。

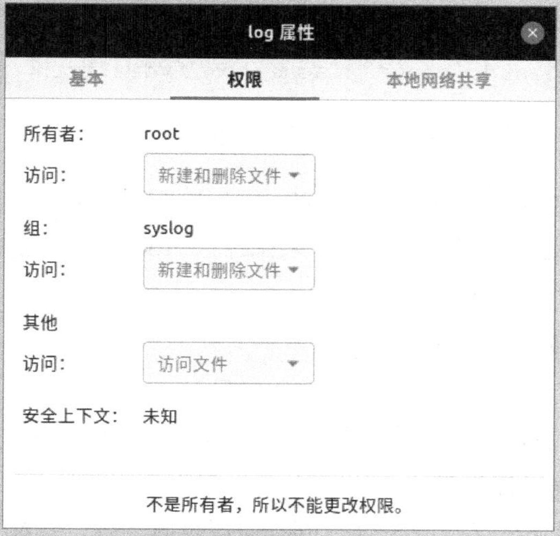

| log 属性 | ⊗ |

| 基本 | 权限 | 本地网络共享 |

所有者： root
访问： 新建和删除文件 ▼

组： syslog
访问： 新建和删除文件 ▼

其他
访问： 访问文件 ▼

安全上下文： 未知

不是所有者，所以不能更改权限。

图 4-12　不能更改访问权限

4.3.6　使用命令行工具变更文件所有者和所属组

可以根据需要使用命令行工具变更文件所有者和所属组，变更所有者和所属组都需要 root 特权。

1. 变更所有者

文件所有者可以变更，即将文件所有权转让给其他用户。使用 chown 命令变更文件或目录的所有者，使其他用户对文件或目录具有所有权，基本用法如下：

```
chown [选项]... [所有者][:[组]] 文件...
```

使用 -R 选项进行递归变更，即将目录连同其子目录下的所有文件的所有者都进行变更。

执行 chown 命令需要 root 权限，需要使用 sudo 命令。例如，下面的例子将 mydir.txt 文件的所有者更改为 xiaoai。

```
tester@linuxpc1:~$ ll mydir.txt                    # 查看更改前文件的所有者
-rw-rw-r-- 1 tester tester 70 1月  22 10:16 mydir.txt    # 更改文件所有者
tester@linuxpc1:~$ sudo chown xiaoai mydir.txt
tester@linuxpc1:~$ ll mydir.txt                    # 查看更改后文件的所有者
-rw-rw-r-- 1 xiaoai tester 70 1月  22 10:16 mydir.txt
```

2. 变更所属组

使用 chgrp 命令可以变更文件或目录的所属组，基本用法如下：

```
chgrp [选项]... 用户组  文件...
```

使用 –R 选项可以连同子目录中的文件一起变更所属组。执行 chgrp 命令也需要 root 权限。

```
tester@linuxpc1:~$ sudo chgrp xiaoai mydir.txt
tester@linuxpc1:~$ ll mydir.txt
-rw-rw-r-- 1 xiaoai xiaoai 70 1月  22 10:16 mydir.txt
```

当然，还可以使用 chown 命令同时变更文件所有者和所属组，例如，以下命令将 mydir.txt 文件的所有者变更为 xiaoai，所属组改为 adm 组。

```
tester@linuxpc1:~$ sudo chown xiaoai:adm mydir.txt
```

4.3.7 使用命令行工具设置文件访问权限

root 用户和文件所有者使用 chmod 命令可以修改文件访问权限，也就是为不同用户或组指定相应的访问权限。对于不是文件所有者的用户来说，需要 root 权限才能执行 chmod 命令修改权限，因此也需要使用 sudo 命令。基本用法如下：

```
chmod [选项]... 模式 [,模式]... 文件...
```

-R 选项表示递归设置指定目录下所有文件的权限。

模式是访问权限的表达式，根据访问权限的表示方式可分为符号和数字两种。

1. 使用符号模式设置访问权限

符号模式由操作符和表示权限的字母组成。操作符有 3 种，+ 表示增加某种权限，– 表示撤销某种权限，= 表示指定某种权限（同时会取消其他权限）。对于访问者身份，所有者、所属组和其他用户分别用字符 u、g、o 表示，所有用户（包括 3 种用户）则用 a 表示。权限类型用 r（读）、w（写）和 x（执行）表示。下面给出一个例子。

```
tester@linuxpc1:~$ ll mydir.txt          # 查看更改前的访问权限
-rw-rw-r-- 1 xiaoai xiaoai 70 1月  22 10:16 mydir.txt
tester@linuxpc1:~$ sudo chmod g-w,o+w mydir.txt      # 撤销所属组写权限，增加其他用
户写权限
tester@linuxpc1:~$ ll mydir.txt                      # 查看更改后的访问权限
-rw-r--rw- 1 xiaoai xiaoai 70 1月  22 10:16 mydir.txt
```

再来看两个例子。

```
chmod go-r testdir          # 同时撤销所属组和其他用户对该文件的读权限
chmod a=rx testdir          # 对所有用户赋予读和执行权限
```

2. 使用数字模式设置访问权限

将 r、w 和 x 权限分别用八进制数字 4、2 和 1 表示，没有任何权限则表示为 0。每一类访问者身份的权限用其各项权限的和表示（结果为 0 ~ 7 的数字），依次为所有者（u）、所属组（g）和其他用户（o）的权限。这样 9 种文件访问权限就可用 3 个数字来表示。例如，754 表示所有者、所属组和其他用户的权限依次为（4+2+1）、（4+0+1）、（4+0+0），转化为符号表示就是：rwxr-xr--。常用的数字权限与符号权限的对照如表 4-7 所示。

表4-7　数字权限与符号权限的对照

数字权限	符号权限	数字权限	符号权限
777	rwxrwxrwx	666	rw-rw-rw-
775	rwxrwxr-x	664	rw-rw-r--
755	rwxr-xr-x	644	rw-r--r--
744	rwxr--r--	600	rw-------
700	rwx------	444	r--r--r--

下面给出一个例子，使用数字模式为文件的所有者赋予读写权限，为所属组和其他用户赋予读权限。

```
tester@linuxpc1:~$ sudo chmod 644 mydir.txt          # 访问权限用 644 表示
tester@linuxpc1:~$ ll mydir.txt                      # 查看更改后的访问权限
-rw-r--r-- 1 xiaoai xiaoai 70 1月  22 10:16 mydir.txt
```

上述更改文件访问权限的命令等同于以下命令：

```
tester@linuxpc1:~$ sudo chmod u=rw-,go=r-- mydir.txt
```

4.3.8　设置默认的文件访问权限

默认情况下，普通用户新创建的文件的权限被设置为 rw-rw-r--，用数字表示为 664，即所有者和所属组都拥有读写权限，其他用户仅有读权限；新创建的目录权限为 rwxrwxr-x，用数字表示为 775，即所有者和所属组都拥有读写和执行权限，其他用户有读和执行权限。

默认权限通过 umask（掩码）实现，umask 用数字表示，实际上是文件权限码的"补码"。创建目录的最大权限为 777，减去 umask 值（如 002），就得到目录创建默认权限（如 777-002=775）。由于文件创建时不能具有执行权限，因此创建文件的最大权限为 666，减去 umask 值（如 002），就能获得文件创建默认权限（如 666-002=664）。需要注意的是，对于 umask 值中的奇数位（如 003 中的最后一位），减去 umask 值之后还需要在该位上加 1（如 666-003=663+001=664）。也可以将 umask 值转换为符号形式，再对照创建目录和文件最大权限的符号形式，将对应的权限撤销即可获得目录和文件的默认权限。

可使用 umask 命令来查看和修改 umask 值。例如，不带参数显示当前用户的 umask 值：

```
tester@linuxpc1:~$ umask
0002                           # 最前面的 0 可忽略
```

这是普通用户的默认 umask 值。root 账户的默认 umask 值是不同的。

```
root@linuxpc1:~# umask
0022                           # 最前面的 0 可忽略
```

可以使用参数来指定要修改的 umask 值，如执行命令 umask 002。

在命令行下使用 umask 命令修改 umask 值只能在当前会话中临时生效，要永久性修改 umask 值，需要在环境变量配置文件（如 /etc/bashrc、/etc/profile）中进行设置。

umask 值还可用符号形式表示，执行以下命令以符号形式显示默认的 umask 值。

```
tester@linuxpc1:~$ umask -S
u=rwx,g=rwx,o=rx
```

4.3.9　设置特殊权限

上述 umask 值 0022 是用 4 个数字表示的权限，其中第 1 位表示的就是特殊权限。

可以对二进制可执行文件设置 suid 和 sgid 权限。与 r、w、x 权限一样，suid 和 sgid 可以用符号分别表示为 s 和 g。这些特殊权限将在执行权限 x 标志位置上显示。下面的例子可以查看 /usr/bin/passwd 文件的特殊权限。

```
tester@linuxpc1:~$ ll /usr/bin/passwd
-rwsr-xr-x 1 root root 68208 7月  15  2021 /usr/bin/passwd*
```

suid 和 sgid 权限也可以使用八进制数字分别表示为 4 和 2。可以在表示普通权限的八进制数字前增加一位数字表示特殊权限。这样权限就包含 4 个数字，从左至右分别代表特殊权限、所有者权限、所属组权限和其他用户权限。例如，6644 表示特殊权限为 suid 和 sgid（4+2），所有者权限为读写（4+2），所属组权限为读，其他用户权限为读。与普通权限一样，可以使用 chmod 命令设置特殊权限。为某个文件设置 suid 权限的用法如下：

```
chmod u+ s 二进制可执行文件
```

如果改用数字模式，则可以将上述命令改写如下：

```
chmod 4644 二进制可执行文件
```

在设置有 sticky 权限的目录下，用户若在该目录下具有 w、x 权限，则当用户在该目录下建立文件或目录时，只有文件所有者与 root 账户才有权删除。sticky 权限用字符表示为 t，用八进制数字表示为 1。要设置 sticky 权限，可以使用下面的命令：

电子活页4-1

文件访问控制
列表

```
chmod +t 目录名
```

提示

以上权限管理是基于所有者（用户）、所属组和其他用户身份的，通常被称为 UGO(Owner、Group、Others) 模式。这种模式属于 Linux 传统的解决方案，具有一定的局限性，无法适应复杂的权限管理需要。例如，要将某个目录仅赋予某个特定用户使用，这种传统模式就无法做到。要对某个特定用户进行单独的文件权限控制，需要使用文件的访问控制列表（Access Control List，ACL）。ACL 是一种高级权限机制，允许用户对一个文件或文件夹进行灵活、复杂的权限设置，不受 UGO 模式限制。

项目小结

通过本项目的实施，读者应当了解 Linux 目录结构、文件类型与文件访问权限，掌握文件和目录的基本操作，学会文件和目录权限的管理操作。由于文件管理器的功能较弱，读者应重点熟悉使用命令行工具来实施文件和目录的管理工作。本项目涉及的 grep、sed 和 awk 文本内容处理工具还可以用于 Shell 脚本以进一步提高工作效率，它们所用到的正则表达式将在项目 8 中进一步讲解。总之文件和目录的管理操作，无论是 Linux 操作系统管理员，还是 Linux 运维工程师，都要熟练掌握。项目 5 要实施的是磁盘存储管理。

课后练习

一、选择题

1. 在 Linux 操作系统中有（　　　）目录树。
   A. 1棵　　　　　　　　B. 2棵　　　　　　　　C. 3棵　　　　　　　　D. 不定数量

2. 以下关于 Linux 目录的说法中，不正确的是（　　　）。
   A. Linux 操作系统使用单一的目录树结构
   B. 目录树中的文件名（包含完整路径）独一无二
   C. /root 目录就是根目录
   D. 每个目录都包含两个隐含目录

3. 表示当前目录的上一层目录的符号是（　　　）。
   A. -　　　　　　　　　B. ..　　　　　　　　　C. ~　　　　　　　　　D. .

4. 以下目录名中，不正确的是（　　　）。
   A. ABC123　　　　　　B. .mydoc　　　　　　C. books.ini　　　　　D. book&soft

5. 存放用于 Linux 操作系统管理、维护的常用实用命令文件的目录是（　　　）。
   A. /sbin　　　　　　　B. /　　　　　　　　　C. /bin　　　　　　　　D. /usr

6. 在 Linux 操作系统中，可以执行（　　　）命令查看隐藏文件。
   A. ls -a　　　　　　　B. ls -i　　　　　　　C. ls -l　　　　　　　D. ls -r

7. 某文件的文件类型与权限部分内容为 lrwxr--r-- 时，该文件的类型为（　　　）。
   A. 目录文件　　　　　B. 链接文件　　　　　C. 设备文件　　　　　D. 普通文件

8. 以下关于 Linux 目录删除命令的说法中，不正确的是（　　　）。
   A. rmdir 命令仅可以删除空目录　　　　B. 使用 rm -r 命令可以删除非空目录
   C. 使用 rm -d 命令可以删除空目录　　　D. 使用 rm -f 命令可以强制删除目录

9. 以下关于 cp 命令的说法中，不正确的是（　　　）。
   A. 将源文件复制到目标文件，目标文件必须存在
   B. 将多个源文件复制到目标目录，目标目录必须存在
   C. 可以将一个目录下所有的文件复制到另一个目录
   D. 可以将整个目录复制到另一个目录

10. 以下关于文件查找命令的说法中，不正确的是（　　　）。
    A. locate 命令比 find 命令的查找速度快
    B. 使用 find 命令可以对查找到的文件调用外部命令进行处理
    C. whereis 命令可以查找二进制文件
    D. find 命令可以使用 -type 选项指定查找某一类型的文件

11. 以下关于 sed 命令的说法中，不正确的是（　　　）。
    A. sed 主要以行为单位处理文本文件
    B. sed 中表示地址的行号是从 1 开始的
    C. 使用 -i 选项可以向空文件中添加内容
    D. 使用 sed 既可以进行整行替换，又可以替换文件部分内容

12. 以下关于 awk 命令的说法中，不正确的是（　　　）。

    A.　awk 的模式指定 awk 要查找的内容

    B.　awk 的操作由一个或多个命令、函数、表达式组成

    C.　awk 只能使用内置变量，不能使用外部变量

    D.　默认情况下，awk 使用空模式，可以匹配任意输入行

13. 某文件的权限设置为 rw-r--r--，该权限改用数字表示为（　　　）。

    A.　644　　　　　　　　B.　744　　　　　　　　C.　640　　　　　　　　D.　664

14. 某文件的权限用数字表示为 755，该权限改用符号表示为（　　　）。

    A.　rw-r-xr-x　　　　　B.　rwxr-xr-x　　　　　C.　rwxr-sr-s　　　　　D.　rw-r--r--

15. 在 Ubuntu 系统中，当前 umask 值为 022，创建文件的默认权限为（　　　）。

    A.　rwxr-xr-x　　　　　B.　rw-r-xr-x　　　　　C.　rw-r--r--　　　　　D.　rw-r-xr--

16. 同时变更 myfile 文件的所有者为 user-a、所属组为 grp1 的正确命令是（　　　）。

    A.　sudo chown myfile user-a:grp1　　　　　　B.　sudo chown grp1:user-a myfile

    C.　sudo chgrp user-a:grp1 myfile　　　　　　D.　sudo chown user-a:grp1 myfile

二、简答题

1. Linux 目录结构与 Windows 目录结构有何不同？

2. Linux 目录配置标准有何规定？

3. Linux 文件有哪些类型？

4. 关于文件显示的命令主要有哪些？

5. 使用 cp 命令如何复制整个目录？

6. 文件访问者身份有哪几种？

7. 简述文件访问权限组合。

8. 文件的特殊权限有哪几种？

项目实训

实训 1　文件管理器操作

实训目的

（1）熟悉文件管理器的操作界面。

（2）掌握文件和文件夹的操作。

实训内容

（1）浏览文件和文件夹。

（2）查找文件和文件夹。

（3）添加一个文件。

（4）添加一个文件夹。

（5）删除以上添加的文件和文件夹。

（6）熟悉文件和文件夹的快捷菜单。

（7）查看隐藏文件。

（8）查看文件权限。

（9）查看文件夹权限。

实训 2   目录的命令行操作

实训目的

（1）熟悉目录操作命令。

（2）掌握基于命令行的目录操作。

实训内容

（1）创建目录。

（2）删除目录。

（3）改变工作目录。

（4）显示目录内容的详细信息。

（5）显示目录中的隐藏文件。

（6）复制整个目录。

（7）复制目录下的全部内容。

实训 3   文件的命令行操作

实训目的

（1）熟悉文件基本操作的命令。

（2）掌握基于命令行的文件操作。

实训内容

（1）创建文件。

（2）查找文件。

（3）复制文件。

（4）删除文件。

（5）移动文件。

（6）为一个文件创建符号链接和硬链接，并进行比较。

实训 4   文本文件内容基本处理

实训目的

（1）熟悉文本文件内容基本操作的命令。

（2）掌握基于命令行的文件内容基本操作。

实训内容

（1）文件内容显示（常用命令的比较）。

（2）文件内容查找（grep）。

（3）文件内容排序。

（4）文件内容比较（comm 与 diff 命令）。

（5）文件内容统计。

实训 5　sed 和 awk 命令的应用

实训目的

（1）熟悉 sed 命令的操作。

（2）熟悉 awk 命令的操作。

实训内容

（1）使用 sed 命令修改 /etc/profile 配置文件来定义环境变量。

① 在该文件的末尾加上 PATH 环境变量定义。

② 执行 cat 命令查看文件内容进行验证。

③ 使用 sed 命令删除上述新添加的 PATH 环境变量定义。

（2）使用 sed 命令查看 /etc/sudoers 文件内容并去除其中的注释行（以"#"开头）和空行。

（3）使用 awk 命令操作 /etc/passwd 文件，查看当前的全部用户名列表。

（4）使用 awk 命令操作 /etc/passwd 文件，统计当前的用户账户数。

（5）使用 awk 命令操作 /var/log/syslog 文件，查看前 10 行中含有 systemd 的日志记录。

项目5
磁盘存储管理

05

通过项目 4 的实施，我们已经熟悉了文件和目录的管理操作。文件和目录都需要存储到各类存储设备中，磁盘是最主要的存储设备之一。操作系统必须以特定的方式对磁盘进行操作。用户通过磁盘管理建立起原始的数据存储，然后借助于文件系统将原始数据存储转换为能够存储和检索数据的可用格式。本项目在介绍 Linux 磁盘存储基础知识的基础上，重点介绍 Ubuntu 磁盘与文件系统的操作，包括磁盘分区、建立文件系统挂载和使用文件系统以及外部存储设备，最后介绍文件系统备份。本项目将通过 5 个典型任务，引领读者掌握磁盘分区、文件系统、逻辑卷的管理操作，以及外部存储磁盘的挂载和文件系统备份。磁盘存储不断发展，技术更迭快，我们要与时俱进，掌握新型存储设备的管理和使用。

【课堂学习目标】

☞ 知识目标

➢ 了解 Linux 磁盘分区，了解磁盘和分区的命名方法。

➢ 了解 Linux 文件系统。

➢ 理解逻辑卷实现机制。

☞ 技能目标

➢ 熟练使用图形用户界面工具管理磁盘分区和文件系统。

➢ 熟练使用命令行工具管理磁盘分区，创建、挂载和维护文件系统。

➢ 熟悉外部存储设备文件的挂载和使用。

➢ 掌握逻辑卷管理操作。

➢ 了解文件系统备份方法。

☞ 素养目标

➢ 训练系统思维和体系思维。

➢ 培养理论与实践相结合的作风。

➢ 培养与时俱进、开拓创新的精神。

任务 5.1　磁盘分区管理

磁盘用来存储需要永久保存的数据，常见的磁盘包括硬盘、光盘、闪存（Flash Memory，如 U 盘、CF 存储卡、SD 存储卡）等。本任务的磁盘主要是指硬盘。磁盘在系统中使用都必须先进行分区。本任务的要求如下。

（1）了解磁盘数据组织，了解磁盘设备命名方式。

（2）了解 Linux 磁盘分区样式，了解磁盘分区命名方式。

（3）了解 Linux 磁盘分区规划。

（4）学会使用磁盘管理器管理磁盘分区。

（5）学会使用命令行工具管理磁盘分区。

相关知识

5.1.1　磁盘数据组织

传统的机械硬盘由若干张盘片构成，硬盘包括盘面、磁道、扇区、柱面等逻辑组件。目前几乎所有的硬盘都支持逻辑块地址（Logic Block Address，LBA）寻址方式，将所有的物理扇区都统一编号，按照从 0 到某个最大值排列，这样只用一个序数就确定了一个唯一的物理扇区。新型固态盘（Solid State Disk，SSD）是由固态电子存储芯片阵列制成的硬盘，也支持 LBA 寻址方式。

使用机械硬盘，首先需要低级格式化，即将空白磁盘划分出柱面和磁道，再将磁道划分为若干个扇区，每个扇区又划分出标识区、间隔区和数据区等。硬盘厂商在产品出厂前已经对硬盘进行了低级格式化处理。低级格式化是物理级的，对硬盘有损伤，影响磁盘寿命。固态盘是不需要低级格式化的。

在操作系统中使用磁盘都必须先进行分区，然后建立文件系统，才可以存储数据。分区有助于更有效地使用磁盘空间。每一个分区在逻辑上都可以视为一个磁盘。每一个磁盘都可以划分若干分区，每一个分区都有起始扇区和终止扇区，中间的扇区数量决定了分区的容量。分区表用来存储这些磁盘分区的相关数据，如每个磁盘分区的起始地址、结束地址、是否为活动磁盘分区等。

注意，固态盘的分区还涉及 4K 对齐。所谓 4K 对齐，指的是符合"4K 扇区"定义格式化过的硬盘，并且按照"4K 扇区"的规则写入数据。固态盘不进行 4K 对齐，会降低数据写入和读取速度。

磁盘分区在作为文件系统使用之前还需要进行初始化，并将数据记录写到磁盘上，这个过程就是高级格式化，实际上就是在磁盘分区上建立相应的文件系统，对磁盘的各个分区进行磁道的格式化，在逻辑上划分磁道。平常所说的格式化就是指高级格式化。高级格式化与操作系统有关，不同的操作系统有不同的格式化程序、不同的格式化结果、不同的磁道划分方法。当一个磁盘分区被格式化之后，就可以被称为卷（Volume）。

提示

"分区"和"卷"这两个术语通常可互换使用。就文件系统的抽象层来说，卷和分区的含义是相同的。分区是磁盘上由连续扇区组成的一个区域，需要进行格式化才能存储数据。磁盘上的卷是经过格式化的分区或逻辑驱动器。另外还可将一个物理磁盘看作一个物理卷。

5.1.2　Linux 磁盘设备命名

在 Linux 操作系统中，磁盘设备的命名与接口相关。

集成驱动电接口（Integrated Drive Electronics Interface，IDE 接口）是早期的硬盘设备接口，可以连接硬盘和光驱设备。Linux 最多支持 10 个 IDE 接口，IDE 接口可以连接主设备和从设备，第 1 个 IDE 接口的主设备命名为 /dev/hda，从设备命名为 dev/hdb。按照这个原则，/dev/hdc 和 /dev/hdd 表示第 2 个 IDE 接口的主设备和从设备。以此类推，命名其他 IDE 设备，第 10 个 IDE 接口的主设备和从设备分别命名为 /dev/hds 和 /dev/hdt。

原则上 SCSI、SAS（Serial Attached SCSI，串行连接 SCSI）、SATA、USB 接口的硬盘（包括固态盘）的设备名均以 /dev/sd 开头，后面加上设备编号。Linux 最多支持 16 个 SCSI，1 个 SCSI 最多连接 16 个设备，第 1 个 SCSI 的设备从 a 开始分配编号，直至 p 结束；第 2 个 SCSI 的设备编号从 q 至 af；以此类推，为其他设备编号，直至第 16 个 SCSI 的设备编号从 ig 至 iv。SCSI 设备命名依赖于设备的 ID，不考虑遗漏的 ID。例如，3 个 SCSI 设备的 ID 分别是 0、2、5，设备名分别是 /dev/sda、/dev/sdb 和 /dev/sdc；如果再添加一个 ID 为 3 的设备，则这个设备将被以 /dev/sdc 来命名，ID 为 5 的设备将改称为 /dev/sdd。目前较常用的是 SATA 接口，一般情况下，SATA 硬盘类似 SCSI 硬盘，在 Linux 中用类似 /dev/sd 开头的设备名表示。

非易失性存储器标准（Non-Volatile Memory Express，NVMe）是新型的硬盘接口，Linux 内核从 3.3 版本开始支持这种接口。一个 NVMe 控制器可以连接多个 NVMe 磁盘。NVMe 控制器用字符串 nvme 表示，从 0 开始编号；NVMe 磁盘用字母 n 表示，从 1 开始编号。这样第 1 个 NVMe 控制器连接的第 1 个和第 2 个 NVMe 硬盘分别命名为 /dev/nvme0n1 和 /dev/nvme0n2，其他以此类推。

5.1.3　Linux 磁盘分区

与 Windows 系统中使用磁盘一样，在 Linux 操作系统中使用磁盘也必须先进行分区。

1. MBR 与 GPT 分区样式

磁盘分区可以采用不同类型的分区表，分区表类型决定了分区样式。目前 Linux 主要使用主引导记录（Master Boot Record，MBR）和全局唯一标识分区表（GUID Partition Table，GPT）这两种分区样式。

MBR 磁盘分区如图 5-1 所示，最多可支持 4 个磁盘分区，可通过扩展分区来支持更多的逻辑分区，在 Linux 中将该分区样式又称为 MSDOS。一个磁盘最多有 4 个主分区，或者 3 个主分区加一个扩展分区。对于每一个磁盘设备，Linux 分配了 1 ～ 16 的编号，这就代表了这个磁盘上面的分区号码，也意味着每一个磁盘最多有 16 个分区，主分区（或扩展分区）占用前 4 个编号（1 ～ 4），而逻辑分区占用后 12 个编号（5 ～ 16）。

MBR 分区的容量限制是 2TB，GPT 分区可以突破 MBR 的 2TB 容量限制，特别适合大于 2TB 的磁盘分区。GPT 支持唯一的磁盘和分区 ID（GUID），分区容量限制为 18EB

（1EB=1048576TB），最多支持 128 个分区，不必创建扩展分区或逻辑分区。GPT 磁盘通过冗余的主分区和备份分区来提高分区数据结构的完整性。

图 5-1　MBR 磁盘分区

GPT 作为一种更为灵活、更具优势的分区样式，正在逐步取代 MBR 系统。建议在使用统一可扩展固件接口（Unified Extensible Firmware Interface，UEFI）的情况下选择 GPT，因为有些 UEFI 固件现在不支持从 MBR 启动。当然容量超过 2TB 的磁盘必须使用 GPT 分区表。

可以将 MBR 磁盘转换为 GPT 磁盘，但是转换之前需要删除所有的卷和分区，即只有空白磁盘才能进行转换。

MBR 与 GPT 这两种分区样式有所不同，但与分区相关的配置管理任务差别并不大。

2. 磁盘分区命名

在 Linux 操作系统中，磁盘分区的文件名需要在磁盘设备文件名的基础上加上分区编号。

IDE 磁盘分区采用 /dev/hdxy 这样的形式命名，SCSI、SAS、SATA、USB 磁盘分区采用 /dev/sdxy 这样的形式命名，其中 x 表示设备编号（从 a 开始），y 表示分区编号（从 1 开始）。

MBR 磁盘涉及扩展分区，命名较为特殊。例如，第 1 块 SCSI 硬盘的主分区为 sda1，扩展分区为 sda2，扩展分区下的第 1 个逻辑分区为 sda5（从 5 开始才用来为逻辑分区命名）。

NVMe 接口硬盘的分区命名在磁盘设备命名的基础上用 p 表示，编号从 1 开始。例如，/dev/nvme0n1 磁盘的第 1 个分区名称为 /dev/nvme0n1p1。

3. 磁盘分区类型

Linux 分区涉及分区类型，分区的类型规定了分区上面的文件系统格式。Linux Native（现在改成 Linux）和 Linux Swap 是 Linux 特有的分区类型。Linux 分区是存放系统文件的地方，是最基本的 Linux 分区，用于承载 Linux 文件系统。可以将 Linux 安装在一个或多个类型为 Linux 的磁盘分区中。Linux Swap 分区是 Linux 暂时存储数据的交换分区。

5.1.4　磁盘分区规划

理论上在磁盘空间足够时可以建立任意数量的分区（挂载点），但在实际应用中很少需要大量分区。规划磁盘分区，需要考虑磁盘的容量、系统的规模与用途、备份空间等。

虽然整个 Linux 系统可以使用一个单一的大分区，但是实际应用中建议采用多分区方案。

为提高可靠性，可以考虑在系统磁盘中创建一个引导分区（/boot）。引导分区只是安装启动器（引导文件）的分区，而真正的引导文件是在根目录下。引导分区不是必需的，如果没有创建引导分区，引导文件就安装在根分区中。

如果磁盘空间很大或者安装有多个磁盘，可以按用途划分多个分区，如 /home 分区用于存放个人数据，/usr 分区用于存放 Linux 操作系统的许多软件，/tmp 分区用于存放临时文件。

分区无论是在系统磁盘上，还是在非系统磁盘上，都要挂载到根目录下才能使用。

5.1.5　磁盘分区工具

在安装 Ubuntu 操作系统的过程中，可以使用内置的可视化工具进行分区。系统安装完成后，可能需要添加新的磁盘并创建新的分区，或者调整现有磁盘的分区，这都需要使用磁盘分区工具。

在 Ubuntu 中有多种磁盘分区工具可供选择。

命令行工具有 fdisk 和 parted。fdisk 是各种 Linux 发行版中经典的分区工具，使用灵活，简单易用。parted 功能更强大，支持的分区类型非常多，而且可以调整原有分区大小，只是操作复杂一些。

Ubuntu 提供一个 TUI 的分区工具 cfdisk，它的操作界面比 fdisk 的操作界面更为直观，但与真正的图形用户界面相比还是要逊色一些。

Ubuntu 内置一个图形用户界面的磁盘管理器，可以管理磁盘和其他外部存储设备，功能非常强大，与 Windows 系统的磁盘管理工具类似，磁盘分区只是其中一项功能。还可以安装专门的图形用户界面分区工具 gparted。

微课5-1

使用cfdisk工具
进行分区操作

> **提示** 磁盘分区操作容易导致数据丢失，建议对重要数据进行备份之后再进行分区操作。在实际使用过程中，可能需要添加或者更换新磁盘。要安装新的磁盘（热插拔硬盘除外），首先要关闭计算机，按要求把磁盘安装到计算机中，然后重启计算机。

任务实现

微课5-2

使用内置的磁盘
管理器进行分区

5.1.6 使用内置的磁盘管理器进行分区

GNOME Disks 是 Ubuntu 默认的磁盘和媒体管理器软件，用于对磁盘进行管理操作，如格式化、状态显示、磁盘分区等，界面友好、易于操作，与 Windows 磁盘管理器类似。

1. 熟悉磁盘管理器界面

在启动 GNOME Disks 工具之前，先添加两块用于实验的硬盘。这里在 Vmware Workstation 虚拟机中添加一块 SCSI 和一块 NVMe 接口的磁盘，如图 5-2 所示。注意，NVMe 接口磁盘需要关闭虚拟机之后才能添加。

从应用程序列表中打开"工具"文件夹，找到"磁盘"程序，或者搜索"磁盘"或"gnome disks"，然后打开该工具，其主界面如图 5-3 所示。磁盘设备列表显示已安装到系统的磁盘驱动器，包括硬盘、光盘以及闪存设备等。从磁盘设备列表中选择要查看或操作的设备，右侧窗格中显示该设备的详细信息，并提供相应的操作按钮。

图 5-2 添加硬盘

图 5-3 磁盘管理器主界面

2. 磁盘管理操作

如图 5-3 所示，磁盘管理器右侧窗格上部显示磁盘设备的总体信息，如型号、大小（容量）、分区（这里指分区样式，"Master Boot Record"指 MBR 分区）。单击右上角的 ⋮ 按钮弹出图 5-4 所示的磁盘操作菜单，可以选择相应的命令对整个磁盘进行操作，如创建磁盘映像（镜像文件）、恢复磁盘映像、测试磁盘性能等。

这里从磁盘设备列表选择新添加的 NVMe 接口磁盘，再从磁盘操作菜单中选择"格式化磁盘"命令，弹出图 5-5 所示的对话框，保持默认设置（GPT 分区），单击"格式化"按钮完成磁盘的初始化。注意，这里的格式化不同于分区格式化（建立文件系统），而是类似于 Windows 系统的初始化磁盘，可用于设置和更改分区样式（MRB 还是 GPT），还可选择是否擦除磁盘上已有的数据。

图 5-4　磁盘操作菜单

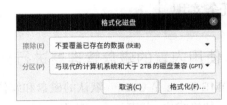

图 5-5　格式化磁盘

3. 分区管理操作

磁盘管理器右侧窗格中部显示磁盘设备的分区布局，显示各分区（文件系统）的编号与容量大小。橙色高亮显示的是当前选中的分区或待分区的磁盘剩余空间。下部则显示该分区的总体信息，如大小（已经格式化的分区还标有空闲空间）、设备（分区名称）、分区类型、内容（文件系统格式以及挂载信息）。

分区操作按钮用于分区操作。■ 按钮用于卸载文件系统，▶ 按钮（当前文件系统处于挂载状态，图中未显示该按钮）用于挂载文件系统；− 按钮用于删除已有分区；＋ 按钮（当前分区处于选中状态，图中未显示该按钮）用于创建新分区；⚙ 按钮用于其他的分区操作功能。

这里从磁盘设备列表选择新添加的 NVMe 接口磁盘，再从磁盘分区布局中选中未分区空间，单击 ＋ 按钮弹出图 5-6 所示的对话框，创建新的分区。默认分区大小包括所剩全部空间，可以根据需要调整分区大小或后面的可用（空闲）空间，最简单的方法是直接拖动顶部的滑块。调整完成后单击"下一个"按钮，设置卷名、类型以及是否擦除已有内容，如图 5-7 所示。分区涉及格式化，这里的类型是指要建立的文件系统格式，默认的是 ext4 格式。卷名是指文件系统的卷标（Label）。单击"创建"按钮开始创建新分区，由于需要 root 特权，会弹出"认证"对话框，输入管理员账户的密码即可。

对于已经创建的分区可以进一步操作。选中一个分区，单击 ⚙ 按钮弹出相应的分区操作菜单，如图 5-8 所示。"编辑分区"命令用于修改分区类型、设置系统分区，如图 5-9 所示。

通过分区操作菜单还可以执行分区映像的创建与恢复操作。

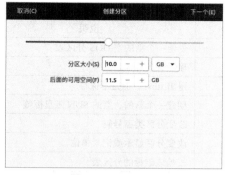

图 5-6　创建分区

图 5-7　格式化卷

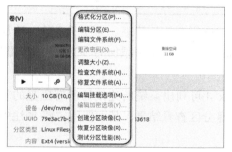

图 5-8　分区操作菜单

图 5-9　编辑分区

5.1.7　使用 fdisk 进行分区管理

要更系统地掌握 Linux 磁盘分区，应当掌握磁盘分区命令行工具的使用。这里选择较常用的 fdisk 工具进行示范。

1. 熟悉 fdisk 的基本用法

fdisk 可以在两种模式下运行：交互模式和非交互模式。其语法格式如下：

```
fdisk [选项] <磁盘>
fdisk [选项] -l [<磁盘>]
```

这两种模式分别用于更改分区表和列出分区表。主要选项如下。

- -l：显示指定磁盘设备的分区表信息，如果没有指定磁盘设备，则显示所有的磁盘设备信息。
- -u：在显示分区表时以扇区（512 字节）代替柱面作为显示单位。
- -s：在标准输出中以块为单位显示分区的大小。
- -C <数量>：定义磁盘的柱面数，一般情况下不需要对此进行定义。
- -H <数量>：定义分区表所使用的磁盘磁头数，一般为 255 或者 16。
- -S <数量>：定义每个磁盘的扇区数。

Ubuntu 管理员需要使用 sudo 命令获取 root 特权才能执行 fdisk 命令。

不带任何选项，以磁盘设备名为参数运行 fdisk 就可以进入交互模式，此时可以通过输入 fdisk 程序所提供的子命令完成相应的操作。执行 m 命令即可获得交互命令的帮助信息，fdisk 交互命令的具体介绍如表 5-1 所示。

表5-1 fdisk交互命令

命令	说明	命令	说明
a	更改可引导标志	o	创建一个新的空 DOS 分区表
b	编辑嵌套 BSD 磁盘标签	p	显示硬盘的分区表
c	标识为 DOS 兼容分区	q	退出 fdisk，但是不保存
d	删除一个分区	s	创建一个新的、空的 SUN 磁盘标签
g	创建一个新的空 GPT 分区表	t	改变分区类型号码
G	创建一个新的空 SGI（IRIX）分区表	u	改变分区显示或记录单位
l	显示 Linux 所支持的分区类型	v	校验该磁盘的分区表
m	显示帮助菜单	w	保存修改结果并退出 fdisk
n	创建新的分区	x	进入专家模式执行特殊功能

通过 fdisk 交互模式中的各种命令可以对磁盘的分区进行有效的管理。为便于实验，请加挂一块未使用的硬盘，本例使用 5.1.6 小节在 Vmware Workstation 虚拟机中添加的 SCSI 的虚拟磁盘。

2. 查看现有分区

通常先要查看现有的磁盘分区信息。执行命令 fdisk -l 可列出系统所连接的所有磁盘的基本信息，也可获知未分区磁盘的信息。下面的例子显示磁盘分区查看结果，其中使用"#"加注中文解释（以下相同）。

```
tester@linuxpc1:~$ sudo fdisk -l
[sudo] tester 的密码：
Disk /dev/loop0：61.93 MiB，64913408 字节，126784 个扇区
单元：扇区 / 1 * 512 = 512 字节
扇区大小（逻辑 / 物理）：512 字节 / 512 字节
I/O 大小（最小 / 最佳）：512 字节 / 512 字节
# 此处省略
# 以下为第 1 个 NVMe 磁盘的基本信息
Disk /dev/nvme0n1：20 GiB，21474836480 字节，41943040 个扇区
Disk model: VMware Virtual NVMe Disk
单元：扇区 / 1 * 512 = 512 字节
扇区大小（逻辑 / 物理）：512 字节 / 512 字节
I/O 大小（最小 / 最佳）：512 字节 / 512 字节
磁盘标签类型：gpt
磁盘标识符：E3CA2FD5-1D29-4252-B277-E632B474ABE9
# 以下为该磁盘的分区信息
设备                起点      末尾      扇区        大小   类型
/dev/nvme0n1p1    2048  19533823  19531776    9.3G  Linux 文件系统
# 以下为第 2 个 SCSI 磁盘的基本信息（此时未分区）
Disk /dev/sdb：20 GiB，21474836480 字节，41943040 个扇区
Disk model: VMware Virtual S
单元：扇区 / 1 * 512 = 512 字节
扇区大小（逻辑 / 物理）：512 字节 / 512 字节
I/O 大小（最小 / 最佳）：512 字节 / 512 字节
# 以下为第 1 个 SCSI 磁盘的基本信息
Disk /dev/sda：60 GiB，64424509440 字节，125829120 个扇区
Disk model: VMware Virtual S
单元：扇区 / 1 * 512 = 512 字节
扇区大小（逻辑 / 物理）：512 字节 / 512 字节
```

```
I/O 大小（最小/最佳）：512 字节 / 512 字节
磁盘标签类型：dos
磁盘标识符：0x956e1f69
# 以下为该磁盘的分区信息
设备          启动      起点       末尾        扇区          大小    Id     类型
/dev/sda1    *        2048      1050623    1048576      512M   b      W95 FAT32
/dev/sda2             1052670   125827071  124774402    59.5G  5      扩展
/dev/sda5             1052672   125827071  124774400    59.5G  83     Linux
Disk /dev/loop8：4 KiB, 4096 字节, 8 个扇区
# 以下省略
```

磁盘的分区信息中，"设备"（Device）表示磁盘设备名称，"启动"（Boot）表示是否启动分区，"起点"（Start）表示起始柱面数，"末尾"（End）表示结束柱面数，"扇区"（Sectors）表示扇区数，"大小"（Size）表示磁盘容量，"Id"表示分区类型代码，"类型"（Type）表示分区类型。

注意

上述磁盘分区信息中包括若干名为 dev/loopx 的设备（x 为从 0 开始的序号）。在类 UNIX 操作系统中，loop 设备是一种伪设备（仿真设备），使得文件如同块设备一般被访问。Loop 设备节点通常被命名为 /dev/loop0、/dev/loop1 等。一个 loop 设备必须要和一个文件进行连接之后才能使用。如果文件包含一个完整的文件系统，那么这个文件就可以像一个磁盘设备一样被挂载使用。上述 dev/loopx 设备是由 Snap 包安装产生的。

要查看某一磁盘的分区信息，可在命令 fdisk -l 后面加上磁盘名称。当然，进入 fdisk 程序的交互模式，执行 p 命令也可查看磁盘分区表。

3. 创建分区

通常使用 fdisk 的交互模式来对磁盘进行分区操作。执行带磁盘设备名参数的 fdisk 命令，进入交互操作界面，一般先执行命令 p 来显示磁盘分区表的信息，再根据分区信息确定新的分区规划，然后执行命令 n 创建新的分区。下面示范分区创建过程。

```
tester@linuxpc1:~$ sudo fdisk /dev/sdb
# 此处省略部分提示信息
设备不包含可识别的分区表。
创建了一个磁盘标识符为 0x900dacbb 的新 DOS 磁盘标签。         # 默认初始化为 MBR 磁盘
命令（输入 m 获取帮助）：n                                   # 创建新的 DOS 分区（即 MBR 分区）
分区类型                                                   # 选择要创建的分区类型
   p    主分区   (0 个主分区，0 个扩展分区，4 空闲)
   e    扩展分区   （逻辑分区容器）
选择 （默认 p）：p
分区号 (1-4, 默认 1)：1
第一个扇区 (2048-41943039, 默认 2048)：                     # 起始扇区
Last sector, +/-sectors or +/-size{K,M,G,T,P} (2048-41943039, 默认 41943039)：+5G
# "上个扇区"英文原文为 Last sector，译为"结束扇区"更合适。此处也可输入扇区大小
创建了一个新分区 1，类型为"Linux"，大小为 5GB。
命令（输入 m 获取帮助）：p                                   # 查看当前分区信息
Disk /dev/sdb：20 GiB, 21474836480 字节, 41943040 个扇区      # 整个磁盘的容量
Disk model: VMware Virtual S
单元：扇区 / 1 * 512 = 512 字节
扇区大小（逻辑/物理）：512 字节 / 512 字节
I/O 大小（最小/最佳）：512 字节 / 512 字节
磁盘标签类型：dos                                           #MBR 磁盘
```

```
磁盘标识符：0x900dacbb

设备              启动   起点      末尾        扇区        大小    Id    类型
/dev/sdb1            2048 10487807 10485760    5G      83    Linux

命令（输入 m 获取帮助）：w                        # 保存分区信息并退出
分区表已调整。
将调用 ioctl() 来重新读分区表。
正在同步磁盘。
```

需要注意的是，如果磁盘上有一个扩展分区，就可以在其中增加逻辑分区，但不能再增加扩展分区。在主分区和扩展分区创建完成前是无法创建逻辑分区的。

4. 修改分区类型

新增分区时，系统默认的分区类型为 Linux，对应的代码为 83。如果要把其中的某些分区改为其他类型，则可以在 fdisk 命令的交互模式下通过命令 t 来完成。下面进行简单的示范。

```
命令（输入 m 获取帮助）：t
已选择分区 1                                    # 提示用户要改变哪个分区
Hex 代码（输入 L 列出所有代码）：85
                        # 输入分区类型代码，输入 L 则列出所有代码，如图 5-10 所示
已将分区"Linux"的类型更改为"Linux 扩展"。     # 将分区类型改为"Linux 扩展"
命令（输入 m 获取帮助）：t
分区号（1,2，默认 2）：1
Hex 代码（输入 L 列出所有代码）：83              # 将分区类型改回"Linux"
已将分区"Linux 扩展"的类型更改为"Linux"。
命令（输入 m 获取帮助）：w                        # 保存分区信息并退出
```

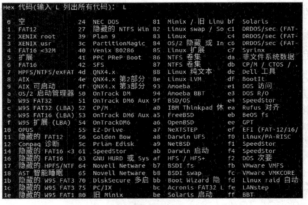

图 5-10　分区类型代码及其分区类型

5. 删除分区

要删除分区，可以在 fdisk 的交互模式下执行 d 命令，指定要删除的分区编号，最后执行 w 命令使之生效。如果删除扩展分区，则扩展分区上的所有逻辑分区都会被自动删除。

注意，不要删除 Linux 操作系统的启动分区或根分区。删除分区之后，余下的分区的编号会自动调整。如果被删除的分区在 Linux 启动分区或根分区之前，可能导致系统无法启动，需要修改 GRUB 配置文件。

6. 保存分区修改结果

要使磁盘分区的修改（如创建新分区、更改分区类型、删除已有分区）生效，必须执行 w

命令保存修改结果，这样在 fdisk 中所做的所有操作都会生效，且不可回退。如果分区表正忙，还需要重启计算机后才能使新的分区表生效。只要执行 q 命令退出 fdisk，当前所做的所有操作就不会生效。

对于正处于使用状态（被挂载）的磁盘分区，不能删除，也不能修改分区信息。建议在对使用的分区进行修改之前，首先备份该分区上的数据。

提示

Ubuntu 新版本提供的 fdisk 命令已经可以支持 GPT 分区表。默认情况下对新的磁盘自动初始化为 MBR（DOS）磁盘，执行 g 命令可将其转换为 GPT 磁盘，请看下面的例子。

创建了一个磁盘标识符为 `0x6e6784c4` 的新 DOS 磁盘标签。
命令（输入 m 获取帮助）：g
已创建新的 GPT 磁盘标签（GUID: 76ABA419-1ADE-B446-9ACE-5662599BC4D3）。

GPT 磁盘的其他操作与 MBR 磁盘的操作基本相同，注意分区类型改用 GUID 表示。

任务 5.2 文件系统管理

任务要求

目录结构是操作系统中管理文件的逻辑方式，对用户来说是可见的。而文件系统是磁盘或分区上文件的物理存放方法，对用户来说是不可见的。文件的方法，也就是保存文件信息的方法和数据结构。完成磁盘分区之后，还需要在分区上建立文件系统。为便于读者更好地理解文件系统，这里先介绍命令行界面的文件系统操作，再示范磁盘管理器的文件系统操作。本任务的具体要求如下。

（1）了解 Linux 文件系统。
（2）学会使用命令行工具建立文件系统。
（3）学会使用命令行工具挂载文件系统。
（4）学会使用命令行工具检查、维护文件系统。
（5）学会使用磁盘管理器管理文件系统。

相关知识

5.2.1 常见的 Linux 文件系统

不同的操作系统使用的文件系统格式不同。Linux 文件系统格式主要有 ext2、ext3、ext4 等。Linux 还支持 xfs、hpfs、iso9660、minix、nfs、vfat（FAT16、FAT32）等文件系统格式。现在的 Ubuntu 版本使用 ext4 作为其默认文件系统格式。

ext 是 Extented File System（扩展文件系统）的简称，一直是 Linux 首选的文件系统格式。在过去较长一段时间里，ext3 是 Linux 操作系统的主流文件系统格式，Linux 内核自 2.6.28 版本开始正式支持新的文件系统格式 ext4。

作为 ext3 的改进版，ext4 修改了 ext3 中部分重要的数据结构，提供更佳的性能和可靠性，以及更为丰富的功能。ext4 的全称为 Fourth Extended File System，即第 4 代扩展文件系统，其主要特点说明如下。

- 属于大型文件系统，支持最高 1EB（1048576TB）的分区，最大 16TB 的单个文件。
- 向下兼容 ext3 与 ext2，可将 ext3 和 ext2 的文件系统挂载为 ext4 分区。
- 引入现代文件系统中流行的 Extent 文件存储方式，以取代 ext2/3 使用的块映射（Block Mapping）方式。Extent 为一组连续的数据块，可以提高大型文件的处理效率。ext4 支持单一 Extent。
- 支持持久预分配，在文件系统层面实现了持久预分配并提供相应的应用程序接口（Application Program Interface，API），比应用软件自己实现更有效率。
- 能够尽可能地延迟分配磁盘空间，使用一种名为 Allocate-on-Flush 的方式，直到文件在缓存中写完才开始分配数据块并写入磁盘，这样就能优化整个文件的数据块分配。
- 支持无限数量的子目录。
- 使用日志校验来提高文件系统的可靠性。
- 支持在线磁盘碎片整理。

就企业级应用来说，性能最为重要，特别是面临高并发大量、小型文件这种情况时。Ubuntu 服务器可以考虑改用 xfs 文件系统来满足这类需求。xfs 是专为超大分区及大文件设计的，它支持最高容量为 18EB 的分区、最大容量为 9EB 的单个文件。

5.2.2 Linux 文件系统操作步骤

在 Linux 安装过程中，会自动创建磁盘分区和文件系统，但在系统的使用和管理中，往往还需要在磁盘中建立和使用文件系统，主要包括以下 3 个步骤。

（1）对磁盘进行分区。
（2）在磁盘分区上建立相应的文件系统。这个过程可称为格式化。
（3）建立挂载点目录，将分区挂载到系统相应的目录下，就可访问该文件系统。

✂ 任务实现

5.2.3 使用命令行工具建立文件系统

要想在分区上存储数据，首先需要建立文件系统，即格式化磁盘分区。对于存储有数据的分区，建立文件系统会将分区上的数据全部删除，应慎重。

1. 查看文件系统类型

file 命令用于查看文件系统类型，磁盘分区可以视作设备文件，使用 -s 选项可以查看块设备或字符设备文件的类型，这里可用 file 命令来查看文件系统类型。下面看一个例子。

```
tester@linuxpc1:~$ sudo file -s /dev/sda1
/dev/sda1: DOS/MBR boot sector, code offset 0x58+2, OEM-ID "mkfs.fat",
sectors/cluster 8, Media descriptor 0xf8, sectors/track 63, heads 255, hidden
sectors 2048, sectors 1048576 (volumes > 32 MB), FAT (32 bit), sectors/FAT
1024, reserved 0x1, serial number 0xb608e863, unlabeled
```

以上显示 /dev/sda1 分区是 Linux 操作系统的启动分区，采用 FAT32 文件系统类型。再来检查新创建的分区 /dev/sdb1 和 /dev/sdb2，可以发现没有进行格式化。

```
tester@linuxpc1:~$ sudo file -s /dev/sdb1 /dev/sdb2
/dev/sdb1: data
/dev/sdb2: data
```

2. 使用 mkfs 创建文件系统

建立文件系统通常使用 mkfs 工具，其语法格式如下：

```
mkfs [选项] [-t <类型>] [文件系统选项] <磁盘设备> [<大小>]
```

选项用于提供针对不同文件系统的不同参数，这些参数将被传到实际的文件系统创建工具。例如 -c 表示在创建之前检查是否有损坏的块，"-l 文件名"表示读取指定文件中的坏块列表，-v表示提供版本信息。

常用的文件系统类型有 ext3、ext4 和 msdos（FAT），如果没有指定创建的文件系统类型，默认为 ext2。

磁盘设备参数是分区的文件名（如分区 /dev/sda1、/dev/sdb2），大小是指块数量（Blocks），即指在文件系统中所使用的块的数量。

下例显示在分区 /dev/sdb1 上建立 ext4 文件系统的实际过程。

```
tester@linuxpc1:~$ sudo mkfs -t ext4 /dev/sdb1
mke2fs 1.45.5 (07-Jan-2020)
在 DOS 中发现一个 /dev/sdb1 分区表
无论如何也要继续？（y,N）y
创建含有 1310720 个块（每块 4kB）和 327680 个 inode 的文件系统
文件系统 UUID：867f6bd7-4ae9-4844-a264-14fb85ba236a
超级块的备份存储于下列块：
    32768, 98304, 163840, 229376, 294912, 819200, 884736
正在分配组表：完成
正在写入 inode 表：完成
创建日志（16384 个块）完成
写入超级块和文件系统账户统计信息：已完成
```

文件系统建立（格式化分区）完成之后，可以使用 file 命令去检查：

```
tester@linuxpc1:~$ sudo file -s /dev/sdb1
/dev/sdb1: Linux rev 1.0 ext4 filesystem data, UUID=867f6bd7-4ae9-4844-
a264-14fb85ba236a (extents) (64bit) (large files) (huge files)
```

mkfs 会调用 mke2fs 来建立文件系统，如果需要详细定制文件系统，可以直接使用 mke2fs 命令，它的功能更为强大，支持更多的选项和参数。

mkfs 只是不同文件系统创建工具（如 mkfs.ext2、mkfs.ext3、mkfs.ext4、mkfs.msdos）的一个前端，mkfs 本身并不执行建立文件系统的工作，而是去调用不同的工具。

对于新建立的文件系统，可以使用 -f 选项进行强制检查。例如：

```
tester@linuxpc1:~$ sudo fsck -f /dev/sdb1
fsck，来自 util-linux 2.34
e2fsck 1.45.5 (07-Jan-2020)
第 1 步：检查 inode、块和大小
第 2 步：检查目录结构
```

第 3 步：检查目录连接性
第 4 步：检查引用计数
第 5 步：检查组概要信息
/dev/sdb1：11/327680 文件（0.0% 为非连续的），42078/1310720 块

3. 使用卷标和 UUID 表示文件系统

有些场合可以使用卷标或 UUID 来代替设备名表示某一文件系统（分区）。由于卷标、UUID 与特定的设备绑定在一起，系统总是能够找到对应的文件系统。

（1）创建和使用卷标。卷标可用于在挂载文件系统时代替设备名，指定外部日志时也可用卷标，形式为"LABEL= 卷标"。使用 mke2fs、mkfs.ext3、mkfs.ext4 命令创建一个新的文件系统时，可使用 -L 选项为分区指定一个卷标（不超过 16 个字符）。执行以下命令将为分区 /dev/sdb2 赋予一个卷标 DATA：

```
tester@linuxpc1:~$ sudo mkfs.ext4 -L DATA /dev/sdb2
```

要为一个现有 ext2/3/4 文件系统显示或设置卷标，可使用 e2label 命令，基本用法如下：

```
e2label 设备名    新卷标
```

如果不指定卷标参数，将显示分区卷标；如果指定卷标参数，将改变其卷标。另外使用以下命令也可设置卷标。

```
tune2fs -L 卷标    设备名
```

（2）创建和使用 UUID。UUID 的目的是支持分布式系统。UUID 是一个 128 位的标识符，通常显示为 32 位十六进制数字，用 4 个"-"连接。与卷标相比，UUID 具有唯一性，这对 USB 驱动器这样的热插拔设备尤其有用。代替文件系统设备名时采用的形式为"UUID=UUID 号"。

Linux 操作系统在创建 ext2/3/4 文件系统时会自动生成一个 UUID。可以使用 blkid 命令来查询文件系统的 UUID，该命令还可显示文件系统的类型和卷标。不带任何参数直接执行 blkid 命令将列出当前系统中所有已挂载文件系统的"UUID""LABEL"和"TYPE"（文件系统类型）。例如：

```
tester@linuxpc1:~$ sudo blkid
/dev/sda5: UUID="712b3fba-8c73-4726-aff8-951c598ecb5b" TYPE="ext4"
PARTUUID="956e1f69-05"
/dev/sdb2: LABEL="DATA" UUID="8efb45a2-c36c-4b38-8f67-34ab0842bcb1"
TYPE="ext4" PARTUUID="900dacbb-02"
# 此处省略
/dev/nvme0n1p1: LABEL="NvmeTest" UUID="79e3ac7b-521d-4f55-ac34-
73c1d1e63618" TYPE="ext4" PARTUUID="10c90a42-f91c-429b-bf8e-41f1f0fb0b14"
/dev/nvme0n1p2: PARTUUID="b088d205-0648-f441-9874-24e92203fbc9"
/dev/sda1: UUID="B608-E863" TYPE="vfat" PARTUUID="956e1f69-01"
/dev/sdb1: UUID="867f6bd7-4ae9-4844-a264-14fb85ba236a" TYPE="ext4"
PARTUUID="900dacbb-01"
# 此处省略
/dev/loop0: TYPE="squashfs"
```

squashfs 是一套基于 Linux 内核使用的只读文件系统，它可以将整个文件系统压缩在一起，存放在某个设备、某个分区或者普通的文件中。可以将其直接挂载起来使用，如果它仅仅是一个文件，则可以将其当成一个 loop 设备使用。上面案例中此类文件系统是由 Snap 软件包安装产生的。

可以使用 tune2fs 来设置和清除文件系统的 UUID。基本用法如下：

```
tune2fs  -U  UUID号  磁盘设备
```

指定的 UUID 要符合规则。

将 -U 选项的参数设置为 random 可直接产生一个随机的新 UUID：

```
tune2fs -U random /dev/sdb1
```

如果要清除某文件系统的 UUID，只需将选项 -U 的参数设置为 clear：

```
tune2fs -U clear /dev/sdb1
```

5.2.4　使用命令行工具挂载文件系统

建立了文件系统之后，还需要将文件系统连接到 Linux 目录树的某个位置上才能使用，这称为"挂载"（Mount）。文件系统所挂载到的目录称为挂载点，该目录为进入该文件系统的入口。除了文件系统之外，其他各种存储设备也需要进行挂载才能使用。

1. 挂载文件系统

在进行挂载文件系统之前，应明确以下 3 点。

（1）一个文件系统不应该被重复挂载在不同的挂载点（目录）中。

（2）一个目录不应该重复挂载多个文件系统。

（3）作为挂载点的目录通常应是空目录，因为挂载文件系统后该目录下的内容暂时消失。

Ubuntu 操作系统提供了专门的挂载点 /mnt、/media 和 /cdrom，其中 /media 用于挂载外部存储设备，/cdrom 用于挂载光盘，建议用户使用这些默认的目录作为挂载点。文件系统可以在系统引导过程中自动挂载，也可以使用命令手动挂载。

2. 手动挂载文件系统

使用 mount 命令进行手动挂载文件，基本用法如下：

```
mount [-t 文件系统类型 ] [-L 卷标 ] [-o 挂载选项 ]  磁盘设备  挂载点目录
```

其中 -t 选项可以指定要挂载的文件系统类型。Ubuntu 支持绝大多数现有的文件系统类型，如 ext、ext2、ext3、ext4、xfs、hpfs、vfat（FAT/FAT32 文件系统）、reiserfs、iso9660（光盘格式）、nfs、cifs、smbfs 等。值得一提的是，它支持 ntfs（NTFS 文件系统）。如果不指定文件系统类型，mount 命令会自动检测磁盘设备商的文件系统，并以响应的类型进行挂载，因此在多数情况下 -t 选项并不是必需的。

-o 选项指定挂载选项，多个选项之间用逗号分隔，这些选项决定文件系统的功能，常用的文件系统挂载选项如表 5-2 所示。有些文件系统还有专门的挂载选项。

表5-2　常用的文件系统挂载选项

选项	说明
async	输入输出操作是否使用异步方式，异步方式的效率比同步方式的效率高
auto/noauto	使用选项 -a 挂载时是否需要自动挂载
exec/noexec	是否允许执行文件系统上的可执行文件
dev/nodev	是否启用文件系统上的设备文件
suid/nosuid	是否启用文件系统上的特殊权限功能
user/nouser	是否允许普通用户执行 mount 命令挂载文件系统

选项	说明
ro/rw	文件系统是只读的，还是可读写的
remount	重新挂载已挂载的文件系统
defaults	相当于 rw、suid、dev、exec、auto、nouser、async 的组合；没有明确指定选项时使用它，代表相关选项保持默认设置

执行不带任何选项和参数的 mount 命令，将显示当前所挂载的文件系统信息。

mount 命令不会创建挂载点目录，如果挂载点目录不存在就要先创建。下面的例子显示挂载文件系统的完整过程。

```
tester@linuxpc1:~$ sudo mkdir /usr/docs                      # 创建一个挂载点目录
tester@linuxpc1:~$ sudo mount /dev/sdb1 /usr/docs            # 将 /dev/sdb1 挂载到 /usr/docs
tester@linuxpc1:~$ mount                                      # 显示当前已经挂载的文件系统
sysfs on /sys type sysfs (rw,nosuid,nodev,noexec,relatime)
# 此处省略
/dev/sdb1 on /usr/docs type ext4 (rw,relatime)
```

3. 自动挂载文件系统

手动挂载的设备在系统重启后需要重新挂载，对于硬盘等长期要使用的设备，最好在系统启动时能自动进行挂载。

Ubuntu 使用 /etc/fstab 配置文件定义文件系统的配置，系统启动过程中会自动读取该文件中的内容，并挂载相应的文件系统，因此，将需要自动挂载的设备和挂载点信息加入 /etc/fstab 配置文件中即可实现自动挂载。该文件还可设置文件系统的备份频率，以及开机时执行文件系统检查（使用 fsck 工具）的顺序。

可使用文本编辑器或文本处理命令行工具查看和编辑 /etc/fstab 配置文件中的内容。这里给出的是本例环境中默认的 /etc/fstab 配置文件主要内容：

```
# <file system> <mount point>    <type>     <options>        <dump>      <pass>
# 文件系统           挂载点      文件系统类型     选项            备份        检查
# / 根目录位于系统安装时创建的 /dev/sda5 卷中
UUID=712b3fba-8c73-4726-aff8-951c598ecb5b / ext4  errors=remount-ro 0     1
# /boot/efi 位于系统安装时创建的 /dev/sda1 卷中
UUID=B608-E863            /boot/efi      vfat     umask=0077            0          1
/swapfile                none           swap     sw                    0          0
```

每一行定义一个系统启动时自动挂载的文件系统，共有 6 个字段，从左至右依次为设备名、挂载点、文件系统类型、挂载选项（参见表 5-2）、是否需要备份（0 表示不备份，1 表示备份）、是否检查文件系统及其检查次序（0 表示不检查，非 0 表示检查及其检查次序）。

可以将要挂载的文件系统按照此格式添加到文件中，下例用于自动挂载某磁盘分区。

```
/dev/sdb1                /usr/docs                   ext4     defaults    0        0
```

4. 使用 /etc/mtab 配置文件

除 /etc/fstab 文件之外，还有 /etc/mtab 文件用于记录当前已挂载的文件系统信息。默认情况下，执行挂载操作时系统将挂载信息实时写入 /etc/mtab 文件，只有执行使用 -n 选项的 mount 命令时，才不会将挂载信息写入该文件。执行文件系统卸载也会动态更新 /etc/mtab 文件。fdisk 等工具必须要读取 /etc/mtab 文件，才能获得当前系统中的分区挂载情况。执行不带任何选项和参数的 mount 命令所显示的文件系统信息就来自 /etc/mtab 文件。

5. 卸载文件系统

文件系统使用完毕，需要进行卸载，这就要执行 umount 命令，基本用法如下：

```
umount  [-dflnrv]  [-t <文件系统类型>]  挂载点目录  |  磁盘设备
```

-n 选项表示卸载时不将信息存入 /etc/mtab 文件；-r 选项表示如果无法成功卸载，则尝试以只读方式重新挂载；-f 选项表示强制卸载，对于一些网络共享目录很有用。

执行命令 umount -a 将卸载 /etc/ftab 中记录的所有文件系统。

正在使用的文件系统不能卸载。如果正在访问的某个文件或者当前目录位于要卸载的文件系统上，应该关闭文件或者退出当前目录，再执行卸载操作。

5.2.5 使用命令行工具检查、维护文件系统

1. 使用 fsck 命令检查并修复文件系统

为了保证文件系统的完整性和可靠性，在挂载文件系统之前，Linux 默认会例行检查文件系统的状态。但是，硬件问题造成的宕机可能会带来文件系统的错乱，此时可以使用磁盘检查工具来维护。Windows 提供了命令行工具 chkdsk 用于磁盘检查，Ubuntu 也提供类似的命令行工具 fsck 用于检查指定分区中的 ext 文件系统，并进行错误修复。其用法如下：

```
fsck [选项] -- [文件系统选项] [<文件系统> ...]
```

fsck 命令不能用于检查系统中已经挂载的文件系统，否则将造成文件系统的损坏。如果要检查根文件系统，应该从软盘或光盘引导系统，然后对根文件系统所在的设备进行检查。如果文件系统不完整，可以使用 fsck 进行修复。修复完成后需要重新启动系统，以读取正确的文件系统信息。

2. 使用 df 命令检查文件系统的磁盘空间占用情况

可以利用 df 命令来获取磁盘被占用多少空间，目前还剩多少空间的情况。-a 选项表示显示所有文件系统的磁盘使用情况，包括 0 块的文件系统，如 /proc 文件系统；-h 选项表示以最适合的单位进行显示；-i 选项表示显示索引节点信息，而不是块；-l 选项表示显示本地分区的磁盘空间使用情况。这里给出一个例子：

```
tester@linuxpc1:~$  df -lh
文件系统          容量        已用        可用        已用%    挂载点
udev              3.9G        0           3.9G        0%       /dev
tmpfs             792M        1.9M        791M        1%       /run
/dev/sda5         59G         31G         25G         56%      /
# 此处省略
/dev/sda1         511M        4.0K        511M        1%       /boot/efi
tmpfs             792M        24K         792M        1%       /run/user/1000
/dev/nvme0n1p1    9.2G        37M         8.6G        1%       /media/tester/NvmeTest
/dev/sdb1         4.9G        20M         4.6G        1%       /usr/docs
```

3. 使用 du 命令查看文件和目录的磁盘使用情况

du 命令用于显示指定的文件或目录的磁盘使用情况，语法格式如下：

```
du [选项]... [文件]...
```

如果指定目录名，那么 du 会递归地计算指定目录中的每个文件和子目录的大小。-c 选项表示最后再加上总计（这是默认设置），-s 选项表示显示各目录的汇总，-x 选项表示只计算同属同一个文件系统的文件。还可以使用与 df 命令相同的选项（如 -h）控制输出格式。

4. 将 ext3 文件系统转换为 ext4 文件系统

可以使用以下命令将原有的 ext2 文件系统转换成 ext3 文件系统。

```
tune2fs  -j  磁盘分区
```

对于已经挂载使用的文件系统，不需要卸载就可执行转换。转换完成后，不要忘记将 /etc/fstab 文件中所对应分区的文件系统由原来的 ext2 更改为 ext3。

如果要将 ext3 文件系统转换为 ext4 文件系统，首先使用 umount 命令将该分区卸载，再执行 tune2fs 命令进行转换，格式如下：

```
tune2fs -O extents,uninit_bg,dir_index  磁盘分区
```

完成转换之后最好使用 fsck 命令进行扫描，格式如下：

```
fsck -pf  分区设备名
```

最后使用 mount 命令挂载转换之后的 ext4 文件系统。

5.2.6 使用内置的磁盘管理器管理文件系统

磁盘管理器除了管理磁盘和分区外，还可以用于管理文件系统。在 5.1.6 小节的示范操作过程中，可以发现创建分区的过程中就提供格式化卷的向导，当然在此过程中也可以选择"无文件系统"选项不进行格式化。

可以对未建立文件系统的分区进行格式化。也可以对已经建立文件系统的分区进行格式化，这种情况会造成数据的丢失。选中要格式化的分区，单击按钮弹出分区操作菜单，从中选择"格式化分区"命令启动向导，根据向导提示完成分区的格式化操作。

对于已经格式化（创建有文件系统）的分区，可以执行挂载或卸载操作。选择要挂载的分区，单击 ▶ 按钮将其挂载，如图 5-11 所示，已挂载的分区将显示三角图标。此处统一将分区挂载到 /media 目录下的当前用户名目录下，如果有卷标，挂载点目录用卷标表示，否则使用 UUID。选择要卸载的分区，单击■按钮将其卸载，已卸载的分区不再显示三角图标，且在分区详细信息处显示"未挂载"。

从分区操作菜单中选择"编辑文件系统"命令，可以修改分区卷标。

从分区操作菜单中选择"编辑挂载选项"命令，设置自动挂载选项，默认关闭自动挂载。只有开启"用户会话默认值"开关后，才能设置自动挂载的相关选项，如图 5-12 所示。

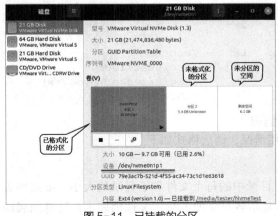

图 5-11 已挂载的分区

图 5-12 编辑自动挂载选项

任务 5.3　挂载和使用外部存储设备

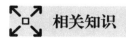

任务要求

各种外部存储设备，如光盘、U 盘、USB 移动硬盘等，都需要进行挂载才能使用，好在 Linux 内核对这些设备都能提供很好的支持。在 Ubuntu 图形用户界面中，这些设备一般都可自动挂载，并可直接使用。本任务的具体要求如下。

（1）掌握挂载和使用光盘的方法。

（2）学会制作和使用光盘映像。

（3）掌握挂载和使用 USB 设备的方法。

相关知识

5.3.1　外部存储设备概述

Linux 对硬件的支持非常完善，能检测并自动设置所安装的大多数设备。Linux 为每一个外部设备提供一个设备文件，当用户读取设备文件时，Linux 就会读取该设备文件代表的外部设备。Linux 在 /dev/ 目录中存储所有的设备文件。

热插拔技术能够让管理员更轻松地管理硬件设备。USB 是目前非常常见且非常方便的热插拔设备，可以使用 lsusb 命令来查看所有 USB 设备的信息。例如：

```
tester@linuxpc1:~$ lsusb
Bus 001 Device 006: ID 0dd8:2608 Netac Technology Co., Ltd OnlyDisk   #U 盘
Bus 001 Device 001: ID 1d6b:0002 Linux Foundation 2.0 root hub
Bus 002 Device 003: ID 0e0f:0002 VMware, Inc. Virtual USB Hub
Bus 002 Device 002: ID 0e0f:0003 VMware, Inc. Virtual Mouse
Bus 002 Device 001: ID 1d6b:0001 Linux Foundation 1.1 root hub
```

一般情况下 U 盘和 USB 移动硬盘类似于 SCSI 硬盘，在 Linux 中用类似 /dev/sd 开头的设备名表示。光驱设备名一般使用 /dev/sr0、dev/cdrom。这些外部存储设备应当属于块设备，可以使用 lsblk 命令列出所有可用块设备的信息，包括硬盘、闪存、光盘等。例如：

```
tester@linuxpc1:~$ lsblk
NAME      MAJ:MIN RM SIZE   RO TYPE MOUNTPOINT
loop0     7:0      0  55.5M  1 loop /snap/core18/2253
# 此处省略
loop12    7:12     0  43.3M  1 loop /snap/snapd/14295
sda       8:0      0  60G    0 disk                        #SCSI 硬盘
├─sda1    8:1      0  512M   0 part /boot/efi
├─sda2    8:2      0  1K     0 part
└─sda5    8:5      0  59.5G  0 part /
# 此处省略
sdd       8:48     1  14.7G  0 disk                        # U 盘
└─sdd1    8:49     1  14.7G  0 part /media/tester/59AB-6C0C  #自动挂载的 U 盘分区
sr0       11:0     1  4.5G   0 rom  /media/tester/CentOS 7 x86_64 #自动挂载的光盘
nvme0n1   259:0    0  20G    0 disk                        #NVMe 接口硬盘
```

```
├─nvme0n1p1 259:1 0 9.3G 0 part /mnt/79e3ac7b-521d-4f55-ac34-73c1d1e63618
└─nvme0n1p2 259:2   0   5G  0 part
```

任务实现

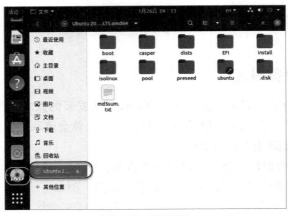

微果5-4

挂载和使用光盘

5.3.2 挂载和使用光盘

1. 在图形用户界面中使用光盘

在图形用户界面中，插入光盘后，打开光盘即可自动挂载；一旦弹出光盘，将自动卸载。可以在桌面上单击光盘图标，或者打开文件管理器来访问光盘，如图 5-13 所示。光盘图标右侧提供弹出按钮。

图 5-13　使用光盘

此时在命令行运行 mount 命令可以查看自动加载的光盘，自动生成如下的挂载点目录：

```
/dev/sr0 on /media/tester/Ubuntu 20.04.3 LTS amd64 type iso9660 (ro,nosuid,
nodev,relatime,nojoliet,check=s,map=n,blocksize=2048,uid=1000,gid=1000,dmode=5
00,fmode=400,iocharset=utf8,uhelper=udisks2)
```

一旦卸载，将自动删除相应的挂载点目录。

2. 使用命令行工具手动挂载和使用光盘

对于学习 Linux 的读者来说，还有必要掌握手动挂载和使用光盘的方法，直接使用挂载卷命令来访问光盘内容。

在 Ubuntu 操作系统中，SCSI/ATA/SATA 接口的光驱设备使用设备名 /dev/sr0 表示。如果有多个光驱设备，顺次使用 /dev/sr1、/dev/sr2 等。Linux 操作系统通过链接文件为光驱设备赋予多个文件名称，常用的有 /dev/cdrom、/dev/dvd。这些名称都指向光驱设备文件，具体可在 /dev 目录下查看。使用 mount 命令挂载光盘的基本用法如下：

```
mount /dev/cdrom 挂载点
```

下面给出一个例子。

```
tester@linuxpc1:~$ sudo mkdir /media/mycd                # 创建一个挂载点目录
tester@linuxpc1:~$ sudo mount /dev/cdrom /media/mycd      # 将光盘挂载到该目录
mount: /media/mycd: WARNING: device write-protected, mounted read-only.
```

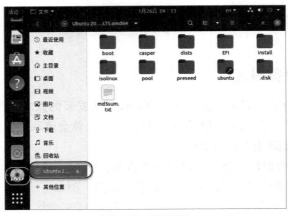

Ubuntu Linux 操作系统（项目式微课版）

```
# 以上说明对设备 /dev/cdrom 写保护，以只读方式挂载
tester@linuxpc1:~$ ls /media/mycd                    # 使用已挂载的光盘
boot  boot.catalog  casper  dists  EFI  install  md5sum.txt  pool  ubuntu
```

这就表明，进入该挂载点目录，就可访问光盘中的内容了。挂载光盘的时候也可使用 -t 选项明确指定挂载的文件系统类型为光盘格式，例如：

```
tester@linuxpc1:~$ sudo mount -t iso9660 /dev/sr0 /media/mycd
```

使用 mount 命令装入的是光盘，而不是光驱。当要换一张光盘时，要先卸载，再装载新盘。对于光盘，如果不进行卸载则无法从光驱中取出光盘。在卸载光盘之前，直接按光驱面板上的弹出键是不会起作用的。卸载命令的用法如下：

```
umount  光驱设备名或挂载点目录
```

5.3.3　制作和使用光盘映像

通过虚拟光驱使用光盘映像（镜像）文件非常普遍。使用映像文件可减少光盘的读取次数，提高访问速度。Ubuntu 操作系统下制作和使用光盘映像比在 Windows 系统下制作和使用光盘映像更方便，不必借用任何第三方软件包。光盘的文件系统为 ISO 9660，光盘镜像文件的扩展名通常为 .iso。

1. 在图形用户界面中制作和使用光盘映像

使用 Ubuntu 内置的磁盘管理器创建磁盘映像，可以将整张光盘制作成一个映像文件（.iso），此时将光盘视作一个磁盘。打开磁盘管理器，从磁盘设备列表中选择制作映像的光盘，单击右上角的按钮弹出菜单，从中选择"创建磁盘映像"命令打开相应的对话框，设置文件名称和保存路径（文件夹），然后单击"开始创建"按钮，开始光盘映像的制作，如图 5-14 所示。

图 5-14　光盘映像制作

2. 使用命令行工具制作和使用光盘映像

将光盘制作成映像文件可使用 cp 命令，基本用法如下：

```
cp /dev/cdrom  映像文件
```

下面是一个制作光盘映像的简单例子。

```
tester@linuxpc1:~$ cp /dev/cdrom testcd.iso
tester@linuxpc1:~$ ls -l testcd.iso
-rw-rw---- 1 tester tester 4781506560 1月  26 10:04 testcd.iso
```

ISO 映像文件可以像光盘一样直接挂载使用（相当于虚拟光驱），光盘映像文件的挂载命令的用法如下：

```
mount -o loop ISO 映像文件名 挂载点目录
```

下面给出一个例子。

```
tester@linuxpc1:~$ sudo mkdir /media/testcdiso
tester@linuxpc1:~$ sudo mount -o loop testcd.iso /media/testcdiso
mount: /media/testcdiso: WARNING: device write-protected, mounted read-only.
```

除了可将整张光盘制作成一个镜像文件外，Linux 还支持将指定目录及其文件制作成一个 ISO 映像文件。将目录制作成映像文件，可使用 mkisofs 命令来实现，其用法如下：

```
mkisofs -r -o   映像文件 目录路径
```

5.3.4 挂载和使用 USB 设备

微课5-6

挂载和使用
USB设备

与光盘一样，在 Ubuntu 操作系统中，U 盘或 USB 移动硬盘等 USB 设备插入之后即可自动挂载。可以在桌面上看到相应的 USB 图标，单击它即可打开 USB 设备进行浏览，也可直接打开文件管理器来访问 USB 设备，USB 设备图标右侧提供弹出按钮。此时在命令行运行 mount 命令可以查看自动加载的 USB 设备，自动生成挂载点目录如下：

```
/dev/sdc1 on /media/tester/59AB-6C0C type vfat (rw,nosuid,nodev,relatime,uid=1000,gid=1000,fmask=0022,dmask=0022,codepage=437,iocharset=iso8859-1,shortname=mixed,showexec,utf8,flush,errors=remount-ro,uhelper=udisks2)
```

一旦 USB 设备弹出，将自动卸载。

也可以使用 Ubuntu 的磁盘管理器对 USB 设备进行分区、创建映像等管理操作，这与硬盘操作一样。

由于某些原因，系统可能没有识别到 USB 设备，这时需要手动挂载。USB 设备主要包括 U 盘和 USB 移动硬盘两种类型。

USB 设备通常会被 Linux 操作系统识别为 SCSI 设备，使用相应的 SCSI 设备文件名来标识。

任务 5.4　逻辑卷管理

任务要求

传统的分区都是固定分区，磁盘分区一旦完成，则分区的大小不可改变，要改变分区的大小，只有重新分区。另外也不能将多个磁盘合并到一个分区。而逻辑卷管理（Logical Volume Manager，LVM）就能解决这些问题。逻辑卷可以在系统仍处于运行状态时扩充和缩减，为管理员提供磁盘存储管理的灵活性。Linux 的 LVM 功能非常强大，可以在生产运行系统上直接在线扩展或收缩磁盘分区，还可以在系统运行过程中跨磁盘移动磁盘分区。本任务的具体要求如下。

（1）了解逻辑卷的功能。

（2）理解 LVM 体系。

（3）学会创建逻辑卷。

（4）掌握动态调整逻辑卷容量的方法。

（5）掌握删除逻辑卷的方法。

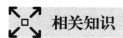 **相关知识**

5.4.1 LVM 体系

LVM 是一个建立在物理存储器上的逻辑存储器体系，其系统结构如图 5-15 所示。下面通过逻辑卷的形成过程来说明 LVM 实现机制，并解释相应的概念。

（1）初始化物理卷（Physical Volume，PV）。首先选择一个或多个用于创建逻辑卷的物理存储器，并将它们初始化为可由 LVM 系统识别的物理卷。物理存储器通常是标准磁盘分区，也可以是整个磁盘，或者是已创建的软件独立磁盘冗余阵列（Redundant Arrays of Independent Disks，RAID）卷。

（2）在物理卷上创建卷组（Volume Group，VG）。可以将卷组看作由一个或多个物理卷组成的存储器池。在 LVM 系统运行时，可以向卷组添加物理卷，或者从卷组中移除物理卷。卷组以大小相等的物理块（Physical Extent，PE）为单位分配存储容量，PE 是整个 LVM 系统的最小存储单位，与文件系统的块（Block）类似，如图 5-16 所示。PE 影响卷组的最大容量，每个卷组最多可包括 65534 个 PE。在创建卷组时指定 PE 值，默认值为 4M。

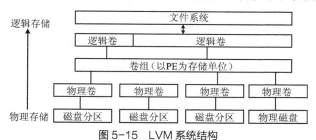

图 5-15 LVM 系统结构　　　　　图 5-16 卷组以 PE 为单位

（3）在卷组上创建逻辑卷（Logical Volume，LV）。最后创建逻辑卷，在逻辑卷上建立文件系统，使用它来存储文件。

LVM 调整文件系统的容量实际上是通过交换 PE 来实现的，将原逻辑卷内的 PE 转移到其他物理卷中以降低逻辑卷容量，或将其他物理卷中的 PE 调整到逻辑卷中以增加容量。

5.4.2 LVM 工具

在 Ubuntu 操作系统中，可以使用 lvm2 软件包提供的系列工具来管理逻辑卷。表 5-3 所示列出了这些 LVM 工具。

表5-3 LVM工具

常用功能	物理卷	卷组	逻辑卷
扫描检测	pvscan	vgscan	lvscan
显示基本信息	pvs	vgs	lvs
显示详细信息	pvdisplay	vgdisplay	lvdisplay
创建	pvcreate	vgcreate	lvcreate
删除	pvremove	vgremove	lvremove

常用功能	物理卷	卷组	逻辑卷
扩充		vgextend	lvextend（lvresize）
缩减		vgreduce	lvreduce（lvresize）
改变属性	pvchange	vgchange	lvchange

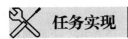任务实现

5.4.3 创建逻辑卷

微课5-7

创建逻辑卷

创建逻辑卷通常分为创建物理卷、卷组和逻辑卷 3 个阶段。这里通过实例讲解创建逻辑卷的操作步骤。Ubuntu 服务器会预装 lvm2 软件包，而 Ubuntu 桌面版没有预装该软件包，可通过以下命令进行安装。

```
sudo apt install lvm2
```

（1）准备相应的物理存储器，创建磁盘分区。磁盘、磁盘分区、RAID 都可以作为存储器转换为 LVM 物理卷。为简化实验操作，这里以两个磁盘分区 /dev/sdc1 和 /dev/sdc2 为例。本例为虚拟机增加一个 SCSI 磁盘 /dev/sdc，划分两个分区，并将分区类型设置为 Linux LVM，由于是 MBR 分区，该类型使用 8e 表示（对于 GPT 分区，可以使用 E6D6D379-F507-44C2-A23C-238F2A3DF928 表示）。对于已有的分区，执行子命令 t 更改磁盘分区的 ID。实际上，不更改分区 ID 也可以，只是某些 LVM 检测指令可能会检测不到该分区。完成之后，查看相应的分区信息如下：

```
设备        启动      起点        末尾        扇区       大小    Id    类型
/dev/sdc1            2048      20973567   20971520   10G    8e    Linux LVM
/dev/sdc2            20973568  31459327   10485760   5G     8e    Linux LVM
```

分区创建成功后要保存分区表。

（2）使用 pvcreate 命令将上述磁盘分区转换为 LVM 物理卷。本例执行过程如下。

```
tester@linuxpc1:~$  sudo pvcreate /dev/sdc1 /dev/sdc2
  Physical volume "/dev/sdc1" successfully created.
  Physical volume "/dev/sdc2" successfully created.
```

如果原来分区上创建有文件系统，则会出现警告信息，在转换为物理卷的过程中将擦除已有的文件系统。

（3）执行 pvscan 命令来检测系统中现有的 LVM 物理卷信息，结果如下。

```
tester@linuxpc1:~$ sudo pvscan
  PV /dev/sdc1                      lvm2 [10.00 GiB]
  PV /dev/sdc2                      lvm2 [5.00 GiB]
  Total: 2 [15.00 GiB] / in use: 0 [0   ] / in no VG: 2 [15.00 GiB]
```

这将统计所有物理卷的数量及容量、正在使用的物理卷的数量及容量、未被使用的物理卷的数量及容量。

（4）使用 vgcreate 命令基于上述两个 LVM 物理卷创建一个 LVM 卷组，将其命名为 testvg。

```
tester@linuxpc1:~$ sudo vgcreate -s 32M testvg /dev/sdc1 /dev/sdc2
```

```
     Volume group "testvg" successfully created
```

vgcreate 命令的基本用法如下：

```
vgcreate [ 选项 ] 卷组名   物理卷（列表）
```

其中物理卷直接使用物理存储器设备名称，要使用多个物理卷，依次排列即可。该命令有很多选项，如 -s 用于指定区域（PE）大小，单位可以是 MB、GB、TB，大小写均可。

（5）执行 vgdisplay 命令显示卷组 testvg 的详细情况，结果如下：

```
tester@linuxpc1:~$ sudo vgdisplay  testvg
   --- Volume group ---
   VG Name                  testvg                    # 卷组名称
（此处省略）
   VG Size                  <14.94 GiB                # 该卷组总容量
   PE Size                  32.00 MiB                 # 该卷组每个 PE 的大小
   Total PE                 478                       # 该卷组的 PE 总数量
   Alloc PE / Size          0 / 0                     # 已经分配使用的 PE 数量和容量
   Free  PE / Size          478 / <14.94 GiB          # 未使用的 PE 数量和容量
   VG UUID                  MgDEcd-u6bW-KB31-a9RM-xh1P-9Uqx-TEk9mV  # 卷组的 UUID
```

（6）使用 lvcreate 命令基于上述 LVM 卷组 testvg 创建一个 LVM 逻辑卷，将其命名为 testlv。

```
tester@linuxpc1:~$ sudo lvcreate -l 300 -n testlv testvg
   Logical volume "testlv" created.
```

lvcreate 命令的基本用法如下：

```
lvcreate  [-l PE 数量 |-L 容量]  [-n 逻辑卷] 卷组
```

其中最重要的是指定分配给逻辑卷的存储容量，可以使用选项 -l 指定分配的 PE 数量（即多少个 PE，由系统自动计算容量），也可以使用选项 -L 直接指定存储容量，单位可以是 MB、GB、TB，大小写均可。

这里是将部分卷组（300 个 PE）分配给一个逻辑卷。未分配卷组空间容量或 PE 数量可通过 vgdisplay 命令来查看，参见步骤（5）。

（7）执行 lvdisplay 命令显示逻辑卷 /dev/testvg/testlv 的详细情况，结果如下。

```
tester@linuxpc1:~$ sudo lvdisplay /dev/testvg/testlv
   --- Logical volume ---
   LV Path                /dev/testvg/testlv              # 逻辑卷的设备名称全称
   LV Name                testlv
   VG Name                testvg
   LV UUID                oWAw0Z-Pjqc-8erX-zCzh-Q2Pf-xLnt-9N0HAd
   LV Write Access        read/write
   LV Creation host, time linuxpc1, 2022-01-26 14:35:04 +0800
   LV Status              available
   # open                 0
   LV Size                <9.38 GiB                        # 逻辑卷的容量
   Current LE             300                              # 逻辑卷分配的 PE 数量
   Segments               1
   Allocation             inherit
   Read ahead sectors     auto
   - currently set to     256
   Block device           253:0
```

至此已经完成了逻辑卷的创建过程。需要注意的是，LVM 卷组可直接使用其名称来表示，而逻辑卷必须使用设备名称。逻辑卷相当于一个特殊分区，还需建立文件系统并挂载使用。

（8）执行以下命令在逻辑卷上建立文件系统。

```
tester@linuxpc1:~$ sudo mkfs -t ext4 /dev/testvg/testlv
```

（9）执行以下命令挂载该逻辑卷。

```
tester@linuxpc1:~$ sudo mkdir /mnt/testlvm                    # 建立挂载用目录
tester@linuxpc1:~$ sudo mount /dev/testvg/testlv /mnt/testlvm # 挂载文件系统
```

可以执行 df 命令检查当前文件系统的磁盘空间占用情况。

```
tester@linuxpc1:~$ df -lhT /mnt/testlvm
文件系统                      类型    容量    已用    可用    已用%   挂载点
/dev/mapper/testvg-testlv    ext4   9.2G   37M   8.7G    1%    /mnt/testlvm
```

可发现刚建立的逻辑卷的文件系统名为 /dev/mapper/testvg-testlv，也就是说，实际上使用的逻辑卷设备位于 /dev/mapper 目录下，系统自动建立链接文件 /dev/testvg/testlv 指向该设备文件。

如果希望系统启动时自动挂载，可以使用 sed 命令更改 /etc/fstab 文件，添加相应的文件系统挂载定义项。本例执行以下命令即可。

```
sudo sed -i '$a /dev/testvg/testlv /mnt/testlvm ext4 defaults  0 0' /etc/fstab
```

5.4.4　动态调整逻辑卷容量

微课5-8

动态调整逻辑卷
容量

LVM 系统主要的用途就是弹性调整磁盘容量，基本方法是首先调整逻辑卷的容量，然后对文件系统进行处理。如果要将新添加的物理存储器用于扩充 LVM 容量，需要先将它转换为 LVM 物理卷，然后使用 vgextend 命令扩充卷组，接着使用 lvresize 命令基于卷组剩余空间扩充逻辑卷，最后调整文件系统容量。

这里介绍动态增加卷容量的例子。上述创建逻辑卷的例子中，只将部分卷组（300 个 PE）分配给逻辑卷，可以将未分配卷组分配给逻辑卷，这里再加上一个分区 /dev/sdb2 来一起扩充逻辑卷 /dev/testvg/testlv 的容量。

（1）使用 pvcreate 命令将 /dev/sdb2 转换为 LVM 物理卷。本例执行过程如下。

```
tester@linuxpc1:~$ sudo pvcreate /dev/sdb2
WARNING: ext4 signature detected on /dev/sdb2 at offset 1080. Wipe it? [y/n]: y
  Wiping ext4 signature on /dev/sdb2.
  Physical volume "/dev/sdb2" successfully created.
```

因为原来分区上创建有文件系统，这里出现了警告信息，提示在转换为物理卷的过程中将擦除已有的文件系统。

（2）使用 vgextend 命令将 /dev/sdb2 卷扩充到 testvg 卷组。

```
tester@linuxpc1:~$ sudo vgextend testvg /dev/sdb2
  Volume group "testvg" successfully extended
```

（3）使用 vgdisplay 命令查验 testvg 卷组的情况，发现还有 369 个 PE（11.53GB 空间）未被使用。下面给出部分相关信息。

```
  VG Size            <20.91 GiB              # 卷组总容量
  PE Size            32.00 MiB               # PE 单位大小
```

```
       Total PE                669                         # 总的 PE 数量
       Alloc PE / Size         300 / <9.38 GiB             # 已经分配使用的 PE 数量和容量
       Free  PE / Size         369 / 11.53 GiB             # 未使用的 PE 数量和容量
```

（4）执行 lvresize 命令基于卷组 testvg 所有剩余空间进一步扩充逻辑卷 testlv。

```
tester@linuxpc1:~$ sudo lvresize  -l +369 /dev/testvg/testlv
    Size of logical volume testvg/testlv changed from <9.38 GiB (300
extents) to <20.91 GiB (669 extents).
    Logical volume testvg/testlv successfully resized.
```

lvresize 命令的语法很简单，基本上同 lvcreate 命令的语法，也通过选项 -l 或 -L 指定要增加的容量。

（5）再次使用 vgdisplay 命令查验 testvg 卷组的情况，发现 PE 都用尽了。

```
       Total PE                669                         # 总的 PE 数量
       Alloc PE / Size         669 / <20.91 GiB            # 已经分配使用的 PE 数量和容量
       Free  PE / Size         0 / 0                       # 未使用的 PE 数量和容量
```

（6）执行 lvdisplay 命令显示逻辑卷 testlv 的详细情况，下面是从中挑出的相关信息。

```
       LV Size                 <20.91 GiB                  # 逻辑卷的容量
       Current LE              669                         # 逻辑卷分配的 PE 数量
```

（7）执行以下命令检查该逻辑卷文件系统的磁盘空间占用情况，可以发现虽然逻辑卷容量增加了，但是文件系统容量并没有增加，还需要进一步操作。

```
tester@linuxpc1:~$ df -lhT   /mnt/testlvm
文件系统                        类型    容量    已用    可用    已用%    挂载点
/dev/mapper/testvg-testlv     ext4    9.2G    37M    8.7G    1%      /mnt/testlvm
```

（8）调整文件系统容量。对于 ext 系列文件系统，需要使用 resize2fs 命令来动态调整文件系统容量。基本用法如下：

```
resize2fs [选项] 设备名 [新的容量大小]
```

如果不指定容量大小，那么将扩充为整个逻辑卷的容量。本例采用的就是这种方式。

```
tester@linuxpc1:~$ sudo resize2fs /dev/testvg/testlv
resize2fs 1.45.5 (07-Jan-2020)
/dev/testvg/testlv 上的文件系统已被挂载于 /mnt/testlvm；需要进行在线调整大小
old_desc_blocks = 2, new_desc_blocks = 3
/dev/testvg/testlv 上的文件系统现在为 5480448 个块（每块 4kB）。
```

再次检查逻辑卷文件系统的容量，发现容量已增加。

```
tester@linuxpc1:~$ df -lhT   /mnt/testlvm
文件系统                      类型   容量   已用   可用   已用%   挂载点
/dev/mapper/testvg-testlv   ext4   21G   44M   20G    1%    /mnt/testlvm
```

5.4.5 删除逻辑卷

由于磁盘分区融入逻辑卷，删除逻辑卷并恢复磁盘分区时，不能简单地执行逻辑卷删除命令，而是要执行建立逻辑卷的逆过程。下面以删除前面创建的 testlv 逻辑卷为例示范操作步骤。

（1）卸载要删除的 LVM 文件系统。

```
tester@linuxpc1:~$ sudo umount /mnt/testlvm
```

微课5-9

删除逻辑卷

（2）使用 lvdisplay 命令查询逻辑卷信息，获取需要删除的逻辑卷的名称。

```
--- Logical volume ---
  LV Path                    /dev/testvg/testlv          # 逻辑卷设备名称
  LV Name                    testlv                      # 逻辑卷名称
  VG Name                    testvg                      # 卷组名称
```

（3）使用 lvremove 命令删除相应的逻辑卷（应使用逻辑卷设备名称）。

```
tester@linuxpc1:~$ sudo lvremove /dev/testvg/testlv
Do you really want to remove and DISCARD active logical volume testvg/
testlv? [y/n]: y
  Logical volume "testlv" successfully removed
```

（4）使用 vgchange 命令停用相应的卷组。

```
tester@linuxpc1:~$ sudo vgchange -a n testvg
  0 logical volume(s) in volume group "testvg" now active
```

（5）使用 vgremove 命令删除相应的卷组。

```
tester@linuxpc1:~$ sudo vgremove testvg
  Volume group "testvg" successfully removed
```

（6）使用 pvremove 命令删除相应的物理卷。

```
tester@linuxpc1:~$ sudo pvremove /dev/sdb2 /dev/sdc1 /dev/sdc2
  Labels on physical volume "/dev/sdb2" successfully wiped.
  Labels on physical volume "/dev/sdc1" successfully wiped.
  Labels on physical volume "/dev/sdc2" successfully wiped.
```

（7）将相应磁盘分区 ID 改回 83 或 8300（Linux 分区）。

（8）如果在 /etc/fstab 配置文件中添加有逻辑卷文件系统的挂载信息，则需要删除。例如：

```
tester@linuxpc1:~$ sudo sed -i '$d' /etc/fstab
```

提示 除了 LVM，还有一种跨磁盘的数据存储解决方案是 RAID。RAID 旨在提高存储可用性，改善性能。RAID 由若干个物理磁盘组成，但对操作系统而言仍是一个逻辑磁盘，它所存储的数据分布在阵列中的多个物理磁盘中。RAID 技术用来提高磁盘的读写速度和解决安全性问题，而 LVM 则可以解决随着实际需求的变化调整磁盘分区大小的问题。RAID 可以作为 LVM 的物理存储器，可以在 RAID 上部署 LVM。

任务 5.5　文件系统备份

任务要求

　　备份就是保留一套后备系统，做到有备无患，是系统管理员最重要的日常管理工作之一。恢复就是将数据恢复到备份时的状态，又称还原。为保证数据的完整性，需要对系统进行备份。Ubuntu 可以使用多种工具和存储介质进行备份。本任务的具体要求如下。

（1）了解系统备份与用户备份。

（2）了解文件系统备份策略和规划。

（3）学会使用存档工具备份文件系统。

（4）学会使用 dump 和 restore 工具实现备份和恢复。

（5）掌握光盘的备份和刻录方法。

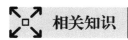 相关知识

5.5.1 系统备份和用户备份

在 Linux 操作系统中，按照要备份的内容，备份分为系统备份和用户备份。系统备份就是对操作系统和应用程序的备份，便于在系统崩溃以后能快速、简单、完全地恢复系统的运行。最有效的系统备份方法是仅备份那些对于系统崩溃后恢复所必需的数据。用户备份不同于系统备份，原因是用户的数据变动更加频繁一些。当备份用户数据时，只是为用户提供一个虚拟的安全网络空间，合理地放置最近用户数据文件的备份，当出现问题时，如误删除某些文件或者硬盘发生故障时，用户可以恢复自己的数据。用户备份应该比系统备份更加频繁，可采用自动定期运行某个程序的方法来备份数据。

5.5.2 文件系统备份策略与规划

在进行备份之前，首先要选择合适的备份策略，决定何时需要备份，以及出现故障时进行恢复的方式。通常使用的备份策略有以下 3 种。

• 完全备份（Full Backup）：对系统进行一次全面的备份，在备份间隔期间一旦出现数据丢失等问题，可以使用上一次的备份数据恢复到备份之前的数据状况。这种策略所需时间最长，但恢复时间最短，操作最方便，当系统中数据量不大时，采用完全备份最可靠。

• 增量备份（Incremental Backup）：只对上一次备份后增加和修改过的数据进行备份。这种策略可缩短备份时间，快速完成备份，但是可靠性较差，备份数据的份数太多，这种策略很少采用。

• 差异备份（Differential Backup）：对上一次完全备份（而不是上次备份）之后新增加或修改过的数据进行备份。这种策略兼具完全备份和增量备份的优点，所需时间短、节省空间、恢复方便，系统管理员只需两份数据，就可以将系统完全恢复。这种策略适用于各种备份场合。

专业的备份工作需要规划，兼顾安全与效率，而不是简单执行备份程序。实际备份工作中主要采用以下两种备份方案。

• 单纯的完全备份：定时为系统进行完全备份，需要恢复时以最近一次的完全备份数据来还原。这是最简单的备份方案，但由于每次备份时，都会将全部的文件备份下来，每次备份所需时间较长，适合数据量不大或者数据变动频率不高的情况。

• 完全备份结合差异备份：以较长周期定时进行完全备份，其间则进行较短周期的差异备份。例如，每周六晚上做一次完全备份，每天晚上做一次差异备份。需要恢复时，先还原最近一次完全备份的数据，再还原该完全备份后最近一次的差异备份数据。如果周三出现事故，则可将数据恢复到周二晚上的状态，先还原上周六的完全备份数据，再还原本周二的差异备份数据即可。

5.5.3 使用存档工具进行简单备份

与多数 Linux 发行版一样，Ubuntu 主要提供两个存档工具，即 tar 和 dd，其中 tar 使用更广泛。这些存档工具可以用于简单的数据备份。

1. 使用 tar 命令进行存档

直接备份数据会占用很大的空间，所以常常压缩后备份数据，以便节省存储空间。tar 是用于文件打包的命令行工具，可以将一系列文件归档到一个大文件中，也可以将归档文件解开以恢复数据。作为常用的备份工具，tar 的语法格式如下：

```
tar [选项...] [文件]...
```

例如，要备份用户 tester 主目录中的文件，可以执行以下命令：

```
tester@linuxpc1:~$ tar -czvf tester-bak.tar /home/tester
```

此命令将 /home/tester 目录中的所有文件归档（打包）到 tester-bak.tar 文件（扩展名一般为 .tar），归档的同时对数据进行压缩（使用 -z 选项）。执行完毕时可查看生成的归档文件信息：

```
tester@linuxpc1:~$ ll tester-bak.tar
-rw-rw-r-- 1 tester tester 34202870 1月  26 17:10 tester-bak.tar
```

要恢复使用 tar 命令备份过的文件（解开归档文件），可使用选项 -x。例如：

```
tester@linuxpc1:~$ tar -xzvf tester-bak.tar
```

默认情况下 tar 将文件恢复到当前工作目录，也可以使用 -C 选项将文件恢复到指定的目录。

2. 使用 dd 命令进行存档

dd 是一种文件转移命令，用于复制文件，并在复制的同时进行指定的转换和格式处理，如何转换取决于选项和参数。它使用 if 参数指定输入文件，of 参数指定输出文件。

dd 常用来制作光盘映像（光盘必须是 iso9660 格式），例如使用以下命令制作光盘映像：

```
dd if=/dev/cdrom of=cdrom.iso
```

由于 dump 和 restore 命令的出现，dd 用得不多。

5.5.4 使用 dump 和 restore 工具实现备份和恢复

dump 是一个较为专业的备份工具，能备份任何类型的文件，甚至是设备，支持完全备份、增量备份和差异备份，支持跨多卷磁带备份，保留所备份文件的所有权属性和权限设置，能够正确处理从未包含任何数据的文件块（空洞文件）。restore 是对应的恢复工具。Ubuntu 操作系统默认没有安装 dump 和 restore 这两个工具，可执行 sudo apt install dump 命令进行安装。

1. 使用 dump 命令备份

dump 可将目录或整个文件系统备份至指定的设备，或备份成一个大文件。基本用法如下：

```
dump [选项] [目录或文件系统]
```

在使用 dump 备份时，需要使用 -level 选项指定一个备份级别，level 是 0 ~ 9 的一个整数。级别为 N 的转储会对从上次进行的级别小于 N 的转储操作以来修改过的所有文件进行备份，级别 0 表示完全备份。通过 dump 命令，可以很轻松地实现增量备份、差异备份，甚至每日备份。

-S 选项用于统计备份所需空间。执行备份任务之前先统计备份内容的容量，以防用于备份的磁盘空间不足。例如以下命令统计完全备份 /dev/sda5 所需的空间，级别 0 表示完全备份。

```
tester@linuxpc1:~$ sudo dump  -0S /dev/sda5
12245431296
```

统计结果的单位是字节，将本例结果的单位换算成 GB，可知所需空间大约是 12GB。

-f 选项指定备份文件的路径和名称，-u 选项表示更新数据库文件 /var/lib/dumpdates（将文件的日期、存储级别、文件系统等信息都记录下来）。如果不使用 -u 选项，所有级别都会变为级别 0，因为没有先前备份过当前文件系统的记录。下面的例子将 /dev/sdb1 分区完全备份到 test.dump 文件中。

```
tester@linuxpc1:~$ sudo dump -0u -f  test.dump /dev/sdb1
  DUMP: Date of this level 0 dump: Wed Jan 26 18:03:59 2022 # 备份的级别和时间
  DUMP: Dumping /dev/sdb1 (an unlisted file system) to test.dump # 备份源和目标
# 以下省略
```

完成备份之后，可以通过 /var/lib/dumpdates 来查看备份记录。

```
tester@linuxpc1:~$ cat /var/lib/dumpdates
/dev/sdb1 0 Wed Jan 26 18:03:59 2022 +0800
```

要实现增量备份，第 1 次备份时可选择级别 0 进行完全备份，以后每次做增量备份时就可以依次使用级别 1、级别 2、级别 3 等。例如：

```
dump -0u -f   test0.dump /dev/sdb1
dump -1u -f   test1.dump /dev/sdb1
dump -2u -f   test2.dump /dev/sdb1
dump -3u -f   test3.dump /dev/sdb1
```

要实现差异备份，可先选择级别 0 做完全备份，然后每次都使用大于 0 的同一级别，如每次都用级别 1。

```
dump -0u -f   test0.dump /dev/sdb1
dump -1u -f   test1.dump /dev/sdb1
dump -1u -f   test2.dump /dev/sdb1
dump -1u -f   test3.dump /dev/sdb1
```

2. 使用 restore 命令恢复

使用 restore 命令从 dump 备份中恢复数据可以使用两种方式：交互式恢复和直接恢复。管理员也可以决定是恢复整个备份，还是只恢复需要的文件。

恢复数据之前，要浏览备份文件中的数据，可以使用如下命令（-t 选项表示查看）：

```
restore -tf /test.dump
```

要恢复一个备份，可以使用如下命令（-r 选项表示重建）：

```
restore -rf /test.dump
```

使用以下命令进入交互式恢复方式：

```
restore -if /test.dump
```

5.5.5 光盘备份

Linux 旧版的光盘刻录工具是 cdrecord，现在使用的是 wodim。Ubuntu 没有预装 wodim 软件包，可以执行 sudo apt install wodim 命令进行安装，然后使用 wodim 创建和管理光盘介质。

使用光盘进行数据备份，需要首先建立光盘映像文件，然后将该映像文件写入光盘中。

例如要将 /home 目录的数据备份到光盘映像文件中，可以使用如下命令：

```
mkisofs -r -o /tmp/home.iso /home
```

上述命令会在 /tmp 目录中建立一个名为 home.iso 的映像文件，该文件包含 /home 目录的所有内容。其中 -r 选项表示支持长文件名，-o 选项表示输出。默认情况下，mkisofs 命令也会保留所备份文件的所有权属性和权限设置。

除了使用 mkisofs 命令，还可以使用 dd 命令建立光盘映像，例如：

```
dd if=/dev/cdrom of=/tmp/home.iso
```

在 dd 命令中，if 参数指定输入文件，of 参数指定输出文件。dd 命令的 if 参数必须是文件，而不能是一个目录，这里进行 /home 目录的备份时，实际使用的参数是设备文件 /dev/cdrom。

刻录机在 Linux 中被识别为 SCSI 设备，即使该设备实际上是 IDE 设备。在实际刻录光盘之前，可以使用 cdrecord -scanbus 或 wodim --devices 命令对刻录设备进行检测。

例如，执行以下命令获取指定刻录设备 /dev/sr1 的信息。

```
tester@linuxpc1:~$ sudo wodim --devices  dev=/dev/sr1
wodim: Overview of accessible drives (1 found) :
-------------------------------------------------------------------------
 0  dev='/dev/sr1'      rwrw-- : 'ASUS' 'SDRW-08D2S-U'
```

使用 wodim 命令将 ISO 文件刻录为光盘的基本用法如下：

```
wodim -v -eject <speed= 刻录速度 > <dev= 刻录机设备 > <ISO 文件 >
```

-eject 选项表示刻录完毕弹出光盘。例如将映像文件刻录到空白光盘中的命令如下：

```
wodim -v dev=/dev/sr1 /tmp/home.iso
```

项目小结

通过本项目的实施，读者应当了解 Linux 磁盘分区和文件系统的基本知识，掌握磁盘分区、建立和挂载文件系统的基本操作，学会挂载和使用光盘、U 盘等外部存储设备，基本掌握 LVM 操作，了解文件系统备份。虽然磁盘管理器能够胜任磁盘分区和文件系统管理任务，但是要真正掌握 Linux 磁盘存储管理，还需要重点学习命令行工具的使用。LVM 主要用于 Linux 服务器。项目 6 要实施的是软件包管理。

课后练习

一、选择题

1. 以下关于磁盘数据组织的说法中，正确的是（   ）。

    A. 固态盘比较特殊，不再使用机械硬盘的 LBA 寻址方式

B.　不管什么硬盘，使用之前都必须进行低级格式化

C.　磁盘使用之前必须进行分区

D.　磁盘分区格式化与操作系统无关

2.　Linux 操作系统中，SCSI 硬盘设备名的前缀为（　　　）。

　　A.　sd　　　　　　　B.　hd　　　　　　　C.　sr　　　　　　　D.　sc

3.　Linux 操作系统中，第 1 个 NVMe 接口硬盘的名称为（　　　）。

　　A.　/dev/nvme0　　B.　/dev/nvme1　　　C.　/dev/nvme0n0　　D.　/dev/nvme0n1

4.　MBR 磁盘最多可以划分（　　　）个主分区。

　　A.　2　　　　　　　B.　4　　　　　　　　C.　8　　　　　　　D.　128

5.　第 1 块 SCSI 硬盘中划分有扩展分区，扩展分区下第 2 个逻辑分区命名为（　　　）。

　　A.　/dev/sda2　　　B.　/dev/sda5　　　　C.　/dev/sda6　　　D.　/dev/sda7

6.　Linux 操作系统中使用 fdisk 命令进行磁盘分区时，输入"n"以交互方式创建分区，输入（　　　）创建主分区。

　　A.　p　　　　　　　B.　e　　　　　　　　C.　t　　　　　　　D.　w

7.　Linux 操作系统中使用 fdisk 命令管理磁盘分区时，输入（　　　）命令可以改变分区类型。

　　A.　p　　　　　　　B.　e　　　　　　　　C.　t　　　　　　　D.　w

8.　Linux 操作系统中使用 fdisk 命令将 MBR 磁盘转换为 GPT 磁盘时，需输入（　　　）命令。

　　A.　m　　　　　　　B.　g　　　　　　　　C.　s　　　　　　　D.　o

9.　Linux 操作系统中使用 mkfs 命令创建 ext4 文件系统，需要使用的选项及参数是（　　　）。

　　A.　-t ext4　　　　B.　-f ext4　　　　　C.　-f ext　　　　　D.　-t ext

10.　使用 mount 命令挂载文件系统时，指定文件系统需使用（　　　）选项。

　　A.　-o　　　　　　　B.　-l　　　　　　　C.　-f　　　　　　　D.　-t

11.　用于统计文件系统的磁盘使用情况的命令是（　　　）。

　　A.　du　　　　　　　B.　df　　　　　　　C.　dd　　　　　　　D.　fsck

12.　以下关于逻辑卷的说法中，正确的是（　　　）。

　　A.　逻辑卷只可以动态增加容量，不可缩减容量

　　B.　用于创建逻辑卷的物理存储器可以是整个磁盘

　　C.　已经格式化的磁盘分区不能用于创建逻辑卷

　　D.　PE 越大，逻辑卷的容量就越大

二、简答题

1.　低级格式化与高级格式化有何不同？

2.　简述 Linux 磁盘设备命名方法与磁盘分区命名方法。

3.　简述 MBR 与 GPT 分区样式。

4.　简述 Linux 建立和使用文件系统的步骤。

5.　简述 Linux 使用的卷标和 UUID。

6.　为什么要使用逻辑卷？

7.　如何使用新增的存储设备来扩充逻辑卷？

8.　简述数据备份策略。

项目实训

实训 1　使用 Ubuntu 磁盘管理器管理磁盘分区和文件系统

实训目的

（1）熟悉磁盘管理器界面。

（2）学会使用磁盘管理器进行分区和格式化。

实训内容

（1）添加一个空白硬盘（建议在虚拟机上操作）用于实验。

（2）查看磁盘信息。

（3）磁盘管理操作。

（4）查看分区信息。

（5）磁盘分区操作。

实训 2　使用命令行工具管理磁盘分区和文件系统

实训目的

（1）熟悉建立和使用文件系统的步骤。

（2）掌握基于命令行的磁盘分区操作

（3）掌握基于命令行的文件系统操作。

实训内容

（1）添加一个空白硬盘（建议在虚拟机上操作）用于实验。

（2）熟悉 fdisk 命令的语法。

（3）通过 fdisk 的交互模式创建一个分区。

（4）使用 mkfs 命令在该分区上建立 ext4 文件系统。

（5）创建一个挂载点目录。

（6）使用 mount 命令将该分区挂载到此目录。

（7）将挂载定义添加到 /etc/fstab 文件以实现自动挂载。

实训 3　管理逻辑卷

实训目的

（1）了解 LVM 实现机制。

（2）掌握 LVM。

实训内容

（1）添加一块新的磁盘（建议在虚拟机上操作）并在其中创建两个分区。

（2）基于这两个磁盘分区创建逻辑卷（使用部分 PE）。

（3）动态调整逻辑卷容量，以使用全部 PE。

（4）删除逻辑卷。

项目6
软件包管理

06

通过项目 5 的实施，我们已经熟悉了磁盘分区和文件系统的管理操作。在操作系统的使用和维护过程中，安装和卸载软件是必须掌握的技能。Linux 虽然没有像 Windows 那样的注册表，但是需要考虑软件的依赖性问题。目前在 Linux 操作系统上安装软件已经变得与在 Windows 系统上安装软件一样便捷。可供 Ubuntu 安装的开源软件非常丰富，Ubuntu 提供了多种软件安装方式，从最原始的源代码编译安装到高级的在线自动安装和更新。本项目将通过 4 个典型任务，引领读者掌握 Ubuntu 操作系统的软件包管理操作，包括几种主要的软件安装方式。学会使用源代码编译安装，让丰富的开源软件为我所用，有助于发展国产操作系统生态，促进我国信息系统的自主可控。

【课堂学习目标】

☞ 知识目标

➢ 了解 Linux 软件包管理的发展过程。

➢ 了解 Deb 软件包的特点。

➢ 了解 APT 的基本功能和工作机制。

➢ 了解 Snap 软件包的特点。

➢ 熟悉源代码编译安装的基本步骤。

☞ 技能目标

➢ 学会使用 dpkg 工具安装和管理 Deb 软件包。

➢ 熟练掌握 APT 工具的使用方法，以及使用 PPA 安装软件。

➢ 学会使用 Snap 软件包安装软件。

➢ 学会使用源代码编译安装软件。

☞ 素养目标

➢ 把握 Linux 软件包管理的未来发展方向。

➢ 培养开放共享意识。

➢ 养成自主学习、勤于探索的习惯。

任务 6.1　Deb 软件包管理

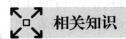

任务要求

Linux 软件开发完成之后，如果仅限于小范围使用，可以直接使用二进制文件进行分发。如果要对外发布，兼顾到用户不同的软、硬件环境，就需要将其制作成软件包分发给用户，让用户使用软件包管理器安装、卸载和升级软件包。本任务的要求如下。

（1）了解 Linux 软件包管理的发展过程。

（2）了解 Deb 软件包格式。

（3）学会使用 dpkg 工具安装和管理 Deb 软件包。

相关知识

6.1.1　Linux 软件包管理的发展过程

Linux 软件安装从最初的源代码编译安装发展到了现在的高级软件包管理。

1. 使用源代码安装软件

早期的 Linux 操作系统中主要使用源代码包发布软件，用户往往要将源代码编译成二进制文件，并对系统进行相关配置，有时甚至还要修改源代码。这种方式有较大自由度，用户可以自行设置编译选项，选择所需的功能或组件，或者针对使用的硬件平台进行优化。但是源代码编译安装比较耗时，对普通用户来说难度太大，为此推出了软件包管理的概念。

2. 使用软件包安装软件

软件包将应用程序的二进制文件、配置文档和帮助文档等合并打包在一个文件中，用户只需使用相应的软件包管理器来执行软件的安装、卸载、升级和查询等操作。软件包中的可执行文件是由软件发布者进行编译的，这种预编译的软件包重在考虑适用性，通常不会针对某种硬件平台进行优化，它所包含的功能和组件也是通用的。目前主流的软件包格式有两种：RPM 和 Deb。一般 Linux 发行版都支持特定格式的软件包，Ubuntu 使用的软件包的格式是 Deb。

当然，使用 RPM 或 Deb 软件包安装软件需要考虑依赖性问题，只有软件所依赖的库和支持文件都正确安装之后，才能完成软件的安装。现在的软件依赖性越来越强，单纯使用软件包安装效率很低，难度也不小，为此推出了高级软件包管理工具。

3. 高级软件包管理工具

高级软件包管理工具能够通过 Internet 主动获取软件包，自动检查和修复软件包之间的依赖关系，实现软件的自动安装和更新升级，大大简化了 Linux 操作系统上安装、管理软件的过程。高级软件包管理工具需要通过 Internet 从后端的软件库下载软件，适合在线使用。目前主要的高级软件包管理工具有 Yum 和 APT 两种，还有一些商业版工具由 Linux 发行商提供。

Yum（Yellow dog Updater Modified）是一个基于 RPM 包的软件包管理工具，能够从指定的服务器自动下载 RPM 包并完成安装，可以处理依赖关系，并且可以一次安装所有依赖的软件包，无须用户烦琐地一次次下载、安装。Red Hat Enterprise Linux、CentOS、Fedora 等 Linux 发行版采用 Yum。

APT（Advanced Packaging Tools，高级软件包工具）是 Debian 及其派生发行版本（如 Ubuntu）的软件包管理工具。APT 可以自动下载、配置、安装二进制或者源代码格式的软件包，甚至只需一条命令就能更新整个系统的所有软件。

APT 最早被设计成 dpkg 工具的前端，用来处理 Deb 格式的软件包。现在经过 APT-RPM 组织修改，RPM 版本的 APT 已经可以安装在使用 RPM 的 Linux 发行版上。

4. Snap

Snap 是一种全新的软件包安装管理方式，可以不依赖于第三方系统功能库独立包装，让开发者将软件更新包随时发布给用户，还可以同时安装多个版本的软件，代表未来软件包安装的发展方向。

6.1.2 Deb 软件包格式

Deb 是 Debian Packager 的缩写，是 Debian 和 Ubuntu 系列 Linux 发行版上使用的软件包格式（文件扩展名为 .deb）。Deb 软件包由以下 3 部分组成。

- 数据包：包含实际安装的程序数据。
- 安装信息及控制包：包含 Deb 的安装说明、标识、脚本等。
- 二进制数据：包含文件头等信息，需要特殊软件才能查看。

Deb 软件包使用 dpkg 工具进行管理。dpkg 是 Debian Packager 的简写。dpkg 工具用于安装、更新、卸载 Deb 软件包，以及提供 Deb 软件包相关的信息。

Deb 软件包采用 .deb 文件格式，与 Windows 下的 .exe 文件很相似，很多软件开发商都会提供 .deb 格式的软件包。获得 Deb 软件包后，可以直接使用 dpkg 工具进行离线安装，无须联网。这是 Ubuntu 传统的软件安装方式，也是一种安装软件的简易方式，不足之处是要自行处理软件依赖问题。

✕ **任务实现**

6.1.3 查看 Deb 软件包

执行 dpkg 命令时使用 -l 选项可以列出已安装软件包的简要信息，包括状态、名称、版本、结构和简要描述。命令格式如下：

```
dpkg -l 软件包名
```

例如，以下命令列出 APT 软件包的基本信息。

```
tester@linuxpc1:~$ dpkg -l apt
期望状态 = 未知 (u) / 安装 (i) / 删除 (r) / 清除 (p) / 保持 (h)
| 状态 = 未安装 (n) / 已安装 (i) / 仅存配置 (c) / 仅解压缩 (U) / 配置失败 (F) / 不完全安装 (H) /
触发器等待 (W) / 触发器未决 (T)
|/ 错误 ?=（无）/ 须重装 (R)（状态，错误：大写 = 故障）
||/ 名称            版本           体系结构       描述
+++-================-==============-==============-========================================
ii  apt             2.0.6          amd64          commandline package manager
```

每条记录对应一个软件包，第 1 列是软件包的状态标识，由 3 个字符组成。第 1 个字符表示期望的状态（其中，u 表示状态未知；i 表示用户请求安装软件包；r 表示用户请求删除软件包；p 表示用户请求清除软件包；h 表示用户请求保持软件包版本锁定）。第 2 个字符表示当前状态（其中，n 表示软件包未安装；i 表示软件包已安装并完成配置；c 表示软件包以前安装过，现在删除了，但是配置文件仍留在系统中；U 表示软件包被解压缩，但未配置；F 表示试图配置软件包但失败；H 表示软件包安装但没有成功）。第 3 个字符表示错误状态（其中，h 表示软件包被强制保持，无法升级；R 表示软件包被破坏，需要重新安装才能正常使用；x 表示软件包被破坏，并且被强制保持）。例中只有两个字符 "ii"，表明软件包是由用户申请安装的，并且已安装并完成配置，没有出现错误。

如果不加软件包名参数，将显示所有已经安装的 Deb 软件包，包括版本以及简要描述。结合管道操作再使用 grep 命令可以查询某些软件包是否安装，例如：

```
tester@linuxpc1:~$ dpkg -l | grep  pinyin
ii  ibus-libpinyin       1.11.1-3       amd64       Intelligent Pinyin engine
based on libpinyin for IBus
ii  libpinyin-data:amd64 2.3.0-1build1 amd64       Data for PinYin / zhuyin
input method library
ii  libpinyin13:amd64  2.3.0-1build1   amd64       library to deal with PinYin
```

执行 dpkg 命令时可以使用 -s 选项来查看软件包的详细信息，例如查看软件包 APT 的状态：

```
tester@linuxpc1:~$ dpkg -s apt
Package: apt
Status: install ok installed
Priority: important
Section: admin
Installed-Size: 4209
Maintainer: Ubuntu Developers <ubuntu-devel-discuss@lists.ubuntu.com>
Architecture: amd64
Version: 2.0.6
Replaces: apt-transport-https (<< 1.5~alpha4~), apt-utils (<< 1.3~exp2~)
# 此处省略
Original-Maintainer: APT Development Team <deity@lists.debian.org>
```

6.1.4　安装 Deb 软件包

安装 Deb 软件包，首先要获取 Deb 软件包文件，然后使用 -i 选项安装，命令格式如下：

```
dpkg -i < 软件包文件名 >
```

软件包文件是 Deb 格式的，扩展名通常为 .deb。安装软件需要 root 特权，所以管理员用户需要执行 sudo 命令。

如果以前安装过相同的软件包，执行此命令时会先将原有的旧版本删除。

所有的软件包安装之前必须保证其依赖的库和软件包已经安装到系统上，一定要清楚依赖关系，这对普通用户来说有一定难度，可考虑使用 apt 命令自动解决软件依赖问题。例如，直接安装搜狗输入法会提示依赖问题：

```
tester@linuxpc1:~$ sudo dpkg -i sogoupinyin_3.4.0.9700_amd64.deb
[sudo] tester 的密码：
（正在读取数据库 ... 系统当前共安装有 188224 个文件和目录。）
准备解压 sogoupinyin_3.4.0.9700_amd64.deb ...
正在解压 sogoupinyin (3.4.0.9700) 并覆盖 (3.4.0.9700) ...
dpkg：依赖关系问题使得 sogoupinyin 的配置工作不能继续：
 sogoupinyin 依赖于 fcitx (>= 1:4.2.8)；然而：
  未安装软件包 fcitx.
# 以下省略
```

接下来通过两个国产软件的安装来示范 Deb 软件包的安装。

1. 安装搜狗输入法

微课6-1

安装搜狗输入法

搜狗输入法是搜狗公司推出的一款基于搜索引擎技术的、特别适合网民使用的、新一代的输入法产品。它提供了 Linux 版本。这里在 Ubuntu 20.04 LTS 上安装该输入法。

（1）执行 sudo apt update 命令更新软件源。

（2）安装 fcitx 输入法框架。

```
tester@linuxpc1:~$ sudo apt install fcitx
正在读取软件包列表 ... 完成
正在分析软件包的依赖关系树
正在读取状态信息 ... 完成
您也许需要运行"apt --fix-broken install"来修正上面的错误。
# 此处省略
E: 有未能满足的依赖关系。请尝试不指明软件包的名字来运行"apt --fix-broken install"
（也可以指定一个解决办法）。
```

直接安装不成功，根据提示执行以下命令进行安装。

```
tester@linuxpc1:~$ sudo apt --fix-broken install
```

（3）将 fcitx 设置为系统输入法。从应用程序列表中选择"语言支持"程序打开该应用程序，如图 6-1 所示，从"键盘输入法系统"下拉菜单中选择"fcitx"命令。单击"关闭"按钮。

（4）执行以下命令设置 fcitx 开机自启动。

```
tester@linuxpc1:~$ sudo cp /usr/share/applications/fcitx.desktop /etc/xdg/autostart/
```

（5）执行以下命令卸载系统 ibus 输入法框架。

```
tester@linuxpc1:~$ sudo apt purge ibus
```

（6）从搜狗输入法官网上下载搜狗输入法的 Deb 软件包（这里下载的是 sogoupinyin_3.4.0.9700_amd64.deb），并使用 dpkg 进行安装。

```
tester@linuxpc1:~$ sudo dpkg -i sogoupinyin_3.4.0.9700_amd64.deb
```

（7）依次执行以下命令安装输入法依赖软件包。

```
sudo apt install libqt5qml5 libqt5quick5 libqt5quickwidgets5 qml-module-qtquick
sudo apt install libgsettings-qt1
```

（8）重启系统，单击桌面右上角的▦图标，弹出相应的下拉菜单，可以发现"搜狗输入法个人版"，如图 6-2 所示。

图 6-1　设置键盘输入法系统

图 6-2　搜狗输入法已安装

可以打开文本编辑器进行输入测试，按 <Ctrl>+<Space> 组合键可以在搜狗拼音输入与英文输入之间切换。

2. 安装 WPS 办公软件

WPS 是金山办公公司出品的国产办公软件，具备办公软件常用的文字、表格、演示等多种功能，小巧易用。WPS 官网也提供了 WPS 的 Linux 版本，可以下载后直接安装。

微果6-2
安装WPS办公
软件

（1）访问 WPS 官网，下载 Deb 软件包，这里下载的是 11.1.0 版本。

（2）下载完毕，可以到下载目录查看该软件包的完整名称。

```
tester@linuxpc1:~$ ls 下载
wps-office_11.1.0.10920_amd64.deb
```

（3）执行以下命令安装该软件包。

```
tester@linuxpc1:~$ sudo dpkg -i 下载/wps-office_11.1.0.10920_amd64.deb
正在选中未选择的软件包 wps-office。
（正在读取数据库 ... 系统当前共安装有 188960 个文件和目录。）
准备解压 .../wps-office_11.1.0.10920_amd64.deb ...
正在解压 wps-office (11.1.0.10920) ...
正在设置 wps-office (11.1.0.10920) ...
正在处理用于 fontconfig (2.13.1-2ubuntu3) 的触发器 ...
正在处理用于 hicolor-icon-theme (0.17-2) 的触发器 ...
正在处理用于 shared-mime-info (1.15-1) 的触发器 ...
正在处理用于 gnome-menus (3.36.0-1ubuntu1) 的触发器 ...
正在处理用于 desktop-file-utils (0.24-1ubuntu3) 的触发器 ...
正在处理用于 mime-support (3.64ubuntu1) 的触发器 ...
```

（4）安装完毕，可以从应用程序列表中选择 "WPS2019" 程序打开该应用程序，进行测试。

6.1.5　卸载 Deb 软件包

执行 dpkg 命令卸载软件包时可以使用 -r 选项，命令格式如下：

```
dpkg -r <软件包名>
```

-r 选项删除软件包的同时会保留该软件包的配置信息，如果要将配置信息一并删除，应使用 -P 选项，格式如下：

```
dpkg -P <软件包名>
```

卸载操作需要 root 特权。使用 dpkg 工具卸载软件包不会自动解决依赖问题，所卸载的软件包可能含有其他软件包所依赖的库和数据文件，这种依赖问题需要妥善解决。

例如，卸载上述 WPS 软件包，首先确定该软件包名称：

```
tester@linuxpc1:~$ dpkg -l | grep wps
ii   libwps-0.4-4:amd64                                        0.4.10-1build1
amd64        Works text file format import filter library (shared library)
ii   wps-office                                               11.1.0.10920
amd64        WPS Office, is an office productivity suite.
```

再执行卸载命令：

```
tester@linuxpc1:~$ sudo dpkg -P wps-office
```

任务 6.2　高级软件包管理

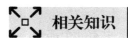 任务要求

　　Ubuntu 软件安装首选 APT 工具，可以是命令行工具，也可以是图形用户界面的新立得，必要时还要考虑使用 PPA 非正式软件源。本任务的具体要求如下。
　　（1）了解 APT 的功能。
　　（2）理解 APT 软件源和 APT 工作机制。
　　（3）学会使用 APT 命令行工具管理软件包。
　　（4）学会使用新立得管理软件包。
　　（5）掌握通过 PPA 源安装软件包的方法。

相关知识

6.2.1　APT 基本功能

　　dpkg 本身是一个底层的工具，而 APT 则是位于其上层的工具，用于从远程获取软件包以及处理复杂的软件包关系。使用 APT 工具安装、卸载、更新升级软件，实际上是通过调用底层的 dpkg 来完成的。
　　作为高级软件包管理工具，APT 主要具备以下 3 项功能。
　　• 从 Internet 上的软件源下载最新的软件包元数据、二进制包或源代码包。软件包元数据就是软件包的索引和摘要信息文件。
　　• 利用下载到本地的软件包元数据，完成软件包的搜索和系统的更新。
　　• 安装和卸载软件包时自动寻找最新版本，并自动解决软件的依赖问题。
　　APT 可以智能地从软件源下载最新版本的软件包并安装，无须在安装后重新启动系统，除非更新 Linux 内核。所有的配置都可以得到保留，升级软件非常便捷。
　　APT 还支持 Ubuntu（或 Debian）从一个发布版本升级到新的发布版本，可以升级绝大部分满足依赖关系的软件，但是也可能要卸载或添加新的软件以满足依赖关系，这些都可以自动完成。
　　APT 会从每一个软件源（软件仓库）下载一个软件包的列表到本地，列表中提供软件源所包含的可用软件包的信息。多数情况下，APT 会安装最新的软件包，被安装的软件包所依赖的其他软件包也会被安装，建议安装的软件包则会给出提示信息但不会安装。
　　APT 也有因依赖问题不能安装软件包的情况。例如，某软件包和系统中的其他软件包冲突，或者该软件包依赖的软件包在任何软件源中均不存在或没有符合要求的版本。遇到这种情况，APT 会返回错误信息并且中止安装，用户需要自行解决软件依赖问题。

6.2.2　APT 软件源

　　Ubuntu 采用集中式的软件仓库机制，将软件包分门别类地存放在软件仓库中，进行有效的组织和管理，然后将软件仓库置于大量的镜像服务器中，并保持基本一致。这样所有的 Ubuntu 用户随时都能从这些镜像服务器获得最新版本的安装软件包，这些镜像服务器就是 Ubuntu 用户

的软件源。

由于所处的网络环境不同，用户不可能随意地访问任意镜像站点，为此 Ubuntu 使用软件源配置文件 /etc/apt/sources.list 来为用户提供最合适的镜像站点地址。也就是说，Ubuntu 通过 /etc/apt/sources.list 文件为用户提供指定的软件源。/etc/apt/sources.list 是一个可编辑的普通文本文件，这里给出部分内容：

```
# See http://help.ubuntu.com/community/UpgradeNotes for how to upgrade to
# newer versions of the distribution.
deb http://cn.archive.ubuntu.com/ubuntu/ focal main restricted
# deb-src http://cn.archive.ubuntu.com/ubuntu/ focal main restricted

## Major bug fix updates produced after the final release of the
## distribution.
deb http://cn.archive.ubuntu.com/ubuntu/ focal-updates main restricted
# deb-src http://cn.archive.ubuntu.com/ubuntu/ focal-updates main restricted
# 以下省略
```

该文件除了以 # 开头的注释行外，其他每行就是一条关于软件源的记录，共有 4 个部分，各部分之间用空格分隔，为 APT 提供软件镜像站点地址。

第 1 部分位于行首，用于指示软件包的类型。Debian 类型的软件包使用 deb 或者 deb-src，分别表示直接通过 .deb 文件进行安装或者通过源文件的方式进行安装。

第 2 部分定义 URL（Uniform Resource Locator，统一资源定位器），表示提供软件源的 CD-ROM、HTTP 或 FTP（File Transfer Protocol，文件传送协议）服务器的 URL，通常是软件仓库服务器地址。

第 3 部分定义软件包的发行版本，使用 Ubuntu 不同版本的代号（Codename）。例如，Ubuntu 20 代号为 focal，Ubuntu 18 代号为 bionic。每个 Ubuntu 版本提供以下 5 个特定版本。

- 代号：表示该发行版本的默认版本，如 focal。
- 代号 -security：表示该发行版本重要的安全更新，仅修复漏洞。
- 代号 -updates：表示该发行版本推荐的一般更新，修复严重但不影响安全运行的漏洞。
- 代号 -backports：表示该发行版本无支持的更新，通常还存在一些 bug。
- 代号 -proposed：表示该发行版本预览版的更新，相当于 updates 版本的测试部分。

在浏览器中访问第 2 部分所定义的 URL 并进入 dists 目录，可以发现与这些版本对应的 5 个目录，如 focal、focal-security、focal-updates、focal-backports 和 focal-proposed。dists 目录包含当前库的所有软件包的索引，这些索引通过版本分类存储在不同的文件夹中。

提示 重要的服务器或需要较新软件包才能运行的服务器，建议仅使用发行版本的默认版本和 security 版本（如 focal、focal-security）；Ubuntu 桌面版可使用除 proposed 版本之外的所有版本；需要使用最新软件包，或者进行测试，可以使用全部版本。

第 4 部分定义软件包的具体分类。若干分类用空格隔开，它们是并列关系，每个分类字符串分别对应相应的目录结构（位于上述发行版本目录下）。例如 main restricted 表示 main 和 restricted 两个并列的分类。常用的分类列举如下。

- main：Canonical 公司支持的开源软件，大部分软件是从这个分类获取的。

- universe：社区维护的开源软件。
- restricted：设备生产商专有的设备驱动软件。
- multiverse：受版权或者法律保护的相关软件。

另外，/etc/apt/sources.list.d 目录下的 .list 文件通常为安装第三方软件提供专门的软件源，其格式同 /etc/apt/sources.list。

在国内安装 Ubuntu 操作系统时，默认的 APT 软件源就是 Ubuntu 官方中国（目前由阿里云提供）。用户可以根据需要修改软件源，例如，使用系统安装光盘作为软件源，或从非官方的软件源中下载非官方的软件。

PPA（Personal Package Archives，个人软件包档案）就是一种典型的非官方软件源。Ubuntu 自己的软件源可以用来安装大部分软件，既包括发行者、社区支持的软件，也包括专有驱动和版权软件。如果通过这些软件源仍然无法获取所需的软件，则可以考虑选择 PPA 源，再不行还可以考虑通过源代码编译安装。PPA 是 Launchpad 网站提供的一项源服务。该网站由 Canonical 公司所架设，是一个提供维护、支援或联络 Ubuntu 开发者的平台，允许个人用户上传软件源代码，通过 Launchpad 网站进行编译并发布为二进制软件包，作为 APT 源供其他用户下载和更新。

6.2.3　APT 工作机制

Ubuntu 使用 /var/lib/apt/lists 目录存放已经下载的各软件源的元数据（也就是索引文件），这些数据是系统更新和软件包查找工具的基础。Ubuntu 软件中心、APT（包括新立得包管理器）和软件更新器（Update Manager）等工具就是利用这些数据来更新和安装软件的。

执行 apt update 命令刷新软件源，建立更新软件包列表。此命令会查询 /etc/apt/sources.list 和 /etc/apt/sources.list.d 目录下的 .list 文件的软件源站点，扫描其中指定的每一个软件源服务器以获取最新的软件包，如果有更新则下载软件包资源索引文件，并将其存入 /var/lib/apt/lists 目录。

执行 apt 命令安装和更新软件包时，Ubuntu 就根据 /var/lib/apt/lists 目录中的软件源元数据文件向软件源服务器请求下载软件包，一旦将软件包下载到本地就执行安装。已下载到本地的软件包存放在 /var/cache/apt/archives 目录中。

/var/lib/dpkg/available 文件记录可用软件包的描述信息，包括当前系统所使用的软件源的所有软件包（已安装的和未安装的）。/var/lib/dpkg/status 文件记录可用软件包的状态信息，如移除、安装等状态。

6.2.4　apt 命令

常用的 APT 命令行工具被分散在 apt-get、apt-cache 和 apt-config 这 3 个命令当中。apt-get 用于执行与软件包安装有关的所有操作，apt-cache 用于查询软件包的相关信息，apt-config 用于配置 APT。Ubuntu 16.04 开始引入 apt 命令，该命令相当于上述 3 个命令最常用子命令和选项的集合，以解决命令过于分散的问题。这 3 个命令虽然没有被弃用，但是作为普通用户，还是应该首先使用 apt 命令。

apt 命令同样支持子命令、选项和参数。但是它并不能完全向下兼容 apt-get、apt-cache 等命令，可以用 apt 替代它们的部分子命令，但不是全部。apt 还有一些自己的命令。apt 常用命令如表 6-1 所示。

表6-1　apt常用命令

apt 命令	被替代的命令	功能说明
apt update	apt-get update	获取最新的软件包列表，同步 /etc/apt/sources.list 和 /etc/apt/sources.list.d 中列出的软件源的索引，以确保用户能够获取最新的软件包
apt upgrade	apt-get upgrade	更新当前系统中所有已安装的软件包，同时更新软件包相关的所依赖的软件包
apt install	apt-get install	下载、安装软件包并自动解决依赖问题
apt remove	apt-get remove	卸载指定的软件包
apt autoremove	apt-get autoremove	自动卸载所有未使用的软件包
apt purge	apt-get purge	卸载指定的软件包及其配置文件
apt full-upgrade	apt-get dist-upgrade	在升级软件包时自动解决依赖问题
apt source	apt-get source	下载软件包的源代码
apt clean	apt-get clean	清理已下载的软件包，实际上是清除 /var/cache/apt/archives 目录中的软件包，不会影响软件的正常使用
apt autoclean	apt-get autoclean	删除已卸载的软件的软件包备份
apt list		列出包含条件的软件包（已安装、可升级等）
apt search	apt-cache search	搜索软件包
apt show	apt-cache show	显示软件包详细信息
apt edit-sources	—	编辑软件源列表

 任务实现

6.2.5　使用 APT 命令行工具

1. 查询软件包

使用 APT 工具安装和卸载软件包时必须准确地提供软件包名。可以使用 apt 命令在 APT 的软件包缓存中搜索软件，收集软件包信息，获知哪些软件可以在 Ubuntu 或 Debian 上安装。由于支持模糊查询，查询非常方便。这里介绍基本用法。

执行 list 子命令可以根据软件包名列出本地仓库中的软件包：

```
apt list [ 软件包名 ]
```

以下命令根据 zip 名称列出软件包：

```
tester@linuxpc1:~$ apt list zip
正在列表 ... 完成
zip/focal,now 3.0-11build1 amd64 [ 已安装，自动 ]
zip/focal 3.0-11build1 i386
```

软件包名支持通配符，比如 apt list zlib* 能列出以 zlib 开头的所有软件包。

如果不指定软件包名，将列出当前所有可用的软件包。

执行 apt list --installed 命令则会列出系统中所有已安装的软件包。

执行 apt list --upgradeable 命令则会列出可更新的软件包。

使用 search 子命令可以查找使用参数定义的软件包并列出该软件包的相关信息，参数可以使用正则表达式，最简单的方法是直接使用软件的部分名字，将列出包含该名字的所有软件包。例如：

```
apt search zip
```

使用 show 子命令可以查看指定名称的软件包的详细信息：

```
apt show <软件包名>
```

使用 depends 子命令可以查看软件包所依赖的软件包：

```
apt depends <软件包名>
```

下面是一个简单的例子：

```
tester@linuxpc1:~$ apt depends zip
zip
   依赖：libbz2-1.0
   依赖：libc6 (>= 2.14)
   推荐：unzip
     unzip:i386
```

使用 rdepends 子命令可以查看软件包被哪些软件包所依赖：

```
apt rdepends <软件包名>
```

使用 policy 子命令可以显示软件包的安装状态和版本信息：

```
apt policy <软件包名>
```

下面是一个简单的例子：

```
tester@linuxpc1:~$ apt policy zip
zip:
   已安装：3.0-11build1
   候选：3.0-11build1
   版本列表：
 *** 3.0-11build1 500
        500 http://mirrors.aliyun.com/ubuntu focal/main amd64 Packages
        100 /var/lib/dpkg/status
```

2. 安装软件包

建议用户在每次安装和更新软件包之前，先执行 apt update 命令更新系统中 apt 缓存中的软件包信息：

```
tester@linuxpc1:~$ sudo apt update
```

只有执行该命令，才能保证获取到最新的软件包列表。接下来示范安装软件包，这里以安装经典的编辑器 Emacs 为例：

```
tester@linuxpc1:~$ sudo apt install emacs
正在读取软件包列表 ... 完成
正在分析软件包的依赖关系树
正在读取状态信息 ... 完成
下列软件包是自动安装的并且现在不需要了：
   ibus-data linux-headers-5.13.0-25-generic linux-hwe-5.13-headers-5.13.0-25
linux-image-5.13.0-25-generic
# 此处省略
下列【新】软件包将被安装：
   emacs emacs-bin-common emacs-common emacs-el emacs-gtk gsfonts imagemagick-
6-common libfftw3-double3 liblqr-1-0 libm17n-0
```

```
    libmagickcore-6.q16-6 libmagickwand-6.q16-6 libotf0 m17n-db
升级了 0 个软件包，新安装了 14 个软件包，要卸载 0 个软件包，有 12 个软件包未被升级。
需要下载 40.3 MB 的归档。
解压缩后会消耗 153 MB 的额外空间。
您希望继续执行吗？ [Y/n] Y
获 取 :1 http://mirrors.aliyun.com/ubuntu focal/main amd64 libfftw3-double3
amd64 3.3.8-2ubuntu1 [728 kB]
# 此处省略
（正在读取数据库 ... 系统当前共安装有 223950 个文件和目录。）
准备解压 .../00-libfftw3-double3_3.3.8-2ubuntu1_amd64.deb ...
正在解压 libfftw3-double3:amd64 (3.3.8-2ubuntu1) ...
# 此处省略
正在选中未选择的软件包 gsfonts。
准备解压 .../13-gsfonts_1%3a8.11+urwcyr1.0.7~pre44-4.4_all.deb ...
正在解压 gsfonts (1:8.11+urwcyr1.0.7~pre44-4.4) ...
正在设置 libotf0:amd64 (0.9.13-7) ...
# 此处省略
正在处理用于 fontconfig (2.13.1-2ubuntu3) 的触发器 ...
正在处理用于 desktop-file-utils (0.24-1ubuntu3) 的触发器 ...
```

在安装过程中，APT 为用户提供了大量信息，自动分析并解决了软件包依赖问题。

 提示 执行安装时可能会提示无法获得锁（资源暂时不可用），遇到这种问题，应当根据提示删除相应的锁文件，如执行 sudo rm /var/lib/dpkg/lock-frontend、sudo rm /var/cache/apt/ archives/lock 等。如果遇到进程被占用的问题，可以直接结束占用进程来解决。

3. 卸载软件包

执行 apt remove 命令可卸载一个已安装的软件包，但会保留该软件包的配置文件。例如：

```
sudo apt remove emacs
```

如果要同时删除配置文件，则要执行 apt purge 命令。

如果需要更彻底地删除，可执行以下命令：

```
sudo apt autoremove <软件包名>
```

这将删除该软件包及其所依赖的、不再使用的软件包。

APT 会将下载的 Deb 软件包缓存在硬盘上的 /var/cache/apt/archives 目录中，已安装或已卸载的软件包的 Deb 文件都备份在该目录下。为释放被占用的空间，可以执行命令 apt clean 来删除已安装的软件包的备份，这样并不会影响软件的使用。如果要删除已经卸载的软件包的备份，可以执行 apt autoclean 命令。

4. 升级软件包

执行 apt upgrade 命令会升级本地已安装的所有软件包。如果已经安装的软件包有最新版本了，则会进行升级，升级不会卸载已安装的软件包，也不会安装额外的软件包。升级的最新版本来源于 /etc/apt/sources.list 列表中给出的安装源，因此在执行此命令之前一定要执行 apt update 以确保软件包信息是最新的。APT 会下载每个软件包的最新版本，然后以合理的次序安装它们。

如果软件包的新版本的依赖关系发生变化，引入了新的依赖软件包，则当前系统不能满足新版本的依赖关系，该软件包就会保留下来，不会被升级。

执行命令 apt dist-upgrade 可以识别出依赖关系改变的情形并做出相应处理，会尝试升级最重要的包。如果新版本需要新的依赖包，为解决依赖问题，将试图安装引入的依赖包。

执行 apt upgrade 命令时加上 -u 选项很有必要，这可以让 APT 显示完整的可更新软件包列表。可以先使用 -s 选项来模拟升级软件包，这样便于查看哪些软件包会被更新，确认没有问题后，再实际升级软件包。

如果只对某一具体的软件包进行升级，可以在执行安装软件包命令时加上 --reinstall 选项：

```
sudo  apt --reinstall install <软件包名>
```

6.2.6　更改 APT 源

Ubuntu 使用文本文件 /etc/apt/sources.list 来保存软件包的安装和更新源的地址。用户可以通过修改该文件来更改 APT 源。以前是直接使用文本编辑器打开 /etc/apt/sources.list 文件进行编辑，现在可使用 apt 提供的 edit-sources 命令。例如：

```
tester@linuxpc1:~$ sudo apt edit-sources
[sudo] tester 的密码：

Select an editor.  To change later, run 'select-editor'.
  1. /bin/nano          <---- easiest
  2. /usr/bin/vim.tiny
  3. /usr/bin/emacs
  4. /bin/ed
Choose 1-4 [1]: 1
```

可以从列表中选择编辑器来修改软件源配置文件，建议初学者选择第 1 种 /bin/nano。本例已将默认的软件源改为阿里云软件源，下面是其中一条记录。

```
deb http://mirrors.aliyun.com/ubuntu/ focal multiverse
```

将文件的内容替换为阿里云的 APT 源之后保存 /etc/apt/sources.list 并退出编辑器，然后依次执行以下命令来完成软件源的更新：

```
sudo apt update
sudo apt upgrade
```

当然也可以通过图形用户界面的"软件和更新"程序更改软件源。

6.2.7　使用新立得包管理器

微课6-3

使用新立得包管理器

新立得包管理器（Synaptic Package Manager）是 APT 管理工具的图形化前端，在图形用户界面中通过鼠标操作就能安装、删除、配置、升级软件包，还能对软件包列表进行浏览、排序、搜索以及管理软件仓库，甚至升级整个系统。它相当于终端中运行的 apt 命令。新立得包管理器和 apt 命令不能同时使用，因为它们实质上是一样的。Ubuntu 20.04 LTS 中没有预装该工具，可以通过以下命令进行安装：

```
sudo apt-get install synaptic
```

安装完毕，打开应用程序列表，找到新立得包管理器（可以通过中文名称"新立得"或英文名称"synaptic"的部分字符进行搜索）并运行它，由于需要 root 特权，会要求用户进行认证，输入系统管理员密码，单击"认证"按钮即可进入主界面。

如图 6-3 所示，主界面分成三大部分，最上面是标题栏和菜单栏，中间部分是主窗口，底部状态栏显示系统当前的总体状态。主窗口又分为 3 个部分，左边是软件包浏览器，右上部窗格给出软件包列表，右下部窗格显示软件包详细信息。

软件包浏览器用于对可下载安装的软件包进行分类浏览，可以按照组别、状态（是否安装等）、源自（来源）、自定义过滤器、搜索结果、架构等来浏览软件包列表。默认按照组别给出软件包列表。

单击工具栏上的"搜索"按钮，可以通过软件名称或者描述信息来搜索所需的软件包，从软件包列表中选中软件包，可以在右下部窗格中查看关于所选软件包的简介；单击"属性"按钮，可以进一步查看该软件包的详细信息，如大小、依赖关系、推荐或建议的额外软件包等。

如果要安装软件包，可以执行以下操作。

（1）在软件包列表中右击需要安装的软件包，从弹出的快捷菜单中选择"标记以便安装"命令（或者双击要安装的软件包），如图 6-4 所示，会弹出一个对话框，根据依赖关系指示要安装和升级的软件包，单击"标记"按钮关闭该对话框，将要安装的软件包会在软件包列表中进行标记（勾选）。

图 6-3　新立得包管理器主界面

图 6-4　标记要安装的软件包

如果所选择的软件包与系统中已经安装了的软件包有冲突，新立得会给予警告。

（2）单击工具栏中的"应用"按钮弹出"摘要"对话框，要求用户确认是否要应用变更（安装），可以查看相关细节，或者勾选"仅下载软件包"复选框而不进行安装。

（3）单击"Apply"按钮，将显示软件包下载过程。

（4）下载完毕将自动安装和配置软件包，并显示软件安装过程，完成之后将提示"变更已应用"，单击"Close"按钮即可。

对于已经安装的软件包，可以进一步管理。展开软件包列表，右击已安装的软件包，从弹出的快捷菜单中选择相应的命令，可以进行重新安装、升级、删除等操作。删除只是删除软件包，功能与 apt remove 命令的功能相当。而彻底删除将同时删除软件包及所有与软件包相关的配置文件，功能与 apt purge 命令的功能相当。

6.2.8　使用 PPA 源安装新版本软件

APT 和 Ubuntu 软件中心都可以添加 PPA 源。使用 PPA 源的好处是可以在第一时间体验到最新版本的软件。

1. 管理 PPA 源

Ubuntu 桌面版已经预装 PPA 源管理工具 software-properties-common。如果是 Ubuntu 服务器版，

微课6-4

通过 PPA 源安装
新版本软件

则需要执行以下命令进行安装。

```
apt install software-properties-common
```

PPA 源的语法格式如下：

```
ppa:user/ppa-name
```

其中 user 为开发者账户，ppa-name 为源名称。具体软件包的表示可到 Launchpad 网站或相关软件网站查看。

添加 PPA 源的命令如下：

```
sudo add-apt-repository ppa:user/ppa-name
```

删除 PPA 源的命令如下：

```
sudo add-apt-repository -r ppa:user/ppa-name
```

也可以通过图形用户界面的软件源设置来添加或删除 PPA 源。运行"软件和更新"程序打开相应的界面，切换到"其它软件"选项卡，可以查看和管理其他软件安装源列表。如图 6-5 所示，单击"添加源"按钮，在弹出对话框的"APT 行"文本框中输入 ppa:user/ppa-name 格式的 PPA 源，例中添加的是 Deadsnakes PPA 源（用于安装 Python 软件）。对于已经添加到"其它软件"列表中的源，可以进行编辑或者删除。

图 6-5　添加 PPA 源

完成添加或删除 PPA 源的操作之后，还应当更新系统软件源。不过，对于 Ubuntu 18.04 或更高版本，这一步也可以省去。

2. 通过 PPA 源安装新版本的 Oracle JDK

在 Ubuntu 操作系统中可以使用 PPA 源安装新版本的 Oracle JDK，这里示范通过 PPA 源安装 Oracle JDK 17。

（1）执行以下命令添加 PPA 安装源。

```
tester@linuxpc1:~$ sudo add-apt-repository ppa:linuxuprising/java
Oracle Java 11 (LTS) and 17 (LTS) installer for Ubuntu (21.10, 21.04,
20.04, 18.04, 16.04 and 14.04), Pop!_OS, Linux Mint and Debian.
Java binaries are not hosted in this PPA due to licensing. The packages in this
PPA download and install Oracle Java, so a working Internet connection is required.
# 以下省略
```

（2）执行以下命令更新 PPA 安装源。

```
tester@linuxpc1:~$ sudo apt update
```

（3）执行以下命令安装 Oracle JDK 17。

```
tester@linuxpc1:~$ sudo apt install oracle-java17-installer --install-recommends
```

安装 JDK 的过程中要求用户接受许可，依次弹出两个对话框，分别单击"确定"和"是"按钮。

此处使用 --install-recommends 选项表示将 Oracle JDK 17 设置为默认的 JDK 版本。如果不想将其设置为默认的 JDK 版本，则使用 --no-install-recommends 选项。

（4）完成之后可以查看 Java 版本来进行验证。

```
tester@linuxpc1:~$ java -version
java version "17.0.1" 2021-10-19 LTS
Java(TM) SE Runtime Environment (build 17.0.1+12-LTS-39)
Java HotSpot(TM) 64-Bit Server VM (build 17.0.1+12-LTS-39, mixed mode, sharing)
tester@linuxpc1:~$ javac -version
javac 17.0.1
```

如果要卸载 Oracle JDK 17，执行以下命令：

```
sudo apt remove oracle-java17-installer
```

然后删除相应的 PPA 源：

```
sudo add-apt-repository -r ppa:linuxuprising/java
```

> 提示　因为 PPA 相对开放，几乎任何人都可以上传软件包，所以应该尽量避免使用 PPA。如果必须使用，则应选用可以信任的、有固定团队维护的 PPA。另外，PPA 源还可能存在不稳定的问题，有些 PPA 源会失效，变得不可用。

任务 6.3　Snap 软件包管理

▷ 任务要求

APT 采用 Deb 软件包，解决了软件安装的依赖问题，方便软件升级，但还存在一些不足，一是系统升级后，官方软件仓库基本冻结（安全补丁除外），二是为维护包和库的依赖关系，系统无法安装最新版本的软件。而 Canonical 公司推出的新一代软件包管理技术 Snappy 支持主流 Linux 发行版，通过 Linux 内核安全机制保证用户数据安全，可以解决包依赖关系相关问题，并大大简化应用软件的打包过程。Snap 是新型的软件包安装方式，读者应当掌握其用法。本任务的具体要求如下。

（1）了解 Snap 软件包的特点和安装环境。

（2）掌握使用 Snap 安装、更新和卸载软件包的方法。

⤢ 相关知识

6.3.1　Snap 软件包的特点

Snap（也可直接用小写 snap）是 Canonical 公司提出的一个打包概念，是针对 Linux 和物联网设计的，与 Deb 软件包有着本质的区别。Snap 的实现技术被称为 Snappy。

Snap 的安装包扩展名是 .snap。Snap 使用了沙盒（容器）技术，其软件包是自包含的，独立于系统，包括一个应用程序需要用到的所有文件和库（包含一个私有的 root 文件系统，该文件系统包含依赖的软件包，如 Java、Python 运行时的环境），这就解决了应用程序之间的依赖问题，使应用程序更容易管理。

Snap 软件包一般安装在 /snap 目录下。一旦安装，它会创建一个该应用程序特有的可写区域，任何其他应用程序都不可以访问这个区域。每个 Snap 软件包都运行在一个由 AppArmor 和 Seccomp 策略构建的沙箱环境中，实现了各个应用程序之间的相互隔离。当然，应用程序也可以通过安全策略定制与其他应用程序之间的交互。

单个 Snap 软件包可以内嵌多个不同来源的软件，从而提供一个能够快速启动和运行的解决方案。而 Deb 软件包需要下载所有的依赖然后分别进行安装。

Snap 软件包能自动地进行事务化更新，确保应用程序总是能保持最新的状态并且永远不会被破坏。每个 Snap 软件包会安装到一个新的只读 squashfs 文件系统中，当有新版本可用时，Snap 软件包将自动更新。如果升级失败，它将回滚到旧版本，而不影响系统其他部分的正常运行。

Snap 还可以同时安装多个版本的软件，比如在一个系统上同时安装 Python 2.7 和 Python 3.3。

Snap 内建与 Linux 发行版不兼容的库，致力于将所有 Linux 发行版上的包格式统一，做到"一次打包，到处使用"。

Snap 软件包制作比较简单，通常使用 snapcraft 工具来构建和发布 Snap 软件包。snapcraft 工具可以为每个 Linux 桌面、服务器、云端或设备打包任何应用程序，并且直接交付更新。

使用 Snap 软件包带来的问题是会占用更多的磁盘空间，通常 Snap 包比正常应用的包要大，因为它包含所有需要运行的环境，应用程序需要更长的启动时间。另外，目前 Snap 只有一个类似于苹果商店的官方仓库 Snap Store，国内还没有相应的 Snap 镜像源。不过可以执行以下命令安装 Snap Store 的代理来提高 Snap 软件包的下载速度。

```
sudo snap install snap-store-proxy
sudo snap install snap-store-proxy-client
```

6.3.2 Snap 安装环境

Snap 是跨多种 Linux 发行版的应用程序及其依赖项的一个捆绑包，可以通过官方的 Snap Store 获取和安装。要安装和使用 Snap 软件包，本地系统上需要有相应的 Snap 环境，包括用于管理 Snap 软件包的后台服务（守护进程）snapd 和安装管理 Snap 软件包的命令行工具 snap。Ubuntu 20.04 LTS 预装有 snapd，可执行以下命令检测版本：

```
tester@linuxpc1:~$ snap version
snap    2.54.2
snapd   2.54.2
series  16
ubuntu  20.04
kernel  5.13.0-28-generic
```

如果没有安装 snapd，可以通过以下命令安装：

```
sudo apt-get install snapd
```

安装 snapd 的同时会安装用户与 snapd 交互的 snap 工具。只要本地系统上安装有 snapd，就可以从 Snap Store 上发现、搜索和安装 Snap 软件包。

6.3.3 预装的 Snap 软件包

Ubuntu 20.04 LTS 预装了一些默认采用 Snap 软件包的应用软件，可执行以下命令进行验证：

```
tester@linuxpc1:~$ snap list
Name                 Version         Rev    Tracking        Publisher    Notes
bare                 1.0             5      latest/stable   canonical √  base
core18               20211215        2284   latest/stable   canonical √  base
core20               20220114        1328   latest/stable   canonical √  base
gnome-3-34-1804      0+git.3556cb3   77     latest/stable/… canonical √  -
gnome-3-38-2004      0+git.cd626d1   87     latest/stable   canonical √  -
gtk-common-themes    0.1-59-g7bca6ae 1519   latest/stable/… canonical √  -
snap-store           3.38.0-66-gbd5b8f7 558 latest/stable/… canonical √  -
snapd                2.54.2          14549  latest/stable   canonical √  snapd
```

列出的信息包括 Name（包名）、Version（版本）、Rev（修订版本）、Tracking（跟踪频道）、Publisher（发布者）和 Notes（注释）。其中有些 Snap 软件包（如以上列出的 core）是由 snapd 自动安装的，以满足其他 Snap 软件包的要求。

在 Ubuntu 操作系统中运行某些未安装的软件时，如果有 Snap 安装包，也会提示采用这种方式安装。例如：

```
tester@linuxpc1:~$ kate
Command 'kate' not found, but can be installed with:

sudo snap install kate  # version 21.12.1, or
sudo apt  install kate  # version 4:19.12.3-0ubuntu1

See 'snap info kate' for additional versions.
```

✂ **任务实现**

微课6-5

6.3.4 使用 Snap 搜索和查看软件包

Snap 软件包管理

搜索 Snap 软件包的命令如下：

snap find <要搜索的文本>

例如，执行以下命令搜索媒体播放器：

```
tester@linuxpc1:~$ snap find "media player"
Name        Version   Publisher   Notes   Summary
vlc         3.0.16    videolan √  -       The ultimate media player
foobar2000  1.6.9     mmtrt       -       foobar2000 is an advanced freeware audio player.
tizonia     0.22.0    tizonia     -       Cloud music from the Linux terminal
# 以下省略
```

列表中 5 列分别表示包名、版本、发布者、注释和摘要。发布者标注 "√" 的表明 Snap 发布者是经过认证的。

查看 Snap 软件包详细信息的命令如下：

snap info <Snap 软件包名>

例如，以下命令用于查看 vlc 包的详细信息：

```
tester@linuxpc1:~$ snap info vlc
name:       vlc
```

```
summary:    The ultimate media player
publisher: VideoLAN √
# 此处省略
snap-id: RT9mcUhVsRYrDLG8qnvGiy26NKvv6Qkd
channels:
  latest/stable:    3.0.16                        2021-06-28 (2344) 310MB -
  latest/candidate: 3.0.16                        2021-06-28 (2344) 310MB -
  latest/beta:      3.0.16-378-gbfca680452        2022-02-06 (2804) 331MB -
  latest/edge:      4.0.0-dev-18165-g49dc4a6d11 2022-02-08 (2809) 671MB -
```

显示的详细信息包括 Snap 软件包的功能、发布者、详细说明以及可以安装的频道版本等。

Channels（频道）用于区分版本，定义安装哪个版本的 Snap 软件包并跟踪更新。发布者可以将 Snap 软件包发布到不同的频道来表明它的稳定性，或者是否可以将其用于生产环境中。Snap 频道的名称一共有 4 个，分别是 stable（稳定）、candidate（候选）、beta（测试）和 edge（边缘），它们的稳定性依次递减。对于开发人员，在 edge 频道中发布最新的改变，可以让那些愿意接受还不太稳定产品的用户提前体验一些新功能，并提交使用过程中可能遇到的问题。当 edge 频道中的新功能完善之后，就可将更新后的 Snap 软件包发布到 beta 和 candidate 频道，版本最终确定之后再发布到 stable 频道。

6.3.5　使用 Snap 安装软件包

安装 Snap 软件包非常简单，命令如下：

```
snap install <Snap 软件包名 >
```

执行安装命令时需要 root 特权，使用 sudo 命令，例如执行以下命令安装 vlc 播放器：

```
tester@linuxpc1:~$ sudo snap install vlc
确保 "vlc" 的先决条件可用
下载 snap "vlc" (2344)，来自频道 "stable"
#
Setup snap "vlc" (2344) security profiles for auto-connections
vlc 3.0.16 已从 VideoLAN √ 安装
```

成功安装之后，会创建一个只读 squashfs 文件系统，执行 mount 命令可以发现已挂载一个新增的文件系统：

```
/var/lib/snapd/snaps/vlc_2344.snap on /snap/vlc/2344 type squashfs (ro,
nodev,relatime,x-gdu.hide)
```

执行 sudo fdisk -l 命令会发现增加了一个新的 loop 设备：

```
Disk /dev/loop14：295.73 MiB, 310079488 字节，605624 个扇区
单元：扇区 / 1 * 512 = 512 字节
扇区大小 ( 逻辑 / 物理 )：512 字节 / 512 字节
I/O 大小 ( 最小 / 最佳 )：512 字节 / 512 字节
```

默认安装的是 stable 频道的 Snap 软件包，如果要安装其他频道的包，需要指定 --channel 参数：

```
sudo snap install --channel=edge vlc
```

安装之后，还可以更改正在被跟踪的频道，例如：

```
sudo snap switch --channel=stable vlc
```

通过 Snap 安装的应用程序会出现在 /snap/bin 目录中，其执行文件路径通常被添加到 $PATH

变量中。这使得可以从命令行直接执行通过 Snap 安装的应用程序的命令。例如，通过 Snap 包安装的命令是 vlc，执行 vlc 命令将运行相应的应用程序。如果执行的命令不工作，则改用完整的路径，如 /snap/bin/vlc。

对于已安装的 Snap 软件包，可以通过 snap list 名称查看其基本信息，或者通过 snap info 命令查看其详细信息。

6.3.6　使用 Snap 更新软件包

Snap 软件包会自动更新，如果要手动更新，则执行以下命令：

```
snap refresh <Snap 软件包名 >
```

此命令将检查由 Snap 跟踪的频道，如果有新版本的软件包发布，则将下载并安装它。更新操作需要 root 权限。也可以加上 --channel 参数改变跟踪和要更新的频道，例如：

```
sudo snap refresh --channel=beta vlc
```

更新将在修订版本被推送到跟踪频道后 6h 内自动安装，以使大多数系统保持最新状态。该周期可通过配置选项来调整。如果该命令不包含参数，则会更新所有的 Snap 软件包。

> 版本（Version）和修订版本（Revision）都用来表示一个特定版本的不同细节，但要注意两者之间的区别。版本是指被打包的软件版本由开发人员分配的字符串名称，修订版本是指 Snap 文件上传之后由商店自动编排的序列号。版本和修订版本并非按发布顺序安装或更新，本地系统只是简单地依据跟踪的频道安装由发布者推荐的 Snap 软件包。

6.3.7　使用 Snap 卸载软件包

要从系统中卸载一个 Snap 软件包及其内部用户、系统和配置数据，可以使用 remove 命令：

```
snap remove <Snap 软件包名 >
```

执行此操作也需要 root 特权。默认该 Snap 软件包所有的修订版本也会被删除。要删除特定的修订版本，加上以下参数即可：

```
--revision=< 版本号 >
```

任务 6.4　源代码编译安装

任务要求

如果 APT 工具、Deb 软件包、Snap 软件包都不能提供所需的软件，就要考虑源代码编译安装，也就是获取源代码包后，进行编译安装。一些软件的最新版本可以通过源代码编译安装。另外，源代码包可以根据用户的需要对软件加以定制，有的还允许二次开发。本任务的具体要求如下。

（1）了解源代码文件和编译工具。

（2）了解源代码编译安装的基本步骤。

（3）掌握使用源代码包安装软件的方法。

6.4.1　源代码文件

程序员编写的程序通常以文本文件的格式保存下来，这些文本文件就是软件包的源代码。Linux 操作系统的多数软件都是开源软件，直接为用户提供源代码。普通用户可以直接在源代码的基础上进行编译，生成二进制代码并进行安装。当然，也可以对源代码进行修改，或者对源代码进行修改后再编译安装。

由源代码生成的二进制代码就是可执行文件。注意，与 Windows 操作系统的可执行文件不同，Linux 操作系统的可执行文件通常没有明确的扩展名。

Linux 最新版本的软件通常以源代码打包形式发布，最常见的是 .tar.bz2、.tar.gz 和 .tar.xz 这几种压缩包格式。

6.4.2　GCC 编译工具

GCC（GNU Compiler Collection，GNU 编译器套件）是由 GNU 开发的编译器，可以在多种软、硬件平台上编译可执行程序，执行效率比其他编译器高。它原本只能处理 C 语言（称为 GNU C Compiler），后来能支持 C++，再后来又能支持 Fortran、Pascal、Objective-C、Java、Ada 等编程语言，以及各类处理器架构上的汇编语言，所以改称 GNU Compiler Collection。作为自由软件，GCC 现已被大多数类 UNIX 操作系统（如 Linux、BSD、Mac OS X 等）采纳为标准的编译器，也适用于 Windows 操作系统。

对于以源代码发行的软件包，需要用到 make 编译工具。make 最主要的功能就是通过 Makefile 文件维护源程序，实现自动编译以及安装。

Ubuntu 操作系统默认没有提供 C/C++ 的编译环境，因此还需要手动安装。但是单独安装 GCC 以及 g++ 比较麻烦，Ubuntu 操作系统中一般通过 build-essential 软件包来部署完整的编译环境。可以通过查看 build-essential 软件包的依赖关系来进行验证。

```
tester@linuxpc1:~$ apt depends build-essential
build-essential
  |依赖：libc6-dev
   依赖：<libc-dev>
     libc6-dev
   依赖：gcc (>= 4:9.2)
   依赖：g++ (>= 4:9.2)
   依赖：make
     make-guile
   依赖：dpkg-dev (>= 1.17.11)
```

可以执行以下命令进行安装。

```
sudo apt install build-essential
```

任务实现

6.4.3 了解源代码编译安装的基本步骤

1. 下载和解压源代码包

源代码一般使用 tar 工具打包，通常将以 tar 命令来压缩打包的文件称为 Tarball，这是 UNIX 和 Linux 操作系统中广泛使用的压缩包格式。

下载源代码包文件后，首先需要解压缩。Linux 操作系统中，一般将源代码包复制到 /usr/local/src 目录下再解压缩。Ubuntu 操作系统默认禁用 root 账户，为方便起见，可以将源代码包复制到主目录下再解压缩，这样访问权限不会受太多限制。通常使用 tar 命令解压缩，该命令常用的解压缩选项如下。

- -j（--bzip2）：表示压缩包具有 bzip2 的属性，即需要用 bzip2 格式压缩或解压缩。
- -J（--xz）：表示压缩包具有 xz 的属性，即需要用 xz 格式压缩或解压缩。
- -z（--gzip）：表示压缩包具有 gzip 的属性，即需要用 gzip 格式压缩或解压缩。
- -x：表示解开一个压缩文件。
- -v：表示在压缩过程中显示文件。
- -f：表示使用压缩包文件名，注意在 f 之后要跟文件名，不要再加其他选项或参数。

完成解压缩后，进入解压后的目录下，查阅 INSTALL 与 README 等相关帮助文档，了解该软件的安装要求、软件的工作项目、安装参数配置及技巧等，这一步很重要。安装帮助文档也会说明要安装的依赖软件。依赖软件的安装很有必要，是成功安装源代码包的前提。

2. 执行 configure 脚本生成编译配置文件 Makefile

源代码需要编译成二进制代码再进行安装。自动编译需要 Makefile 文件，其在源代码包中使用 configure 命令生成。多数源代码包都提供一个名为 configure 的文件，它实际上是一个使用 bash 脚本编写的程序。

bash 脚本将扫描系统，以确保程序所需的所有库文件已存在，并做好文件路径及其他所需的设置工作，还会创建 Makefile 文件。

为方便根据用户的实际情况生成 Makefile 文件以指示 make 命令正确编译源代码，configure 通常会提供若干选项供用户选择。每个源代码包中的 configure 命令选项不完全相同，实际应用中可以执行命令 ./configure --help 来查看。不过有些选项比较通用，具体如表 6-2 所示。其中比较重要的就是 --prefix 选项，它后面给出的路径就是软件要安装到的那个目录，如果不用该选项，默认将安装到 /usr/local 目录。

表6-2　configure命令通用选项

选项	说明
--help	提供帮助信息
--prefix=PREFIX	指定软件安装路径，默认为 /usr/local
--exec-prefix=PREFIX	指定可执行文件安装路径
--libcdir=DIR	指定库文件安装路径
--sysconfidir=DIR	指定配置文件安装路径

选项	说明
---includedir=DIR	指定头文件安装路径
--disable-FEATURE	关闭某属性
--enable-FEATURE	开启某属性

3. 执行 make 命令编译源代码

make 会依据 Makefile 文件中的设置对源代码进行编译并生成可执行的二进制文件。编译工作主要是运行 GCC 将源代码编译成可以执行的目标文件，但是这些目标文件通常还需要链接一些函数库才能产生一个完整的可执行文件。使用 make 就是要将源代码编译成可执行文件，放置在目前所在的目录之下，此时可执行文件还没有安装到指定目录中。

4. 执行 make install 安装软件

make 只是生成可执行文件，要将可执行文件安装到系统中，还需执行 make install 命令。通常这是最后的安装步骤了，make 根据 Makefile 文件中关于安装目标的设置，将上一步骤所编译完成的二进制文件、库和配置文件等安装到预定的目录中。

源代码包安装的 3 个步骤 configure、make 和 make install 依次执行，只要其中一个步骤无法成功，后续的步骤就无法进行。

另外，执行 make install 安装的软件通常可以执行 make clean 命令卸载。

6.4.4 源代码编译安装 Python

微课6-6

源代码编译安装
Python

Ubuntu 20.04 LTS 桌面版预装有 Python 3.8，这里通过源代码来编译安装新版本的 Python 3.10.2。

（1）执行以下命令安装 GCC 编译环境和 Python 依赖软件包。

```
tester@linuxpc1:~$ sudo apt install -y wget build-essential libreadline-
dev libncursesw5-dev libssl-dev libsqlite3-dev tk-dev libgdbm-dev libc6-dev
libbz2-dev libffi-dev zlib1g-dev
```

（2）执行以下命令从 Python 官网获取 3.10.2 版本的源代码。

```
tester@linuxpc1:~$ wget https://www.python.org/ftp/python/3.10.2/Python-3.10.2.tgz
```

（3）执行以下命令对其解压缩。

```
tester@linuxpc1:~$ tar -xvzf Python-3.10.2.tgz
```

完成解压缩后在当前目录下自动生成一个目录（根据压缩包文件命名，例中为 Python-3.10.2），并将所有文件释放到该目录中。

（4）将当前目录切换到该目录，并查看其中的文件列表。

```
tester@linuxpc1:~$ cd Python-3.10.2
tester@linuxpc1:~/Python-3.10.2$ ls
aclocal.m4              config.sub        Doc          install-sh    Mac
Modules     Parser      Programs     README.rst
CODE_OF_CONDUCT.md      configure         Grammar      Lib           Makefile.pre.in
netlify.toml PC         pyconfig.h.in     setup.py
config.guess            configure.ac      Include      LICENSE       Misc
Objects     PCbuild     Python           Tools
```

项目 6 软件包管理

175

（5）阅读其中的 README.rst 文件，了解安装注意事项。

```
tester@linuxpc1:~/Python-3.10.2$ nano README.rst
```

（6）执行 configure 脚本生成编译配置文件 Makefile。

```
tester@linuxpc1:~/Python-3.10.2$ ./configure --enable-optimizations
checking build system type... x86_64-pc-linux-gnu
# 此处省略
config.status: creating pyconfig.h
creating Modules/Setup.local
creating Makefile
```

这里加上 --enable-optimizations 选项，目的是启用配置文件引导的优化和链接时间优化。

（7）执行 make 命令，完成源代码编译。这一步花费的时间略长。

```
tester@linuxpc1:~/Python-3.10.2$ make
Running code to generate profile data (this can take a while):
# First, we need to create a clean build with profile generation
# enabled.
make profile-gen-stamp
make[1]: 进入目录"/home/tester/Python-3.10.2"
make clean
make[2]: 进入目录"/home/tester/Python-3.10.2"
# 此处省略
make[1]: 离开目录"/home/tester/Python-3.10.2"
```

（8）运行 make install 命令完成安装。

```
tester@linuxpc1:~/Python-3.10.2$ sudo make install
if test "no-framework" = "no-framework" ; then \
# 此处省略
running build
running build_ext
Python build finished successfully!
Successfully installed pip-21.2.4 setuptools-58.1.0
WARNING: Running pip as the 'root' user can result in broken permissions
and conflicting behaviour with the system package manager. It is recommended
to use a virtual environment instead: https://pip.pypa.io/warnings/venv
```

（9）执行以下命令进行测试。

```
tester@linuxpc1:~/Python-3.10.2$ python3 -V
Python 3.10.2
```

结果表明，已经成功编译安装 Python 3.10.2。

（10）根据需要更新 pip。

```
tester@linuxpc1:~/Python-3.10.2$ sudo pip3 install --upgrade pip
Requirement already satisfied: pip in /usr/local/lib/python3.10/site-
packages (21.2.4)
# 此处省略
Successfully installed pip-22.0.3
```

项目小结

通过本项目的实施，读者应当了解 Linux 软件包管理的基本知识，掌握 Ubuntu 操作系统主要的软件安装方式和方法。APT 是 Ubuntu 中使用非常广泛的软件包安装方式，Snap 提供了更好的隔离性和安全性，也是 Canonical 公司力荐的软件包安装方式。值得一提的是，除上述安装方式之外，Ubuntu 还可以通过其他安装方式来安装软件，比如 Ubuntu 软件中心等。项目 7 要实施的是系统高级管理。

课后练习

一、选择题

1. 以下关于 Linux 软件包管理的说法中，不正确的是（　　）。
   - A. Linux 发行版支持特定格式的软件包
   - B. Linux 操作系统中不可以直接使用二进制文件分发软件
   - C. 高级软件包管理工具可以自动检查和修复软件包之间的依赖关系
   - D. APT 工具安装使用的是 Deb 软件包
2. Ubuntu 操作系统主要使用的软件包的格式是（　　）。
   - A. Deb　　　　　　　B. TAR　　　　　　　C. RPM　　　　　　　D. AppImage
3. 执行 dpkg 命令显示软件包详细信息应当使用的选项是（　　）。
   - A. -l　　　　　　　　B. -s　　　　　　　　C. -L　　　　　　　　D. -S
4. 执行 apt 命令安装软件包之前刷新 APT 源使用的命令是（　　）。
   - A. apt upgrade　　　B. apt full-upgrade　　C. apt update　　　　D. apt source
5. 更新已经安装的 Snap 软件包的命令是（　　）。
   - A. snap upgrade　　　B. snap update　　　　C. snap revert　　　　D. snap refresh
6. 源代码包安装的 3 个步骤依次是（　　）。
   - A. configure、make、make install
   - B. configure、make install、make
   - C. make、configure、make install
   - D. make、make install、configure

二、简答题

1. 简述 Linux 软件包管理的发展过程。
2. 简述 Deb 软件包安装的特点。
3. 简述 APT 的基本功能。
4. 什么是 PPA ？如何表示 PPA 源？
5. 简述 Snap 安装方式的特点。
6. 简述源代码编译安装步骤。

项目实训

实训 1　使用 apt 命令安装 Emacs 软件包

实训目的

（1）熟悉 apt 命令的使用。

（2）掌握 apt 命令的软件包安装步骤。

实训内容

（1）执行 sudo apt update 命令更新 APT 源。

（2）执行 sudo apt install emacs 安装 Emacs。

（3）验证 Emacs 软件包安装是否成功。

（4）执行 sudo apt remove emacs 卸载该软件包，但会保留该软件包的配置文件。

（5）如果要同时删除配置文件，则要执行 sudo apt purge 命令。

（6）如果需要更彻底地删除，可执行 sudo apt autoremove 删除该软件包及其所依赖的、不再使用的软件包。

实训 2　使用新立得安装 Emacs 软件包

实训目的

（1）熟悉新立得包管理器的操作界面。

（2）熟悉新立得包管理器的软件包安装步骤。

实训内容

（1）执行 sudo apt install synaptic 命令安装新立得包管理器。

（2）搜索 Emacs 软件包。

（3）双击要安装的软件包 Emacs，进行标记。

（4）单击工具栏中的"应用"按钮。

（5）确认应用变更开始下载。

（6）下载完毕将自动安装和配置软件包。

（7）卸载该软件包。

实训 3　使用 Snap 安装 Telegram 软件包

实训目的

（1）熟悉 Snap 软件包安装命令。

（2）掌握使用 Snap 安装软件包的步骤。

实训内容

（1）搜索 Telegram 的 Snap 软件包，查到的可用包是 telegram-desktop。

（2）查看该 Snap 软件包的详细信息。

（3）安装该 Snap 软件包。

（4）运行所安装的 Telegram 软件。

（5）卸载该软件包。

实训 4　使用源代码编译安装新版本的 Python 软件包

实训目的

（1）熟悉源代码编译安装的操作步骤。

（2）掌握使用源代码编译安装软件包的方法。

实训内容

（1）安装 GCC 编译环境和 Python 依赖软件包。

（2）从 Python 官网下载新版本的源代码。

（3）对下载的软件包解压缩。

（4）将当前目录切换到该软件包解压目录，查看其中的 README.rst 文件，了解安装注意事项。

（5）执行 configure 脚本生成编译配置文件 Makefile。

（6）执行 make 命令，完成源代码编译。

（7）执行 make install 命令完成安装。

（8）查看 Python 的当前版本进行验证。

实训 5　使用 PPA 源安装新版本的 Python 软件包

实训目的

（1）了解 PPA 源。

（2）掌握使用 PPA 源安装软件包的方法。

实训内容

（1）将 Deadsnakes PPA（ppa:deadsnakes/ppa）添加到 PPA 源中。

（2）使用 apt 命令安装新版本的 Python，软件包名要指定版本（如 Python 3.9）。

（3）验证所安装的 Python 版本以确定安装是否成功（如 python3.9 --version）。

（4）使用 apt 命令卸载该软件包。

（5）删除 Deadsnakes PPA 源。

实训 6　升级 Ubuntu 操作系统内核

实训目的

掌握升级 Ubuntu 操作系统内核的方法。

实训内容

（1）查看当前系统版本及内核信息。

（2）到 Ubuntu 的 kernel-ppa 站点下载合适版本的 Deb 格式的内核安装包（不止一个）。

（3）使用 dpkg 工具安装内核软件包。

（4）执行 sudo update-grub 命令更新 GRUB 设置。

（5）重启系统，查看内核版本以验证新安装的内核版本。

项目7

系统高级管理

07

通过前面项目的实施，我们已经熟悉了用户与组管理、文件与目录管理、磁盘存储管理、软件包管理等操作。Ubuntu 操作系统还涉及一些更高级、更深入的管理操作。本项目将通过 3 个典型任务，引领读者掌握进程管理、系统和服务管理、计划任务管理的方法。Ubuntu 管理员、程序开发人员等需要掌握这些系统高级管理的知识和技能，尤其应重点掌握如何使用 systemd 管控系统和服务。systemd 和计划任务管理学习起来有一点儿难度，但有助于培养系统观念和系统思维。只有用普遍联系的、全面系统的、发展变化的观点观察事物，才能把握事物发展规律。当然，读者需要下足功夫，多做实操练习。

【课堂学习目标】

☞ 知识目标

➤ 了解 Linux 进程的基础知识。

➤ 理解 systemd 的概念和体系。

➤ 了解 Linux 计划任务管理的类型和实现机制。

☞ 技能目标

➤ 学会查看和管控 Linux 进程。

➤ 掌握使用 systemd 管控系统和服务的用法。

➤ 掌握实现计划任务管理的方法。

☞ 素养目标

➤ 养成动手实践的学习习惯。

➤ 贯彻攻坚克难的学习精神。

➤ 培养自主探究的学习兴趣。

任务 7.1　Linux 进程管理

任务要求

　　Linux 操作系统上所有运行的任务都可以称为进程，每个用户任务、每个应用程序或服务也都可以称为进程，Ubuntu 操作系统也不例外。对管理员来说，没有必要关心进程的内部机制，而应关心进程的管理控制。管理员应经常查看系统运行的进程服务，对于异常的和不需要的进程，应及时将其结束，让系统更加稳定地运行。本任务的要求如下。

　　（1）了解 Linux 进程的基本知识。

　　（2）了解 Linux 进程的类型。

　　（3）熟悉 Linux 进程查看和监测的方法。

　　（4）学会 Linux 进程的管理控制。

相关知识

7.1.1　程序、进程与线程

　　程序（Program）是包含可执行代码和数据的静态实体，以文件的形式存储，一般对应于操作系统中的一个可执行文件。

　　进程（Process）就是运行中的程序，是一个动态的概念。进程由程序产生，是动态的、运行着的、要占用系统运行资源的程序。多个进程可以并发调用同一个程序，一个程序可以启动多个进程。每一个进程还可以有许多子进程。为了区分不同的进程，系统给每一个进程都分配了一个唯一的进程标识符（Process Identification，PID），又称进程号。Linux 是一个多进程的操作系统，每一个进程都是独立的，都有自己的权限及任务。

　　线程（Thread）则是为了节省资源而可以在同一个进程中共享资源的一个执行单位。线程是进程的一部分，如果没有进行显式的线程分配，可以认为进程是单线程的；如果进程中建立了线程，则可认为该进程是多线程的。线程是操作系统调度的最小单元。

7.1.2　Linux 进程类型

　　Linux 的进程大体可分为以下 3 种类型。

　　• 交互进程：在 Shell 下通过执行程序所产生的进程，可在前台或后台运行。

　　• 批处理进程：一个进程序列。

　　• 守护进程（Daemon）：又称监控进程，是指那些在后台运行，等待用户或其他应用程序调用，并且没有控制终端的进程，通常可以随着操作系统的启动而运行。守护进程通常负责系统上的某个服务，让系统接收来自用户或者网络客户的要求，在 Windows 系统中通常将守护进程称为服务（Service）。服务和守护进程并没有本质区别，Linux 操作系统中通常在守护进程名称之后加上字符 d 作为后缀，如 atd、crond。

提示 本书约定服务名称的首字母大写，如 Cron 服务；守护进程的名称全小写加 d 后缀，如 crond。

Linux 守护进程按照功能可以区分为系统守护进程与网络守护进程。前者又称系统服务，是指那些为系统本身或者系统用户提供的一类服务，主要用于当前系统，如提供作业调度服务的 Cron 服务。后者又称网络服务，是指供客户端调用的一类服务，主要用于实现远程网络访问，如 Web 服务、文件服务等。

Ubuntu 操作系统启动时会自动启动很多守护进程（系统服务），向本地用户或网络用户提供系统功能接口，直接面向应用程序和用户。但是开启不必要的，或者本身有漏洞的服务，会给操作系统本身带来安全隐患。

 任务实现

7.1.3　查看和监测进程

Ubuntu 使用进程控制块（Process Control Block，PCB）来标识和管理进程。一个进程主要包括以下参数。

- PID：进程标识符，用于唯一标识进程。
- PPID：父进程标识符，创建某进程的上一个进程的进程标识符。
- USER：启动某个进程的用户 ID 和该用户所属组的 ID。
- STAT：进程状态，进程可能处于多种状态，如运行、等待、停止、睡眠、僵死等。
- PRIORITY：进程的优先级。
- 资源占用：包括 CPU、内存等资源的占用信息。

每个正在运行的程序都是系统中的一个进程，要对进程进行调配和管理，就需要知道进程当前的情况，这可以通过查看进程来实现。

1. 使用 ps 命令查看当前的进程信息

ps 命令是最基本的进程查看命令，可确定有哪些进程正在运行、进程的状态、进程是否结束、进程是否僵死、哪些进程占用了过多的资源等。ps 命令常用于监控后台进程的工作情况，因为后台进程是不与键盘这些标准输入设备进行通信的。其基本用法如下：

```
ps [选项]
```

ps 命令常用的选项有：a 表示显示系统中所有用户的进程；x 表示显示没有控制终端的进程及后台进程；-e 表示显示所有进程；r 表示只显示正在运行的进程；u 表示显示进程所有者的信息；-f 表示按全格式显示（列出进程间父子关系）；-l 表示按长格式显示。注意，有些选项之前没有短横线（-）。如果不带任何选项，则仅显示当前控制台的进程。

最常用的是 aux 选项组合。例如：

```
tester@linuxpc1:~$ ps aux
USER     PID %CPU %MEM    VSZ    RSS  TTY     STAT  START    TIME  COMMAND
root       1  0.0  0.1  169020  13052  ?       Ss    21:08    0:01  /sbin/init sp
```

```
root     2    0.0   0.0      0      0     ?      S     21:08    0:00 [kthreadd]
root     3    0.0   0.0      0      0     ?      I<    21:08    0:00 [rcu_gp]
# 以下省略
```

其中，USER 表示进程的所有者；PID 表示进程标识符；%CPU 表示占用 CPU 的百分比；%MEM 表示占用内存的百分比；VSZ 表示占用虚拟内存的数量；RSS 表示驻留内存的数量；TTY 表示进程的控制终端（"?"说明该进程与控制终端没有关联）；STAT 表示进程的运行状态（R 表示准备就绪状态，S 表示可中断的休眠状态，D 表示不可中断的休眠状态，T 表示暂停执行，Z 表示不存在但暂时无法消除，W 表示无足够内存页面可分配，< 表示高优先级，N 表示低优先级，L 表示内存页面被锁定，s 表示创建会话的进程，I 表示多线程进程，+ 表示是一个前台进程组）；START 表示进程开始的时间；TIME 表示进程所使用的总的 CPU 时间；COMMAND 表示进程对应的程序名称和运行参数。

通常情况下系统中运行的进程很多，可使用管道操作符和 less（或 more）命令来查看：

```
ps aux | less
```

还可使用 grep 命令查找特定进程。

若要查看各进程的继承关系，使用 pstree 命令，加上 -p 选项还会显示进程标识符。例如：

```
tester@linuxpc1:~$ pstree -p
systemd(1)─┬─ModemManager(1110)─┬─{ModemManager}(1135)
           │                    └─{ModemManager}(1138)
           ├─NetworkManager(1007)─┬─{NetworkManager}(1108)
           │                      └─{NetworkManager}(1112)
           ├─VGAuthService(975)
           ├─accounts-daemon(998)─┬─{accounts-daemon}(1011)
           │                      └─{accounts-daemon}(1089)
           ├─acpid(999)
# 以下省略
```

2. 使用top命令动态监测系统进程

ps 命令仅能静态地输出进程信息，而 top 命令用于动态显示系统进程信息，可以每隔一段时间刷新当前状态，还提供一组交互式命令用于进程的监控。基本用法如下：

```
top [ 选项 ]
```

-d 选项指定每两次屏幕信息刷新之间的时间间隔，默认为 5s；-s 选项表示 top 命令在安全模式中运行，不能使用交互命令；-c 选项表示显示整个命令行而不只是显示命令名。如果在前台执行该命令，它将独占前台，直到用户终止该程序为止。

在 top 命令执行过程中可以使用一些交互命令。例如，按空格键将立即刷新显示进程信息；按 <Ctrl>+<L> 组合键擦除进程信息并且重写。

这里给出一个简单的例子：

```
tester@linuxpc1:~$ top
top - 21:45:30 up 36 min,  1 user,  load average: 0.08, 0.02, 0.01
任务 : 319 total,   1 running, 318 sleeping,   0 stopped,   0 zombie
%Cpu(s):  0.2 us,  1.1 sy,  0.0 ni, 98.7 id,  0.0 wa,  0.0 hi,  0.0 si,  0.0 st
MiB Mem :  7919.3 total,  5249.5 free,  1217.9 used,  1451.9 buff/cache
MiB Swap:  2048.0 total,  2048.0 free,     0.0 used.  6422.4 avail Mem
  进程号 USER      PR  NI    VIRT    RES    SHR    %CPU  %MEM    TIME+ COMMAND
```

```
  1829 tester    20   0   317552    77644    42696  S  3.3   1.0   0:05.09 Xorg
  1955 tester    20   0  3817560  268020   113836  S  3.3   3.3   0:08.17 gnome-shell
   437 root     -51   0        0        0        0  S  0.3   0.0   0:00.16 irq/16-vmwgfx
     1 root      20   0   169020    13052     8336  S  0.0   0.2   0:01.68 systemd
# 以下省略
```

首先显示的是当前进程的统计信息，包括用户（进程所有者）数、负载平均值、任务数、CPU 占用、内存和交换空间的已用和空闲情况等。然后逐条显示各个进程的信息，其中进程号指的是 PID；USER 表示进程的所有者；PR 表示优先级；NI 表示 nice 值（负值表示高优先级，正值表示低优先级）；VIRT 表示进程使用的虚拟内存总量（单位为 KB）；RES 表示进程使用的、未被换出的物理内存大小（单位为 KB）；SHR 表示共享内存大小；S 表示进程状态（参见 ps 命令显示的 STAT）；%CPU 和 %MEM 分别表示 CPU 和内存占用的百分比；TIME+ 表示进程使用的 CPU 时间总计（单位为 1/100s）；COMMAND 表示进程对应的程序名称和运行参数。

3. 使用 lsof 命令查看进程打开的文件

在 Linux 操作系统中任何事物都以文件的形式存在，通过文件不仅可以访问常规数据，还可以访问网络连接和硬件。lsof 是一个列出当前系统打开文件的工具，可查看进程打开的文件、打开文件的进程、进程打开的传输控制协议（Transmission Control Protocol，TCP）或用户数据报协议（User Datagram Protocol，UDP）端口。该工具可用于系统监测和排错。lsof 访问核心内存和各种文件时，必须以 root 身份运行才能够充分地发挥其作用，否则只能查看当前用户打开的文件。

"-c< 进程名 >"选项列出指定进程所打开的文件；"-p < 进程标识符 >"选项列出指定进程标识符所打开的文件；"-i"列出所有网络连接，加上条件（协议、IP 或端口）则仅列出符合条件的网络文件。

例如，查看指定文件的相关进程：

```
tester@linuxpc1:~$ sudo lsof /bin/bash
COMMAND   PID    USER     FD    TYPE    DEVICE  SIZE/OFF  NODE       NAME
bash      2368   tester   txt   REG     8,5     1183448   2883677    /usr/bin/bash
bash      3677   tester   txt   REG     8,5     1183448   2883677    /usr/bin/bash
```

其中 FD 表示文件描述符，DEVICE 表示磁盘的名称，SIZE 表示文件的大小，NODE 表示索引节点（文件在磁盘上的标识），NAME 表示打开文件的具体名称。

下面的例子查看指定进程的相关文件：

```
COMMAND   PID    USER     FD    TYPE  DEVICE  SIZE/OFF   NODE       NAME
bash      3677   tester   cwd   DIR   8,5     4096       3673735    /home/tester
bash      3677   tester   rtd   DIR   8,5     4096       2          /
bash      3677   tester   txt   REG   8,5     1183448    2883677    /usr/bin/bash
# 此处省略
bash      3677   tester   255u  CHR   136,1   0t0        4          /dev/pts/1
```

下面的例子列出 UDP 的网络连接。

```
tester@linuxpc1:~$ sudo lsof -i udp
COMMAND      PID    USER             FD    TYPE   DEVICE  SIZE/OFF  NODE  NAME
systemd-r    970    systemd-resolve  12u   IPv4   45231             0t0   UDP  localhost:domain
avahi-dae    1011            avahi   12u   IPv4   48544             0t0   UDP  *:mdns
avahi-dae    1011            avahi   13u   IPv6   48545             0t0   UDP  *:mdns
avahi-dae    1011            avahi   14u   IPv4   48546             0t0   UDP  *:55513
```

```
avahi-dae 1011              avahi   15u  IPv6  48547      0t0  UDP *:58676
NetworkMa 1015  root  23u IPv4 52459  0t0  UDP linuxpc1:bootpc->192.168.10.254:bootps
cups-brow 1101              root     7u  IPv4  48884      0t0  UDP *:631
```

7.1.4　管理控制进程

微果7-1
管理控制进程

操作系统会有效地管理和追踪所有运行着的进程。管理员除了查看进程外，还可以对进程的运行进行管控。

1. 启动进程

启动进程需要运行程序。启动进程有两个主要途径，即手动启动和调度启动。

由用户在 Shell 命令行下输入要执行的程序来启动一个进程，即手动启动进程。其启动方式又分为前台启动和后台启动，默认为前台启动。若在要执行的命令后面跟随一个"&"（与命令隔开），则为后台启动，此时进程在后台运行，Shell 可继续运行和处理其他程序。在 Shell 下启动的进程就是 Shell 进程的子进程，一般情况下，只有子进程结束后，才能继续父进程。如果是从后台启动的进程，则不用等待子进程结束。

调度启动是事先设置好程序要运行的时间，当到了预设的时间后，系统会自动启动程序。

2. 进程的挂起及恢复

通常将正在执行的一个或多个相关进程称为一个作业（Job）。作业控制指的是控制正在运行的进程的行为，可以将进程挂起并可以在需要时恢复进程的运行，被挂起的进程恢复后将从中止处开始继续运行。

在运行进程的过程中使用 <Ctrl>+<Z> 组合键可挂起当前的前台进程，将进程转到后台，此时进程默认是停止运行的。如果要恢复进程执行，有两种选择，一种是用 fg 命令将挂起的进程放回前台执行；另一种是用 bg 命令将挂起的进程放到后台执行。

使用 jobs 命令可查看当前在后台执行的命令及其作业编号，还可查看命令进程标识符。作业编号可以作为 fg 或 bg 命令的参数来操作指定的作业任务。

下面给出一个进程挂起和恢复的例子。

```
tester@linuxpc1:~$ wc                      # 前台启动 wc
testwc^Z
[1]+  已停止                   wc          # 按 <Ctrl>+<Z> 组合键将 wc 挂起
tester@linuxpc1:~$ jobs -l                 # 查看当前任务状态
[1]+  3825 停止                wc
tester@linuxpc1:~$ ps                      # 查看当前进程
    PID TTY          TIME CMD
   2368 pts/0    00:00:00 bash
   3825 pts/0    00:00:00 wc               #wc 已转入后台
   3826 pts/0    00:00:00 ps
tester@linuxpc1:~$ fg wc                   # 将挂起的 wc 放回前台执行
wc
ABCD       0        1        4             # 按 <Ctrl>+<D> 组合键结束，输入 wc 进行统计
```

其中"+"表示是当前的进程，"-"表示是当前作业之后的进程。

项目7　系统高级管理

185

3. 结束进程

当需要中断一个前台进程的时候，通常是按 <Ctrl>+<C> 组合键；但是对于一个后台进程，就必须借助于 kill 命令。该命令可以结束后台进程。当遇到进程占用的 CPU 时间过多，或者进程已经挂起的情形，就需要结束进程的运行。当发现一些不安全的异常进程时，也需要强行终止该进程的运行。

kill 命令是通过向进程发送指定的信号来结束进程的，基本用法如下：

```
kill [-s,-- 信号 |-p] [-a] 进程标识符 ...
```

-s 选项指定需要发送的信号，既可以是信号名也可以是对应数字。默认为 TERM 信号（值为 15）。-p 选项指定 kill 命令只是显示进程的进程标识符，并不真正发送结束信号。

可以使用 ps 命令获得进程的进程标识符。想要查看指定进程的进程标识符，可使用管道操作和 grep 命令相结合的方式来实现。

例如，打开终端窗口运行 top 命令，再打开另一个终端窗口，执行以下操作查看 top 进程对应的进程标识符，然后使用 kill 命令结束它：

```
tester@linuxpc1:~$ ps -e | grep top
   2677 ?         00:00:00 xdg-desktop-por
   2681 ?         00:00:00 xdg-desktop-por
   3767 pts/0     00:00:00 top
tester@linuxpc1:~$ kill  3767
```

信号 SIGKILL（值为 9）用于强行结束指定进程的运行，适用于结束已经挂起而没有能力自动结束的进程，这属于非正常结束进程。假设某进程（进程标识符为 3456）占用过多 CPU 资源，使用命令 kill 3456 并没有结束该进程，这就需要执行命令 kill -9 3456 强行将其结束。

Linux 下还提供一个 killall 命令，能直接使用进程的名字而不是进程标识符作为参数，例如：

```
killall top
```

如果系统存在同名的多个进程，则这些进程将全部结束运行。

4. 使用 nohup 命令不挂断地执行进程

如果要让运行的进程在退出登录后也不会结束，那么可以使用 nohup 命令。这可以让那些耗时的管理维护任务不因用户切换或远程连接断开而中断。nohup 意为不挂断（No Hang Up），此命令可以在用户退出（注销）或者关闭终端之后继续运行相应的进程。其基本用法如下：

```
nohup   命令 [参数 ... ] [&]
```

nohup 命令运行由指定的命令（可带参数）表示的进程，忽略所有 SIGHUP（挂断）信号，一旦注销或关闭终端，进程就会自动转到后台运行。如果要直接在后台启动 nohup 命令，则应在末尾加上 "&" 参数。

> nohup 和 & 的区别是明显的。命令后面跟随一个 "&" 表示启动后的进程在后台运行，当用户退出（挂起）时，命令自动跟着结束。nohup 并没有后台运行的功能，使用该命令可以使进程一直执行，与用户是否退出无关。如果将 nohup 和 & 结合使用，就可以实现进程永久地在后台执行的功能。

如果不将 nohup 命令的输出进行重定向，其输出将附加到当前目录的 nohup.out 文件中。如果当前目录的 nohup.out 文件不可写，则输出重定向到 $HOME/nohup.out 文件中。

下面通过简单的例子示范 nohup 的使用。

（1）打开一个终端窗口，执行以下命令让 ping 命令在后台不挂断地运行。

```
tester@linuxpc1:~$ nohup ping 192.168.10.1 &
[1] 7652
tester@linuxpc1:~$ nohup: 忽略输入并把输出追加到 'nohup.out'
^C
tester@linuxpc1:~$ jobs -l
[1]+  7652 运行中                nohup ping 192.168.10.1 &
tester@linuxpc1:~$
```

（2）关闭该终端窗口，打开另一个终端窗口，执行以下命令实时查看 nohup.out 文件的内容来验证，表明 ping 命令的进程没有随终端窗口的关闭被挂起，而是一直运行。

```
tester@linuxpc1:~$ tail -f nohup.out
64 比特，来自 119.36.245.154: icmp_seq=78 ttl=128 时间 =27.2 毫秒
64 比特，来自 119.36.245.154: icmp_seq=79 ttl=128 时间 =26.8 毫秒
^C
```

（3）按 <Ctrl>+<C> 组合键中断 tail 命令的实时查看任务，再使用 ps 命令查看 nohup 启动的 ping 命令的进程标识符。这里使用 grep -v 参数可以将 grep 命令本身排除掉。

```
tester@linuxpc1:~$ ps -aux | grep ping | grep -v grep
tester 3847 0.0  0.1 323240 9852 ? Ssl 20:24 0:00 /usr/libexec/gsd-housekeeping
tester 4923 0.0 0.0 18512 2848 ? S  20:42 0:00 ping www.163.com
```

（4）获取其进程标识符之后，执行以下命令结束该进程。

```
tester@linuxpc1:~$ kill 4923
```

（5）使用 ps 命令查看 nohup 启动的 ping 命令的进程标识符，发现该进程已经结束。

```
tester@linuxpc1:~$ ps -aux | grep ping | grep -v grep
tester 3847 0.0 0.1 323240 9852 ? Ssl 20:24 0:00 /usr/libexec/gsd-housekeeping
```

（6）再次执行 tail 命令实时查看 nohup.out 文件的内容，可以发现其内容不再实时变化，表明 ping 命令的进程不再运行。

```
tester@linuxpc1:~$ tail -f nohup.out
```

5. 管理进程的优先级

每个进程都有一个优先级参数用于表示 CPU 占用的等级，优先级高的进程更容易获取 CPU 的控制权，能更早地执行。进程优先级可以用 nice 值表示，范围一般为 -20 ～ 19，-20 为最高优先级，19 为最低优先级，系统进程默认的优先级值为 0。

命令 nice 可用于设置进程的优先级，用法如下：

```
nice  [-n] [命令 [参数] ... ]
```

n 表示优先级值，默认值为 10；命令表示进程名，参数是该命令所带的参数。

命令 renice 则用于调整进程的优先级，范围也是 -20 ～ 19，不过只有拥有 root 权限才能使用，基本用法如下：

```
renice  [优先级]   [进程标识符] [进程组] [用户名称或 ID]
```

该命令可以修改某进程标识符所代表的进程的优先级，或者修改某进程组下所有进程的优先级，还可以按照用户名称或 ID 修改该用户的所有进程的优先级。

任务 7.2　使用 systemd 管控系统和服务

任务要求

systemd 是为改进传统系统启动方式而推出的 Linux 操作系统管理工具，现已成为大多数 Linux 发行版的标准配置。它的功能非常强大，除了系统启动管理和服务管理之外，还可用于其他系统管理任务。Ubuntu 从 15.04 版开始支持 systemd。本任务的具体要求如下。

（1）了解 Linux 操作系统初始化的方式。

（2）理解 systemd 的概念和术语。

（3）理解 systemd 的单元文件。

（4）了解 systemctl 命令的基本用法。

（5）学会 systemd 单元和单元文件的管理。

（6）掌握使用 systemd 管理 Linux 服务的方法。

（7）学会使用 systemd 管理启动目标。

（8）了解使用 systemd 管理系统电源的方法。

相关知识

7.2.1　systemd 与系统初始化

要了解 systemd，需从系统初始化着手。Linux 操作系统启动过程中，当内核启动完成并装载根文件系统后，就开始用户空间的系统初始化工作。Linux 有 3 种系统初始化方式，分别是 System V initialization（简称 sysVinit 或 SysV）、UpStart 和 systemd。systemd 旨在克服 sysVinit 固有的缺点，提高系统的启动速度，并逐步取代 UpStart。根据 Linux 惯例，字母 d 用于标识守护进程，systemd 是一个用于管理系统的守护进程，因而不能写作 system D、System D 或 SystemD。

sysVinit 来源于 UNIX，以运行级别（Runlevel）为核心，依据服务间依赖关系进行初始化。运行级别就是操作系统当前正在运行的功能级别，用来设置不同环境下所运行的程序和服务。sysVinit 启动是线性、顺序的。

UpStart 是基于事件机制的启动系统，使用事件来启动和关闭系统服务。UpStart 是并行的，只要事件发生，服务就可以并发启动。

sysVinit 和 UpStart 这两种系统初始化方式都需要由 init 进程（一个由内核启动的用户级进程）来启动其他用户级进程或服务，最终完成系统启动的全部过程。init 始终是第一个进程，其进程标识符始终为 1，它是系统所有进程的父进程。systemd 系统初始化使用 systemd 取代 init，将其作为系统第一个进程。systemd 不通过 init 脚本来启动服务，而是采用一种并行启动服务的机制。

systemd 使用单元文件替换前两种系统初始化方式的初始化脚本。Linux 以前的服务管理是分布式的，由 sysVinit 或 UpStart 通过 /etc/rc.d/init.d 目录下的脚本进行管理，允许管理员控制服务的状态。采用 systemd，这些脚本就被单元文件所替代。单元有多种类型，不仅包括服务，还包括挂载点、文件路径等。

systemd 使用启动目标（Target）替代运行级别。前两种系统初始化方式使用运行级别代表特定的操作模式，每个级别可以启动特定的一些服务。启动目标类似于运行级别，又比运行级别更为灵活，它本身也是一个目标类型的单元，可以更为灵活地为特定的启动目标组织要启动的单元，如启动服务、装载挂载点等。

systemd 主要的设计目标是克服 sysVinit 固有的缺点，尽可能地快速启动服务，减少系统资源占用，为此实现了并行启动的模式。

systemd 与 sysVinit 兼容，支持并行化任务，按需启动守护进程，基于事务性依赖关系精密控制各种服务，非常有助于标准化 Linux 的管理。systemd 提供超时机制，所有的服务有 5min 的超时限制，以防系统卡顿。

7.2.2　systemd 的主要概念和术语

1. 核心概念：单元

系统初始化需要启动后台服务，完成一系列配置工作（如挂载文件系统），其中每一个步骤或每一项任务都被 systemd 抽象为一个单元（Unit），一个服务、一个挂载点、一个文件路径都可以被视为单元。也就是说，systemd 将各种系统启动和运行相关的对象表示为各种不同类型的单元。大部分单元由相应的配置文件（下面简称单元文件）进行识别和配置，一个单元需要一个对应的单元文件。单元的名称由单元文件的名称决定，某些特定的单元名称具有特殊的含义。常见的 systemd 单元类型如表 7-1 所示。

表7-1　常见的systemd单元类型

单元类型	文件扩展名	说明
service（服务）	.service	定义系统服务。这是非常常用的一类单元，与早期 Linux 版本 /etc/init.d/ 目录下的服务脚本的作用相同
device（设备）	.device	定义内核识别的设备。每一个使用 udev 规则标记的设备都会在 systemd 中作为一个设备单元出现
mount（挂载）	.mount	定义文件系统挂载点
automount（自动挂载）	.automount	用于文件系统自动挂载设备
socket（套接字）	.socket	定义系统和互联网中的一个套接字，标识进程间通信用到的 socket 文件
swap（交换空间）	.swap	标识用于交换空间的设备
path（路径）	.path	定义文件系统中的文件或目录
timer（定时器）	.timer	用来定时触发用户定义的操作，以取代传统的定时服务
target（目标）	.target	用于对其他单元进行逻辑分组，主要用于模拟实现运行级别的概念
snapshot（快照）	.snapshot	快照是一组配置单元，保存系统当前的运行状态

还有少部分单元是动态自动生成的，其中一部分来自其他传统的配置文件（主要是为了兼容性），而另一部分则来自系统状态或可编程的运行时状态。

2. 依赖关系

systemd 具备处理不同单元之间依赖关系的能力。虽然 systemd 能够最大限度地并发执行很多有依赖关系的任务，但是一些任务存在先后依赖关系，无法并发执行。为解决这类依赖问题，systemd 的单元之间可以彼此定义依赖关系。在单元文件中使用关键字来描述单元之间的依赖关系。如 B 单元依赖 A 单元，可以在 B 单元的定义中用 require A 来表示。这样 systemd 就会保证先启动 A 单元再启动 B 单元。

3. systemd 事务

systemd 能保证事务的完整性。与数据库中的事务有所不同，systemd 的事务旨在保证多个依赖的单元之间没有循环引用。比如 A、B、C 单元之间存在循环依赖，systemd 将无法启动任意一个服务。为此 systemd 将单元之间的依赖关系分为两种：Required（强依赖）和 Wants（弱依赖）。systemd 将去除由 Wants 关键字指定的弱依赖以打破循环。systemd 能够自动检测和修复循环依赖等配置错误，极大地减轻管理员的排错负担。

4. 启动目标和运行级别

systemd 可以创建不同的状态，状态提供了灵活的机制来设置启动配置项。这些状态是由多个单元文件组成的，systemd 将这些状态称为启动目标（或目标）。

Linux 标准的运行级别为 0 ~ 6。Ubuntu 是基于 Debian 的，Debian 系列的 Linux 版本的运行级别定义与 Red Hat 系列的 Linux 版本的运行级别定义有着显著区别。

现在 Ubuntu 使用 systemd 代替 init 程序来开始系统初始化过程，使用启动目标的概念来代替运行级别。传统的运行级别之间是相互排斥的，多个运行级别不可能同时启动，但是多个启动目标可以同时启动。启动目标提供了更大的灵活性，可以继承一个已有的目标，并添加其他服务来创建自己的目标。

systemd 启动系统时需要启动大量的单元。每一次启动都要指定本次启动需要哪些单元，显然非常不方便，于是使用启动目标来解决这个问题。启动目标就是一个单元组，包含许多相关的单元。启动某个目标时，systemd 就会启动其中所有的单元。从这个角度看，启动目标这个概念类似于一种状态，启动某个目标就好比启动到某种状态。

Ubuntu 预定义了一些启动目标，与之前版本的运行级别有所不同。为了向后兼容，systemd 也让一些启动目标映射为 sysVinit 的运行级别，具体的对应关系如表 7-2 所示。

表7-2　运行级别和systemd启动目标的对应关系

传统运行级别	systemd 启动目标	说明
0	runlevel0.target、poweroff.target	关闭系统。不要将默认目标设置为此目标
1、s、single	runlevel1.target、rescue.target	单用户（Single）模式。以 root 身份开启一个虚拟控制台，主要用于管理员维护系统
2、3、4	runlevel2.target、runlevel3.target、runlevel4.target、multi-user.target	多用户模式，非图形化界面。用户可以通过多个控制台或网络登录
5	runlevel5.target、graphical.target	多用户模式，图形化界面
6	runlevel6.target、reboot.target	重启系统。不要将默认目标设置为此目标
Emergency	emergency.target	紧急 Shell

7.2.3　systemd 单元文件

systemd 对服务、设备、套接字和挂载点等进行控制管理，都是由单元文件实现的。例如，一个新的服务程序要在系统中使用，就需要为其编写一个单元文件以便 systemd 能够管理它，在单元文件中定义该服务启动的命令行语法，以及与其他服务的依赖关系等。

这些单元文件主要保存在以下目录中（按优先级由低到高顺序列出）。

• /lib/systemd/system：每个服务最主要的启动脚本，类似于传统的 /etc/init.d 目录。

- /run/systemd/system：系统执行过程中所产生的服务脚本。
- /etc/systemd/system：由管理员建立的脚本，类似于传统的 /etc/rc.d/rcN.d/Sxx 目录。

1. 单元文件格式

单元文件就是普通的文本文件，可以用文本编辑器打开。这里通过配置文件 /lib/systemd/
system/cups.service 的内容来分析其格式：

```
[Unit]
Description=CUPS Scheduler
Documentation=man:cupsd(8)
After=sssd.service
Requires=cups.socket

[Service]
ExecStart=/usr/sbin/cupsd -l
Type=simple
Restart=on-failure

[Install]
Also=cups.socket cups.path
WantedBy=printer.target
```

单元文件主要包含单元的指令和行为信息。整个文件分为若干节（Section，也可译为区段）。
每节的第一行是用方括号标识的节名，比如 [Unit]。每节内部是一些定义语句，每个语句实际上
是由等号连接的键值对（指令 = 值）。注意等号两侧不能有空格，节名和指令名都是大小写敏感的。

[Unit] 节通常是配置文件的第一节，用来定义单元的通用选项，配置与其他单元的关系。常
用的字段（指令）如下。

- Description：提供简短描述信息。
- Requires：指定当前单元所依赖的其他单元。这是强依赖，被依赖的单元无法启动时，当
前单元也无法启动。
- Wants：指定与当前单元配合的其他单元。这是弱依赖，被依赖的单元无法启动时，当前
单元可以启动。
- Before 和 After：指定当前单元启动的前、后单元。
- Conflicts：定义单元之间的冲突关系。列入此字段中的单元如果正在运行，此单元就不能
运行。

[Install] 节通常是配置文件的最后一个节，用来定义单元如何启动，以及是否开机启动。常
用的字段（指令）如下。

- Alias：表示当前单元的别名。
- Also：当前单元更改开机自动启动设置时，会被同时更改开机启动设置的其他单元。
- RequiredBy：指定当前单元被哪些单元所依赖，这是强依赖。
- WantedBy：指定当前单元被哪些单元所依赖，这是弱依赖。

其他节往往与单元类型有关。例如，[Mount] 节用于挂载点类单元的配置，[Service] 节用于
服务类单元的配置。关于单元文件的完整字段清单请参考官方文档。

2. 编辑单元文件

系统管理员必须掌握单元文件的编辑。有时候需要修改已有的单元文件，遇到以下情形时还

需要创建自定义的单元文件。

- 需要自己创建守护进程。
- 为现有的服务另外创建一个实例。
- 引入 sysVinit 脚本。

创建单元文件的基本步骤如下。

（1）在 /etc/systemd/system 目录创建单元文件。

（2）修改该文件权限，确保拥有 root 特权才能编辑。

（3）编辑该文件，在其中添加配置信息。

（4）通知 systemd 该单元已添加，并开启该服务。

对于新创建的或修改过的单元文件，必须要让 systemd 重新识别此单元文件，通常执行 systemctl daemon-reload 命令重载配置。

建议将手动创建的单元文件存放在 /etc/systemd/system 目录下。单元文件也可以作为附加的文件放置到一个目录下面，例如创建 sshd.service.d/custom.conf 文件定制 sshd.service 服务，在其中加上自定义的配置。还可以创建 sshd.service.wants 和 sshd.service.requires 子目录，用于包含 sshd 关联服务的符号链接。在系统安装时自动创建此类符号链接，也可以手动创建符号链接。

3. 单元文件与启动目标

在讲解单元文件与启动目标的对应关系之前，有必要简单介绍一下传统的服务启动脚本是如何对应运行级别的。传统的方案要求开机启动的服务启动脚本对应不同的运行级别。因为需要管理的服务数量较多，所以 Linux 使用 rc 脚本统一管理每个服务的脚本程序，将所有相关的脚本文件存放在 /etc/rc.d 目录下。系统的各运行级别在 /etc/rc.d 目录中都有一个对应的下级子目录。这些运行级别的下级子目录的命名方法是 rcn.d，n 表示运行级别的数字。Linux 启动或进入某运行级别时，对应脚本目录中用于启动服务的脚本将自动运行；离开该运行级别时，用于停止服务的脚本也将自动运行，以结束在该运行级别中运行的服务。当然，也可在系统运行过程中手动执行服务启动脚本来管理服务，如启动、停止或重启服务等。

systemd 使用启动目标的概念来代替运行级别。它将基本的单元文件存放在 /lib/systemd/system 目录下，不同的启动目标（相当于以前的运行级别）要装载的单元的配置文件则以符号链接方式映射到 /etc/systemd/system 目录下对应的启动目标子目录下，如 multi-user.target 装载的单元文件链接到 /etc/systemd/system/multi-user.target.wants 目录下。下面列出该目录下的部分文件。

```
    lrwxrwxrwx  1 root root    35 1 月    5 16:49   anacron.service -> /lib/
systemd/system/anacron.service
    lrwxrwxrwx  1 root root    40 1月    5 16:49   avahi-daemon.service -> /lib/
systemd/system/avahi-daemon.service
```

这部分文件明确显示了这种映射关系。原本在 /etc/init.d 目录下的启动文件，被 /lib/systemd/system 目录下相应的单元文件所取代。例如其中的 /lib/systemd/system/anacron.service 用于定义 anacron 的启动等相关的配置，并在 /etc/systemd/system/multi-user.target.wants 目录下有一个链接文件 anacron.service。

使用 systemctl disable 命令禁止某服务开机自动启动，例如：

```
    tester@linuxpc1:~$ sudo systemctl disable cups.service
    Synchronizing state of cups.service with SysV service script with /lib/
systemd/systemd-sysv-install.
```

```
Executing: /lib/systemd/systemd-sysv-install disable cups
Removed /etc/systemd/system/sockets.target.wants/cups.socket.
Removed /etc/systemd/system/printer.target.wants/cups.service.
Removed /etc/systemd/system/multi-user.target.wants/cups.path.
```

这表明禁止服务开机自动启动就是删除 /etc/systemd/system 目录下相应的链接文件。

可以使用 systemctl enable 命令来启用某服务开机自动启动，例如：

```
tester@linuxpc1:~$ sudo systemctl enable cups.service
Synchronizing state of cups.service with SysV service script with /lib/
systemd/systemd-sysv-install.
Executing: /lib/systemd/systemd-sysv-install enable cups
Created symlink /etc/systemd/system/printer.target.wants/cups.service -> /
lib/systemd/system/cups.service.
Created symlink /etc/systemd/system/sockets.target.wants/cups.socket -> /
lib/systemd/system/cups.socket.
Created symlink /etc/systemd/system/multi-user.target.wants/cups.path -> /
lib/systemd/system/cups.path.
```

这表明启用服务开机自动启动就是在当前启动目标的配置文件目录 /etc/systemd/system/multi-user.target.wants 中建立 lib/systemd/system 目录中对应单元文件的符号链接文件。

cups 要在 /etc/systemd/system/multi-user.target.wants 目录下创建链接文件是由 cups 单元文件 cups.service 中 [Install] 节中的 WantedBy 字段定义所决定的：

```
Also=cups.socket cups.path
WantedBy=printer.target
```

在 /etc/systemd/system 目录下有多个 *.wants 子目录，放在该子目录下的单元文件等同于在 [Unit] 节中的 Wants 字段，即该单元启动时还需启动这些单元。例如，可简单地将自己写的 foo.service 文件放入 multi-user.target.wants 子目录下，这些单元每次都会被系统默认启动。

电子活页7-1

理解 target 单元
文件

7.2.4　systemctl 命令

systemd 最重要的命令行工具是 systemctl，主要负责控制 systemd 系统和服务管理器。其基本语法如下：

微课7-2

理解 target 单元
文件

```
systemctl [ 选项...] 命令... [ 单元...]
```

不带任何选项和参数运行 systemctl 命令将列出系统已启动（装载）的所有单元，包括服务、设备、套接字、目标等。执行不带参数的 systemctl status 命令将显示系统当前状态。

systemctl 命令的部分选项提供长格式和短格式，如 --all 和 -a。列出单元时，--all（-a）选项表示列出所有装载的单元（包括未运行的）。显示单元属性时，该选项会显示所有的属性（包括未设置的）。

注意

有的 systemctl 命令后面带单元名参数，完整的单元名还包括文件扩展名。如果不提供扩展名，则被视为服务类型的单元。例如，ssh 表示的是 ssh.service。

除了查询操作，其他操作大多需要 root 特权，执行 systemctl 命令时加上 sudo 命令即可。

systemd 还可以控制远程系统，管理远程系统主要是通过 SSH 协议，只有确认可以连接远程系统的 SSH，在 systemctl 命令后面添加 -H 或者 --host 选项，再加上远程系统的 IP 地址或者主机名作为参数才可以连接。例如，下面的命令将显示指定远程主机的 httpd 服务的状态：

```
systemctl -H root@srv.abc.com status httpd.service
```

⚒ 任务实现

7.2.5 执行 systemd 单元管理

单元管理是 systemd 最基本、最通用的功能。单元管理的对象可以是所有单元、某种类型的单元、符合条件的部分单元或某一具体单元。

1. 了解单元的活动状态

在执行单元管理操作之前，有必要了解单元的活动状态。活动状态用于指明单元是否正在运行。systemd 对此有两类表示形式，一类是高级表示形式，共有以下 3 种状态。

- active（活动的）：表示正在运行。
- inactive（不活动的）：表示没有运行。
- failed（失败的）：表示运行不成功。

另一类是低级表示形式，其值依赖于单元类型。常用的状态列举如下。

- running：表示一次或多次持续地运行。
- exited：表示成功完成一次性配置，仅运行一次就正常结束，目前该进程已没有运行。
- waiting：表示正在运行中，不过还需等待其他事件才能继续处理。
- dead：表示没有运行。
- failed：表示运行失败。
- mounted：表示成功挂载（文件系统）。
- plugged：表示已接入（设备）。

高级表示形式是对低级表示形式的归纳，前者是主活动状态，后者是子活动状态。

2. 查看单元列表

systemctl 提供 list-units 命令用于查看单元列表。

（1）不加任何选项列出所有已装载（Loaded）的单元，下面列出部分结果：

```
UNIT                    LOAD     ACTIVE    SUB        DESCRIPTION
boot-efi.mount          loaded   active    mounted    /boo>
NetworkManager.service  loaded   active    running    Netw>
openvpn.service         loaded   active    exited     Open>
```

这个命令的功能与不带任何选项参数的 systemctl 的功能相同，只显示已装载的单元。显示结果指示单元的状态，共有 5 列，各列含义如下。

- UNIT：单元名称。
- LOAD：指示单元是否正确装载，即是否加入 systemctl 可管理的列表中。值 loaded 表示已装载，not-found 表示未发现。

- ACTIVE：单元激活状态的高级表示形式，来自 SUB 的归纳。
- SUB：单元激活状态的低级表示形式，其值依赖于单元类型。
- DESCRIPTION：单元的描述或说明信息。

（2）加上 --all 选项列出所有单元，包括没有找到配置文件的或者运行失败的单元。

（3）加上 --failed 选项列出所有运行失败的单元。

（4）加上 --state 选项列出特定状态的单元。该选项的值来源于上述 LOAD、SUB 或 ACTIVE 列所显示的装载状态或活动状态。格式为 "--state= 给出状态值"，后面不能有空格。例如，systemctl list-units --all --state=not-found 命令列出没有找到配置文件的所有单元。

又比如，执行 systemctl list-units --state=active 命令列出正在运行的单元；执行 systemctl list-units --all --state=dead 命令列出没有运行的单元。

注意，涉及没有找到配置文件的或者运行失败的单元时一定要使用 --all 选项。

（5）加上 --type 选项列出特定类型的单元。例如，以下命令列出已装载的设备类单元：

```
systemctl list-units --type=device
```

--type 选项的参数可使用空格，也可以用等号。其短格式为 -t，例如列出服务类单元：

```
systemctl list-units  -t service
```

3. 查看单元的详细配置

systemctl 提供 show 命令用于查看某单元的详细配置情况。例如：

```
tester@linuxpc1:~$ systemctl show cups
Type=simple
Restart=on-failure
NotifyAccess=none
RestartUSec=100ms
TimeoutStartUSec=1min 30s
# 此处省略
```

4. 查看单元的状态

systemctl 提供 status 命令用于查看特定单元的状态。例如：

```
tester@linuxpc1:~$ systemctl status cups
● cups.service - CUPS Scheduler
     Loaded: loaded (/lib/systemd/system/cups.service; enabled; vendor preset:
enabled)
     Active: active (running) since Sun 2022-02-13 16:11:54 CST; 1h 6min ago
TriggeredBy: ● cups.socket
             ● cups.path
       Docs: man:cupsd(8)
   Main PID: 1123 (cupsd)
      Tasks: 1 (limit: 9414)
     Memory: 1.9M
     CGroup: /system.slice/cups.service
             └─1123 /usr/sbin/cupsd -l

2月 13 16:11:54 linuxpc1 systemd[1]: Started CUPS Scheduler.
```

systemctl 提供 is-active 命令用于查看单元是否正在运行，处于活动状态；提供 is-failed 命令用于查看单元运行是否失败。

上述 3 个命令的参数可以是单元名列表（空格分隔），也可以是表达式，使用通配符。

5. 切换单元的状态

systemctl 提供以下命令用于切换特定单元的状态。

- start：启动单元使之运行。
- stop：停止单元运行。
- restart：重新启动单元使之运行。
- reload：重载单元的配置文件而不重启单元。
- try-restart：如果单元正在运行就重启单元。
- reload-or-restart：如有可能则重载单元的配置文件，否则重启单元。
- reload-or-try-restart：如有可能则重载单元的配置文件，否则若单元正在运行则重启单元。
- kill：杀死单元，以结束单元的运行进程。

这些命令后面可以跟一个或多个单元名作为参数，若有多个参数则用空格分隔。例如，以下命令重启 cups.service 和 ssh.service：

```
sudo systemctl restart cups ssh
```

使用 systemctl 的 start、restart、stop 和 reload 命令时，不会输出任何内容。

6. 管理单元的依赖关系

单元之间存在依赖关系，如 A 依赖于 B，就意味着 systemd 在启动 A 的时候，同时会去启动 B。使用 systemctl list-dependencies 命令列出指定单元的所有依赖关系，例如：

```
tester@linuxpc1:~$ systemctl list-dependencies cups
cups.service
● ├─ cups.path
● ├─ cups.socket
● ├─ system.slice
● └─ sysinit.target
●   ├─ apparmor.service
●   ├─ blk-availability.service
●   ├─ dev-hugepages.mount
●   ├─ dev-mqueue.mount
●   ├─ keyboard-setup.service
# 此处省略
```

上面命令的输出结果之中，有些依赖是 target（启动目标）类型，默认不会展开显示。如果要展开 target 类型单元，就需要使用 --all 选项。

7.2.6 执行 systemd 单元文件管理

单元文件管理的对象是各类单元文件，要注意它与单元管理的区别。

微果7-4

执行 systemd
单元文件管理

1. 了解单元文件的状态

单元文件的状态决定单元能否启动运行，而单元状态是指当前单元的运行状态（是否正在运行）。从单元文件的状态是无法得知该单元的状态的。这里使用 systemctl list-unit-files 命令列出所有安装的单元文件，下面给出部分列表：

UNIT FILE	STATE	VENDOR PRESET
proc-sys-fs-binfmt_misc.automount	static	enabled

```
-.mount                                       generated        enabled
boot-efi.mount                                generated        enabled
dev-hugepages.mount                           static           enabled
dev-mqueue.mount                              static           enabled
```

该列表显示了每个单元文件的状态，主要状态值列举如下。

- enabled：该单元文件已建立启动链接，单元将随系统启动而启动，即开机时自动启动。
- disabled：该单元文件没建立启动链接，即开机时单元不会自动启动。
- static：该单元文件没有 [Install] 部分（无法执行），只能作为其他单元文件的依赖。
- masked：该单元文件被禁止建立启动链接，单元无论如何都不能启动。因为它已经被强制屏蔽（不是删除），这比 disabled 更严格。
- generated：该单元文件是由单元生成器动态生成的。生成的单元文件可能并未被直接启用，而是被单元生成器隐含地启用了。

最后一列表示的是供应商预置的状态，相当于安装时的默认状态。

2. 列出单元文件（可用的单元）

systemctl 提供 list-unit-files 命令列出系统中所有已安装的单元文件，也就是列出所有可用的单元。执行该命令无须 --all 选项。加上 --state 选项列出指定状态的单元文件，该选项的值来源于上述 STATE 列所显示的状态值。例如，执行以下命令列出开机时不会自动启动的可用单元：

```
systemctl list-unit-files --state=disabled
```

加上 --type 或 -t 选项列出特定类型的可用单元。例如，执行以下命令列出可用的服务单元：

```
systemctl  list-unit-files --type=service
```

3. 查看单元文件的状态

前面提到的 systemctl status 命令在显示特定单元的状态信息时，其中的 Loaded 字段也会显示对应的单元文件的状态。

systemctl 提供的 is-enabled 命令专门用于查看指定的单元文件的状态。例如：

```
tester@linuxpc1:~$ systemctl is-enabled boot-efi.mount
generated
```

4. 切换单元文件的状态

systemctl 提供几个命令用于切换特定单元文件的状态。其中 enable 命令为单元文件建立启动链接，设置单元开机自动启动；disable 命令用于删除单元文件的启动链接，设置单元开机不自动启动；mask 命令将单元文件链接到 /dev/null，禁止设置单元开机自动启动；unmask 命令则是将单元文件恢复到被 mask 命令屏蔽之前的状态。

5. 编辑单元文件

除了直接使用文本编辑器编辑单元文件外，systemctl 还提供专门的 edit 命令来打开文本编辑器编辑指定的单元文件（前提是该文件已经存在）。不带选项将编辑一个临时片段，完成之后退出编辑器，会将编辑内容自动写到实际位置。要直接编辑整个单元文件，应使用选项 --full，例如：

```
systemctl edit ssh --full
```

一旦修改配置文件，要让 systemd 重新装载配置文件，可执行以下命令：

```
systemctl daemon-reload
```

然后执行以下命令重新启动，使修改生效。

```
systemctl restart 单元
```

7.2.7 管理 Linux 服务

微课7-5

管理Linux服务

Linux 服务作为一种特定类型的单元，使用 systemctl 命令进行配置管理，则操作可被大大简化。传统的 service 命令依然可以使用，这主要是出于兼容的目的，因此应尽量避免使用它。

1. 管理 Linux 服务状态

传统的 Linux 服务状态管理方法有两种。一种方法是使用 Linux 服务启动脚本来实现启动服务、重启服务、停止服务和查询服务等功能。基本用法如下：

```
/etc/init.d/ 服务启动脚本名 {start|stop|status|restart|reload|force-reload}
```

另一种方法是使用 service 命令简化服务管理，功能和参数与使用 Linux 服务启动脚本的功能和参数相同，其用法如下：

```
service 服务启动脚本名 {start|stop|status|restart|reload|force-reload}
```

新版本的 Ubuntu 操作系统考虑到兼容性，在命令行中仍然可以使用这两种方法，只不过是自动重定向到相应的 systemctl 命令，例如：

```
tester@linuxpc1:~$ /etc/init.d/ssh status
● ssh.service - OpenBSD Secure Shell server
     Loaded: loaded (/lib/systemd/system/ssh.service; enabled; vendor preset:
enabled)
     Active: active (running) since Sun 2022-02-13 16:11:54 CST; 4h 28min ago
       Docs: man:sshd(8)
             man:sshd_config(5)
   Main PID: 1158 (sshd)
      Tasks: 1 (limit: 9414)
     Memory: 2.0M
     CGroup: /system.slice/ssh.service
             └─1158 sshd: /usr/sbin/sshd -D [listener] 0 of 10-100 startups
# 此处省略
```

以上命令等同于以下命令：

```
service  ssh   status
```

并且自动定向到以下命令：

```
systemctl status ssh.service
```

systemctl 主要依靠 service 类型的单元文件实现服务状态管理。用户在任何路径下均可通过该命令实现服务状态的转换，如启动、停止服务等。systemctl 用于服务管理的基本用法如下：

```
systemctl [ 选项 ...] 命令 [ 服务名 .service...]
```

使用 systemctl 命令时服务名的扩展名可以写全，也可以忽略。传统 service 命令与 systemctl 命令的对应关系和功能如表 7-3 所示。

表7-3　传统service命令与systemctl命令的对应关系和功能

功能	传统 service 命令	systemctl 命令
启动服务	service 服务名 start	systemctl start 服务名 .service
停止服务	service 服务名 stop	systemctl stop 服务名 .service
重启服务	service 服务名 restart	systemctl restart 服务名 .service
查看服务运行状态	service 服务名 status	systemctl status 服务名 .service
重载服务的配置文件而不重启服务	service 服务名 reload	systemctl reload 服务名 .service
条件式重启服务	service 服务名 condrestart	systemctl tryrestart 服务名 .service
重载或重启服务		systemctl reload-or-restart 服务名 .service
重载或条件式重启		systemctl reload-or-try-restart 服务名 .service
查看服务是否激活（正在运行）		systemctl is-active 服务名 .service
查看服务启动是否失败		systemctl is- failed 服务名 .service
杀死服务		systemctl kill 服务名 .service

2. 配置服务启动状态

在 Linux 旧版本中，经常需要设置或调整某些服务在特定运行级别是否自动启动，这可以通过配置服务的启动状态来实现。其他 Linux 发行版通常使用 chkconfig 工具来配置服务启动状态，Ubuntu 没有这个工具，但可以使用 sysv-rc-conf 工具（默认没有安装）来实现该功能，在 Ubuntu 新版本中这些工具仍然可用，不过只能管理传统的 sysVinit 服务。另外，update-rc.d 命令用来更新系统启动项的脚本，也能用于配置服务启动状态。现在 /etc/init.d 已被 systemd 所取代，应避免使用传统的命令，改用 systemd 配置服务启动状态。具体用法如下。

（1）查看所有可用的服务。

```
systemctl list-unit-files --type=service
```

（2）查看某服务是否能够开机自启动。

```
systemctl is-enabled 服务名 .service
```

（3）设置某服务开机自动启动。

```
systemctl enable 服务名 .service
```

（4）禁止某服务开机自动启动。

```
systemctl disable 服务名 .service
```

（5）禁止某服务设定为开机自动启动。

```
systemctl mask 服务名 .service
```

（6）取消禁止某服务设定为开机自动启动。

```
systemctl unmask 服务名 .service
```

（7）加入自定义服务。

先创建相应的单元文件，再执行 systemctl daemon-reload。

（8）删除某服务。

```
systemctl  stop  服务名 .service
```

然后删除相应的单元文件。

3. 创建自定义服务

在以前的 Linux 版本中，如果想要建立系统服务，就要在 /etc/init.d/ 目录下创建相应的 bash 脚本。现在使用 systemd 管控服务，要添加自定义服务，就要在 /lib/systemd/system/ 或 /etc/systemd/system 目录中编写服务单元文件。服务单元文件的重点是 [Service] 节，该节常用的字段（指令）如下。

• Type：配置单元进程启动时的类型，影响执行和关联选项的功能，可选的关键字包括 simple（默认值，表示进程和服务的主进程一起启动）、forking（表示进程作为服务主进程的一个子进程启动，父进程在完全启动之后退出）、oneshot（同 simple 相似，只是进程在启动单元之后随之退出）、dbus（同 simple 相似，但随着单元启动后只有主进程得到 D-BUS 名字）、notify（同 simple 相似，但随着单元启动之后，一个主要信息被 sd_notify() 函数送出）、idle（同 simple 相似，实际执行进程的二进制程序会被延缓直到所有单元的任务完成，主要是避免服务状态和 Shell 混合输出）。

• ExecStart：指定启动单元的命令或者脚本，ExecStartPre 和 ExecStartPost 字段指定在 ExecStart 之前或者之后用户自定义执行的脚本。Type=oneshot 表示允许指定多个希望顺序执行的用户自定义命令。

• ExecStop：指定单元停止时执行的命令或者脚本。

• ExecReload：指定单元重新装载时执行的命令或者脚本。

• Restart：如果设置为 always，服务重启时进程会退出，会通过 systemctl 命令执行清除并重启的操作。

• RemainAfterExit：如果设置为 true，服务会被认为处于活动状态。默认值为 false，这个字段只有设置 Type=oneshot 时才需要配置。

7.2.8 管理启动目标

早期版本的 Ubuntu 操作系统的运行级别 2~5 都是多用户图形模式，这几个运行级别没有区别，默认开机的运行级别是 2。systemd 改用启动目标来代替运行级别，与运行级别 2 ~ 4 对应的是 multi-user.target（多用户目标），与运行级别 5 对应的是 graphical.target（图形目标），这也是目前 Ubuntu 桌面版默认的启动目标。

1. 查看当前的启动目标

以前执行 runlevel 命令，可以显示当前系统处于哪个运行级别。现在使用 systemctl 查看当前运行了哪些启动目标：

```
tester@linuxpc1:~$ systemctl list-units --type=target
  UNIT                     LOAD   ACTIVE SUB    DESCRIPTION
  basic.target             loaded active active Basic System
  cryptsetup.target        loaded active active Local Encrypted Volumes
  getty.target             loaded active active Login Prompts
  graphical.target         loaded active active Graphical Interface
  local-fs-pre.target      loaded active active Local File Systems (Pre)
  local-fs.target          loaded active active Local File Systems
  multi-user.target        loaded active active Multi-User System
  network-online.target    loaded active active Network is Online
```

```
network.target           loaded active active Network
# 此处省略
timers.target            loaded active active Timers
```

2. 切换到不同的启动目标

以前 Ubuntu 使用 init 命令加上级别代码参数切换到不同的运行级别。Ubuntu 新版本使用 systemctl 工具在不重启的情况下切换到不同的启动目标，基本用法如下：

```
systemctl isolate 目标名 .target
```

3. 更改默认启动目标

采用 systemd 之后，默认启动目标为 graphical.target，这个目标对应的运行级别是 5：

```
tester@linuxpc1:~$ systemctl get-default
graphical.target
tester@linuxpc1:~$ runlevel
N 5
```

通过 systemctl set-default 命令可以更改默认启动目标。例如：

```
tester@linuxpc1:~$ sudo systemctl set-default runlevel2.target
Created symlink /etc/systemd/system/default.target -> /lib/systemd/system/
multi-user.target.
```

该命令将 /etc/systemd/system/default.target 重新链接到 /lib/systemd/system/multi-user.target。无论是设置默认启动目标为 runlevel2.target、runlevel3.target、runlevel4.target，还是 multi-user.target，都会指向 multi-user.target。设置完毕，重新启动系统会进入文本模式，并且运行级别为 2。Ubuntu 将类似于运行级别 3 的 multi-user.target 和对应运行级别 5 的 graphical.target 作为特别常用的两个目标。

4. 进入系统救援模式和系统紧急模式

执行以下命令进入系统救援模式（单用户模式）：

```
sudo systemctl rescue
```

这将进入最小的系统环境，以便于修复系统。系统救援模式下，根目录以只读方式挂载，不激活网络，只启动很少的服务，进入这种模式需要 root 密码。

如果连系统救援模式都进入不了，可以执行以下命令进入系统紧急模式：

```
sudo systemctl emergency
```

进入这种模式也需要 root 密码，在这种模式下不会执行系统初始化，完成 GRUB 启动，以只读方式挂载根目录，不装载 /etc/fstab，非常适合文件系统故障处理。

7.2.9 管理系统电源（开关机）

使用 systemctl 可以替换以前的电源管理命令，传统的命令依旧可以使用，但是建议尽量不用。systemctl 命令和传统电源管理命令的对应关系及功能如表 7-4 所示。

表7-4 systemctl命令和传统电源管理命令的对应关系及功能

功能	传统电源管理命令	systemctl 命令
关机（停止系统）	hatl	systemctl halt
关机（关闭系统电源）	poweroff	systemctl poweroff
重启系统	reboot	systemctl reboot
挂起（暂停系统）	pm-suspend	systemctl suspend
休眠系统（快照）	pm-hibernate	systemctl hibernate
暂停并休眠系统	pm-suspend-hybrid	systemctl hybrid-sleep

任务 7.3 计划任务管理

电子活页7-2

使用systemd
管理系统日志

任务要求

Linux 与 Windows 系统一样支持计划任务管理，将任务配置为在指定的时间、时间区间，或者在系统负载低于特定水平时自动运行。这种自动化任务实现一种例行性安排，通常用于执行定期备份、监控系统、运行指定脚本等工作。与多数 Linux 发行版一样，Ubuntu 既支持 Cron 等传统的自动化任务工具，又支持 systemd 定时器这种新型的计划任务管理方式。本任务的具体要求如下。

（1）了解 Cron 和 anacron 的周期性计划任务管理实现机制。

（2）了解一次性任务安排的实现方法。

（3）了解 systemd 定时器。

（4）学会使用 Cron 实现周期性计划任务管理。

（5）学会配置 anacron 以实现停机期间的计划任务管理。

（6）掌握使用 systemd 定时器实现计划任务管理的方法。

相关知识

7.3.1 Cron 的周期性计划任务管理

Cron 用来管理周期性重复执行的作业任务计划，非常适合于日常系统维护工作。它安排的周期性计划任务管理可分为系统级的和用户级的，系统级的周期性计划任务管理又可以细分为全局性的和局部性的。

Cron 主要使用配置文件 /etc/crontab 来管理系统级任务调度。系统默认的 /etc/crontab 配置文件的主要内容（中文注释为编者加注或翻译）如下。

```
# 默认 Shell 环境
SHELL=/bin/sh
# 运行命令的默认路径
PATH=/usr/local/sbin:/usr/local/bin:/sbin:/bin:/usr/sbin:/usr/bin
# 任务定义示例：
# .---------------- 分 (0 - 59)
```

```
# |  .------------- 时 (0 - 23)
# |  |  .---------- 日 (1 - 31)
# |  |  |  .------- 月 (1 - 12) 或 jan,feb,mar,apr ...
# |  |  |  |  .---- 周 (0 - 6) (Sunday=0 or 7) 或 sun,mon,tue,wed,thu,fri,sat
# |  |  |  |  |
# *  *  *  *  *   用户   要执行的命令
   17 * * * *          root  cd / && run-parts --report /etc/cron.hourly
   25 6 * * *   root test -x /usr/sbin/anacron || ( cd / && run-parts
--report /etc/cron.daily )
   47 6 * * 7   root test -x /usr/sbin/anacron || ( cd / && run-parts
--report /etc/cron.weekly )
   52 6 1 * *   root   test -x /usr/sbin/anacron || ( cd / && run-parts
--report /etc/cron.monthly )
```

默认共有4项任务定义，每项任务定义格式如下：

分（m）时（h）日（dom）月（mon）周（dow）用户（user）要执行的命令（command）

前5个字段用于表示计划时间，取值范围为：分（0～59）、时（0～23）、日（1～31）、月（1～12）、周（0～7，0或7代表周日）。尤其要注意以下几个特殊符号的用途：星号"*"为通配符，表示取值范围中的任意值；短横线"-"表示数值区间；逗号","用于分隔多个数值；正斜线"/"用来指定间隔频率，在某范围后面加上"/整数值"表示在该范围内每跳过该整数值执行一次任务，例如"*/3"或者"1-12/3"用在"月份"字段表示每3个月，"*/5"或者"0-59/5"用在"分"字段表示每5min。

第6个字段表示执行任务命令的用户身份，例如root。

最后一个字段就是要执行的命令。Cron调用run-parts命令，定时运行相应目录下的所有脚本。在Ubuntu操作系统中，该命令对应的文件为/bin/run-parts，用于一次运行整个目录的可执行程序。这里将例中4项任务调度的作用说明如下。

- 第1项任务每小时执行一次，在每小时的17分时执行/etc/cron.hourly目录下的脚本。
- 第2项任务每天执行一次，在每天6点25分执行。
- 第3项任务每周执行一次，在每周第7天的6点47分执行。
- 第4项任务每月执行一次，在每月1日的6点52分执行。

以上执行时间可自行修改。后面3项任务比较特殊，会先使用test命令检测/usr/sbin/anacron文件是否可执行，如果不能执行，则调用run-parts命令运行相应目录中的所有脚本。实际上，Ubuntu操作系统中默认/usr/sbin/anacron是可执行的，这样就不会调用后面的run-parts命令，但是anacron可运行/etc/cron.daily、/etc/cron.weekly和/etc/cron.monthly目录中的脚本。

例如，要建立一个每小时执行一次检查的任务，可以为这个任务建立一个脚本文件check.sh，然后将该脚本放到/etc/cron.hourly目录中。

由于Ubuntu操作系统中预设有大量的例行任务，Cron服务默认开机自动启动。通常Cron的监测周期是1min，也就是说，它每分钟都会读取配置文件/etc/crontab的内容，根据其具体配置执行任务。

/etc/crontab配置文件适合全局性的计划任务，每小时、每天、每周和每月要执行的任务的时间点分别只能有一个，例如每小时执行一次的任务在第17分钟执行。如果要为计划任务指定其他时间点，则可以考虑在 /etc/cron.d 目录中添加自己的配置文件，格式同 /etc/crontab 的格式，文件名可以自定义。例如添加一个文件 backup.sh 用于执行备份任务，内容如下：

```
# 每月第 1 天上午 4 点 10 分执行自定义脚本
10   4   1 * * root   /bin/bash   /root/scripts/backup.sh
```

只有 root 用户能够通过 /etc/crontab 文件和 /etc/cron.d 目录来定制 Cron 任务调度。而普通用户只能使用 crontab 命令创建和维护自己的 Cron 配置文件。该命令的基本用法如下：

```
crontab [-u 用户名] [ -e | -l | -r ]
```

-u 选项用于指定要定义任务调度的用户名，没有此选项则为当前用户；-e 选项用于编辑用户的 Cron 调度文件；-l 选项用于显示 Cron 调度文件的内容；-r 用于删除用户的 Cron 调度文件。

crontab 命令生成的 Cron 调度文件位于 /var/spool/cron/crontabs 目录，以用户名命名，语法格式基本与 /etc/crontab 文件的相同，只是少了一个用户字段。

Cron 每分钟都会检查 /etc/crontab 文件、etc/cron.d 目录和 /var/spool/cron 目录中的变化。如果发现变化，就将其载入内存。这样在更改 Cron 调度配置后，不必重新启动 Cron 服务。

7.3.2　anacron 的停机期间计划任务管理

Cron 用于自动执行常规系统维护，可以很好地服务于全天候运行的 Linux 操作系统。但是，遇到停机等问题，因为不能定期运行 Cron 调度任务，可能会耽误本应执行的系统维护任务。例如，使用 /etc/crontab 配置文件来启用每周要定期启动的调度任务，默认设置为每周日 6 点 47 分运行 /etc/cron.weekly 目录下的任务脚本，假如每周需要执行一项备份任务，一旦到周日 6 点 47 分因某种原因（如停机）未执行该任务，过期就不会重新执行。使用 anacron 就可以解决这个问题。

anacron 并非要取代 Cron，而是要扫除 Cron 存在的盲区。anacron 只是一个程序而非守护进程，可以在启动计算机时运行 anacron，也可以通过 systemd 定时器或 Cron 服务运行该程序。anacron 默认也是每个小时由 systemd 定时器执行一次，anacron 会检测相关的调度任务有没有被执行，如果有任务超期未被执行，就直接执行，执行完毕或没有需执行的调度任务时，anacron 就停止运行，直到下一时刻调度任务被执行。

Ubuntu 通过 anacron 来解决每天、每周和每月要定期启动的调度任务，执行的是某个周期的任务调度。默认情况下 systemd 定时器安排 anacron 每小时运行一次。anacron 根据 /etc/anacrontab 的配置执行 /etc/cron.daily、/etc/cron.weekly 和 /etc/cron.monthly 目录中的调度任务脚本。管理员可以根据需要将每天、每周和每月要执行任务的脚本放在上述目录中。

7.3.3　使用 at 和 batch 工具安排一次性任务

Cron 根据时间、日期、星期、月份的组合来调度对重复作业任务的周期性执行，有时也需要安排一次性任务。在 Linux 操作系统中，通常使用 at 工具在指定时间内调度一次性任务，另外 batch 工具用于在系统平均负载降到 0.8 以下时执行一次性任务。这两个工具都由 at 软件包提供，由 at 服务（守护进程名为 atd）支持。

微课7-7

使用 at 和 batch
工具安排一次性
任务

7.3.4　systemd 定时器

某些任务需要定期执行，或者是开机启动后执行，或者是在指定的时间执行，以前需要通过 Cron 服务来实现这些计划任务管理，现在 systemd 提供的定时器也能胜任这些工作，并且使用方式更为灵活。systemd 定时器是由名为 timer（定时器）的单元类型来实现的，用来定时触发用户定义的操作，以取代 Cron 等传统的计划任务管理服务。

1．定时器单元文件

以 .timer 为扩展名的 systemd 单元文件封装了一个由 systemd 管理的定时器，用于支持基于定时器的启动。每个定时器单元都必须有一个与其匹配的服务单元（.service），用于在特定的时间启动。具体要执行的任务则在服务单元中指定。

与其他单元文件类似，定时器通过相同的路径（默认为 /usr/lib/systemd/system 目录）装载，不同的是该文件中包含 [Timer] 节。该节定义何时以及如何激活定时事件，常用字段如下。

- OnActiveSec：用于设置该定时器自身被启动之后多久执行服务单元的任务。
- OnBootSec：用于设置开机启动完成（内核开始运行）之后多久执行服务单元的任务。
- OnUnitActiveSec：用于设置该定时器触发的服务单元成功执行后，间隔多久再运行一次。

以上字段定义的是相对时间，即相对于特定时间点之后的时间间隔。时间间隔的单位可以使用 μs（微秒）、ms（毫秒）、s（秒）、m（分）、h（时）、d（天）、w（周），默认是 s。

- OnCalendar：用于设置要运行任务的实际时间（系统时间），使用绝对时间。可以多次使用此字段来设置多个定时器，如果该字段被赋予了一个空字符串，则表示撤销该字段之前已设置所有定时器。
- Persistent：此字段仅对 OnCalendar 字段定义的定时器有意义。如果将其设置为"yes"，则表示将匹配单元的上次触发时间永久保存，当定时器单元再次被启动时，如果匹配单元本应该在定时器单元停止期间至少被启动一次，那么将立即启动匹配单元，这样就不会因为关机而错过必须执行的任务，能够实现类似 anacron 的功能。默认值为"no"。
- Unit：用于设置与该定时器单元所匹配的单元，也就是要被该定时器启动的单元。默认值是与该定时器单元同名的服务单元（仅单元文件扩展名不同），一般来说不需要设置，除非要使用不同的单元名。

2．定时器类型

systemd 定时器分为以下两种类型。

- 单调定时器：即从一个特定的时间点开始过一段时间后触发定时任务。所谓单调时间，是指从开机那一刻（零点）起，只要系统正在运行，该时间就不断地单调均匀递增，永远不会往后退。通常使用 OnBootSec 和 OnUnitActiveSec 定义单调定时器。
- 实时定时器：通过日历时间（某个特定时间）触发（类似于 Cron）定时任务。使用 OnCalender 字段指定实时定时器的特定时间。

3．匹配单元文件

每个 .timer 文件所在目录都要有一个匹配的 .service 文件。.timer 文件用于激活并控制 .service 文件。.service 文件中不需要包含 [Install] 节，因为这个单元由定时器单元接管。必要时在定时器单元文件的 [Timer] 节中通过 Unit 字段来指定一个与定时器不同名的服务单元。

4. 定时器管理操作

可以像其他 systemd 单元一样对定时器进行管理操作，单元需要加上扩展名 .timer，否则将视为服务（.service）类型的单元。

systemctl 还提供专门的命令用于列出定时器单元，例如：

```
tester@linuxpc1:~$ systemctl list-timers
NEXT         LEFT       LAST        PASSED       UNIT      ACTIVATES      >
Mon 2022-02-14 11:32:17 CST 2min 17s left Mon 2022-02-14 11:26:39 CST 3min
20s ago anacron.timer              anacron.service    >
   Mon 2022-02-14 11:41:55 CST 11min left    n/a                       n/a
systemd-tmpfiles-clean.timer systemd-tmpfiles-cl>
```

其中 NEXT 列表示下次执行定时任务的时间；LEFT 列表示还剩多长时间执行定时任务；LAST 列表示上一次执行定时任务的时间；PASSED 列表示自上一次执行定时任务以来已过去多长时间；UNIT 列表示定时器名称；ACTIVATES 列表示该定时器要启动的服务单元。

该命令只列出所有已启动的定时器单元，要列出所有定时器单元（包括非活动的），则需要加上 --all 选项。

一个由定时器启动的服务的状态经常处于非活动状态，除非它当前正在被触发运行。如果一个定时器不再同步，它可能会删除 /var/lib/systemd/timers 目录下对应的 stamp-* 文件。这些空文件只用于表示每个定时器上次运行的时间。删除后，将在下次定时器运行时自动重建。使用 systemctl list-unit-files --type=timer 命令可列出所有已安装的定时器。

5. 使用 systemd 定时器替代 Cron 服务

多数情况下 systemd 定时器可以替代 Cron 服务。它与 Cron 相比具有如下优势。

• 有助于调试。任务可以不依赖于它们的定时器单独启动，可以简化调试。另外，所有的 systemd 的服务运行都会被记录到 systemd 日志，任务也不例外，便于调试。

• 每个任务可配置运行于特定的环境中。

• 每个任务可以与 systemd 的服务相结合，充分利用 systemd 的优势。

不过，systemd 定时器并没有内置邮件通知功能（Cron 有 MAILTO），也没有内置与 Cron 类似的 RANDOM_DELAY（随机延时）功能来指定一个数字用于定时器延时执行。

任务实现

7.3.5　为普通用户账户定制计划任务

这里示范普通用户使用 crontab 命令创建和维护自己的 Cron 配置文件，来定制计划任务。

（1）执行以下命令为 tester 用户创建 Cron 配置文件。

```
tester@linuxpc1:~$ crontab -u tester -e
no crontab for tester - using an empty one
Select an editor.  To change later, run 'select-editor'.
  1. /bin/nano        <---- easiest
  2. /usr/bin/vim.tiny
  3. /usr/bin/emacs
```

微课7-8

为普通用户账户
定制计划任务

```
    4. /bin/ed
Choose 1-4 [1]: 1
```

（2）这里选择"1"打开 Nano 文本编辑器，在最后一行输入以下语句。

```
    *    *    *    *    *    (echo '测试 Cron 作业每分钟执行一次；当前时间：';date) >
/home/tester/test-cron.txt
```

（3）保存文件并退出 Nano 文本编辑器，此时若返回"crontab: installing new crontab"消息，表明 Cron 配置文件创建成功。

（4）实时查看 /home/tester/test-cron.txt 文件内容来测试定制的计划任务。

```
tester@linuxpc1:~$ tail -f /home/tester/test-cron.txt
测试 Cron 作业每分钟执行一次；当前时间：
2022 年 02 月 14 日 星期一 11:49:01 CST
tail: /home/tester/test-cron.txt：文件已截断
测试 Cron 作业每分钟执行一次；当前时间：
2022 年 02 月 14 日 星期一 11:51:01 CST
tail: /home/tester/test-cron.txt：文件已截断
```

结果表明定制的计划任务每分钟执行一次。

（5）执行以下命令删除为 tester 用户创建的 Cron 配置文件。

```
tester@linuxpc1:~$ crontab -u tester -r
```

7.3.6　配置 anacron 来实现调度任务

anacron 使用多种方式运行，不同的运行方式都有相应的配置。anacron 除了在系统启动时运行外，还可以由 systemd 定时器或 Cron 服务安排运行。anacron 还有自己的配置文件。

1. 使用 systemd 定时器安排 anacron 运行

如果系统正在运行 systemd，它会使用 systemd 定时器来安排 anacron 的定期运行。这可以通过 /lib/systemd/system/anacron.timer 文件来进行配置，默认配置如下：

```
[Unit]
Description=Trigger anacron every hour
[Timer]
OnCalendar=*-*-* 07..23:30
RandomizedDelaySec=5m
Persistent=true
[Install]
WantedBy=timers.target
```

上述配置表示 anacron 每小时运行一次，随机延迟的时间在 5min 之内。OnCalendar 字段设置要运行任务的实际时间，时间格式为"周几 年 - 月 - 日 时：分：秒"。周几可以省略，"*"表示任何符合的日期或时间，".."用于指定连续的一段时间。本例"*-*-* 07..23:30"表示每天 7 ～ 23 点的第 30 分钟触发 anacron 的运行。Persistent 设置为 true，这样就不会因为关机而错过必须执行的任务，这对 anacron 是必需的。

微课7-9

配置anacron
来实现调度任务

systemd 定时器配套的服务单元文件是 /lib/systemd/system/anacron.service，默认配置如下。

```
Description=Run anacron jobs
After=time-sync.target
ConditionACPower=true
Documentation=man:anacron man:anacrontab
[Service]
EnvironmentFile=/etc/default/anacron
ExecStart=/usr/sbin/anacron -d -q $ANACRON_ARGS
IgnoreSIGPIPE=false
KillMode=mixed
KillSignal=SIGUSR1
[Install]
WantedBy=multi-user.target
```

其中 anacron 命令的 -d 选项表示 anacron 进程在前台运行，-q 选项表示禁止将信息输出到标准错误文件。

2. 使用 Cron 服务安排 anacron 运行

如果系统未运行 systemd，则使用系统的 Cron 服务安排 anacron 运行，相应的配置文件为 /etc/cron.d/anacron，默认配置如下：

```
SHELL=/bin/sh
PATH=/usr/local/sbin:/usr/local/bin:/sbin:/bin:/usr/sbin:/usr/bin
30 7-23 * * *   root   [ -x /etc/init.d/anacron ] && if [ ! -d /run/
systemd/system ]; then /usr/sbin/invoke-rc.d anacron start >/dev/null; fi
```

这表示每天 7～23 点的第 30 分钟检查 systemd 是否运行，如没有运行就启动 anacron。

3. 定制 anacron 的计划任务

anacron 根据 /etc/anacrontab 配置文件执行每天、每周和每月的调度任务。当该配置文件发生改变时，下一次 anacron 运行时会检查到配置文件的变化。该配置文件的修改需要 root 特权，默认配置如下。

```
SHELL=/bin/sh
PATH=/usr/local/sbin:/usr/local/bin:/sbin:/bin:/usr/sbin:/usr/bin
HOME=/root
LOGNAME=root
# These replace cron's entries（以下设置替换 Cron 配置中的条目）
1  5      cron.daily    run-parts --report /etc/cron.daily
7  10     cron.weekly   run-parts --report /etc/cron.weekly
@monthly 15    cron.monthly run-parts --report /etc/cron.monthly
```

前 4 行设置 anacron 运行的默认环境，后 3 行设置 3 项 anacron 任务，分别是每天执行、每周执行和每月执行的。每项任务定义包括 4 个字段，格式如下。

周期（天）	延迟时间（分钟）	任务标识	要执行的命令

第 1 项任务标识为 cron.daily，表示每天执行一次；第 2 项任务标识为 cron.weekly，表示每 7 天（每周）执行一次；第 3 项任务标识为 cron.monthly，表示每月执行一次，@monthly 表示每月。

任务的延迟时间以分钟为单位，比如第 1 项任务在 anacron 启动后，等待 5min 才会执行。设置延迟时间是为了当 anacron 启动时不会因为执行很多 anacron 任务而过载。

定时执行的任务由 run-parts 命令启动。Ubuntu 操作系统中该命令位于 /bin 目录下，实际上是一个 Shell 脚本，用于遍历目标目录，执行第一层目录下具有可执行权限的文件。

默认情况下，Ubuntu 操作系统的 /etc/cron.daily、/etc/cron.weekly 和 /etc/cron.monthly 目录中都会有一个名为 0anacron 的脚本文件被首先运行。例如，/etc/cron.daily/0anacron 文件的主要内容如下：

```
test -x /usr/sbin/anacron || exit 0
anacron -u cron.daily
```

anacron 的 -u 选项表示将所有任务的时间戳更改为当前日期。按照 Ubuntu 默认设置，anacron 开机时运行一次，每天 7 ～ 23 点的第 30 分钟运行一次。anacron 每次运行时会读取 /etc/anacrontab 配置文件并检查相应的时间戳来决定是否执行相应任务。以每天调度任务为例，anacron 从配置文件中读取到标识为 cron.daily 的任务，判断其周期为 1 天，接着从 /var/spool/anacron/cron.daily 中取出最近一次执行 anacron 的时间戳进行比较，若差异天数为 1 天以上（含 1 天），就准备执行每天调度任务。默认这个任务的延迟时间为 5min，实际就会再等 5min 执行命令 run-parts /etc/cron.daily。此时先运行 /etc/cron.daily 目录下的 0anacron 脚本，更改时间戳，再运行该目录下的其他脚本，运行完毕后，anacron 关闭。读者可据此分析 cron.weekly、cron.monthly 的脚本调度过程。

根据以上分析，对于每天、每周和每月要定时执行的任务，以脚本形式保存到 /etc/cron.daily、/etc/cron.weekly 和 /etc/cron.monthly 目录中即可。

注意

anacron 不可以定义周期在 1 天以下的调度任务。不应该将每小时执行一次的 Cron 任务转换为 anacron 形式。这里再次以一个例子强调 anacron 的作用。如果将每个周日需要执行的备份任务在 /etc/crontab 中配置，一旦周日因某种原因未执行该任务，过期就不会重新执行。但如果将备份任务脚本置于 /etc/cron.weekly 目录下，那么该任务就会定期执行，几乎一定会在一周内执行一次。

7.3.7 使用 systemd 实现计划任务管理

要使用 systemd 的定时器，关键是要创建一个定时器单元文件和一个配套的服务单元文件，然后启动这些单元即可。下面操作中用到的任务脚本仅仅是为了示范，没有实际意义，实际工作中用到的多是系统维护操作，如定期备份任务。

1. 创建单调定时器实现计划任务管理

单调定时器适合按照相对时间的计划任务管理，这里以一个定期显示当前时间的任务为例。

（1）编写一个定时器单元文件，本例中将其命名为 mono_test.timer，保存在 /etc/systemd/system 目录中。其内容如下：

微果7-10

创建单调定时器
实现计划任务
管理

```
[Unit]
Description=Run every 2min and on boot
```

```
[Timer]
OnBootSec=1min
OnUnitActiveSec=2min
[Install]
WantedBy=timers.target
```

为便于测试，这里将时间间隔设置得很小，计划系统启动 1min 后执行任务，成功执行后，每隔 2min 再次执行该任务。

（2）编写一个配套的服务单元文件来定义计划定时执行的任务，本例中将其命名为 mono_test.service，保存在 /etc/systemd/system 目录中。内容如下：

```
[Unit]
Description=Test monotonic timer
[Service]
Type=simple
ExecStart=/home/tester/mono_test.sh
```

（3）编写任务脚本文件，这里是一个简单的消息显示，仅仅用于示范，内容如下：

```
#!/bin/bash
(echo '单调定时器测试，当前时间：';date)>/home/tester/mono_test.txt;
```

还应授予该脚本执行权限，可执行以下命令来实现：

```
sudo chmod +x /home/tester/mono_test.sh
```

（4）由于单元文件是新创建的，执行以下命令重新装载单元文件。

```
sudo systemctl daemon-reload
```

（5）分别执行以下命令使新建的定时器能够开机启动，并启动定时器。

```
sudo systemctl enable mono_test.timer
sudo systemctl start mono_test.timer
```

这里启动的是 .timer 文件，而不是 .service 文件。因为配套的 .service 文件由 timer 文件启动。

（6）执行以下命令列出定时器单元：

```
tester@linuxpc1:~$ systemctl list-timers
NEXT            LEFT         LAST          PASSED     UNIT      ACTIVATES       >
Mon 2022-02-14 17:51:36 CST 1min 42s left Mon 2022-02-14 17:49:36 CST 17s
ago     mono_test.timer                mono_test.service    >
```

（7）实时查看 /home/tester/mono_test.txt 文件内容来测试定制的计划任务。

```
tester@linuxpc1:~$ tail -f /home/tester/mono_test.txt
单调定时器测试，当前时间：
2022 年 02 月 14 日 星期一 17:49:36 CST
tail: /home/tester/mono_test.txt：文件已截断
单调定时器测试，当前时间：
2022 年 02 月 14 日 星期一 17:51:51 CST
tail: /home/tester/mono_test.txt：文件已截断
```

（8）测试完毕，执行以下命令删除上述定时器及其相关文件，恢复实验环境。

```
tester@linuxpc1:~$ sudo systemctl stop mono_test.timer
tester@linuxpc1:~$ sudo rm /etc/systemd/system/mono_test.*
tester@linuxpc1:~$ sudo rm mono_test.*
```

2. 创建实时定时器实现计划任务管理

实时定时器适合按照日历时间的计划任务管理，这里也以一个定期任务为例，要求每天每小时第 30 分钟执行一次任务。实现步骤与上述单调定时器基本一样，只是将定时器单元文件 /etc/systemd/system/real_test.timer 的内容设置如下：

微课7-11

创建实时定时器
实现计划任务
管理

```
[Unit]
Description=Run each 30min of hours
[Timer]
OnCalendar=*-*-* *:30:00
[Install]
WantedBy=timers.target
```

完成服务单元文件和脚本文件的相关配置，再启动该定时器，执行以下命令可以发现新添加的实时定时器。

```
tester@linuxpc1:~$ systemctl list-timers
NEXT                  LEFT      LAST      PASSED   UNIT  ACTIVATES       >
Mon 2022-02-14 20:30:00 CST 11min left n/a  n/a    real_test.timer real_test.service >
```

实时查看 /home/tester/real_test.txt 文件内容来测试定制的计划任务。

```
tester@linuxpc1:~$ tail -f /home/tester/real_test.txt
实时定时器测试，当前时间：
2022 年 02 月 14 日 星期一 20:30:51 CST
```

最后删除上述定时器及其相关文件，恢复实验环境。

项目小结

通过本项目的实施，读者应当了解 Linux 进程的基本知识，掌握进程管理方法；理解 systemd 的概念和体系，掌握使用 systemd 管控系统和服务的方法；理解 Linux 计划任务管理实现机制，能够使用 Cron 服务、anacron 工具和 systemd 定时器实现计划任务管理。计划任务管理涉及任务脚本的编写，项目 8 要实施的是 Shell 编程与自动化运维，通过 Shell 编程可以实现自动化的系统管理运维。

课后练习

一、选择题

1. 以下关于 Linux 进程的说法中，正确的是（　　）。

A. 进程是运行中的程序

B. 进程是操作系统调度的最小单元

C. 每一个进程可以有多个子进程，每个子进程相当于线程

　　D. 一个程序只能启动一个进程

2. 使用 ps 命令查看当前的进程信息，显示所有进程的选项为（　　　）。

A. a　　　　　　　　　　B. -f　　　　　　　　　　C. -e　　　　　　　　　　D. -a

3. Linux 操作系统中挂起当前前台作业的组合键是（　　　）。

A. <Ctrl>+<C>　　　　B. <Ctrl>+<Z>　　　　C. <Ctrl>+<D>　　　　D. <Ctrl>+<S>

4. 以下关于 systemd 系统初始化的说法中，不正确的是（　　　）。

　　A. systemd 使用单元文件替换早期的系统初始化脚本

　　B. systemd 使用启动目标替代运行级别

　　C. systemd 与 sysVinit 不兼容

　　D. systemd 支持并行启动

5. systemd 单元类型为定时器的扩展名是（　　　）。

A. .time　　　　　　　　B. .timer　　　　　　　　C. .target　　　　　　　　D. .mount

6. 运行级别 5 对应的 systemd 目标为（　　　）。

　　A. multi-user.target　　　　　　　　　　　　B. rescue.target

　　C. emergency.target　　　　　　　　　　　　D. graphical.target

7. Ubuntu 操作系统中存放单元配置文件的目录按优先级由低到高顺序列出，正确的是（　　　）。

　　A. /lib/systemd/system、/run/systemd/system、/etc/systemd/system

　　B. /etc/systemd/system、/lib/systemd/system、/run/systemd/system

　　C. /run/systemd/system、/etc/systemd/system、/lib/systemd/system

　　D. /lib/systemd/system、/etc/systemd/system、/run/systemd/system

8. 单元强依赖是指被依赖的单元无法启动时，当前单元也无法启动，在单元文件中为当前单元定义要强依赖的单元的关键字是（　　　）。

A. Requires　　　　　B. Wants　　　　　C. RequiredBy　　　　D. WantedBy

9. 以下关于单元或单元文件列表的 systemctl 命令的用法中，不正确的是（　　　）。

　　A. 使用 systemctl list-units 命令列出所有已装载的单元

　　B. 使用 systemctl list-units --all 命令列出所有单元，包括未找到配置文件或运行失败的

　　C. 使用 systemctl list-unit-files 命令列出系统中所有已安装的单元文件

　　D. 使用 systemctl list-units --all --state=dead 命令列出未装载的的单元

10. 以下关于 Cron 和 anacron 的说法中，不正确的是（　　　）。

　　A. 每小时执行一次的任务的脚本，可以放到 /etc/cron.hourly 目录中，由 anacron 处理

　　B. anacron 可以通过 systemd 定时器或 Cron 服务安排定时运行

　　C. anacron 可以与 Cron 配合使用

　　D. 每周执行一次的任务的脚本，可以放到 /etc/cron.weekly 目录中，由 anacron 处理

二、简答题

1. Linux 进程有哪几种类型？什么是守护进程？

2. Linux 操作系统初始化有哪几种方式？

3. 什么是 systemd 单元？

4. systemd 单元文件有何作用？

5. 简述单元文件与启动目标的关系。

6. target 单元文件是如何实现复杂的启动管理的？

7. 是否需要区分单元管理与单元文件管理？

8. 通过 Cron 服务安排每周一至周五凌晨 3 点执行某项任务，调度时间如何表示？

9. 普通用户要在每周六 23 点整定期备份自己的主目录到 /tmp 目录下，使用 Cron 任务如何实现？

10. anacron 有什么作用？与 Cron 的计划任务管理有什么不同？

11. systemd 定时器分为哪两种类型，两种类型的主要区别是什么？

12. systemd 定时器用于计划任务管理有什么优势？

项目实训

实训 1　查看和监测 Ubuntu 进程

实训目的

（1）熟悉 Linux 进程的主要参数。

（2）掌握 ps 命令和 top 命令的使用。

实训内容

（1）使用 ps 命令监控后台进程的工作情况，尝试 aux 选项组合的使用。

（2）ps 命令结合管道操作符和 less（more）命令查看进程。

（3）使用 top 命令动态显示系统进程信息。

实训 2　systemd 单元管理操作

实训目的

（1）熟悉 systemd 单元基本知识，了解单元状态。

（2）掌握使用 systemctl 命令管理单元。

实训内容

（1）使用 systemctl list-units 命令查看单元。

（2）使用 systemctl status 命令查看单元状态。

（3）使用 systemctl start 等命令转换特定单元的状态。

（4）使用 systemctl list-dependencies 命令查看单元的依赖关系。

实训 3　systemd 单元文件管理操作

实训目的

（1）熟悉单元文件基本知识，了解单元文件状态。

（2）掌握使用 systemctl 命令管理单元文件。

实训内容

（1）使用 systemctl list-unit-files 命令查看单元文件。

（2）使用 systemctl is-enabled 命令查看单元文件的状态。

（3）使用 systemctl enable 等命令实现单元文件状态转换。

项目8

Shell编程与自动化运维

08

在前面的项目实施中，Ubuntu 操作系统的管理和维护操作基本都是手动进行的，而且大都是在命令行中以交互方式进行的。为提高工作效率，我们可以编写 Shell 脚本，将烦琐、重复的命令写入脚本，从而实现系统管理和维护的自动化。编写 Shell 脚本的过程就是 Shell 编程。Shell 编程属于 Linux 高级系统管理内容。对于管理员来说，学习和掌握 Shell 编程非常必要。本项目将通过 6 个典型任务，引领读者熟悉基本的 Shell 语法，掌握基本的 Shell 编程方法，使读者能够通过编写 Shell 脚本完成系统管理和维护的自动化操作。Shell 编程对于初学者来说有一定难度，读者需要转变思维方式，加强编程思维的训练。

【课堂学习目标】

☞ 知识目标

➢ 了解 Shell 脚本的构成与用途。

➢ 了解 Shell 变量、表达式和运算符。

➢ 了解 Shell 流程控制语句和函数定义。

➢ 了解 Shell 正则表达式。

☞ 技能目标

➢ 熟悉 Shell 编程的基本步骤。

➢ 掌握 Shell 脚本的执行和调试方法。

➢ 掌握 Shell 脚本的编写方法。

➢ 学会编写 Shell 脚本进行系统管理和维护。

☞ 素养目标

➢ 增强效率意识。

➢ 培养严谨的逻辑思维能力。

➢ 培养运用编程逻辑分析和解决问题的能力。

➢ 培养自主探究的学习兴趣。

任务 8.1　初识 Shell 脚本

Shell 是与 Linux 交互的基本工具，有两种执行命令的方式。一种是交互式，用户每输入一条命令，Shell 就解释执行一条。另一种是批处理，需要事先编写一个 Shell 脚本，其中包含若干条命令，让 Shell 一次性将这些命令执行完。本任务的要求如下。

（1）了解 Shell 脚本与 Linux 系统运维。

（2）了解 Shell 脚本的构成。

（3）了解 Shell 编程的基本步骤。

（4）学会执行和调试 Shell 脚本。

相关知识

8.1.1　什么是 Shell 脚本

Shell 脚本是指使用 Shell 提供的语句所编写的命令文件，又称 Shell 程序。Shell 脚本有很多类似 C 语言和其他程序设计语言的特征，但是又没有程序设计语言那样复杂。Shell 脚本可以包含任意从键盘输入的 Linux 命令，包括命令行工具。Shell 脚本是解释执行的，不需要编译，Shell 解释器从脚本中一行一行读取并执行命令，相当于一个用户把脚本中的命令一行一行输入 Shell 提示符下执行。

Shell 脚本与批处理文件很相似，可以将许多命令汇总起来，让用户能够轻松地处理复杂的操作。不同的是 Shell 脚本具有程序设计语言的大部分特征，可以进行调试和排错。Shell 本身就是一种解释型的程序设计语言，Shell 程序设计语言支持绝大多数在高级程序设计语言中使用的程序元素，如函数、变量、数组和程序控制结构。

Shell 编程最基本的功能就是汇集一些在命令行输入的连续命令，将它们写入脚本，通过直接执行脚本来启动一连串的命令，例如使用脚本定义防火墙规则或者执行批处理任务。如果经常用到相同执行顺序的操作命令，就可以将这些命令写成脚本文件，以后要进行同样的操作时，在命令行输入其文件名即可。

8.1.2　Shell 脚本与 Linux 系统运维

Linux 操作系统提供了功能强大的文本处理工具，如 grep、sed、awk 等，而系统的配置和管理涉及的配置文件、日志文件、命令输出的内容等都是文本文件，因此可以利用 Shell 编程整合各种命令，高效地查看和处理这些文本文件来实现系统运维自动化。对于 Linux 操作系统本身来说，Shell 是优秀的运维工具，Linux 底层命令都支持 Shell 语句，再结合其他命令行工具就可以达到高效运维的目的。如果将 Shell 与 Cron 服务或 systemd 定时器结合起来，则可以定时执行具有复杂功能的运维任务。

总之，Shell 脚本可以提高运维工作效率，减少重复的运维工作，完成批量的运维操作，节省运维人力成本。

8.1.3 Shell 脚本的构成

学习 Shell 编程首先要了解 Shell 脚本的基本构成。下面通过一个简单的脚本实例来展示 Shell 脚本的基本构成。

```
#!/bin/bash
# 这是一个测试脚本
echo -n " 当前日期和时间："
date
echo " 当前登录用户名：'whoami'"

echo " 程序执行路径："$PATH
echo -n " 当前目录："
pwd
#end
```

通常在第 1 行以 "#!" 开头，指定 Shell 脚本的运行环境，即声明该脚本使用哪个 Shell 脚本解释器运行。Linux 中常用的 Shell 脚本解释器有 bash、sh、csh、ksh 等，其中 bash 是 Linux 默认的 Shell，本书的例子都是基于 bash 讲解的。在 Ubuntu 操作系统中默认还安装有 sh，其他 Shell 版本默认没有安装，需要时可以自行安装。例中第 1 行 "#!/bin/bash" 用来指定脚本通过 bash 执行。要指定执行脚本的 Shell 时，一定要在第 1 行定义；如果没有指定，则默认以当前正在执行的 Shell 来解释执行脚本。

以 "#" 开头的行是注释行，Shell 在执行时会直接忽略 "#" 之后的所有内容。养成良好的注释习惯对合作者（团队）和编程者自己都是很有必要的。

与其他编程语言一样，Shell 会忽略空白行。可以使用空白行将一个规模较大的程序按功能或任务进行分割。

Shell 脚本的功能是通过 Shell 命令实现的，默认情况下，命令的执行是从上而下、从左至右进行的。命令的书写只需符合 Shell 命令语法即可，一个独立执行的命令行以回车符结尾；一行内容太多，可以使用 "\" 来换行。

本例中 echo 命令用来显示提示信息，-n 选项表示在显示信息时不自动换行。不加该选项，默认会在命令的最后自动加上一个换行符以实现自动换行。

"whoami" 字符串左右的反引号 "、" 用于命令替换（转换），也就是将它所标注的字符串视为命令执行，并将其输出的字符串在原地展开。

与其他语言一样，Shell 也可以包含外部脚本，将外部脚本的内容合并到当前脚本。包含外部脚本的方式如下：

> . 脚本文件

或

> source 脚本文件

两种方式的作用一样，为简单起见，一般使用点号（"."），但要注意点号和脚本文件名之间一定要有一个空格。

例如，可以通过包含外部脚本将内容合并在一起。第 1 个例子作为主脚本，文件名为 Hello，第 2 个例子作为要嵌入的脚本，文件名为 Login。将主脚本的内容修改如下，即可包含另一个脚本。

```
#!/bin/bash
# 显示 "Hello World!"
echo "Hello World!"
. ./Login
```

注意，其中的第 2 个点号表示当前目录。

8.1.4　Shell 编程基本步骤

Shell 编程包括两个基本步骤。

第一步是编写 Shell 脚本。Shell 脚本本身就是一个文本文件，通常将其文件扩展名设置为 .sh，当然也可以不带任何扩展名。与其他脚本语言编程一样，Shell 脚本编程不需要编译器，也不需要集成开发环境，一般使用文本编辑器即可。Shell 编程首选的编辑器是 Vi 或 Emacs，在桌面环境中可直接使用图形化编辑器 gedit 或 kate。推荐初学者使用更为简单的 Nano 字符终端文本编辑器。

当然，在编写脚本前，需要先梳理开发思路，做好需求分析，确定脚本的功能和作用，再编写 Shell 代码。

第二步是执行 Shell 脚本。Shell 脚本是解释执行的，需要 Shell 解释器的支持。Ubuntu 操作系统中默认的 Shell 解释器是 bash。

另外，可以像其他编程语言一样，对 Shell 脚本进行调试，以便查找和消除错误。在 bash 中，Shell 脚本的调试主要是利用 bash 命令（Shell 解释器）的选项来实现的。

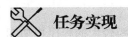任务实现

8.1.5　执行 Shell 脚本

Shell 脚本的执行有多种方式。首先准备一个简单的 Shell 脚本。与多数编程语言入门示范一样，这是一个最经典、最简单的入门程序，即在屏幕上显示一行字符串"Hello World！"。

```
#!/bin/bash
# 显示 "Hello World!"
echo "Hello World!"
```

这里将该脚本保存到用户主目录中，并命名为 hello.sh。然后基于该脚本来学习 Shell 脚本的不同执行方式。

1. 在命令行提示符下直接执行

这是最常用的脚本执行方式。直接编辑生成的脚本文件并没有执行权限，需要将权限设置为可执行，才能将其在命令行提示符下作为命令直接执行。如果 Shell 脚本文件中包含有外部脚本文件，被包含的脚本文件并不需要有执行权限。可以使用 chmod 命令设置可执行权限，也可以使用文件管理器来设置权限，允许脚本文件作为程序执行文件。

执行 Shell 脚本的方式与执行一般的可执行文件的方式相似。Shell 接收用户输入的命令（脚本名），并进行分析。如果文件被标记为可执行的，但不是被编译过的程序，Shell 就认为它是一个脚本。Shell 将读取其中的内容，并加以解释执行。

这里先为前面的 hello.sh 文件赋予执行权限，再执行它，过程如下。

```
tester@linuxpc1:~$ chmod +x hello.sh
tester@linuxpc1:~$ ./hello.sh
Hello World!
```

例中执行脚本命令时在脚本文件名前加上了 "./"，表明启动当前目录下的脚本文件 hello.sh。
如果不加 "./"，直接用脚本文件名，Linux 操作系统会到系统命令搜索路径（由环境变量 $PATH
定义）中去查找该脚本文件，由于此例中的脚本文件位于用户主目录，显然会找不到。

注意

如果想要像命令那样直接输入脚本文件名，还需要让该脚本所在的目录被包含在环境
变量 $PATH 所定义的命令搜索路径中，否则就要明确指定脚本文件的路径。执行命令
echo $PATH 可查询当前的搜索路径（通常是 /bin、/sbin、/usr/bin、/usr/sbin）。如果
放置 Shell 脚本文件的目录不在当前的搜索路径中，可以将这个目录追加到搜索路径中。

2. 使用指定的 Shell 解释器执行脚本

可以使用指定的 Shell 解释器执行脚本，以脚本名作为参数。基本用法如下：

```
Shell 解释器　脚本文件　[参数]
```

这种执行方式是直接执行 Shell 解释器，其参数就是 Shell 脚本的文件名，例如：

```
tester@linuxpc1:~$ sh hello.sh
Hello World!
```

显然用这种方式执行的脚本不必在第 1 行指定 Shell 解释器，即使指定了，也会忽略。

由于通过 Shell 解释器来执行，也就不要求该脚本文件具有执行权限。这种方式能在脚本名
后面带参数，从而将参数值传递给程序中的命令，使一个 Shell 脚本可以处理多种情况，就如同
函数调用时可根据具体问题给定相应的实参。这种方式还可用来进行脚本调试。例如，sh 使用 -n
选项进行脚本的语法检查，使用 -x 选项实现脚本逐条语句的跟踪。

3. 使用 source 命令执行脚本

前面在讲解包含外部脚本时提到过 source 命令。它是 Shell 内置的命令，可在当前 Shell 环
境下读取并依次执行 Shell 脚本文件中的代码。其用法如下：

```
source 脚本文件
```

该命令通常用 "." 命令来替代。例如：

```
tester@linuxpc1:~$ . hello.sh
Hello World!
```

这种方式不要求脚本文件具有可执行权限，也不要求在第 1 行指定 Shell 解释器。

前两种方式是在当前 Shell 环境下开启一个新的子 Shell 环境来运行脚本，而 source 命令是
直接在当前 Shell 环境下执行脚本，因此不能使用 sudo 命令来执行 source 命令。

4. 将输入重定向到 Shell 脚本

可以将输入重定向到 Shell 脚本。让 Shell 从指定文件中读入命令行，并进行相应处理。其基
本用法如下：

```
bash < 脚本名
```

下面是一个简单的例子。

```
tester@linuxpc1:~$ bash < hello.sh
```

```
Hello World!
```

Shell 解释器从 hello.sh 文件中读取命令行，并执行它们。当到达文件末尾时，解释器就终止执行并把控制返回到 Shell 命令状态。此时脚本名后面不能带参数。这种方式也不要求脚本文件具有可执行权限。

8.1.6 调试 Shell 脚本

Shell 脚本的调试主要是利用 Shell 解释器的选项来实现的。其用法如下：

```
Shell 解释器 [选项] 脚本文件
```

例如，bash 命令可以利用 -v 或 -x 选项来跟踪程序的执行。-v 选项允许用户查看 Shell 程序的读入和执行。如果在读入命令行时发生错误，则终止程序的执行。每个命令行被读入后，Shell 解释器按读入时的形式显示该命令行，然后执行命令行。下面使用该选项调试前面的 hello.sh 脚本：

```
tester@linuxpc1:~$ bash -v hello.sh
#!/bin/bash
# 显示 "Hello World!"
echo "Hello World!"
Hello World!
```

-x 选项也允许用户查看 Shell 程序的执行，但它是在命令行执行前完成所有的替换之后，才显示每一个被替换后的命令行，并且在行前加前缀 "+"（变量赋值语句不加 "+"），然后执行命令。例如：

```
tester@linuxpc1:~$ bash -x hello.sh
+ echo 'Hello World!'
Hello World!
```

这两个选项的主要区别在于：使用 -v 选项，会输出命令行的原始内容；而使用 -x 选项，则输出经过替换后的命令行的内容。这两个选项也可以在 Shell 脚本内部用 "set - 选项" 的形式引用，而用 "set + 选项" 禁止该选项起作用。如果只想对程序的某一部分进行调试，则可以将该部分用上面的两个语句单独划分出来。

任务 8.2 使用 Shell 变量

▶ **任务要求**

与其他程序语言不同，在 Shell 编程中，变量是非类型性质的，不必指定变量是数字还是字符串。Shell 变量包括用户自定义变量、环境变量和内部变量。本任务的具体要求如下。

（1）了解用户自定义变量。

（2）掌握内部变量和位置参数的使用。

（3）了解变量值的输出和读取方法。

（4）了解变量替换和数组。

（5）尝试编写 Shell 脚本来监控磁盘空间。

8.2.1 用户自定义变量

Shell 支持用户自定义变量，在编写 Shell 脚本时定义，可在 Shell 程序内任意使用和修改。可将它看作局部变量，仅在当前 Shell 实例中有效，其他 Shell 启动的程序不能访问这种变量。

1. 变量定义

Shell 编程中使用变量无须事先声明，给变量赋值的过程也就是定义一个变量的过程。变量的定义很简单，用法如下：

```
变量名 = 值
```

在赋值符号两边不允许有任何空格；如果值中含有空格、制表符或换行符，则要将这个字符串用引号标注；在同一个变量中，可以一次存储整型值，下一次再存储字符串。变量名的命名应当遵循如下规则。

- 首个字符必须为字母（a ～ z，A ～ Z）。
- 中间不能有空格，可以使用下画线（ _ ）。
- 不能使用标点符号。
- 不能使用 Shell 本身的关键字（如 bash 中可用 help 命令查看保留关键字）。

下面给出数字和字符串赋值的例子。

```
# 将一个数字赋值给 x 变量
x=66
# 将一个字符串赋值给 hello 变量
hello="Hello World!"
```

已经定义的变量，可以被重新定义或赋值，例如：

```
hi="Hello!"
hi="How are you?"
```

注意，再次赋值时变量名前不能加 "$"。

还可以用一个变量给另一个变量赋值，格式如下：

```
变量 2=$ 变量 1
```

2. 变量的引用

如果要访问变量的值，可以在变量名前面加上 "$"。例如变量名为 myName，使用 $myName 就可以访问该变量的值。通常使用 echo 命令显示变量。

有些场合为避免变量名与其他字符串混淆，帮助脚本解释器识别变量的边界，访问变量值时需要为变量名加上花括号 "{}"。变量名加花括号 "{}" 是可选的。

3. 只读变量

使用 readonly 命令可以将变量定义为只读变量，只读变量的值不能被改变。

```
# 将一个字符串赋值给 hello 变量
hello="Hello World!"
# 将该变量定义为只读
readonly hello
```

4. 删除变量

使用 unset 命令可以删除变量。变量被删除后不能再次使用，unset 命令不能删除只读变量。

8.2.2 环境变量

环境变量也称为全局变量。用户自定义变量只会在当前的 Shell 中生效，而环境变量会在当前 Shell 及其所有子 Shell 中生效。环境变量又可以分为自定义环境变量和 Shell 内置环境变量。

可以使用 export 命令将变量添加到环境中，作为临时的环境变量，基本用法如下。

```
export 环境变量名 = 变量值
```

该环境变量只在当前的 Shell 或其子 Shell 下有效，一旦 Shell 关闭了，变量也就失效了，再打开新的 Shell 时该变量就不存在了，如果需要再次使用，还需要重新定义。如果要使环境变量永久生效，则需要编辑环境变量配置文件（如 /etc/profile）。

export 命令仅将环境变量添加到环境中，如果要从程序的环境中删除该环境变量，则可以使用 unset 命令或 env 命令，env 也可临时地改变环境变量值。

Shell 内置环境变量作为系统环境的一部分，不必去定义它们，可以在 Shell 脚本中使用它们，一些内置环境变量（如 PATH）可以在 Shell 中加以修改。

8.2.3 内部变量

内部变量是 Linux 操作系统所提供的一种特殊类型的变量。此类变量在程序中用来做判断。在 Shell 程序中，这类变量的值是不能修改的。常见的内部变量及其含义如表 8-1 所示。

表8-1 常见的内部变量及其含义

变量	含义
$0	当前脚本的文件名
$n	传递给脚本或函数的参数。n 是一个数字，表示第几个参数。例如，第 1 个参数是 $1，第 2 个参数是 $2，以此类推
$#	传递给脚本或函数的参数个数
$*	传递给脚本或函数的所有参数
$@	传递给脚本或函数的所有参数。被双引号（""）包含时，与 $* 稍有不同
$?	上一个命令的退出状态，或函数的返回值
$$	当前 Shell 进程标识符。对于 Shell 脚本，就是这些脚本所在的进程标识符

$? 变量可用于获取上一个命令的退出状态，即上一个命令执行后的返回结果。退出状态是一个数字，一般情况下，大部分命令执行成功会返回 0，失败则返回 1。不过，也有一些命令会返回其他值，用于表示不同类型的错误。

8.2.4 位置参数

内部变量中有几个表示运行脚本时传递给脚本的参数，通常称为位置参数（位置变量）或命令行参数。当编写一个带有若干参数的 Shell 脚本时，可以在执行命令时调用参数，也可以从其他的 Shell 脚本调用它。位置参数使用系统给出的专用名，存放在变量中的第 1 个参数名为 1，可以通过 $1 来访问；第 2 个参数名为 2，可以通过 $2 来访问，以此类推。当参数超过 10 个时，要用花括号对参数序号进行标注，如 ${12}。

$0 是一个比较特殊的位置参数，用于表示脚本自己的文件名。$* 和 $@ 都表示传递给函数或脚本的所有参数。$# 是指传递给函数或脚本的参数的个数。

调用 Shell 程序可以省略位置居后的位置参数。例如，Shell 程序要求两个参数，可以只用第 1 个参数来调用，但是不能只用第 2 个参数来调用。对于省略的较前位置参数，Shell 将它们视为空字符串处理。

$* 和 $@ 在不被双引号标注时，都以 "$1" "$2" … "$n" 的形式输出所有参数。但是当它们被双引号标注时，$* 会将所有的参数作为一个整体，以 "$1 $2 … $n" 的形式输出所有参数；$@ 会将各个参数分开，以 "$1" "$2" … "$n" 的形式输出所有参数。

在 Shell 程序中，可以利用 set 命令为位置参数赋值或重新赋值。set 命令的一般格式如下：

```
set [ 参数列表 ]
```

该命令后面无参数时，将显示系统中的系统变量（环境变量）值；如果有参数，将分别给位置参数赋值，多个参数之间用空格隔开。

8.2.5 变量值输出

Shell 变量可以使用 echo 命令实现标准输出，在屏幕上输出指定的字符串。除了简单的输出之外，echo 命令可以用来实现更复杂的输出格式控制。

可以将变量混在字符串中输出，例如：

```
str="OK!"
echo  "$str This is a test"
```

如果要让变量与其他字符连接起来，则需要使用花括号进行变量替换，例如：

```
mouth=4
echo "2020-${mouth}-10"
```

如果需要原样输出字符串（不进行转义），则应使用单引号。例如：

```
echo '$str\"'
```

输出内容使用双引号，将阻止 Shell 对大多数特殊字符进行解释，但美元符号（$）、反引号（`）和双引号（"）仍然保持其特殊意义，如果要在双引号中的内容中显示这些符号，需要使用转义符。

printf 命令用于格式化输出，可以看作 echo 命令的增强版。printf 命令可以输出简单的字符串，但不会像 echo 那样自动换行，必须显式添加换行符（\n）。例如：

```
printf 'Hello! \n'
```

printf 命令可以提供格式字符串，语法如下：

```
printf  格式字符串  [参数列表 ...]
```

参数列表给出输出的内容，参数之间使用空格分隔，不用逗号。格式字符串可以没有引号，但最好加引号，单/双引号均可。格式字符串中每个控制符（%）对应一个参数，下例中 %d 和 %s 分别表示输出十进制数和字符串。

```
tester@linuxpc1:~$ printf "%d %s\n"  1000  "ABCD"
1000 ABCD
```

当参数多于控制符（%）时，格式控制符可以重用，可以将所有参数都进行转换。如果没有相应的参数，则 %s 用 NULL 代替，%d 用 0 代替。

8.2.6　变量值读取

通过键盘读入变量值，是 Shell 程序设计的基本交互手段之一。使用 read 命令可以将变量的值作为字符串从键盘读入。在执行 read 命令时可以不指定变量参数，它会将接收到的数据放置在环境变量 REPLY 中。

read 读入的变量可以有多个，第 1 个数据给第 1 个变量，第 2 个数据给第 2 个变量，如果输入数据个数过多，则最后所有的数据都给第 1 个变量。下面的脚本示例读取两个数字，并将它们显示出来。

```
#!/bin/bash
read -p "请输入两个数字：" v1 v2
echo $v1
echo $v2
```

例中 read 命令带有 -p 选项，用于定义提示语句，屏幕先输出一行提示语句。还可以使用 -n 选项对输入的字符进行计数，当输入的字符数目达到预定数目时，自动退出，并将输入的数据赋值给变量。

read 命令也可以从文件中按行读取数据。

8.2.7　变量替换

变量替换可以根据变量的状态（是否为空、是否定义等）来改变它的值，使用花括号来限定一个变量的开始和结束。可以使用以下几种变量替换形式。

- ${var}：替换为变量本来的值。
- ${var:-word}：如果变量 var 为空或已被删除，则返回 word，但不改变 var 的值。
- ${var:=word}：如果变量 var 为空或已被删除，则返回 word，并将 var 的值设置为 word。
- ${var:?message}：如果变量 var 为空或已被删除，则将消息 message 发送到标准错误输出，可以用来检测变量 var 是否可以被正常赋值。这种替换出现在 Shell 脚本中，脚本将停止运行。
- ${var:+word}：如果变量 var 被定义，则返回 word，但不改变 var 的值。

8.2.8　数组

bash 支持一维数组（不支持多维数组），并且没有限定数组的大小。与 C 语言相似，数组元素的索引由 0 开始编号，获取数组中的元素要利用索引，索引可以是整数或算术表达式，其值应大于或等于 0。

在 Shell 中可以用圆括号来表示数组，数组元素用空格分隔开。定义数组的方法如下：

```
数组名 =（值 1 ... 值 n）
```

下面是一个例子。

```
myarray =(A B C D)
```

也可以单独定义数组的各个元素，例如：

```
myarray[0]=A
myarray[1]=B
```

可以不使用连续的索引，而且索引的范围没有限制。

使用 @ 或 * 作为索引可以获取数组中的所有元素，如 ${myarray[*]} 和 ${myarray[@]}。

采用以下方法获取数组元素的个数：

```
${# 数组名 [@]}
```

以下方法用于取得数组单个元素的长度：

```
${# 数组名 [n]}
```

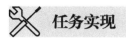任务实现

8.2.9 验证位置参数

位置参数是一种特殊的内部变量。下面给出一个脚本示例来验证位置参数。

```
#!/bin/bash
echo " 脚本文件名 : $0"
echo " 第 1 个参数 : $1"
echo " 第 2 个参数 : $2"
echo " 引用值 : $@"
echo " 参数个数 : $#"
set X1 X2 X3 X4
echo " 修改后的引用值 : $*"
echo " 修改后的参数个数 : $#"
```

将该脚本保存到 test_pp.sh 文件，接着执行命令示范传递参数。

```
tester@linuxpc1:~$ bash test_pp.sh a b c
脚本文件名 : test_pp.sh
第 1 个参数 : a
第 2 个参数 : b
引用值 : a b c
参数个数 : 3
修改后的引用值 : X1 X2 X3 X4
修改后的参数个数 : 4
```

可以发现，从命令行提供的位置参数可以被 set 命令所赋的值取代。

8.2.10 编写 Shell 脚本监控磁盘空间使用

编写 Shell 脚本用来监控主机的磁盘空间，当磁盘使用空间超过 80% 时通过发送电子邮件来告警。

1. 编写脚本

本例脚本文件（命名为 df_mon.sh）内容如下。

```
#!/bin/bash
# 获取本机的主机名
myHost=' hostname '
# 获取当前系统中磁盘使用率最高的磁盘设备及其使用率（去掉百分号）
myData=' df -hP | grep -v /dev/loop |  grep -v tmpfs |grep /dev/ | awk
'BEGIN {max = 0} {if ($5+0 > max+0) max=$5} END {print $1,int(max)} '
# 使用 cut 命令提取磁盘设备名称和使用率数据
myDevice=$(echo $ myData | cut -d \ -f 1)
```

```
Size=$(echo $myData | cut -d \  -f 2)
if [ $SIZE -ge 80 ]
then
        echo "$myHost 主机 $myDevice 磁盘空间使用率已经超过 80%，请及时处理。" | mail -s
"$myHost 主机硬盘告警"    xxxxxx@163.com
fi
```

这里用到多个变量来获取数据，并且将变量直接用到字符串中。告警邮件是通过 mail 命令自动发送的，这就涉及主机上邮件发送服务的配置。

2. 配置本地的邮件发送服务

新版本的 Ubuntu 可以通过 ssmtp 和 mailutils 两个工具实现从本地发送邮件。ssmtp 可以将 Linux 操作系统的邮件中继到第三方简单邮件传送协议（Simple Mail Transfer Protocol，SMTP）服务器上向外发送。mailutils 是邮件客户端工具，支持使用 mail 命令收发邮件。本例使用 mail 命令将本机上的告警邮件通过 ssmtp 工具发送给管理员的邮箱。

（1）安装 ssmtp 和 mailutils 软件包。

```
sudo apt install -y ssmtp mailutils
```

如果单独安装 mailutils，安装过程中会弹出文本窗口供用户设置选项，应选择 "Internet Site" 选项，将 "System mail name" 值设置为 Ubuntu 主机中的主机名。

（2）编辑 ssmtp 配置文件 /etc/ssmtp/ssmtp.conf，设置邮件发送选项（这里以 163 邮箱为例，具体邮箱名 ××××× 请自行设置）。

```
# 发送邮件的系统账户，默认为 root，本例由 tester 管理员发送
tester=postmaster
# 邮箱的 SMTP 服务器，465 端口表示使用 SMTP
mailhub=smtp.163.com:465
#Ubuntu 主机名
hostname=linuxpc1
# 使用 TLS
UseTLS=Yes
# 用于发送邮件的邮箱
tester=xxxxx@163.com
# 邮箱名
AuthUser=xxxxx
# 授权码，例如 UDYRCXISROAHNQAY
AuthPass= 授权码
```

一定要注意 AuthPass 选项的值不是邮箱的密码，而是邮箱的授权码，目的是允许第三方客户端通过邮件服务商的 POP3/SMTP/IMAP 服务收发邮件。比如，163 邮箱的授权码需要登录到邮箱设置界面，到 POP3/SMTP/IMAP 设置界面上获取，如图 8-1 所示。

（3）编辑配置文件 /etc/ssmtp/revaliases，设置邮件发送者的别名。本例设置如下：

```
tester:xxxxx@163.com:smtp.163.com:465
```

格式如下：

本地用户账户：发送者邮箱：邮件发送服务器

使用传输层安全（Transport Layer Security，TLS）协议发送邮件，还需为邮件服务器加上端口 465。

（4）使用 mail 命令发送邮件进行测试、

```
echo "hello world" | mail -s "ssmtp test" xxxxx@qq.com
```

（5）查看 /var/log/mail.log 文件内容，读取发送邮件的日志和记录进行验证。

图 8-1　邮箱设置

任务 8.3　使用表达式与运算符

任务要求

表达式是由变量、常量和运算符组成的式子，是程序的重要组成部分。Shell 的表达式可以分为算术表达式和逻辑表达式两种类型，表达式中会用到算术运算符和逻辑运算符。本任务的具体要求如下。

（1）了解算术表达式和算术运算符。

（2）了解逻辑表达式和逻辑运算符。

（3）尝试编写脚本处理文件。

相关知识

8.3.1　算术表达式与算术运算符

数学运算涉及表达式求值。bash 自身并不支持简单的数学运算，但是可以通过 awk 和 expr 等命令来实现数学运算，其中 expr 命令更为常用，使用它能够完成表达式的求值操作。例如以下语句将两个数相加，同时将计算结果输出。

```
expr 5 + 3
```

注意，操作数（用于计算的数）与运算符之间一定要有空格，否则 expr 简单地将其当作字符串输出。当然，用于计算的数可以用变量表示。

也可以将 expr 计算的值赋给变量，如下例：

```
val='expr 2 + 2'
```

注意，完整的表达式要使用反引号（'）标注，目的是实现命令替换。

更为简单的方式是直接使用 $[ ] 或 $(( )) 表达式进行数学计算，例如：

```
val=$[5+3]
```

$(( )) 的用法与 $[ ] 的用法相同，都不要求运算符与操作数之间有空格。

还可以使用 let 命令来计算整数表达式的值，例如：

```
let val=$n+$m
```

注意，这种形式要求运算符与操作数之间不能有空格。let 命令的执行效果等同于 $(( )) 的执行效果，但是 $(( )) 表达式效率更高。

算术表达式中需要使用算术运算符，主要的算术运算符有 +（加法）、-（减法）、*（乘法）、/（除法）、%（取余）和 =（赋值）。注意，expr 命令的表达式中乘号前面必须加转义符才能实现乘法运算。例如：

```
val='expr $a \* $b'
```

$[ ] 和 $(( )) 的表达式中，乘号前面不用加转义符。例如：

```
val=$(($a*$b))
```

注意，bash 只能做整数运算，浮点数是被当作字符串处理的。

8.3.2　逻辑表达式与逻辑运算符

逻辑表达式主要用于条件判断，值为 true（或 0）表示结果为真；值为 false（非 0 值）表示结果为假。通常使用 test 命令来判断表达式的真假。语法格式如下：

```
test 逻辑表达式
```

例如以下语句用于比较两个字符串是否相等。

```
test "abc"="xyz"
```

Linux 各版本中都包含 test 命令，但该命令有一个更常用的别名，即左方括号 "["。语法格式如下：

```
[ 逻辑表达式 ]
```

当使用左方括号而非 test 时，其后必须始终跟着一个空格、要判断的逻辑表达式、一个空格和右方括号，右方括号表示需判断的逻辑表达式的结束。逻辑表达式两边的空格是必需的，这表示要调用 test，以区别于同样经常使用方括号的字符、模式匹配操作（正则表达式）。

使用 test 判断表达式的结果，然后返回真或假，通常和 if、while 及 until 等语句结合使用，用于条件判断，以便对程序流进行广泛的控制。

逻辑表达式一般是文本、数字或文件、目录属性的比较，并且可以包含变量、常量和运算符。下面介绍 bash 的各类逻辑运算符。逻辑运算符与操作数之间应当加上空格。

1. 整数关系运算符

Shell 支持整数比较，这需要使用整数关系运算符。这种运算符只支持数字，不支持字符串，除非字符串的值是数字。常用的整数关系运算符如表 8-2 所示（示例中假定 a、b 两个变量的值分别为 10 和 20)。

表8-2　常用的整数关系运算符

运算符	功能说明	示例
-eq	检测两个数是否相等，相等则返回 true	[$a -eq $b] 返回 false
-ne	检测两个数是否不相等，不相等则返回 true	[$a –ne $b] 返回 true
-gt	检测运算符左边的数是否大于右边的，如果是，则返回 true	[$a –gt $b] 返回 false
-lt	检测运算符左边的数是否小于右边的，如果是，则返回 true	[$a -lt $b] 返回 true
-ge	检测运算符左边的数是否大于等于右边的，如果是，则返回 true	[$a -ge $b] 返回 false
-le	检测运算符左边的数是否小于等于右边的，如果是，则返回 true	[$a -le $b] 返回 true

还有两个符号用于整数比较，"=="等同于"-eq"，"!="等同于"-ne"。

2. 字符串检测运算符

字符串检测运算符用于检测字符串，常用的字符串检测运算符如表 8-3 所示（示例中假定 a、b 两个变量的值分别为 "abc" 和 "def")。

表8-3　常用的字符串检测运算符

运算符	功能说明	示例
=	检测两个字符串是否相等，相等则返回 true	[$a = $b] 返回 false
!=	检测两个字符串是否不相等，不相等则返回 true	[$a != $b] 返回 true
-z	检测字符串长度是否为 0，为 0 则返回 true	[-z $a] 返回 false
-n	检测字符串长度是否不为 0，不为 0 则返回 true	[-n "$b"] 返回 true
$	检测字符串是否为空，不为空则返回 true	[$a] 返回 true

3. 文件测试运算符

文件测试运算符用于检测文件的各种属性，以文件名为参数。常用的文件测试运算符如表 8-4 所示。

表8-4　常用的文件测试运算符

运算符	功能说明
-b	检测文件是否为块设备文件，如果是，则返回 true
-c	检测文件是否为字符设备文件，如果是，则返回 true
-d	检测文件是否为目录文件，如果是，则返回 true
-f	检测文件是否为普通文件（既不是目录文件，又不是设备文件），如果是，则返回 true
-g	检测文件是否设置了 SGID 位，如果是，则返回 true
-k	检测文件是否设置了 Sticky 位，如果是，则返回 true
-p	检测文件是否为具名管道，如果是，则返回 true
-u	检测文件是否设置了 SUID 位，如果是，则返回 true
-r	检测文件是否可读，如果是，则返回 true
-w	检测文件是否可写，如果是，则返回 true
-x	检测文件是否可执行，如果是，则返回 true
-s	检测文件是否为空（文件大小是否大于 0），如果不为空，则返回 true
-e	检测文件（包括目录）是否存在，如果是，则返回 true

项目 7 中涉及的 Cron 服务全局配置文件中就使用了文件测试运算符。例如其中关于每天定期执行的计划定义如下：

```
25 6 * * * root test -x /usr/sbin/anacron || ( cd / && run-parts --report
/etc/cron.daily )
```

这一项任务每天 6 点 25 分执行，先使用 test 命令检测 /usr/sbin/anacron 文件是否可执行，如果不能执行，则调用 run-parts 命令运行相应目录中的所有脚本。

4. 布尔运算符

布尔运算符用于对一个或多个逻辑表达式执行逻辑运算，结果为 true 或 false。通常用来对多个条件进行组合判断。布尔运算符有 3 个。

- -a：逻辑与运算。两个表达式都为 true 才返回 true。
- -o：逻辑或运算。有一个表达式为 true 就返回 true。
- !：逻辑非运算。表达式为 true 则返回 false，否则返回 true。

这里给出一个例子。

```
#!/bin/bash
a=5
b=10
if [ $a -lt 10 -a $b -gt 15 ]
then
    echo "两个条件都满足"
else
    echo "不是两个条件都满足"
fi
```

另外，还可以使用"&&"进行逻辑与运算，使用"||"进行逻辑或运算。这两个符号的用法与"-a"和"-o"的用法不同，必须将整个逻辑表达式放在 [[ ]] 中才有效。例如：

```
[[ 表达式 1 && 表达式 2 ]]
```

"!"可以在 [ ]、[[ ]] 中使用。

任务实现

8.3.3 编写脚本统计目录和文件数量

下面编写一个简单的脚本文件（命名为 dir_count.sh）来统计指定的目录下有多少个目录和文件。运行脚本时可使用一个参数指定要统计的目录，如果不提供参数，则统计当前目录。

```
#!/bin/bash
# 统计目录和文件数量
files=0
dirs=0
for i in $( ls $1 )
do
    if [ -d $i ]
    then
        let dirs+=1
    else
```

```
            files=' expr $files + 1 '
        fi
done
# 获取位置参数
dir_name=$1
if [ $# lt 1 ]
then
        $dir_name=" 当前 "
fi
echo "$dir_name 目录下的目录数为 $dirs"
echo "$dir_name 目录下的文件数为 $files"
```

以上脚本用到了算术运算符、文件测试运算符和字符串检测运算符。

8.3.4 编写脚本清理下载的大文件

下面编写一个脚本文件（命名为 dl_mv.sh）来清理用户下载的大文件，将大小超出 100MB 的文件转移到 /tmp 目录下。运行脚本时可使用一个参数指定要清理大文件的用户，如果不提供参数，则清理当前用户的下载文件。

```
#!/bin/bash
# 指定文件超大值为 100MB
maxSize='expr 100 \* 1024 \* 1024'
user_name=$1
if [ $# -lt 1 ] ; then  user_name=$USER ; fi
dlDir=/home/$user_name/ 下载 /
for dlFile in 'ls $dlDir'
do
# 注意判断和操作文件时最好使用完整路径
    if [ -f $dlDir$dlFile ] ;   then
        if [ 'ls -l $dlDir$dlFile | awk '{print $5}'' -gt $maxSize ];   then
            mv $dlDir$FILE  /tmp/
            echo "$user_name 用户的下载文件 $dlFile 已被移动到 /tmp 目录 "
        fi
    fi
done
```

以上脚本用到了算术运算符、文件测试运算符。

任务 8.4　实现流程控制

📄 **任务要求**

默认情况下，Shell 按顺序执行每一条语句，直到脚本文件结束，也就是线性地执行语句序列，这是一种最基本的顺序结构。Shell 虽然简单，也需要与用户交互，需要根据用户的选择决定执行序列，还可能需要将某段代码反复执行，这都需要流程控制。Shell 提供了基本的控制结构等。本任务的具体要求如下。

（1）了解多命令的组合执行。

（2）了解条件语句和分支语句的基本用法。

（3）了解循环语句的基本用法。

（4）尝试编写脚本实现批量处理操作。

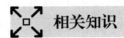 相关知识

8.4.1 多命令的组合执行

在 Shell 语句中，可以使用符号将多条命令组合起来执行。前面讲到过分号";"和管道操作符"|"，前者可以用来将多条命令依次执行，即使分号前面的命令执行出错也不影响后面命令的执行；后者将其前面命令的输出作为其后面命令的输入，实现管道操作。这里再介绍使用"&&"、"||"和括号连接多条命令的方法。在这样的组合中，后面命令的执行取决于前面的命令是否执行成功。命令执行是否成功是通过内部变量 \$? 来判断的，该变量是上一个命令的退出状态，值为 0 表示命令执行成功，其他任意值都表示命令执行失败。

1. 使用"&&"连接多条命令

使用"&&"连接的命令会按照顺序从前向后执行，但是只有该符号前面的命令执行成功后，后面的命令才能被执行。例如：

```
ls doc &>/dev/null && echo "doc exists" && rm -rf doc
```

这个命令组合先列出 doc 目录，执行成功后，显示该目录存在的信息，再使用 rm 命令删除它。其中"&>/dev/null"表示将输出重定向到不存在的设备，即忽略输出信息。

2. 使用"||"连接多条命令

"||"的效果与"&&"正好相反，所连接的命令会按照顺序从前向后执行，但是只有该符号前面的命令执行失败后，后面的命令才能被执行。例如：

```
ls doc &>/dev/null || echo "no doc exists"
```

这个命令组合先列出 doc 目录，执行失败后，再执行后面的命令显示该目录不存在的信息；如果该目录存在，则不执行后面的命令。

3. 联合使用"&&"和"||"

通常都会先进行逻辑与，再进行逻辑或：

```
命令 1 && 命令 2 || 命令 3
```

这是因为命令 2 和命令 3 多是要执行的命令，相当于"如果……就……，否则……就……"这样的逻辑组合。如果命令 1 正确执行，就接着执行命令 2，再根据命令 2 执行是否成功来决定是否执行命令 3；如果命令 1 错误执行，就不执行命令 2，但会根据当前 \$? 变量的值（命令 1 执行后返回）决定是否执行命令 3。

符号"&&"和"||"后面的命令总是根据当前 \$? 变量的值来决定是否执行。再来看下面的用法：

```
命令 1 || 命令 2 && 命令 3
```

如果命令 1 正确执行，就不会执行命令 2，但依然会执行命令 3；如果命令 1 执行失败，就执行命令 2，根据命令 2 的执行结果来判断是否执行命令 3。

4. 使用括号组合多条命令

括号可以将多条命令作为一个整体执行，常常用来结合"&&"或"||"实现更复杂的功能。例如：

```
ls doc &>/dev/null || (id wang && cd /home/wang; echo "test!";ls -l )
```

这个命令组合先列出 doc 目录，如果没有该目录，则执行括号中的命令，先查看是否有 wang 用户，如果有，继续执行后面的操作。

项目 7 的 Cron 配置文件中用到了这种组合，例如：

```
test -x /usr/sbin/anacron || ( cd / && run-parts --report /etc/cron.daily )
```

Ubuntu 操作系统中 anacron 默认是可执行的，第 1 条命令执行后返回 $? 变量的值为 0，后面括号中的命令组合是不会执行的。如果去掉其中的括号，则结果就变了。第 2 条命令 cd/ 不会执行，此时 $? 变量的值还是 0，第 3 条命令 run-parts 仍然会执行。

8.4.2 条件语句

对于先做判断再选择执行路径的情况，可使用分支结构，这需要用到条件语句。条件语句用于根据指定的条件来选择执行程序，实现程序的分支结构。if 语句通过判定条件表达式做出选择。大多数情况下，可以使用 test 命令来对条件进行测试，比如可以比较字符串、判断文件是否存在。例如：

```
if test $[val1] -eq $[val2]
```

实际应用中通常用方括号来代替 test 命令，注意两者格式的差别。使用方括号时，表达式和方括号之间必须有空格，否则会出现语法错误。

根据语法格式，if 语句可分为以下 3 种类型。

1. if...fi 语句

这是最简单的 if 结构，语法格式如下：

```
if  [ 条件表达式 ]
then
    语句序列
fi
```

如果条件表达式结果返回 true，"then"后边的语句序列将会被执行，否则将不会执行任何语句。最后必须以"fi"语句结尾来结束 if 语句，它是将"if"反过来写的。

2. if...else...fi 语句

这是较常用的 if 结构，语法格式如下：

```
if  [ 条件表达式 ]
then
    语句序列 1
else
    语句序列 2
fi
```

如果条件表达式结果返回 true，那么"then"后边的语句序列将会被执行；否则将执行"else"后边的语句序列。

3. if...elif...fi 语句

这种 if 结构可以对多个条件进行判断，语法格式如下：

```
if [ 条件表达式 1 ]
then
    语句序列 1
elif [ 条件表达式 2 ]
then
    语句序列 2
elif [ 条件表达式 3 ]
then
    语句序列 3
...
else
    语句序列 n
fi
```

哪一个条件表达式的值为 true，就执行哪一个条件表达式后面的语句序列；如果值都为 false，那么执行 "else" 后面的语句序列。"elif" 其实是 "else if" 的缩写。理论上 "elif" 可以有无限多个。

if 结构可以嵌套，一个 if 结构内可以包含另一个 if 结构。if 结构中的 elif 或 else 都是可选的。

8.4.3 分支语句

分支语句 case 是一种多选择结构，与其他语言中的 "switch ... case" 语句类似，可以看作特殊的条件语句。case 语句匹配一个值或一个模式，如果匹配成功，执行相匹配的语句序列。如果存在很多条件，那么可以使用 case 语句来代替 if 语句。case 语句的语法格式如下：

```
case 值 in
模式 1)
        语句序列 1
        ;;
模式 2)
        语句序列 2
        ;;
......
模式 n)
        语句序列 n
        ;;
*)
        其他语句序列
esac
```

值可以是变量或常数。模式可以包含多个值，使用 "|" 将各个值分开，只要值匹配模式中一个值即可视为匹配。例如 "3|5" 表示匹配 3 或 5 均可。

Shell 将 case 语句定义的变量值逐一同各个模式进行比较，当发现匹配某一模式后，就执行该模式后面的语句序列，直至遇到两个分号 ";;" 为止。";;" 与其他语言中的 break 命令类似，用于终止语句执行，跳转到整个 case 语句的最后。注意，不能省略 ";;"，否则继续执行下一模式后面的语句序列。一旦模式匹配，则执行完匹配模式相应语句序列后就不再继续尝试匹配其他模式。

"*" 表示任意模式，如果不能匹配任何模式，则执行 "*" 后面的语句序列。由于 case 语句依次检查匹配模式，"*）" 的位置很重要，应当放在最后。

下面给出一个例子，显示当前登录 Linux 的用户（不同用户给出不同的反馈结果）。

```
#!/bin/bash
case $USER in
teacher)
 echo "欢迎老师登录！"
 ;;
wangming|zhanghong)
    echo "欢迎同学测试！"
;;
root)
    echo "超级管理员！"
;;
*)
 echo "欢迎 $USER ！";;
esac
```

8.4.4　循环语句

循环语句用于反复执行一段代码，Shell 提供的循环语句有 3 种，分别是 while、until 和 for。

1. while 循环语句

while 循环语句用于不断执行一系列命令，直到测试条件为假。其语法格式如下：

```
while 测试条件
do
      语句序列
done
```

先进行条件测试，如果结果为真，则进入循环体（do 和 done 之间的部分）执行其中的语句序列；语句序列执行完毕，控制返回循环顶部，再进行条件测试，直至测试条件为假时才终止 while 语句的执行。只要测试条件为真，do 和 done 之间的语句序列就一直会执行。

2. until 循环语句

until 循环语句用来执行一系列命令，直到所指定的测试条件为真时才终止循环，基本格式如下：

```
until 测试条件
do
    语句序列
done
```

先进行条件测试，如果返回值为假，则继续执行循环体内的语句序列，否则跳出循环。

until 循环与 while 循环在处理方式上刚好相反，一般 while 循环优于 until 循环，但在某些时候，也只是极少数情况下，until 循环更加有用。

3. for 循环语句

与其他编程语言类似，Shell 支持 for 循环。until 循环与 while 循环通常用于条件循环，遇到特定的条件才会终止循环。而 for 循环适用于明确知道重复执行次数的情况，它将循环次数通过变量预先定义好，实现使用计数方式控制循环。其语法格式如下：

```
for 变量 [in 列表]
```

```
do
    语句序列
done
```

其中变量是指要在循环内部用来匹配列表当中的对象。列表是在 for 循环的内部要操作的对象，可以是一组值（数字、字符串等）组成的序列，每个值通过空格分隔，每循环一次，就将列表中的下一个值赋给变量。"in 列表"部分是可选的，如果不用它，for 循环将自动使用命令行的位置参数。

例如，下面的脚本按顺序输出列表中的数字。

```
for val in 1 2 3 4 5 6 7 8
do
    echo $str
done
```

下面的脚本显示当前用户主目录下的文件。

```
#!/bin/bash
for FILE in $HOME/*.*
do
    echo $FILE
done
```

4. 其他循环语句

在循环过程中，有时候需要在未满足循环结束条件时强制跳出循环，像大多数编程语言一样，Shell 也使用 break 和 continue 来跳出循环。

break 语句用来终止一个重复执行的循环。这种循环可以是 for、until 或者 while 语句构成的循环。其语法格式如下：

```
break [n]
```

其中 n 表示要跳出几层循环。默认值是 1，表示只跳出一层循环。

下面是一个嵌套循环的例子，如果 var1 等于 4，并且 var2 等于 2，就跳出循环。

```
#!/bin/bash
for var1 in 1 4 7
do
    for var2 in 2 5 8
    do
        if [ $var1 == 4 -a $var2 == 2 ]
        then
            break 2
        else
            echo "第 1 层:$var1"
            echo "第 2 层:$var2"
        fi
    done
done
```

continue 语句跳过循环体中位于它后面的语句，回到本层循环的开头，进行下一次循环。其语法格式如下：

```
continue [n]
```

其中 n 表示从包含 continue 语句的最内层循环体向外跳到第 n 层循环。默认值为 1。

exit 语句用来退出一个 Shell 程序，并设置退出值。其语法格式如下：

```
exit [n]
```

其中 n 是设定的退出值。如果未给出 n 值，则退出值为最后一个命令的执行状态。

任务实现

8.4.5　编写脚本从用户列表文件中批量添加用户

准备一个用户列表文件，这里将其命名为 userlist.txt，在其中添加要添加用户的账户名和密码，一行一个用户，账户名和密码用空格隔开。例如：

```
user_aa    a12345
user_bb    b67890
```

可以根据需要添加大量的用户名单。

再编写一个简单的脚本文件（命名为 user_batchAdd.sh）用来从用户列表文件中添加用户。

```
#!/bin/bash
cat userlist.txt | while read lines
do
    username='echo $lines | cut -f 1 -d ' ''
    password='echo $lines | cut -f 2 -d ' ''
    useradd -m $username
    echo $username:$password | chpasswd
    if [ $? -ne 0 ];then
        echo "$username 账户已存在！ "
    else
        echo "$username 账户创建成功！ "
    fi
done < $user_list
```

这个脚本从用户列表文件中逐行读取数据，再从读取的数据中提取用户名和密码（这里使用 cut 命令处理，cut 命令可以从文件的每一行剪切字节、字符和字段，并将这些字节、字符和字段输出），接着执行 useradd 命令添加用户账户和密码。这里使用了 while 循环语句对每条用户数据逐一处理，处理过程中根据 useradd 命令的返回值判断账户是否已存在，这里又使用了 if ... else ... fi 语句。

由于添加用户需要 root 特权，这里运行脚本时要使用 sudo 命令。例如：

```
tester@linuxpc1:~$ sudo bash user_batchAdd.sh
[sudo] tester 的密码：
user_aa 账户创建成功！
user_bb 账户创建成功！
```

8.4.6　编写脚本判断一批主机在线状态

ping 命令可以用来判断某主机的在线（存活）状态。这里编写一个脚本文件（命名为 host_batchTest.sh）用来测试一批主机的在线状态。在线主机提示一次在线即可。对于给定范围的 IP 地址进行主机在线测试。

```
#!/bin/bash
# 定义 3 种颜色来区分主机状态
redFont="\e[31m"
greenFont="\e[32m"
whiteFont="\e[0m"
while read ip
do
    for count in {1..3}
    do
        ping -c1 -W1 $ip &>/dev/null
        if [ $? -eq 0 ];then
        # echo 命令以不同颜色显示内容需要使用 -e 选项
            echo -e "${greenFont}"${ip} 主机 ${whiteFont}" 正在运行 "
            break
        else
            fail_count[$count]=$ip
        fi
    done
    if [ ${#fail_count[*]} -eq 3  ] ;then
        echo -e "${redFont}"${ip} 主机 ${whiteFont}" 停止运行 "
        unset fail_count[*]
    fi
done <iplist.txt
```

这个脚本使用了循环嵌套。通过 while 循环语句从 IP 列表文件中逐行读取主机 IP 地址，对于读取的每个 IP 地址使用 for 循环执行 ping 命令测试 3 次（本例 ping 语句中的 "&>/dev/null"表示将产生的输出信息丢弃），一旦 ping 通后即视为正在运行，退出 for 循环，再测试下一个 IP 地址，连续 3 次都无法 ping 通的 IP 地址被视为已停止运行。

再准备一个 IP 列表文件（命名为 iplist.txt），将要测试的主机的地址加入其中，一行一个 IP 地址。

任务 8.5　使用函数实现模块化程序设计

任务要求

函数可以将一个复杂程序划分成若干模块，让程序结构更加清晰，代码重复利用率更高。与其他编程语言一样，Shell 也支持函数。函数是 Shell 程序中执行特殊过程的部件，并且在 Shell 程序中可以被重复调用。在比较复杂的脚本中，使用函数会方便很多，一些功能代码编写一次，就可以多次调用。本任务的具体要求如下。

（1）了解 Shell 函数的定义和调用。

（2）了解 Shell 函数的返回值。

（3）学会使用函数改进 Shell 程序设计。

8.5.1 函数的定义和调用

Shell 函数必须先定义后调用，函数定义的格式如下：

```
[function] 函数名 ()
{
    命令序列
    [return 返回值 ]
}
```

其中 function 关键字可以省略。函数返回值可以显式增加 return 语句；如果不加该语句，则会将最后一条命令运行结果作为返回值。

Shell 函数的参数定义与其他程序语言不同，不是放在括号内显式定义，而是要像 Shell 命令那样使用位置参数。

调用函数只需要给出函数名，不需要加括号，像一般命令那样使用。函数的调用形式如下：

```
函数名 参数 1 参数 2... 参数 n
```

参数是可选的。在 Shell 中调用函数时可以向其传递参数。与脚本一样，在函数体内部也是通过位置参数 $n 的形式来获取参数的值的，例如，$1 表示第 1 个参数，$2 表示第 2 个参数。

下面先看一个倒计时函数的例子，先定义函数，再进行调用。

```
#!/bin/bash
# 定义一个倒计时函数，使用位置参数指定倒计时时间（单位是 s）
function wait(){
    for ((i=0;i<$1;i++))
    do
        echo -n ".";
        sleep 1
    done
    echo  "$1 秒倒计时结束！"
}
# 调用该函数，这里参数为 5, 5s 之后结束
wait 5
```

8.5.2 函数的返回值

Shell 函数中使用 return 语句返回值，且返回值只能是 0~255 的整数，一般用来表示函数执行成功与否，0 表示执行成功，其他值表示执行失败。如果没有使用 return 语句，则函数的返回值是函数体内最后执行的命令的返回状态。函数的返回值不能直接获取，而是需要使用内部变量 $? 获取，需要注意的是，$? 要紧跟在函数调用处的后面才能获取正确的返回值。下面给出一个获取函数返回值的例子，结果显示为 10。

```
#!/bin/bash
retNum (){
    val=$1
    # 使用 return 将变量值返回（必须是 0 ～ 255 的整数值）
```

```
        return $val
}
# 调用函数（带参数）
retNum 10
# 获取函数返回值
echo " 函数的返回值是：$?"
```

 注意 要区分 exit 与 return 语句。exit 可在 Shell 脚本中的任意位置使用，用于在程序运行的过程中随时结束程序，其参数是返回给系统的。return 在函数体内使用，返回函数值并退出函数。

Shell 函数如果要返回其他数据，比如一个字符串，往往会得到错误提示 "numeric argument required"（需要数值参数）。如果要让函数返回任意值（如字符串），可以采用以下变通方法。

1. 使用全局变量

Shell 函数没有提供局部变量，所有的函数都与其所在的父脚本共享变量，这些变量都是全局变量。因此可以先定义一个变量，用来接收函数的返回值，脚本在需要的时候访问这个变量来获得函数的返回值。使用全局变量时要注意不要修改父脚本中不期望被修改的内容。这里给出一个简单的函数返回值示例。

```
# 定义函数
Hello() {
    mystr='Hello World！'      // 将字符串赋给 mystr 变量作为函数返回值
}
# 调用函数
Hello
# 显示函数中赋值的变量
echo $mystr
```

这种方法可以让函数返回多个值，只需使用多个全局变量。

2. 在函数中使用标准输出

将一个 Shell 函数作为一个子程序调用（命令替换），将返回值写到子程序的标准输出，可以达到返回任意值的目的。请看下面的示例。

```
# 定义函数
Hello () {
    # 将字符串赋给 mystr 变量作为函数返回值
    mystr='Hello World！'
    # 显示字符串（标准输出）
    echo $mystr
}
# 使用命令替换（也可使用反引号的形式）将函数中的输出值赋给变量
result=$(Hello)
# 显示变量
echo $result
```

![任务实现图标] **任务实现**

8.5.3 在 Shell 脚本中使用函数

这里使用函数改写 8.4.6 小节的脚本（文件重命名为 Web_batchTest_byfunc.sh），实现的功能依然是 ping 通一次即可确认主机在线，ping 主机失败超过 3 次，再确认主机离线。

```bash
#!/bin/bash
# 定义函数（有参数和返回值）
pingHost () {
    ping -c1 -W1 $1 &>/dev/null
    if [ $? -eq  0 ];then
        echo -e "\e[32m$1 主机 \e[0m  在线 "
        return 1
    else
        return 0
    fi
}
while read ip
do
  for count in {1..3}
  do
    pingHost $ip
    ret=$?
    if [ $ret -eq 1 ] ; then break ; fi
  done
  if [ $ret -eq 0 ] ; then   echo -e "\e[31m${ip} 主机 \e[0m   离线 " ; fi
done <iplist.txt
```

8.5.4 编写脚本批量检测网站的可访问性

下面编写一个脚本文件（命名为 web_batchTest.sh）用来批量检测多个网站的可访问性，每隔 10s 检测一次。脚本中定义了多个函数。

```bash
#!/bin/bash
# 定义一个数组存放要检测的网站
web_list=(
    http://www.jd.com
    http://www.taobao.com
    http://192.168.10.10
    http://192.168.1.10
    )
# 定义计数器变量，统计网站检测的次数
check_count=0
# 定义检测网站的函数
function check_web(){
    for ((i=0;i<'echo ${#web_list[*]}';i++))
    do
        # 使用 wget 命令检测网站，其中 --spider 选项表示不会下载任何内容，主要测试下载链接
        wget -o /dev/null -T 5 --tries=1 --spider ${web_list[i]} >/dev/null 2>&1
        if [ $? -eq 0 ]
        then
```

```
                echo    "网站 ${web_list[$i]} 能够访问"
            else
                echo    "网站 ${web_list[$i]} 无法访问"
            fi
    done
    # 每完成一次网站检测就记录检测次数
    ((check_count++))
}
# 参考 C 语言程序定义一个主入口函数
main(){
    # 脚本持续运行,每 10s 执行一次,直至用户强制中断
    while true
    do
        check_web
        echo "---------- 完成检测次数 :${check_count}-------------"
        sleep 10
    done
}
# 执行程序主入口函数
main
```

任务 8.6　使用 Shell 正则表达式高效处理文本

📄 任务要求

　　正则表达式(Regular Expression,RE)是一种用来描述某些字符串匹配规则的工具。由于正则表达式语法简练、功能强大,因此它得到了许多程序语言的支持。Linux 的 grep、sed、awk、vim 等文本处理工具都支持正则表达式,在 Shell 脚本中将一些命令和正则表达式结合起来,可以实现非常强大的自动化管理功能。前面介绍文本处理工具时已经涉及正则表达式,这里将更系统地讲解它。本任务的具体要求如下。

　　(1)了解正则表达式的构成和用途。

　　(2)了解正则表达式的类型。

　　(3)学会使用正则表达式改进 Shell 脚本的文本内容处理。

⤢ 相关知识

8.6.1　为什么要使用正则表达式

　　正则表达式主要用于检查一个字符串是否符合指定的规则,或者将字符串中符合规则的内容提取出来。编写程序时往往需要考虑处理某些文本,比如要查找符合某些比较复杂的规则的字符串。如果单纯依靠程序语言本身,则往往要编写复杂的代码来实现。但是,如果改用正则表达式,则可以非常简短的代码来实现。例如,限制由 26 个大写英文字母组成的字符串可以使用正则表达式 "^[A-Z]+$" 实现;控制 IPv4 地址格式可以使用正则表达式 "[0-9]{1,3}\.[0-9]{1,3}\.[0-9]{1,3}\.[0-9]{1,3}" 实现。

正则表达式的规则称作模式（Pattern），用于从文本中查找到符合模式的文本。Linux 操作系统运维工作中，往往要处理配置文件、程序源代码、命令输出及日志文件等大量的文本内容，从中过滤和提取符合要求的特定字符串，或者替换、删除特定的字符串，使用正则表达式就可以大大提高这些工作的执行效率。

> **注意**　正则表达式与通配符有着本质的区别。通配符是由 Shell 解释器本身处理的，主要用在文件名参数中。正则表达式是由特定的命令行工具处理的，Linux 操作系统中的文本处理工具 grep、sed、awk、vim 等都可使用正则表达式过滤、替换或者输出需要的字符串。正则表达式一般是以行为单位处理的。

8.6.2　正则表达式的构成

一个正则表达式就是由一系列字符组成的字符串，由普通字符和元字符组成。普通字符只表示它们的字面含义，不会对其他的字符产生影响。元字符是正则表达式中具有特殊意义的字符，其作用是使正则表达式具有处理能力。一个正则表达式可能包括多个普通字符或元字符，从而形成普通字符集和元字符集。最简单的正则表达式甚至不包含任何元字符。

8.6.3　正则表达式的类型

正则表达式主要分为以下 3 种类型。

1. 基本正则表达式

常用的正则表达式称为基本正则表达式（Basic Regular Expression，BRE），基本正则表达式元字符如表 8-5 所示。

表8-5　基本正则表达式元字符

元字符	说明
^	匹配行首，例如 "^linux" 匹配以 linux 字符串开头的行
$	匹配行尾，例如 "linux$" 匹配以 linux 字符串结尾的行
^$	匹配空行
*	匹配前面的字符 0 次或多次，例如 "1133*" 匹配 113、1133、11131456
.	匹配除换行符（\n）之外的任意单个字符（包括空格），例如 "13." 匹配 1133、11333，但不匹配 13
[0-9]	匹配 0～9 的任意一个数字字符（要写成递增形式）
[A-Za-z]	匹配大写字母或者小写字母中的任意一个字符（要写成递增形式）
[^A-Za-z]	匹配除了大写与小写字母之外的任意一个字符（要写成递增形式）
[abc]	匹配方括号中的任意一个字符
[^abc]	不匹配 a、b、c 中的任何一个字符
\	匹配转义后的字符，用于指定 {}、[]、/、\、+、*、.、$、^、|、? 等特殊字符
\<	匹配单词词首，例如 "\<test" 匹配以 test 开头的单词
\>	匹配单词词尾
\?	匹配前面的字符 0 次或 1 次
\{n,m\}	匹配前一个字符出现 n～m 次
\{n,\}	至少重复 n 次
\{n\}	重复 n 次

2. 扩展正则表达式

扩展正则表达式（Extended Regular Expression，ERE）支持比基本正则表达式更多的元字符，新增加的常用元字符如下。

- +：匹配前面的字符 1 次或多次，作用和 "*" 的作用很相似，但它不匹配 0 个字符的情况。
- ?：限定前面的字符最多只出现 1 次，即前面的字符可以重复 0 次或者 1 次。
- |：表示多个正则表达式之间 "或" 的关系
- ()：表示一组可选值的集合。"|" 和 "()" 经常在一起使用，表示一组可选值。
- \{ \}：指示前面正则表达式匹配的次数。例如 "[0-9]\{5\}" 精确匹配 5 个 0 ～ 9 的数字。

3. Perl 正则表达式

Perl 正则表达式（Perl Regular Expression，PRE）的元字符与扩展正则表达式的元字符大致相同。另外，Perl 正则表达式还增加了一些元字符，如下所示。

- \d：匹配 0 ～ 9 的任意一个数字字符，等价于表达式 "[0-9]"。
- \D：匹配一个非数字字符。"\D" 等价于表达式 "[^0-9]"。
- \s：匹配任何空白字符，包括空格、制表符以及换页符等，等价于表达式 "[\f\n\r\t\v]"。
- \S：匹配任何非空白字符，等价于表达式 "[^\f\n\r\t\v]"。

提示　在 Linux 操作系统中，不同的命令行工具对正则表达式是有区别的。grep 命令支持 3 种类型的正则表达式，默认使用的是基本正则表达式，带 –E 选项表示使用扩展正则表达式，带 –P 选项则表示使用 Perl 正则表达式；egrep 命令默认使用扩展正则表达式，带 –P 选项表示使用 Perl 正则表达式；sed 命令默认使用基本正则表达式，带 –r 选项表示使用扩展正则表达式；awk（gawk）命令则使用扩展正则表达式。另外，部分元字符在某些命令中有特殊含义，如 awk 命令中 "^" 表示匹配字符串的开始，"$" 表示匹配字符。

任务实现

8.6.4　在 Shell 脚本中使用正则表达式

这里使用正则表达式改写 8.2.10 小节的脚本，将其中的主机名改为 IP 地址，实现的功能依然是某磁盘分区使用空间超过 80% 时通过发电子邮件来告警。

（1）使用正则表达式提取主机的 IP 地址。分析 ip a 命令输出的内容，了解其呈现的特征。这里要从中提取网卡的 IP 地址，可能有多个网卡，仅提取第一个网卡的 IP 地址，需要排除 "127.0.0.1" 这个特殊地址。编写正则表达式并进行测试。

```
tester@linuxpc1:~$ ip a |  grep -wE '[0-9]{1,3}\.[0-9]{1,3}\.[0-9]{1,3}\.[0-9]
{1,3}' | grep -v 127.0.0.1 | sed -n '1p' | awk '{print $2}' | cut -d '/' -f 1
 192.168.10.128
```

（2）使用正则表达式获取当前使用率最高的磁盘设备。编写正则表达式并进行测试。

```
tester@linuxpc1:~$ df |grep "^/dev/"| grep -v /dev/loop |  grep -v tmpfs |
grep -wo "[0-9]\+%"|sort -nr | head -n 1
 21%
```

这里利用 df 和 grep 命令提取磁盘各分区使用率，并使用 sort 命令从大到小排序，最后使用 head 命令提取第 1 行数据。

（3）改写 8.2.10 小节的脚本文件内容，将文件命名为 df_mon_byre.sh，邮箱名 ×××××请自行设置。

```
#!/bin/bash
# 获取本服务器的 IP 地址
myIP='ip a |  grep -wE '[0-9]{1,3}\.[0-9]{1,3}\.[0-9]{1,3}\.[0-9]{1,3}" |
grep -v 127.0.0.1 | sed -n '1p' | awk '{print $2}' | cut -d '/' -f 1'
# 获取当前系统中磁盘使用率最高的磁盘设备及其使用率（去掉百分号）
maxUsed='df |grep "^/dev/"| grep -v /dev/loop | grep -v tmpfs | grep -wo
"[0-9]\+%"|sort -nr | head -n 1'
# 使用 cut 命令提取磁盘设备名称和使用率数据
myDevice='df | grep -w $maxUsed | cut -d ' ' -f 1'
if ['$maxUsed | cut -d '%' -f 1' -ge 80 ]
then
    echo  "$myIP 主机 $myDevice 磁盘空间使用率已经超过 80%，请及时处理。" | mail -s
"$myIP 主机硬盘告警 "  ×××××@163.com
fi
```

项目小结

在 Linux 操作系统中，Shell 既可作为命令语言，以交互方式解释和执行用户输入的命令；又可作为程序设计语言，用来编写 Shell 程序以完成系统自动化运维的任务。通过本项目的实施，读者应当了解 Shell 编程的基本知识，初步掌握 Shell 编程技能，能够编写简单的 Shell 脚本完成系统运维任务。Shell 仅能实现基本的编程功能，项目 9 要实施的是部署软件开发工作站。

课后练习

一、选择题

1. 以下关于 Shell 脚本文件的说法中，正确的是（　　　）。
    A. 脚本文件本身没有执行权限
    B. 脚本文件是纯文本文件
    C. 脚本文件必须在第 1 行指定运行环境
    D. 一个脚本文件可以包括另一个脚本文件
2. 以下变量定义的例子中，正确的是（　　　）。
    A. x_=ABC
    B. $x=55
    C. x=43
    D. x="ABC"
3. 以下变量用法中，正确的是（　　　）。
    A. x=$y
    B. $x=$y
    C. readonly $x
    D. x=${y}
4. 以下关于 Shell 内部变量的说法中，不正确的是（　　　）。
    A. $# 表示传递给脚本的参数个数
    B. $12 表示传递给脚本的第 12 个参数
    C. $0 表示当前脚本的文件名
    D. $$ 表示当前 Shell 进程标识符
5. 有一个 Shell 数组 arr=(ABC 1 3 xy)，则表达式 ${#arr[3]} 的值是（　　　）。
    A. 1
    B. 2
    C. 3
    D. 4
6. 计算 5 和 3 乘积的算术表达式的用法中，不正确的是（　　　）。

A. val=$[5*3]   B. let val=5*3

C. val='expr 5*3'   D. val=$((5*3))

7. 以下布尔运算符的用法中，不正确的是（   ）。

A. [$a -lt 10 -a $b -gt 5]   B. test $a -lt 10 -a $b -gt 5

C. [[$a -lt 10 && $b -gt 5]]   D. [$a -lt 10 -a && $b -gt 5]

8. 表达式 test 1 -gt 2 || (echo -n "A" && echo "B") 的值是（   ）。

A. A   B. B   C. AB   D. 空

9. 以下关于 Shell 函数的说法中，正确的是（   ）。

A. 函数中如果没有 return 语句，则将最后一条命令运行结果作为函数的返回值

B. 函数定义可指明形式参数

C. 函数的返回值可以是 −1

D. 函数不能直接使用 return 返回字符串

10. 由英文字母和阿拉伯数字组成的字符串使用正则表达式表示，正确的是（   ）。

A. ^[0-9-A-Za-z]+$ B. ^[A-Za-z0-9]+$

C. [^a-zA-Z0-9]+$ D. ^[A-Za-z0-9]$

二、简答题

1. Shell 编程如何包含外部脚本？

2. 执行 Shell 脚本有哪几种方式？

3. Shell 编程支持哪几种变量类型？

4. 简述 Shell 位置参数。

5. Shell 编程如何实现数学运算？

6. 逻辑表达式使用 test 命令和它的别名 "[" 有何不同？

7. 解释 "命令 1 && 命令 2 || 命令 3" 和 "命令 1 || 命令 2 && 命令 3" 两种组合的含义。

8. 简述条件语句 if 和 case 的区别。

9. Shell 循环语句有哪几种？

10. 正则表达式分为哪几种类型？

项目实训

实训 1　编写检测字符设备文件的 Shell 脚本

实训目的

（1）了解文件测试运算符的用法。

（2）熟悉简单 Shell 脚本的编写。

实训内容

（1）判断一个文件是不是字符设备文件。

（2）给出相应的提示信息。

实训 2 编写一个内存告警的 Shell 脚本

实训目的

（1）熟悉 Shell 变量和条件语句的使用。

（2）初步掌握自动化运维脚本的编写方法。

实训内容

（1）获取主机名和当前内存使用信息。

（2）内存使用空间大于 80% 时通过邮件告警。

（3）配置 Cron 服务，每 5min 检查一次。

实训 3 分别用 while、until 和 for 语句求整数 1 ～ 50 的和

实训目的

（1）熟悉 Shell 循环语句的用法。

（2）掌握流程控制脚本的编写方法。

实训内容

（1）使用 while 语句求整数 1 ～ 50 的和。

（2）使用 until 语句求整数 1 ～ 50 的和。

（3）使用 for 语句求整数 1 ～ 50 的和。

实训 4 编写批量创建 Linux 用户的 Shell 脚本

实训目的

（1）进一步熟悉 for 语句的用法。

（2）掌握执行批处理任务的脚本编写方法。

实训内容

（1）添加一个名为 workers 的用户组。

（2）创建 20 个用户账户，命名为 woker01 至 worker20，并加入 workers 组（可以使用 seq -w 命令自动产生序号数列）。

（3）将每个用户的初始密码设置为其用户名。

实训 5 编写实时检测可用内存的 Shell 脚本

实训目的

（1）熟悉 Shell 函数的用法。

（2）掌握使用函数编写模块化脚本的方法。

实训内容

（1）编写一个读取当前可用内存的函数。

（2）每 5s 调用一次该函数，显示当前可用的内存。

项目9
部署软件开发工作站

09

Ubuntu 凭借多功能性、可靠性、不断更新，以及广泛的开发者软件库等优点，成为非常适合于软件开发的 Linux 桌面系统，现已被全球成千上万的开发团队所使用。开发团队无论使用 C/C++、Java，还是 Python、Node.js，都可以通过 Ubuntu 轻松部署开发环境，使用 Snap 或 APT 工具即可快速安装开发工具软件包。国内也有越来越多的开发人员选择 Ubuntu 桌面版作为软件开发平台，他们在 Ubuntu 操作系统上不仅编写传统的应用程序，还开发 Web 应用程序。本项目将通过 3 个典型任务，引领读者掌握建立和使用 C/C++ 程序编译和开发环境，部署 Java 应用程序开发环境和 Python 集成开发环境的方法。本项目讲解的重点不是如何使用编程语言编写这些应用程序，而是如何建立应用程序开发环境。

【课堂学习目标】

☞ 知识目标

➤ 了解 C/C++ 程序的编译和调试。
➤ 理解 make 和 Makefile 的编译机制。
➤ 了解 Java 的特点和体系。
➤ 了解 Python 编程语言。

☞ 技能目标

➤ 掌握 GCC 编译器的基本使用。
➤ 初步掌握使用 Autotools 生成 Makefile 的方法。
➤ 学会在 Ubuntu 平台上安装 JDK 和 Eclipse。
➤ 学会在 Ubuntu 平台上部署 Python 集成开发环境。

☞ 素养目标

➤ 学习软件工程思想。
➤ 培养严谨的逻辑思维能力。
➤ 养成自主探究的学习习惯。

任务 9.1　编译 C/C++ 程序

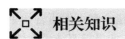

任务要求

C 和 C++ 是 Linux 中非常基本的编程语言，Linux 操作系统为此提供了相应的编程工具，包括编辑器、编译器和调试器，便于程序员选择使用。Linux 操作系统本身就是用 C 语言编写的，大量的开源软件采用 C 或 C++ 语言实现。本任务旨在让读者了解 C/C++ 程序开发流程，掌握 C 语言程序的编译和调试方法，不涉及具体的程序编写，具体要求如下。

（1）了解 C/C++ 程序开发的一般过程。

（2）了解 C/C++ 程序编译和调试的方法。

（3）初步掌握 GCC 编译器和 GDB 调试器的使用。

（4）了解 make 与自动化编译。

（5）学会使用 Autotools 工具自动生成 Makefile。

相关知识

9.1.1　程序编写

程序源代码本身是文本文件，可以使用任何文本编辑器编写。Linux 程序员往往首选经典的编辑器 Vi（Vim）或 Emacs。与 Vi 相比，Emacs 不仅是功能强大的文本编辑器，而且是一个功能全面的集成开发环境，程序员可以用它来编写代码、编译程序、收发邮件。

在 Ubuntu 桌面环境中，简单的源程序编写也可以直接使用图形化编辑器 gedit 或文本终端程序 Nano。Linux 程序员现在也可选择与 Windows 平台上 Notepad++ 编辑器相当的 Notepadqq 编辑器，执行 sudo snap install notepadqq 命令即可安装该程序。

考虑到开发效率和便捷性，建议初学者在掌握基本的编译知识之后，选用集成开发环境（如 Anjuta、Qt Creator）来编写 C 或 C++ 程序。

9.1.2　程序编译

用高级语言编写的源程序在计算机中是不能直接执行的，必须将其翻译成机器语言程序。通常有两种翻译方式：编译方式和解释方式。

编译方式是指将高级语言源程序整个编译成目标程序，然后通过连接程序将目标程序连接成可执行程序。使用这种方式得到可执行文件后，可脱离源程序和编译程序（编译器）而单独执行，所以效率高、执行速度快。

解释方式是指将源程序逐句翻译、逐句执行，解释过程中不产生目标程序，基本上是翻译一行执行一行，边翻译边执行。解释方式在执行时，源程序和解释程序（解释器）必须同时参与才能执行，由于不产生目标文件和可执行文件，解释方式的效率相对较低、执行速度慢，但是解释方式的优点是程序设计的灵活性高，编程效率更高。

C/C++ 语言程序需要编译，这里主要以编译工具 GCC 为例进行介绍。

1. GCC 编译的 4 个阶段

使用 GCC 编译源代码文件并生成可执行文件需要经历 4 个阶段，如图 9-1 所示。

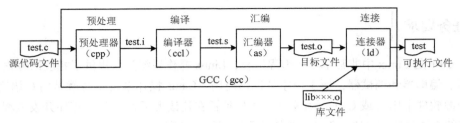

图 9-1　GCC 编译过程

（1）预处理（Preprocessing）。GCC 首先调用 cpp（预处理器）命令对源代码文件进行预处理。在此阶段，将对源代码文件中的包文件和宏定义进行展开和分析，获得预处理过的源代码。此阶段一般无须产生结果文件（.i），如果需要结果文件来分析预编译语句，可以执行 cpp 命令，或者在执行 gcc 命令时加上选项 -E。

（2）编译（Compilation）。此阶段调用 cll（编译器）命令将每个文件编译成汇编代码。编译器取决于源代码的编程语言，这是一个复杂的程序，以 C 语言为例，C 语言指令和汇编语言指令之间没有对应关系。与预处理阶段一样，此阶段通常无须产生结果文件（.s），如果需要结果文件，执行 cll 命令，或者在执行 gcc 命令时加上 -S 选项即可。生成的 .s 文件是汇编源代码文件，具有可读性。

（3）汇编（Assembly）。汇编阶段是针对汇编语言的步骤，调用 as（汇编器）命令进行工作，此阶段将每个文件转换成目标文件。一般来讲，扩展名为 .s 的汇编语言文件，经过预编译和汇编之后都生成扩展名为 .o 的目标文件。由于每条汇编指令对应唯一的代码，汇编比编译更容易。目标文件包含用于程序调试或连接的额外信息。可以在执行 gcc 命令时加上 -c 选项，只生成目标文件，而不进行连接。一般来说，对每个源文件都应该生成一个对应的中间目标文件（在 UNIX/Linux 下是 .o 文件，在 Windows 下是 .obj 文件）。

（4）连接（Linking）。当所有的目标文件都生成之后，GCC 就调用 ld 命令来完成最后的关键性工作，即将所有的目标文件和库合并成可执行文件，结果是接近目标文件格式的二进制文件。在连接阶段，所有的目标文件被置于可执行程序中，同时所调用到的库函数也从各自所在的库中连接到合适的地方。

2. 静态连接与动态连接

连接分为两种，一种是静态连接，另一种是动态连接。

通常对函数库的连接是在编译时完成的。将所有相关的目标文件与所涉及的函数库（Library）连接合成一个可执行文件。由于所需的函数都已合成到程序中，因此程序在运行时就不再需要这些函数库，这样的函数库被称为静态连接库（Static Library）。静态连接库文件在 Linux 下的扩展名为 .a，称为归档文件（Archive File），文件名通常采用 lib×××.a 的形式；而在 Windows 下的扩展名为 .lib，称为库文件（Library File）。

之所以在 Linux 下将静态连接库文件称为归档文件，是因为源文件太多会导致编译生成的中间目标文件太多，而在连接时需要显式地指出每个目标文件名很不方便，而将目标文件打个包（类似于归档）来生成静态连接库就方便多了。可以使用 ar 命令来创建一个静态连接库文件。

如果将函数库的连接推迟到程序运行时来实现，就要用到动态连接库（Dynamic Linked Library）。Linux 下的动态连接库文件的扩展名为 .so，文件名通常采用 lib×××.so 的形式，Windows 系统中对应的是 .dll 文件。

动态连接库的函数具有共享特性，连接时不会将它们合成到可执行文件中。编译时编译器只会做一些函数名之类的检查。在程序运行时，被调用的动态连接库函数被临时置于内存中某一区域，所有调用它的程序将指向这个代码段，因此这些代码必须使用相对地址而非绝对地址。编译时需通知编译器这些目标文件要用作动态连接库，使用位置无关代码（Position Independent Code，PIC，也译为浮动地址代码），具体使用 GCC 编译器时加上 -fPIC 选项。下面给出一个创建动态连接库的示例。

```
gcc -fPIC -c file1.c
gcc -fPIC -c file2.c
gcc -shared libtest.so file1.o file2.o
```

首先使用 -fPIC 选项生成目标文件，然后使用 -shared 选项建立动态连接库。

提示　使用静态连接的好处是，依赖的动态连接库较少，对动态连接库的版本不会很敏感，具有较好的兼容性；缺点是生成的程序文件量比较大。使用动态连接的好处是，生成的程序文件量比较小，占用的内存较少；缺点是相比静态连接来说，运行速度慢一些。

9.1.3　程序调试

调试是软件开发中不可缺少的环节。所谓程序调试，是指将编制的程序投入实际运行前，用手动或编译程序等方法进行测试，修正语法错误和逻辑错误的过程。程序员通过调试跟踪程序执行过程，还可以找到解决问题的方法。

运行一个带有调试程序的程序与直接运行程序不同，这是因为调试程序保存着所有的或大多数源代码信息（如行数、变量名和过程）。它还可以在预先指定的位置（称为断点）暂停执行，并提供有关已调用的函数以及变量当前值的信息。

GDB（GNU Debugger）是 GNU 发布的调试工具，它通过与 GCC 的配合使用，为基于 Linux 的软件开发提供了一个完善的调试环境。Ubuntu 操作系统默认已经安装好 GDB。

9.1.4　make 与自动化编译

一个软件项目或工程包括的源文件很多，如果每次都要使用 GCC 编译器进行编译，那么对程序员来说难度太大了。Linux 使用 Makefile 文件和 make 工具来解决此问题。make 工具基于 Makefile 文件就可以实现整个项目的完全自动化编译，从而提高软件开发的效率。了解 Makefile 文件和 make 工具有助于更深刻地理解和运用 Linux 应用软件。

1. Makefile 文件

Makefile 是一种描述文件，用于定义整个软件项目的编译规则，理顺各个源文件之间的相互依赖关系。一个软件项目中的源文件通常按类型、功能、模块分别存放在若干个目录中，Makefile 文件定义一系列规则来指定哪些文件需要先编译，哪些文件需要后编译，哪些文件需要重新编译，以及其他更复杂的功能操作。作为专门的项目描述文件，Makefile 文件像 Shell 脚本一样，可以使用文本编辑器编写。

Makefile 文件一般以 Makefile 或 makefile 作为文件名（不加任何扩展名），任何 make 命令都能识别这两个文件名。Linux 还支持以 GNUmakefile 作为其文件名。如果以其他文件名命名 Makefile 文件，在使用 make 进行编译时需要使用 -f 选项指定该描述文件的名称。

Makefile 文件通过若干条规则来定义文件依赖关系。每条规则包括目标（Target）、条件（Prerequisites）和命令（Command）三大要素。基本语法格式如下：

```
目标 ... : 条件 ...
命令
...
...
```

其中"目标"项是一个目标文件，可以是目标代码文件，也可以是可执行文件，还可以是一个标签（Label）。"条件"项就是要生成目标所需要的文件，可以是源代码文件，也可以是目标代码文件。"命令"项就是 make 需要执行的命令，可以是任意的 Shell 命令，可以有多条命令。"目标"和"条件"项定义的是文件依赖关系，要生成的目标文件依赖于条件中所指定的文件；"命令"项定义的是生成目标文件的方法，即如何生成目标文件。

Makefile 文件中的命令必须要以制表符开头，不能使用空格开头。制表符之后的空格可以忽略。

Makefile 支持语句续行，以提高可读性。续行符使用反斜线，可以出现在条件语句和命令语句的末尾，指示下一行是本行的延续。

可以在 Makefile 文件中使用注释，以"#"开头的内容被视为注释。

Makefile 支持转义符，使用反斜线进行转义。例如，要在 Makefile 中使用"#"，可以使用"\#"来表示。

这里给出一个简单的示例项目，便于读者快速了解 Makefile 文件的结构和内容。

```
#第 1 部分
textedit : main.o input.o output.o command.o files.o tools.o
cc -o textedit main.o input.o output.o command.o \
files.o utils.o
#第 2 部分
main.o : main.c def.h
cc -c main.c
input.o : input.c def.h command.h
cc -c input.c
output.o : output.c def.h buffer.h
cc -c output.c
command.o : command.c def.h command.h
cc -c command.c
files.o : files.c def.h buffer.h command.h
cc -c files.c
utils.o : tools.c def.h
cc -c tools.c
#第 3 部分
clean :
rm textedit main.o input.o output.o
rm command.o files.o tools.o
```

这个示例项目包括 6 个源代码文件（.c）和 3 个头文件（.h），分为 3 个部分。通过规则定义形成了一系列文件依赖关系，文件依赖关系链如图 9-2 所示。

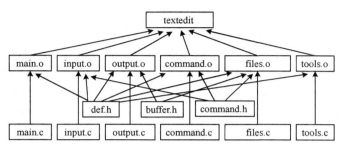

图 9-2　文件依赖关系链

第 1 部分表示要生成可执行文件 textedit，需要依赖 main.o 等 6 个目标代码文件（.o），命令的内容表示要使用这 6 个目标代码文件编译成可执行文件 textedit，这里使用了换行符将较长的行分成两行。在 UNIX 中 cc 指的是 cc 编译器，而在 Linux 下调用 cc 时，实际上并不指向 UNIX 的 cc 编译器，而是指向 GCC，也就是说 cc 是 GCC 的一个连接（相当于快捷方式）。-o 选项用于指定输出文件名。

第 2 部分为每一个目标代码文件定义所依赖的源文件（.c）和头文件（.h），命令的语句表示将源代码文件编译成相应的目标代码文件。本例命令中的 cc 有一个 -c 选项，表示只进行编译，不连接成可执行文件，编译器只是将源代码文件生成以 .o 为扩展名的目标文件，通常用于编译不包含主程序的子程序文件。

第 3 部分比较特殊，没有定义依赖文件。"clean" 不是一个文件，而是一个动作名称，类似 C 语言中的标签，冒号后面没有定义依赖文件，make 不能自动获取文件的依赖性，也就不会自动执行其后所定义的命令。要执行此处的命令，就要在 make 命令中显式指出这个标签。就本例来说，执行 make clean 命令将删除可执行文件和所有的中间目标文件。此类应用还可用于程序打包、备份等，在 Makefile 中定义与编译无关的命令即可。

提示　Makefile 对于 Windows 程序员来说可能会比较陌生。在 Windows 系统中往往通过集成开发环境实现整个项目的自动编译，相当于通过友好的图形用户界面修改 Makefile 文件。

2. make 工具

在 Linux/UNIX 环境中，make 一直是一个重要的编译工具。它最主要的功能就是通过 Makefile 文件维护源程序，实现自动编译。make 可以只对程序员在上次编译后修改过的部分进行编译，未修改的部分则跳过编译步骤进行连接。对于自己开发的软件项目，需要使用 make 命令进行编译；对于以源代码包形式发布的应用软件，则需要使用 make install 进行安装，项目 6 中已经涉及这种用法。实际上多数集成开发环境也提供 make 命令。

make 命令的基本用法如下：

```
make ［选项］［目标名］
```

参数"目标名"用于指定 make 要编译的目标。允许同时指定编译多个目标，按照从左向右的顺序依次编译指定的目标。目标可以是要生成的可执行文件，也可以是要完成特定功能的标签（通常 Makefile 中定义有 clean 目标，可用来清除编译过程中的中间文件）。如果 make 命令行参数中没有指定目标，则系统默认指向 Makefile 文件中第 1 个目标文件。

make 命令提供的选项比较多，这里介绍几个主要选项。

• -f：其参数为描述文件，用于指定 make 编译所依据的描述文件。如果没有指定此选项，系统将当前目录下名为 makefile 或者名为 Makefile 的文件作为描述文件。在 Linux 中，make 在当前工作目录中按照 GNUmakefile、makefile、Makefile 的顺序搜索 Makefile 描述文件。

• -n：只显示生成指定目标的所有执行命令，但并不实际执行。通常用来检查 Makefile 文件中的错误。

• -p：输出 Makefile 文件中所有宏定义和目标文件描述（内部规则）。

• -d：使用 Debug（调试）模式，输出有关文件和检测时间的详细信息。

• -c：其参数为目录，指定在读取 Makefile 文件之前改变到指定的目录。

3. make 基于 Makefile 的编译机制

make 命令解析 Makefile 内容，根据情况进行自动编译。如果该项目没有编译过，也就是没有生成过目标，那么根据所给的条件来生成目标，所有源文件都要编译并进行连接。如果该项目已经编译过，生成了目标，一旦条件发生变化，则需要重新生成目标。

这里结合上例代码讲解 make 如何基于 Makefile 进行编译。

（1）make 首先在当前目录下查找名称为 Makefile 或 makefile 的文件。

（2）如果找到，接着查找该文件中第一个目标，上例将 textedit 作为最终的目标文件。

（3）如果 textedit 文件不存在，或者它所依赖的文件的修改时间要比 textedit 文件新，就会执行后面所定义的命令来生成 textedit 文件。

（4）如果 textedit 文件所依赖的目标代码文件也不存在，则 make 会在当前文件中找目标为 .o 文件的依赖关系，如果找到，再根据该依赖关系生成 .o 文件。

（5）make 通过 .c 文件和 .h 文件生成 .o 文件，再用 .o 文件生成可执行文件 textedit。

make 一层一层地去查找文件的依赖关系，直到最终编译出第一个目标文件。在查找过程中，如果出现错误，比如最后被依赖的文件找不到，那么 make 就会直接退出，并报错。而对于所定义的命令的错误，或是编译不成功，make 根本不处理。

上例中像 clean 这种情况，没有被第一个目标文件直接或间接关联，那么它后面所定义的命令将不会被自动执行。不过，可以要求 make 执行，即执行命令 make clean 来清除所有的目标文件，以便重新编译。

如果整个项目已被编译过了，如修改源文件 files.c，那么根据依赖关系，目标文件 files.o 就会被重编译，files.o 文件的修改时间要比 textedit 文件新，于是 textedit 文件也会被重新连接。

9.1.5 Autotools 工具与 Makefile 自动生成

Makefile 拥有复杂的语法结构，当项目规模非常大时，维护 Makefile 非常不易，为此可以考虑采用 Autotools 工具自动生成 Makefile。当软件要以源代码形式发布，还需要在多种系统上重新编译时，仅使用 make 难度太大。源代码包安装要使用 configure、make 和 make install，在构建过程中涉及许多文件，还要兼顾到多种不同的系统平台，手动编写工作量太大。使用 Autotools 工具生成 Makefile，大大方

电子活页9-1

Makefile 的
高级特性

便了源代码包的制作，而且无须深入了解 Makefile。

一个 Autotools 项目至少需要一个名为 configure 的配置脚本和一个名为 Makefile.in 的 Makefile 模板。项目的每个目录中有一个 Makefile.in 文件。Autotools 项目还使用其他文件，这些文件并不是必需的，有的还是自动产生的，大多是通过容易编写的模板文件生成的。

实际上并不需要 Autotools 来建立 Autotools 包，configure 是在最基本的 Shell（sh）上运行的 Shell 脚本，它检查用户系统并获取每个特征，通过模板写出 Makefile 文件。

configure 在每个目录中创建所有文件。这个目录称为创建目录（Build Directory）。如果要从源代码目录中运行 configure，可以使用 ./configure，运行创建目录也是同样的。

configure 在命令行接收几个选项，用于在不同的目录中安装文件。如 --prefix dir 表示选择根目录已安装项目路径，默认的是 /usr/local。

configure 会产生几个附加文件：config.log（日志文件，出现问题时可以获得详细信息）、config.status（实际调用编译工具构建软件的 Shell 脚本）、config.h（头文件，从模板 config.h.in 中产生），不过这些文件并不是特别重要。

由 configure 产生的 Makefile 文件有点复杂，但很标准。它们定义了 GNU 标准所需的所有标准目标，常用的目标列举如下。

- make 或 make all：创建程序。
- make install：安装程序。
- make distclean：删除由 configure 产生的所有文件。

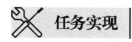
任务实现

9.1.6 使用 GCC 编译器

1. 部署 C/C++ 编译环境

Ubuntu 20.04 LTS 桌面版默认没有提供 C/C++ 的编译环境，首先需要安装 GCC、g++、make 等工具。可以分别安装这些工具，建议通过 build-essential 软件包（执行 sudo apt install build-essential 命令进行安装）来部署完整的 C/C++ 编译环境。

2. 了解 GCC 编译器的用法

gcc 命令的基本用法如下：

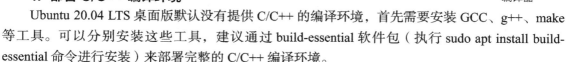

```
gcc ［选项］［源文件］
```

（1）编译输出选项。

默认使用 gcc 命令可以直接生成可执行文件，但有时也需要生成中间文件，如汇编代码文件、目标代码文件。gcc 命令提供多个编译输出选项来满足这种需求。

- -E：对源文件进行预处理，生成的结果输出到标准输出（屏幕），不会生成输出文件。
- -o：指定生成的输出文件。
- -S：对源文件进行预处理和编译，也就是将其编译成汇编代码。如果不指定输出文件，将生成扩展名为 .s 的同名文件，汇编代码文件可以用文本编辑器查看。
- -c：对源文件进行预处理、编译和汇编，也就是生成目标文件（.obj）。如果不指定输出文件，将生成扩展名为 .o 的同名目标文件。

微课9-1

使用 GCC
编译器

（2）gcc 编译优化选项。

同一条语句可以翻译成不同的汇编代码，执行效率也不大一样。gcc 提供了编译优化选项供程序员选择生成经过特别优化的代码。共有 3 个级别的优化选项，从低到高分别是 -O1、-O2 和 -O3。级别越高优化效果越好，但编译时间越长。通常 -O2 选项是比较折中的选择，既可以基本满足优化需求，又比较安全可靠。另外 -O0 选项表示不进行优化处理。

（3）其他常用选项。

• -g：生成带有调试信息的二进制形式的可执行文件。

• -Wall：编译时输出所有的警告信息，建议编译时启用此选项。

• -I：此选项后跟目录路径参数，将该路径添加到头文件的搜索路径中，gcc 会在搜索标准头文件之前先搜索该路径。

• -l：此选项后跟库文件参数，用来指定连接生成可执行文件所用的库文件。

例如，下面的例子带有这些选项。

```
gcc -g -Wall -I /usr/include/libxml2/libxml -lxml2  main.c aux.c -o tut_prog
```

此命令告知 GCC 编译源文件 main.c 和 aux.c，产生一个名为 tut_prog 的二进制文件。将在指定的目录中搜寻包含头文件，连接器使用库 libxml2 进行连接。

3. 编译 C 程序

gcc 命令可以用来编译 C 程序。首先需要编写程序代码，可以使用任何文本编辑器，保存源文件时将扩展名设置为 .c。这里给出一个例子，在主目录中建立一个名为 testgcc.c 的源文件，其代码如下：

```
#include <stdio.h>
int main(void)
{
    printf("Hello,World!\n");
    return 0;
}
```

然后执行以下命令对 testgcc.c 进行预处理、编译、汇编并连接形成可执行文件：

```
tester@linuxpc1:~$ gcc -o testgcc testgcc.c
```

其中选项 -o 指定输出可执行文件的文件名。如果没有指定输出文件，默认输出文件名为 a.out。完成编译和连接后，即可在命令行中执行，本例中执行结果如下：

```
tester@linuxpc1:~$ ./testgcc
Hello,World!
```

4. 编译 C++ 程序

gcc 命令可以用来编译 C++ 程序，当编译文件扩展名为 .cpp 时，就会编译成 C++ 程序。但是 gcc 命令不能自动与 C++ 程序使用的库连接，所以通常要使用 g++ 命令来完成连接。为便于操作，一般编译和连接 C++ 程序都改用 g++ 命令。实际上，在编译阶段 g++ 会自动调用 gcc，二者等价。g++ 是 GNU 的 C++ 编译器，对于 .c 文件，gcc 将其当作 C 程序进行处理，而 g++ 将其当作 C++ 程序进行处理；对于 .cpp 文件，gcc 和 g++ 均将其当作 C++ 程序进行处理。g++ 的基本用法如下：

```
g++ [选项] [源文件]
```

g++ 命令的选项与 gcc 的有些类似，具体内容可查看参考手册。

这里给出一个例子，在主目录中建立一个名为 testg++.cpp 的源文件，其代码如下：

```
#include <stdio.h>
#include <iostream>
int main()
{
    std::cout << "Hello world!" << std::endl;
    return 0;
}
```

然后使用 g++ 命令将 C++ 源程序进行预处理、编译、汇编并连接形成可执行文件，在 Ubuntu 中的命令如下：

```
tester@linuxpc1:~$ g++ -o testg++ testg++.cpp
```

完成编译和连接后，即可在命令行中执行，例中执行结果如下：

```
tester@linuxpc1:~$ ./testg++
Hello world!
```

5. 编译多个源文件

如果有多个源文件需要编译，使用 gcc 有两种编译方法。

（1）多个文件一起编译。

例如，使用以下命令将 test1.c 和 test2.c 分别编译后连接成 test 可执行文件。

```
gcc test1.c  test2.c  -o  test
```

采用这种方法，当源文件有变动时，需要将所有文件重新编译。

（2）分别编译各个源文件，再对编译后输出的目标文件进行连接。

下面的命令示范了这种方法，当源文件有变动时，可以只重新编译修改的文件，未修改的文件不用重新编译。

```
gcc  -c  test1.c
gcc  -c  test2.c
gcc  -o  test  test1.o  test2.o
```

提示　在编译一个包含许多源文件的项目时，如果只用一条 gcc 命令来完成编译是非常浪费时间的。尤其是只修改了其中某一个文件的时候，完全没有必要将每个文件都重新编译一遍，因为很多已经生成的目标文件是不会改变的。要解决这个问题，关键是灵活运用 gcc 的同时还要借助像 make 这样的工具。

9.1.7　使用 GDB 调试器

Ubuntu 20.04 LTS 桌面版默认已经安装好 GDB。

1. 生成带有调试信息的目标代码

为了进行程序调试，必须在程序编译时生成调试信息，调试信息包含程序里每个变量的类型，还包含可执行文件里的地址映射以及源代码的行号，GDB 正是利用这些调试信息来关联源代码和机器码的。

默认情况下，GCC 在编译时没有将调试信息插入所生成的二进制代码，如果需要在编译时

微课9-2

使用 GDB
调试器

生成调试信息，可以使用 gcc 命令的 -g 或者 -ggdb 选项。例如，下面的命令将生成带有调试信息的二进制文件 testcgdb。

```
tester@linuxpc1:~$ gcc -o testcgdb -g testgcc.c
```

类似于编译优化选项，GCC 在产生调试信息时同样可以进行分级，在 -g 选项后面附加数字 1、2 或 3 来指定在代码中加入调试信息的多少。默认的级别是 2（-g2），此时产生的调试信息包括扩展的符号表、行号、局部或外部变量信息。值得一提的是，使用任何一个调试选项都会使最终生成的二进制文件的大小增加，同时增加程序在执行时的开销，因此调试选项通常仅在软件的开发和调试阶段使用。

2. 使用 gdb 命令进行调试

生成含有调试信息的目标代码后，即可使用 gdb 命令进行调试。在命令行中直接执行 gdb 命令，或者将要调试的程序作为 gdb 命令的参数，例如：

```
tester@LinuxPC1: ~ $ gdb testcgdb
GNU gdb (Ubuntu 9.2-0ubuntu1~20.04) 9.2
（此处省略）
For help, type "help".
Type "apropos word" to search for commands related to "word"...
Reading symbols from testcgdb...done.
(gdb)
```

进入 GDB 交互界面后即可执行具体的 gdb 子命令，可执行 help 子命令查看具体的 gdb 子命令。例如，run 表示运行调试的程序，list 表示列出源代码，next 表示执行下一步，break 表示设定断点，continue 表示继续运行程序到下一个断点，quit 表示退出 GDB 调试器。

gdb 子命令可以使用简写形式，如 run 简写为 r，list 简写为 l。

这里给出一个操作例子，依次查看源代码、设置断点、运行程序、执行下一步。

```
(gdb) list                                           # 查看源代码
1 #include <stdio.h>
# 此处省略
(gdb) break 3                                        # 设置断点
Breakpoint 1 at 0x1149: file testgcc.c, line 3.
(gdb) run                                            # 运行程序
Starting program: /home/tester/testcgdb

Breakpoint 1, main () at testgcc.c:3
3 {
(gdb) next                                           # 执行下一步
4     printf("Hello,World!\n");
(gdb) continue                                       # 继续执行程序
Continuing.
Hello,World!
[Inferior 1 (process 4896) exited normally]
(gdb) quit                                           # 退出调试环境
```

9.1.8 使用 Autotools 生成 Makefile

Autotools 是系列工具，主要由 autoconf、automake、Perl 语言环境和 m4 等组成。它所包含的命令有 5 个：aclocal、autoscan、autoconf、autoheader 和 automake。这一系列工具最终的目标是生成 Makefile。首先要确认系统是否安装了以下工具（可以用 which 命令逐个进行查看）。如果没有安装，则执行以下命令完成这些工具的安装：

微课9-3

使用 Autotools
生成 Makefile

```
sudo apt install autoconf
```

接下来以一个简单的项目为例，讲解使用 Autotools 的系列工具生成 Makefile 文件，然后完成源代码安装，最后制作源代码安装包的操作过程。

（1）准备源代码文件。

为便于实验，准备 3 个简单的源代码文件，并将它们存放在同一个目录（例中存放在主目录下的 test_autotools 子目录下，将该目录作为项目工作目录）下。main.c 的源代码如下：

```
#include <stdio.h>
#include "common.h"
int main()
{
    hello_method();
    return 0;
}
```

hello.c 的源代码如下：

```
#include <stdio.h>
#include "common.h"
void hello_method()
{
    printf("Hello,World!\n");
}
```

另有一个头文件 common.h 用于定义函数，源代码如下：

```
void hello_method();
```

（2）切换到项目工作目录，执行 autoscan 命令扫描项目工作目录，生成 configure.scan 文件。

```
tester@linuxpc1:~/test_autotools$ autoscan
```

由于在主目录下的子目录中，因此此时不需要 root 特权，无须使用 sudo 命令。

所生成的 configure.scan 文件中以 "#" 开头的行是注释行，其他的都是 m4 宏命令，主要用于检测系统。下面仅列出其主要内容。

```
AC_PREREQ([2.69])
AC_INIT([FULL-PACKAGE-NAME], [VERSION], [BUG-REPORT-ADDRESS])
AC_CONFIG_SRCDIR([common.h])
AC_CONFIG_HEADERS([config.h])
AC_PROG_CC
AC_OUTPUT
```

其中以 "#" 开头的行是注释行，其他的都是 m4 宏命令，主要用于检测系统。

（3）执行 mv configure.scan configure.ac 命令将文件 configure.scan 重命名为 configure.ac，再编辑修改这个配置文件。这里共改动了 3 处，修改了 AC_INIT 宏定义，添加了 AM_INIT_AUTOMAKE 和 AC_CONFIG_FILES 宏定义，修改后的主要内容如下。

```
AC_PREREQ([2.69])
AC_INIT([hello], [1.0], [tester@abc.com])
AC_CONFIG_SRCDIR([common.h])
AC_CONFIG_HEADERS([config.h])
AM_INIT_AUTOMAKE
AC_PROG_CC
AC_CONFIG_FILES([Makefile])
AC_OUTPUT
```

其中用到的宏说明如下。

• AC_PREREQ：声明 autoconf 要求的版本号。

• AC_INIT：定义软件名称、版本号、作者联系方式。

• AC_CONFIG_SRCDIR：检测所指定的源代码文件是否存在，以确定源代码目录的有效性。

• AC_CONFIG_HEADERS：用于生成 config.h 文件，以便 autoheader 命令使用。

• AM_INIT_AUTOMAKE：初始化 automake，这是 automake 必需的宏。

• AC_PROG_CC：指定编译器，如果不指定，默认为 GCC。

• AC_CONFIG_FILES：指定生成相应的 Makefile 文件，不同目录下的 Makefile 可以通过空格分隔。

• AC_OUTPUT：列出由 configure 脚本创建的文件，这些文件都是由扩展名为 .in 的同名文件生成的。

（4）在项目工作目录下执行 aclocal 命令，扫描 configure.ac 文件生成 aclocal.m4 文件。

```
tester@linuxpc1:~/test_autotools$ aclocal
```

aclocal.m4 文件主要用于处理本地的宏定义。aclocal 命令根据已经安装的宏、用户定义宏和 acinclude.m4 文件中的宏，将 configure.ac 文件需要的宏集中定义到文件 aclocal.m4 中。

（5）在项目工作目录下执行 autoconf 命令生成 configure 脚本文件。

```
tester@linuxpc1:~/test_autotools$ autoconf
```

该命令将 configure.ac 文件中的宏展开，生成 configure 脚本文件。这个过程可能要用到 aclocal.m4 中定义的宏。

（6）在项目工作目录下执行 autoheader 命令生成 config.h.in 文件。

```
tester@linuxpc1:~/test_autotools$ autoheader
```

如果用户需要附加一些符号定义，可以创建 acconfig.h 文件，autoheader 命令会自动从 acconfig.h 文件中复制符号定义。

（7）在项目工作目录下创建 Makefile.am 文件，供 automake 工具根据 configure.in 中的参数将 Makefile.am 转换成 Makefile.in 文件。

Makefile.am 文件非常重要，其中定义了一些生成 Makefile 的规则。例中创建的 Makefile.am 的内容如下：

```
AUTOMARK_OPTIONS = foreign
bin_PROGRAMS = hello
hello_SOURCES = main.c hello.c common.h
```

其中 AUTOMAKE_OPTIONS 为 automake 的选项。GNU 对自己发布的软件有严格的规范，如必须附带许可证声明文件 COPYING 等，否则 automake 执行时会报错。automake 提供了 3 个软件等级 foreign、gnu 和 gnits 供用户选择，默认等级是 gnu。例中使用了最低的 foreign 等级，只检测必需的文件。

bin_PROGRAMS 定义要产生的可执行文件的名称，如果要产生多个可执行文件，每个文件名之间用空格隔开。

要生成的可执行文件所需要依赖的源文件使用 file_SOURCES 定义，file 表示可执行文件名，例中为 hello_SOURCES。如果要生成多个可执行文件，每个可执行文件需要分别定义对应的源文件。

实际应用中的 Makefile.am 文件要复杂一些。

（8）在项目工作目录下执行 automake 命令生成 Makefile.in 文件。通常要使用 --add-missing 选项让 automake 检查缺失的必需脚本文件。

```
tester@linuxpc1:~/test_autotools$ automake --add-missing
```

本例中由于没有准备 README 等文件，会提示几个必需的脚本文件不存在，这可以通过运行 touch 命令来创建，创建完成后再次执行 automake 命令即可。

```
tester@linuxpc1:~/test_autotools$ touch NEWS  README  AUTHORS  ChangeLog
tester@linuxpc1:~/test_autotools$ automake
```

至此使用 autotools 工具完成了源代码安装的准备，接下来可以按照源代码安装的 3 个步骤完成软件的编译和安装。

（9）在项目工作目录下执行 ./configure 命令，基于 Makefile.in 生成最终的 Makefile 文件。该命令将一些配置参数添加到 Makefile 文件中。

```
tester@linuxpc1:~/test_autotools$ ./configure
checking for a BSD-compatible install... /usr/bin/install -c
# 此处省略
config.status: creating Makefile
config.status: creating config.h
config.status: config.h is unchanged
config.status: executing depfiles commands
```

（10）在项目工作目录下执行 make 命令，基于 Makefile 文件编译源代码文件并生成可执行文件。

```
tester@linuxpc1:~/test_autotools$ make
```

（11）在项目工作目录下执行 make install 命令将编译后的软件包安装到系统中。默认设置会将软件安装到 /usr/local/bin 目录下，需要 root 特权，这里需要使用 sudo 命令。安装完毕可以在该目录下直接运行所生成的可执行文件的 hello 命令进行测试。

```
tester@linuxpc1:~/test_autotools$ sudo make install
make[1]: 进入目录"/home/tester/test_autotools"
 /usr/bin/mkdir -p '/usr/local/bin'
  /usr/bin/install -c hello '/usr/local/bin'
make[1]: 对"install-data-am"无须做任何事
make[1]: 离开目录"/home/tester/test_autotools"
tester@linuxpc1:~/test_autotools$ hello
Hello,World!
```

自动产生的 Makefile 文件指出主要的目标，如执行 make uninstall 命令将安装软件从系统中卸载;执行 make clean 命令清除已编译的文件,包括目标文件 *.o 和可执行文件。make 命令默认执行的是 make all 命令。

电子活页9-2

基于 GTK+ 的
图形用户界面
编程

（12）如果要对外发布,可以在项目工作目录下继续执行 make dist 命令将程序和相关的文档打包为一个压缩文件。例中生成的打包文件名为 hello-1.0 .tar.gz。

提示　图形用户界面应用程序的开发日益重要, 在 Ubuntu 桌面版上也可以基于 GTK+ 等图形用户界面开发框架使用 C/C+ 语言来开发图形用户界面应用程序, 通常还需部署 C/C++ 集成开发环境。

任务 9.2　搭建 Java 开发环境

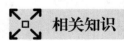

任务要求

Java 是一种可以开发跨平台应用软件的面向对象的程序设计语言。在 Ubuntu 操作系统中可以快速部署 Java 开发环境,通常使用 Eclipse 开发 Java 应用程序。本任务的具体要求如下。

（1）了解 Java 的特点。

（2）理解 Java 体系,了解 JDK 版本。

（3）掌握安装 JDK 的方法。

（4）掌握 Java 版本切换方法。

（5）掌握 Java 应用程序集成开发环境的部署。

相关知识

9.2.1　Java 的特点

Java 凭借其通用性、高效性、平台移植性和安全性,广泛应用于 PC、数据中心、游戏控制台、科学超级计算机、互联网和移动终端,同时拥有开发者专业社群。Java 在开发人员的生产效率和运行效率之间取得了很好的平衡。开发人员可以使用广泛存在的高质量类库,切身受益于 Java 这种简洁、功能强大、类型安全的语言。Java 具有以下特点。

• 简单易学。Java 语言是一种纯面向对象的程序设计语言。Java 语言的语法与 C 语言和 C++ 语言的很接近,使得大多数程序员很容易学习和使用。

• 分布式。Java 语言支持互联网应用的开发,在基本的 Java 应用程序接口中有一个网络应用编程接口,它提供了用于网络应用编程的类库。

• 具有跨平台特性。Java 不同于一般的编译执行计算机语言和解释执行计算机语言。它首先将源代码编译成二进制字节码(Bytecode),然后依赖各种不同平台上的虚拟机来解释执行字节码,从而实现了"一次编译,到处执行"的跨平台特性。

• 降低了应用系统的维护成本。Java 对对象技术的全面支持和 Java 平台内嵌的 API 能缩短应用系统的开发时间并降低成本，它能够提供一个随处可用的开放结构和在多平台之间传递信息的低成本方式。

• 在浏览器 / 服务器（Browser/Server，B/S）开发方面，Java 要远远优于 C++。Java 适合用于团队开发，软件工程可以相对做到规范，这个优势很突出。Java 语言本身语法极其严格，使用 Java 语言很难写出结构混乱的程序，程序员必须保证代码软件结构的规范性。

9.2.2 Java 体系

Java 是一套完整的体系，主要包括 Java 虚拟机（Java Virtual Machine，JVM）、Java 运 行 时 环 境（Java Runtime Environment，JRE）、Java 开 发 工 具 包（Java Development Kit，JDK）和 Java 开发工具，如图 9-3 所示。开发人员利用 JDK（调用 Java API）开发自己的 Java 程序后，通过 JDK 中的编译程序（javac）将 Java 源文件编译成 Java 字节码，在 JRE 上运行这些 Java 字节码，JVM 解析这些字节码，映射到 CPU 指令集或操作系统的系统调用。

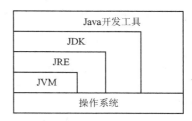

图 9-3　Java 体系

JVM 是整个 Java 体系实现跨平台的最核心部分，所有的 Java 程序首先被编译为类文件（.class）。类文件可以在 JVM 上执行，并不直接与计算机的操作系统交互，而是经过 JVM 间接与操作系统交互，由 JVM 将程序解释给本地系统执行。JVM 屏蔽了与具体操作系统平台相关的信息，使得 Java 程序只需生成在 JVM 上运行的目标代码，就可以在多种平台上不加修改地运行。

只有 JVM 还不能支持 Java 类文件的执行，因为在解释类文件时 JVM 需要调用所需的类库（.lib），这些类库由 JRE 提供。JRE 就是 Java 平台，所有的 Java 程序都要在 JRE 下才能运行。运行 Java 程序一般都要求用户的计算机安装 JRE，没有 JRE，Java 程序便无法运行。JRE 中包含 JVM、运行时所需的类库和 Java 应用启动器，这些是运行 Java 程序的必要组件。

JDK 是针对 Java 开发人员的产品。它包括 JRE、Java 工具（javac、java、jdb 等）和 Java 基础类库（即 Java API，包括 rt.jar）。通常用 JDK 来代指 Java API，Java API 是 Java 的应用程序接口，其实就是已经写好的一些 Java 类文件，包括一些重要的语言结构以及基本图形、网络和文件输入输出等类库。

针对不同的应用，JDK 分为以下 3 个版本。

• 标准版（Standard Edition，SE）：通常使用的版本，用于开发和部署桌面、服务器、嵌入设备以及实时环境中的 Java 应用程序。

• 企业版（Enterprise Edition，EE）：用来开发企业级应用程序，能够开发和部署可移植、健壮、可伸缩且安全的服务器端 Java 应用程序。

• 微型版（Micro Edition，ME）：专门为移动设备（包括消费类产品、嵌入式设备、高级移动设备等）提供的基于 Java 环境的开发与应用平台，主要用于移动设备上的 Java 应用程序开发。

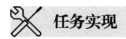

微课9-4

9.2.3 安装 JDK

JDK 有两个系列，一个是 OpenJDK，它是 JDK 的开源实现；另一个是

安装 JDK

Oracle JDK，它是 JDK 的官方 Oracle 版本。尽管 OpenJDK 已经足够满足大多数的应用开发需求，但是有些应用程序建议使用 Oracle JDK，以避免出现用户界面的性能问题。

1. 安装 OpenJDK

OpenJDK 是 Ubuntu 默认支持的 JDK 版本，这是 JRE 和 JDK 的开源版本。可以先执行 java -version 命令检查当前的 Java 版本。Ubuntu 20.04 默认没有安装任何 JDK。

如果只需安装 JRE，则只需执行 sudo apt install default-jre 命令。这里要安装 JDK 以支持 Java 开发，需执行 sudo apt install default-jdk 命令，这样会同时安装 JRE 和 JDK。安装完毕，执行以下命令检查 JRE 版本和 JVM 版本。

```
tester@linuxpc1:~$ java -version
openjdk version "11.0.13" 2021-10-19
OpenJDK Runtime Environment (build 11.0.13+8-Ubuntu-0ubuntu1.20.04)
OpenJDK 64-Bit Server VM (build 11.0.13+8-Ubuntu-0ubuntu1.20.04, mixed
mode, sharing)
```

再执行以下命令通过检查 Java 编译器 javac 的版本来查看 JDK 版本。

```
tester@linuxpc1:~$ javac -version
javac 11.0.13
```

可以发现，Ubuntu 20.04 LTS 桌面版默认支持的 JDK 版本是 OpenJDK 11。

如果想要安装特定的 OpenJDK 版本，则需要在安装命令中明确指示。例如，OpenJDK 8 可以使用 sudo apt install openjdk-8-jdk 命令安装。目前可以安装的 OpenJDK 版本还有 11、13、16、17，只需在 "openjdk- 版本号 -jdk" 中替换版本号。

2. 安装 Oracle JDK

在 Ubuntu 上安装新版本的 Oracle JDK 通常有两种方式，一种是使用官方的下载文件手动安装，另一种是使用 PPA 源进行安装。项目 6 中已经示范了通过 PPA 源安装 Oracle JDK。这里以新版本的 Oracle JDK 17 为例示范手动安装，在 Ubuntu 上执行以下操作。

（1）检查并确认有一个专用目录，这里采用常用的 /usr/lib/jvm，当然也可使用其他目录，如 /usr/local。如果没有，则要先创建专用目录。

（2）从 Oracle 官网上下载新版本的 JDK 17（Java SE Development Kit 17.0.2）安装包。

（3）将该 JDK 安装包解压到 /usr/lib/jvm 目录中。

```
tester@linuxpc1:~$ sudo tar -zxvf jdk-17_linux-x64_bin.tar.gz -C /usr/lib/jvm
```

（4）切换到专用目录下，建议将 Java 目录名改得简单、友好一些。

```
tester@linuxpc1:~$ cd /usr/lib/jvm
tester@linuxpc1:/usr/lib/jvm$ ls
default-java  java-1.11.0-openjdk-amd64  java-11-openjdk-amd64  jdk-17.0.2
openjdk-11
tester@linuxpc1:/usr/lib/jvm$ sudo mv jdk-17.0.2 java-17-oracle
```

（5）配置环境变量。编辑 /etc/profile 文件，在其末尾加上以下语句并保存。

```
export JAVA_HOME=/usr/lib/jvm/java-17-oracle
export JRE_HOME=${JAVA_HOME}/jre
export CLASSPATH=.:${JAVA_HOME}/lib:${JRE_HOME}/lib
export PATH=${JAVA_HOME}/bin:$PATH
```

（6）切换回当前主目录，执行以下命令使环境变量生效。

```
tester@linuxpc1:/usr/lib/jvm$ cd ~
tester@linuxpc1:~$ source /etc/profile
```

source 用于在当前 bash 环境下读取并执行参数指定的文件中的命令，通常直接用命令"."来替代。如果将设置环境变量的命令写进 Shell 脚本中，只会影响子 Shell，无法改变当前的bash，因此通过文件（命令序列）设置环境变量时，要用 source 命令。

（7）测试。打开一个终端，执行 java -version 命令。

```
tester@linuxpc1:~$ java -version
java version "17.0.2" 2022-01-18 LTS
Java(TM) SE Runtime Environment (build 17.0.2+8-LTS-86)
Java HotSpot(TM) 64-Bit Server VM (build 17.0.2+8-LTS-86, mixed mode, sharing)
```

显示结果表明 JDK 已经成功安装了。

9.2.4　管理 Java 版本的切换

微课9-5

管理Java版本
的切换

可以在一台计算机上安装多个版本的 Java。在 Ubuntu 操作系统中可以使用 update-alternatives 工具在多个 Java 版本之间进行切换，更改当前默认的 Java版本。update-alternatives 是一个通用的 Linux 软件版本管理工具，Linux 发行版中均提供该命令用于处理 Linux 系统中软件版本的切换。

前面使用 APT 或 PPA 安装的 Java 版本已经自动完成 update-alternatives 的注册设置，可以直接使用该命令管理。但是，通过安装包手动安装的 Java 版本无法使用该命令进行版本切换操作。纳入 update-alternatives 的软件首先需要使用 update-alternatives --install 命令进行注册。

以 9.2.3 小节中安装 Oracle Java 17 为例，安装过程中应跳过第 5 步和第 6 步。如果已经在/etc/profile 文件中配置过 Java 环境变量，则应删除相应的配置语句，并重启操作系统或者退出该Shell 环境（如关闭终端窗口）。执行以下命令进行注册。

```
    tester@LinuxPC1: ~ $ sudo update-alternatives --install /usr/bin/java java
/usr/lib/jvm/java-17-oracle/bin/java 300
    tester@LinuxPC1: ~ $ sudo update-alternatives --install /usr/bin/javac
javac  /usr/lib/jvm/java-17-oracle/bin/javac 300
```

作为示范，这里只添加了两个主要的 Java 候选项 java 和 javac，实际上还有很多 Java 候选项。

其中 --install 选项表示向 update-alternatives 注册名称，也就是可用于切换的版本，或称候选项（alternative）。后面有 4 个参数，分别说明如下。

• 链接（Link）：注册最终地址，即指向 /etc/alternatives/< 名称 > 的符号链接，update-alternatives 命令管理的就是该软链接。

• 名称（Name）：注册的软件名称，即该链接替换组的主控名。如 java 是就表示管理的是java 软件版本。

• 路径（Path）：候选项目标文件（被管理的软件版本）的绝对路径。

• 优先级（Priority）：数字越大优先级越高。当设为自动模式（默认为手动模式）时，系统默认启用优先级最高的链接，即切换到相应的软件版本。

update-alternatives 实现的机制是通过文件软链接来关联要切换到的软件版本，即链接（/usr/bin/< 名称 >）是指向名称（/etc/alternatives/< 名称 >）的软链接，而名称又是指向路径（软件实际路径）的软链接。例如，针对上述例子验证如下：

```
tester@linuxpc1:~$ ls -l /usr/bin/java
lrwxrwxrwx 1 root root 22 10月 17 14:38 /usr/bin/java -> /etc/alternatives/java
tester@linuxpc1:~$ ls -l /etc/alternatives/java
lrwxrwxrwx 1 root root 43 10月 17 14:38 /etc/alternatives/java -> /usr/lib/
jvm/java-11-openjdk-amd64/bin/java
```

每次切换（更改）操作就使软件名称指向另一个软件版本的实际地址，并在 update-alternatives 配置文件中指示当前是自动模式还是手动模式。每个名称对应的配置文件为 /var/lib/dpkg/alternatives/< 名称 >，例如，查看上述名称 java 对应的配置文件 /var/lib/dpkg/alternatives/java 的内容：

```
tester@linuxpc1:~$ cat /var/lib/dpkg/alternatives/java
auto                                                          # 自动模式
/usr/bin/java
java.1.gz
/usr/share/man/man1/java.1.gz

/usr/lib/jvm/java-11-openjdk-amd64/bin/java
1111
/usr/lib/jvm/java-11-openjdk-amd64/man/man1/java.1.gz
/usr/lib/jvm/java-17-oracle/bin/java
300
```

该配置文件中指出该软件名称包含哪些可用的软件（候选的软件版本），并指出了每个软件版本的优先级和可用的附加文件路径。也可以使用以下命令查看 java 的配置信息：

```
tester@linuxpc1:~$ update-alternatives --display java
java - 自动模式
  最佳链接版本为 /usr/lib/jvm/java-11-openjdk-amd64/bin/java
  链接目前指向 /usr/lib/jvm/java-11-openjdk-amd64/bin/java
  链接 java 指向 /usr/bin/java
  从链接 java.1.gz 指向 /usr/share/man/man1/java.1.gz
/usr/lib/jvm/java-11-openjdk-amd64/bin/java - 优先级 1111
  次要 java.1.gz：/usr/lib/jvm/java-11-openjdk-amd64/man/man1/java.1.gz
/usr/lib/jvm/java-17-oracle/bin/java - 优先级 300
```

注意，这里有个次要（Slave）链接，最终指向的是相关的 man 手册文档，每当候选项更改，该次要链接也会跟着更改。

可通过以下命令来手动选择候选项（要切换的版本）：

```
tester@linuxpc1:~$ sudo update-alternatives --config javac
有 2 个候选项可用于替换 java（提供 /usr/bin/java）。

  选择       路径                                                 优先级      状态
-------------------------------------------------------------
* 0    /usr/lib/jvm/java-11-openjdk-amd64/bin/java      1111      自动模式
  1    /usr/lib/jvm/java-11-openjdk-amd64/bin/java      1111      手动模式
  2    /usr/lib/jvm/java-17-oracle/bin/java             300       手动模式
```

选择 2 即可将切换到 Oracle Java 17。

默认情况下，update-alternatives 将自动将最佳版本的 Java 作为默认版本。如果使用 update-alternatives --config java 命令更改了候选项之后（变成手动模式）要想回到默认设置，可以使用以下命令：

```
sudo update-alternatives --auto java
```

update-alternatives 提供了多个子命令，例如删除候选项的命令如下：

```
sudo update-alternatives  --remove <名称> <路径>
```

提示

也可以使用 update-java-alternatives 工具来管理 Java 版本的切换。这是专门用于管理 Java 版本切换的工具。update-java-alternatives 依赖 update-alternatives 的注册。如果分别使用这两个工具来切换 Java 版本，则以最新使用的为准（前提是能够有效切换）。

9.2.5 使用 Eclipse 开发 Java 应用程序

编辑 Java 源代码可以使用任何无格式的纯文本编辑器，在 Linux 平台上可使用 Vi 等工具。由于 Java 受到很多厂商的支持，开发工具非常多。要提高开发效率，应首选集成开发工具。JCreator 是一个用于 Java 程序设计的轻量级集成开发环境，具有编辑、调试、运行 Java 程序的功能，适合初学者使用。IntelliJ IDEA 在业界被公认为最好的 Java 开发工具之一，其在智能代码助手、代码自动提示、重构、J2EE 支持、各类版本工具、JUnit、CVS 整合、代码分析、创新的 GUI 设计等方面的功能非常优秀。这是一款商业软件，没有开源版本。目前比较流行的 Java 集成开发工具是 Eclipse。Eclipse 比 JCreator 更专业，是一个开放的、可扩展的集成开发环境，不仅可以用于 Java 的开发，通过开发插件还可以构建其他语言（如 C++、PHP）的开发工具。Eclipse 是开放源代码的项目，可以免费下载使用。这里讲解 Eclipse 的安装和基本使用。

1. 在 Ubuntu 操作系统中安装 Eclipse

Ubuntu 操作系统对 Eclipse 提供了很好的支持。前提是安装好 JDK。可以执行以下命令通过 Snap 方式安装 Eclipse。

```
sudo snap install --classic eclipse
```

有时因为网络环境，采用这种方式不能保证成功安装。这里采用另一种方式，从 Eclipse 官网下载 Eclipse 安装器，再进行安装。

（1）从官网下载 Eclipse 安装器安装包。

```
tester@linuxpc1:~$ wget https://download.eclipse.org/oomph/epp/2021-12/R/
eclipse-inst-jre-linux64.tar.gz
```

（2）将下载的安装包解压缩到 /opt 目录。

```
tester@linuxpc1:~$ sudo tar -xf eclipse-inst-jre-linux64.tar.gz -C /opt
```

（3）执行以下命令启动 Eclipse 安装器程序。

```
tester@linuxpc1:~$ cd /opt/eclipse-installer
tester@linuxpc1:/opt/eclipse-installer$ ./eclipse-inst
```

（4）出现图 9-4 所示的 Eclipse 安装器界面，选择要安装的 IDE。该安装器可选择多种程序语言或不同开发目的的 IDE，这里选择 "Eclipse IDE for Java Developers"，即安装 Java 开发版本。

（5）出现图 9-5 所示的 Eclipse IDE for Java Developers 安装界面，选择安装选项，这里保持默认设置，单击"INSTALL"按钮开始安装。

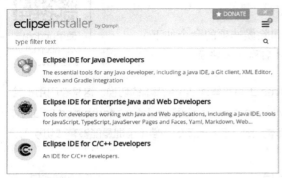

图 9-4　选择要安装的 IDE　　　　　　　　　　图 9-5　选择安装选项

（6）出现图 9-6 所示的界面，说明安装完成，单击"LAUNCH"按钮启动 Eclipse。

（7）首次启动会弹出"Eclipse Foundation Software User Agreement"对话框，单击"Accept Now"按钮，接受许可。

（8）首次运行 Eclipse 将弹出图 9-7 所示的提示对话框，定义工作空间（Workspace），即软件项目要存放的位置。勾选"Use this as the default and not ask again"复选框，会将当前指定的路径作为默认工作空间，下次启动时将不再提示定义工作空间。

（9）单击"Launch"按钮将弹出欢迎界面，给出常见操作的快捷方式。关闭欢迎界面，将进入 Eclipse 工作台（集成开发环境），可以在其中创建和管理项目。

提示

也可以直接从 Eclipse 官网下载 Eclipse IDE for Java Developer 的安装包来进行安装。只需将下载的安装包解压缩到 /opt 目录中。打开 /opt/eclipse 文件夹，双击 eclipse 文件即可启动 Eclipse。通常还要为该软件创建快捷方式，便于通过应用程序列表中的桌面快捷图标启动该应用程序。创建快捷方式要在 /usr/share/applications/ 目录中创建一个快捷图标文件。这里创建 eclipse.desktop 文件，输入以下内容并保存。

```
[Desktop Entry]
Encoding=UTF-8
Name=Eclipse
Comment=Eclipse
Exec=/opt/eclipse/eclipse
Icon=/opt/eclipse/icon.xpm
Terminal=false
StartupNotify=true
Type=Application
```

其中 Exec 和 Icon 分别指定要运行的应用程序的文件路径和它的图标的文件路径。这样就可以从应用程序列表中找到 Eclipse 图标并通过它启动 Eclipse。

图 9-6　Eclipse 安装完成

图 9-7　定义工作空间

2. 在 Eclipse 中创建 Java 项目

项目（Project）将一个软件的所有相关文件组合在一起，便于集中管理和操作这些不同种类的文件。在编写 Java 应用程序之前，首先要创建一个项目，步骤如下。

（1）从欢迎界面中单击"Create a new Java Project"按钮（或者进入集成开发环境，从主菜单"File"中选择"New"→"Java Project"命令），弹出图 9-8 所示的对话框。

（2）在"Project name"中为该项目命名，默认选中"Use default location"复选框，将在工作空间中创建一个与项目名同名的目录来存放整个项目的文件。

在"Project layout"区域默认选中"Create separate folders for sources and class files"，项目中会生成两个目录 src 和 bin，分别用来存放源代码和编译后的类文件。

（3）单击"Next"按钮，出现图 9-9 所示的对话框，其中可定义 Java 的构建（编译并建立可执行文件）设置。这里保持默认设置。

图 9-8　创建 Java 项目

图 9-9　定义 Java 的构建设置

（4）单击"Finish"按钮，弹出"New module-info.java"窗口，提示创建 module-info.java 文件并给模块命名。为简化实验，这里不用模块化机制，单击"Don't create"按钮。

（5）完成项目的创建。如图 9-10 所示，本例项目名为 HelloWorld。

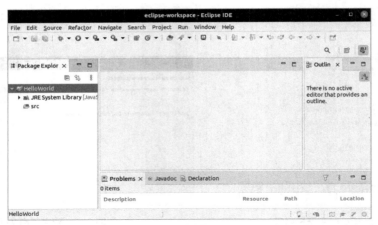

图 9-10　新创建的 Java 项目

3．在 Eclipse 中创建 Java 类

类是 Java 应用程序中最重要的文件，只有类文件才能在 JVM 上运行。要开发 Java 应用程序，就要创建 Java 类，步骤如下。

（1）从主菜单中选择"File"→"New"→"Class"命令，弹出相应的新建 Java 类的对话框。

（2）如图 9-11 所示，在"Name"文本框中输入类名，并在"Package"文本框中输入包名，这里选中"public static void main(String[ ] args)"复选框以自动创建一个 main() 方法。

图 9-11　新建 Java 类

（3）单击"Finish"按钮，界面中出现一个代码编辑器，左边包视图 src 节点下多出一个包名（例中为默认包）。

（4）在代码编辑器中可以对类文件进行编辑，如图 9-12 所示，这里增加一行代码显示"Hello World!"，用于测试。

```
System.out.println("Hello World!");
```

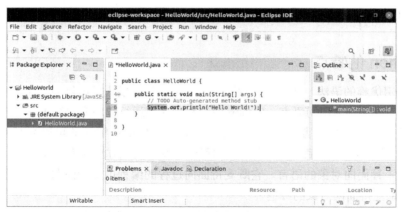

图 9-12　代码编辑器

（5）运行程序进行测试。从主菜单中选择"Run As"→"Java Application"，或者单击工具栏上的运行按钮，运行当前的 Java 程序。

（6）界面右下部的显示区中将多出一个"Console"（控制台）选项卡，如图 9-13 所示，该选项卡中显示运行结果，例中代码表明程序成功运行。

图 9-13　"Console"选项卡

还可以直接运行该 Java 程序进行实际测试：

```
tester@linuxpc1:~$ cd eclipse-workspace/HelloWorld/bin
tester@linuxpc1:~/eclipse-workspace/HelloWorld/bin$ java HelloWorld
Hello World!
```

任务 9.3　搭建 Python 集成开发环境

任务要求

Python 是一种可与 Perl、Ruby、Scheme 或 Java 相媲美的清晰而强大的面向对象、解释型的程序设计语言，语法简洁清晰，具有丰富和强大的库。它最初被用于编写自动化脚本，随着版本的不断更新和新功能的增加，越来越多地被用于独立的大型项目的开发。这里介绍如何在 Ubuntu 操作系统中搭建 Python 集成开发环境。本任务的具体要求如下。

（1）了解 Python 的特点。

（2）掌握安装 Python 和 Python 集成开发环境的方法。

（3）掌握 Python 虚拟环境的创建和管理。

（4）学会使用 pip 工具管理包。

（5）初步掌握使用 PyCharm 开发 Python 应用程序的方法。

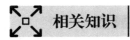

9.3.1 Python 的特点

Python 使用优雅的语法，让编写的程序易于阅读，让开发人员能够专注于解决问题而不是语言本身。作为一种易于使用的语言，Python 使编写程序和运行程序变得简单。

Python 是一种解释型语言。Python 程序易于移植。Python 解释器可以交互使用，这使得试验语言的特性、编写临时程序或在自底向上的程序开发中测试方法非常容易。

Python 是一种面向对象的语言。它既支持面向过程的编程也支持面向对象的编程。Python 通过类和多重继承支持面向对象的编程。

Python 程序代码以模块和包的形式进行组织。Python 可将程序划分为不同的模块，以便在其他的 Python 程序中重用。模块用来从逻辑上组织 Python 代码（变量、函数、类），本质就是 .py 文件。包定义了一个由模块和子包组成的 Python 应用程序执行环境，本质就是一个有层次的文件目录结构（必须带有一个 _init_.py 文件）。Python 内置大量的标准模块，这些模块提供了诸如文件输入输出、系统调用、Socket 支持，甚至类似 Tk 的图形用户界面工具包接口。除了标准库以外，还有许多其他高质量的库，如 wxPython、Twisted 和 Python 图像库等。

Python 易于扩展。使用 C 或 C++ 语言编程便可以轻易地为 Python 解释器添加内置函数或模块。为了优化性能，或者希望某些算法不公开，都可以使用 C 或 C++ 开发二进制程序，然后在 Python 程序中使用它们。当然也可以将 Python 程序嵌入 C 或 C++ 程序，从而向用户提供脚本功能。Python 能够将用其他语言开发的各种模块很轻松地连接在一起，因而常被称为胶水语言。

Python 是高级程序设计语言。用 Python 来编写程序时，无须考虑内存一类的底层细节。Python 程序非常紧凑，代码通常比同样的 C、C++ 或 Java 程序代码更短小，这是因为它支持高级的数据结构类型，而且变量或参数无须声明。

Python 适应面广，尤其适合开发运维（DevOps）、数据科学（大数据）、人工智能、网站开发和安全等领域的软件开发。

9.3.2 Python 虚拟环境

Python 虚拟环境的主要目的是为不同的项目创建彼此独立的运行环境。在虚拟环境下，每一个项目都有自己的依赖包，而与其他项目无关。在不同的虚拟环境中，同一个包可以有不同的版本，并且虚拟环境的数量没有限制。

Python 应用程序经常会使用一些不属于标准库的包和模块。Python 应用程序有时需要某个特定版本的库，因为它可能要求某个特定的 bug 已被修复，或者它要使用一个过时版本的库的接口编写。

这就意味着不太可能通过安装一个 Python 来满足每个应用程序的要求。如果一个应用程序需要一个特定模块的 1.0 版本，而另一个应用程序需要该模块的 2.0 版本，那么这两个应用程序的要求是冲突的，无论安装 1.0 版本还是 2.0 版本，都会导致其中一个应用程序不能正常运行。

解决这个问题的方案就是创建一个虚拟环境，也就是一个独立的目录树，它包含一个特定版本的 Python 和一些附加的包。

不同的应用程序可以使用不同的虚拟环境，这样就能解决不同应用程序之间的冲突，即使某个应用程序的特定模块升级版本，也不会影响到其他应用程序。

微果9-7

安装Python

9.3.3 安装 Python

安装 Python 通常很容易，现在许多 Linux 发行版预装有较新版本的 Python。Ubuntu 20.04 LTS 桌面版预装有 Python 3.8.10，不再预装 Python 2.7。可以通过以下命令进行查验：

```
tester@linuxpc1:~$ python3
Python 3.8.10 (default, Nov 26 2021, 20:14:08)
[GCC 9.3.0] on linux
Type "help", "copyright", "credits" or "license" for more information.
>>>
```

执行上述命令进入 Python 交互模式，可见直接执行 python 3 命令运行的是 Python 3.8.10。输入 exit() 并按 <Enter> 键，或者按 <Ctrl>+<D> 组合键可以退出该交互模式。

可以执行以下命令创建一个 Python 符号链接，使其指向 Python 3。

```
tester@linuxpc1:~$ sudo ln -s /usr/bin/python3  /usr/bin/python
```

这样就可以直接使用 Python 命令来调用 Python 3.8.10。

Ubuntu 20.04 LTS 桌面版没有预装 Python 包管理器 pip 或 pip3，可执行以下命令安装。

```
tester@linuxpc1:~$ sudo apt install python3-pip
```

安装完毕，可以检查 pip 和 pip3 的版本。

```
tester@linuxpc1:~$ pip --version
pip 20.0.2 from /usr/lib/python3/dist-packages/pip (python 3.8)
tester@linuxpc1:~$ pip3 --version
pip 20.0.2 from /usr/lib/python3/dist-packages/pip (python 3.8)
```

可见，pip 和 pip3 命令调用的是相同的包管理器。

如果需要安装 Python 最新版本，则需要通过源代码安装。项目 6 中已经范过在 Ubuntu 20.04 系统中通过源代码安装 Python 3.10.2。

如果同时安装有多个版本的 Python，那么除了使用不同的版本号（如 python 3.8、python 3.10）运行不同版本的 Python 外，还可以使用 update-alternatives 工具配置版本切换。

9.3.4 创建和管理 Python 虚拟环境

微果9-8

创建和管理
Python 虚拟环境

早期版本的 Python 使用 virtualenv 工具来创建多个虚拟环境。新版本的 Python 则使用模块 venv（原名 pyvenv，Python 从 3.6 版本开始弃用 pyvenv）来创建和管理虚拟环境。venv 通常会安装可获得的最新版本 Python。如果在系统中有多个版本的 Python，则可以通过运行 python3 命令（或要使用的其他任何版本的 python 命令）来选择一个指定版本的 Python。创建 Python 虚拟环境的步骤如下。

（1）默认没有安装匹配 Python 版本的 venv 包，执行以下命令进行安装。

```
tester@linuxpc1:~$ sudo apt install python3.8-venv
```

（2）执行以下命令在当前目录下创建一个虚拟环境。

```
tester@linuxpc1:~$ python3 -m venv tutorial-env
```

要创建一个虚拟环境，需要确定一个虚拟环境要存放的目录，接着以脚本方式运行 venv 模块，后跟目录路径参数。这里是在当前目录下创建虚拟环境的目录，如果目录路径不存在，则会创建该目录，并且在该目录中创建一个包含 Python 解释器、标准库以及各种支持文件的 Python 副本。可以执行以下命令进行验证。

```
tester@linuxpc1:~$ ls tutorial-env
bin  include  lib  lib64  pyvenv.cfg  share
```

（3）创建好虚拟环境之后必须激活它，执行以下命令进行激活。

```
tester@linuxpc1:~$ source tutorial-env/bin/activate
```

注意，这个脚本是用 bash Shell 编写的。如果 Shell 使用 csh 或 fish，应该使用 activate.csh 和 activate.fish 来替代。

（4）试用虚拟环境。激活虚拟环境会改变 Shell 提示符（原提示符前增加虚拟环境目录名称并用括号标注，以显示当前正在使用的虚拟环境）并且修改环境，这样运行 python 命令将会得到特定版本的 Python。例如在此虚拟环境中执行命令进入 Python 交互模式，执行交互命令。

```
(tutorial-env) tester@linuxpc1:~$ python
Python 3.8.10 (default, Nov 26 2021, 20:14:08)
[GCC 9.3.0] on linux
Type "help", "copyright", "credits" or "license" for more information.
>>> import sys
>>> sys.path
['', '/usr/lib/python38.zip', '/usr/lib/python3.8', '/usr/lib/python3.8/
lib-dynload', '/home/tester/tutorial-env/lib/python3.8/site-packages']
>>>
```

最后输入 exit() 并按 <Enter> 键，或者按 <Ctrl>+<D> 组合键退出该交互模式。

（5）关闭虚拟环境。在指定虚拟环境下完成开发任务后，可以执行以下命令关闭虚拟环境。

```
(tutorial-env) tester@linuxpc1:~$ deactivate
tester@linuxpc1:~$
```

关闭虚拟环境之后，回到全局的 Python 环境。再次运行 python 命令就会在全局 Python 环境中进入 Python 交互模式。

如果需要再次进入 Python 虚拟环境，则需要再次运行 source 命令以激活它。

9.3.5 使用 pip 工具管理包

可以使用 pip 工具来安装、升级和删除包。默认情况下，使用 pip 或 pip3 命令将会从 pip 安装源 Python Package Index（PyPI）中安装包。pip 有许多子命令，如 install（安装指定的包）、uninstall（卸载指定的包）、list（列出当前已安装的包）、show（显示一个指定包的信息）等。

微课9-9

使用pip工具管理包

1. 使用 pip 工具安装包

例如，以下是在 9.3.4 小节创建的 tutorial-env 虚拟环境中使用 pip 工具安装 psutil（这是获取和处理系统信息的 Python 实用程序）的过程。

```
tester@linuxpc1:~$ source tutorial-env/bin/activate
(tutorial-env) tester@linuxpc1:~$ pip install psutil
Collecting psutil
```

```
     Downloading psutil-5.9.2-cp38-cp38-manylinux_2_12_x86_64.manylinux2010_
x86_64.manylinux_2_17_x86_64.manylinux2014_x86_64.whl (284 kB)
     |████████████████████████████████| 284 kB 931 kB/s
Installing collected packages: psutil
Successfully installed psutil-5.9.2
```

默认会安装最新版的包，如果需要安装指定版本的包，则需明确指定版本，通过给出包名并在后面紧跟 == 和版本号，例如：

```
pip install psutil novas==5.9.0
```

加上 --upgrade 选项会将指定的包升级到最新版本：

```
pip install --upgrade psutil
```

还有一个子命令 freeze 需要重点讲解。开发项目时会创建若干虚拟环境，当遇到在不同环境下安装同样的模块时，为避免重复下载模块，可以直接将系统上其他 Python 环境中已安装的模块迁移过来使用，这就需要用到 pip freeze 命令。

```
(tutorial-env) tester@linuxpc1:~$ pip freeze > requirements.txt
(tutorial-env) tester@linuxpc1:~$ cat requirements.txt
novas==5.9.2
```

这会在当前目录下产生一个名为 requirements.txt（也可以是文件名）的文本文档，记录已安装的库及其版本信息。

切换到另一个虚拟环境（这里是 Python 全局环境）中，检查发现当前未安装 novas 包，可通过 pip install -r 将该文本文档记录的已安装库迁移过来使用，下面是具体的操作过程。

```
tester@linuxpc1:~$ pip show psutil
WARNING: Package(s) not found: psutil
tester@linuxpc1:~$ pip install -r requirements.txt
Collecting psutil==5.9.2
  Using cached psutil-5.9.2-cp38-cp38-manylinux_2_12_x86_64.manylinux2010_
x86_64.manylinux_2_17_x86_64.manylinux2014_x86_64.whl (284 kB)
Installing collected packages: psutil
Successfully installed psutil-5.9.2
```

注意，requirements.txt 文件如果不在当前目录下，则需要指定明确的路径。

2. 让 pip 安装源使用国内镜像

用 pip 管理工具安装库文件时，默认使用国外的安装源，下载速度会比较慢。国内一些机构或公司能够提供 pip 源的镜像，将 pip 安装源替换成国内镜像，不仅可以大幅提升下载速度，而且能够提高安装成功率。

pip 安装源可以在命令中临时使用，使用 pip 时通过选项 -i 来提供镜像源，例如：

```
pip install -i https://pypi.tuna.tsinghua.edu.cn/simple pyspider
```

这个命令会从清华大学的 pip 镜像源安装 pyspider 库。

如果要长久使用 pip 安装源，则需要使用配置文件，具体步骤如下。

（1）创建用于存放 pip.conf 配置文件的目录。

```
tester@linuxpc1:~$ mkdir .pip
```

（2）在该目录下编辑名为 pip.conf 的配置文件。

```
tester@linuxpc1:~$ nano .pip/pip.conf
```

（3）输入以下内容，保存该文件并退出。

```
[global]
index-url = https://pypi.tuna.tsinghua.edu.cn/simple
[install]
trusted-host = https://pypi.tuna.tsinghua.edu.cn
```

这里使用的是清华大学提供的镜像源。

9.3.6　安装 Python 集成开发环境

微课9-10

安装Python
集成开发环境

Python 程序是脚本文件，可以使用任何文本编辑器来编写。要提升开发效率，选择集成开发环境集中进行编码、运行和调试就显得非常必要。PyCharm 是由 JetBrains 公司提供的 Python 专用集成开发环境，它具备调试、语法高亮、项目管理、代码跳转、智能提示、自动完成、单元测试、版本控制等基本功能，还提供了许多框架。JetBrains 公司致力于为开发者打造各类高效、智能的开发工具。另外，Sublime Text、Eclipse with PyDev、PyScripter，以及 Visual Studio Code 通过安装 Python 扩展都可以作为 Python 集成开发环境。

1.　在 Ubuntu 操作系统中安装 PyCharm

这里推荐使用 PyCharm 来开发 Python 应用程序，它具有被广泛使用的 JetBrains 系列软件的特点，提供一整套帮助用户提高 Python 程序开发效率的工具，比较适合初学者使用。

PyCharm 主要分为两个版本，一个是商用的专业版 PyCharm Professional，另一个是开源的社区版 PyCharm Community（简称 PyCharm CE）。专业版提供完整的开发工具，可用于科学计算和 Web 开发，能与 Django、Flask 等框架深度集成，并提供对 HTML、JavaScript 和 SQL 的支持。社区版缺乏一些专业工具，只能创建纯 PyCharm 项目。另外，PyCharm 还针对教师和学生提供教育版 PyCharm Edu，这个版本集成 Python 课程学习平台，并完整地引用了社区版的所有功能。PyCharm 专业版提供 30 天的免费试用，这里以此版本为例进行示范。

现在 PyCharm 可以通过 Snap 方式安装，这里使用 Snap 安装 PyCharm 社区版：

```
tester@linuxpc1:~$ sudo snap install pycharm-community --classic channel=
2021.1/stable
确保 "pycharm-community" 的先决条件可用
下载 snap "pycharm-community" (267)，来自频道 "stable"
# 此处省略
pycharm-community 2021.3.2 已从 jetbrains √ 安装
```

加上 --classic 选项表示安装的应用程序采用 classic 模式，有权访问主机根目录下所有文件，这大大方便了 Ubuntu 桌面版用户的程序开发，无须考虑 root 特权。要安装专业版，将包名改为 pycharm-professional 即可。

也可以从 JetBrains 官网下载二进制包文件进行安装，具体步骤如下。

（1）下载二进制包文件 pycharm-*.tar.gz（*表示版本号）。

（2）将该文件解压缩到安装目录（通常是 /opt/）。

```
sudo tar xfz pycharm-*.tar.gz -C /opt/
```

（3）切换到安装目录下的 bin 子目录。

```
cd /opt/pycharm-*/bin
```

（4）运行脚本 pycharm.sh 启动 PyCharm。

```
sh pycharm.sh
```

2. PyCharm 初始化设置

这里在使用 Snap 安装的 PyCharm 的基础上进行示范。

（1）从应用程序列表中找到 PyCharm Community 图标并单击它启动 PyCharm。

（2）首次启动会出现"PyCharm User Agreement"窗口，提示用户阅读和确认用户协议，勾选其中的复选框，单击"Continue"按钮。

（3）出现"Welcome to PyCharm"界面，默认位于"Projects"界面，单击"Start Tour"按钮可以快速了解 PyCharm 用户界面和如何编写 Python 代码。

（4）选择"Customize"选项定制 PyCharm。如图 9-14 所示，默认的"Color theme"（颜色主题）是"Darcula"，这里改用"IntelliJ Light"主题。

（5）选择"Plugins"选项出现图 9-15 所示的界面，可以根据需要选择要安装的功能性插件。

（6）选择"Learn PyCharm"选项可以观看 PyCharm 教程。

图 9-14　定制 PyCharm

图 9-15　选装功能性插件

9.3.7　使用 PyCharm 开发 Python 应用程序

下面示范 Python 项目的创建和测试。

1. 创建 Python 项目

如果在 PyCharm 欢迎界面上，则单击"Start Tour"按钮进入 PyCharm 开发环境。如果已经进入 PyCharm 开发环境，则选择"File"→"New Project"命令，弹出"Create Project"（新建项目）对话框，如图 9-16 所示，设置项目的相关选项。

在"Location"文本框中设置新建项目的路径，也可以单击右侧的图标打开目录选择对话框进行选择。这个路径也决定了项目名称。

Python 应用程序开发的最佳实践是为每个项目创建一个虚拟环境。虚拟环境中所有的类库依赖都可以直接脱离系统安装的 Python 独立运行。展开"Python Interpreter:New Virtualenv environment"，然后设置虚拟环境。默认选中"New environment using"以创建新的虚拟环境。选择用于创建新虚拟环境的工具，通常选择"Virtualenv"；在"Location"文本框中设置虚拟环境

微课9-11

使用PyCharm
开发Python
应用程序

的路径（存放一个虚拟的 Python 环境），一般保持默认值；在"Base interpreter"下拉列表中选择 Python 解释器，这里选择默认安装的 Python 版本。

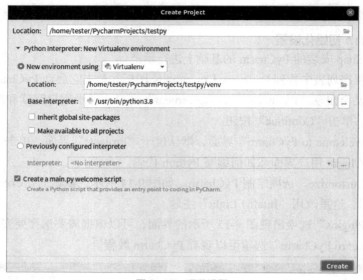

图 9-16　项目设置

当然，如果不想在项目中使用虚拟环境，则选中"Previously configured interpreter"单选按钮以关联已有的 Python 解释器，这样就会使用本地安装的 Python 环境。

默认勾选"Create a main.py welcome script"复选框，创建一个名为 main.py 的脚本文件。

完成上述设置后，单击"Create"按钮完成项目的创建，如果当前已打开项目，将会弹出"Open Project"对话框供程序员选择窗口，单击"This Windows"将在当前窗口中打开新的项目。新建的 Python 项目如图 9-17 所示。

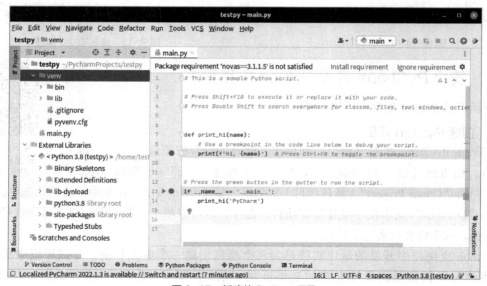

图 9-17　新建的 Python 项目

2. 编写 Python 脚本

默认创建的main.py脚本文件中已经包括程序代码,这里对其进行修改。在该文件中将代码行:

```
print_hi('PyCharm')
```

替换为:

```
print_hi("Hello world")
```

选择"File"→"Save All"命令保存该文件。PyCharm 默认不显示工具栏(Toolbar),选择"View"→"Appearance"→"Toolbar"命令可以显示工具栏,工具栏中提供了常用的操作按钮,如文件保存按钮。

如果要创建新的 Python 脚本,选中项目的根节点,选择"File"→"New"命令,从弹出的菜单列表中选择"Python File",弹出"New Python file"对话框,选择"Python File"并在文本框中输入文件名(不用加文件扩展名),按 <Enter> 键。这样就创建了一个扩展名为 .py 的 Python 脚本文件。

3. 运行 Python 脚本

运行 Python 脚本进行测试。当前打开的是 main.py 脚本文件,选择"Run"命令运行脚本,首次运行会弹出图 9-18 所示的对话框,此时可以先单击"Edit Configurations"打开图 9-19 所示的对话框,对运行环境等进行配置,其中"Script path"文本框中可指定脚本路径。

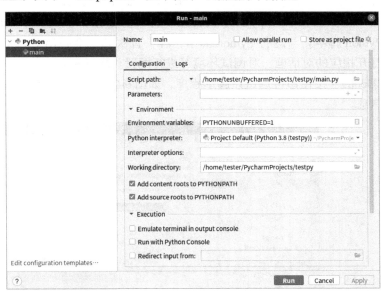

图 9-18　运行 Python 脚本　　　　　　　　图 9-19　程序运行配置

配置完毕,单击"Apply"按钮使之生效。单击"Run"按钮即可运行该脚本程序,如图 9-20 所示,底部"Run"面板显示运行过程和结果。

也可从运行 Python 脚本对话框中选择要运行的脚本文件,或者按 <Shift> + <F10> 组合键来运行脚本文件。

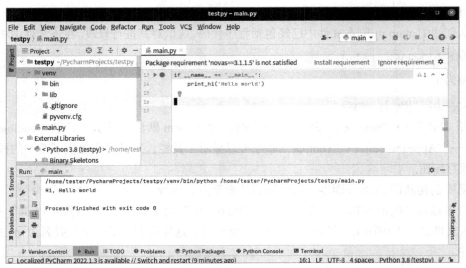

图 9-20　Python 程序运行

4．调试 Python 脚本

PyCharm 提供了调试环境。主菜单"Run"中提供了"Toggel BreakPoint"→"Line BreakPoint"等命令用于设置断点，还提供了"Debug"命令执行调试。

默认已在 main.py 脚本文件第 9 行设置了断点。选择"Run"→"Debug"命令开始调试 Python 脚本。与运行 Python 脚本一样，首次调试会弹出对话框，可单击"Edit Configurations"打开相应的对话框，对调试环境等进行配置。配置完毕，单击"Apply"按钮使之生效，再单击"Debug"按钮即可调试该脚本程序，如图 9-21 所示，底部"Debug"面板显示调试过程和调试信息。

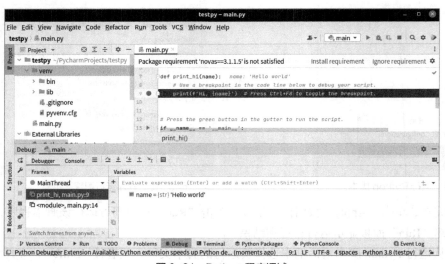

图 9-21　Python 程序调试

也可从调试 Python 脚本对话框中选择要调试的脚本文件，或者按 <Shift> + <F9> 组合键来调试脚本文件。

项目小结

通过本项目的实施，读者应当掌握基于 Ubuntu 部署软件开发环境的基本方法。限于篇幅，Android、PHP、Node.js 等主流应用程序开发环境没有一一讲解。到目前为止，主要的项目都是基于 Ubuntu 桌面版实施的，项目 10 将转向 Ubuntu 服务器版，讲解部署 Ubuntu 服务器。

电子活页9-4

在 PyCharm 中管理第三方 Python 类库

课后练习

一、选择题

1. Linux 操作系统中将源文件汇编之后生成的文件的扩展名是（　　　）。
   A. .s　　　　　　　B. .i　　　　　　　C. .o　　　　　　　D. .obj
2. 以下关于 make 和 Makefile 的说法中，不正确的是（　　　）。
   A. make 与 GCC 编译器一样
   B. Makefile 旨在实现项目的自动化编译
   C. make 必须基于 Makefile 进行编译
   D. Makefile 规则中的命令就是生成目标的方法
3. 在 Java 体系中，编译程序（javac）由（　　　）提供。
   A. JVM　　　　　　B. JRE　　　　　　C. JDK　　　　　　D. Java API
4. 以下关于 Python 的说法中，正确的是（　　　）。
   A. 一个系统中可以同时安装多个 Python 版本
   B. Python 程序执行效率高
   C. Python 程序运行必须使用虚拟环境
   D. 必须使用集成开发环境开发 Python 程序

二、简答题

1. 简述 GCC 编译的各个阶段。
2. 为什么要使用动态连接？
3. 简述 make 命令的功能。
4. 简述 Makefile 的基本语法格式。
5. 为什么要使用 Autotools？
6. 简述 Java 体系。
7. Python 有什么特点？
8. Python 虚拟环境有什么用？

项目实训

实训 1　使用 Autotools 生成 Makefile 并制作源代码安装包

实训目的

（1）熟悉 Autotools 工具的使用。

（2）初步掌握源代码安装包的制作。

实训内容

（1）参照 9.1.8 小节准备源代码文件。

（2）使用 Autotools 工具为源代码生成 Makefile。

（3）完成源代码的编译和安装。

（4）将程序和相关的文档打包为压缩文档。

实训 2　部署 Eclipse 并体验 Java 程序开发

实训目的

（1）熟悉集成开发环境 Eclipse。

（2）初步掌握 Java 应用的开发流程。

实训内容

（1）安装 OpenJDK。

（2）安装 Eclipse。

（3）在 Eclipse 中创建 Java 项目。

（4）在 Eclipse 中创建 Java 类。

（5）运行项目进行测试。

实训 3　安装 PyCharm 并体验 Python 程序开发

实训目的

（1）熟悉 Python 开发环境 PyCharm。

（2）掌握 Python 程序集成开发环境的配置和使用。

实训内容

（1）安装 PyCharm 社区版。

（2）完成 PyCharm 初始化设置。

（3）创建 Python 项目。

（4）测试该项目。

项目10
部署Ubuntu服务器

10

前面的项目主要涉及的是 Ubuntu 桌面版，服务器在网络中处于核心地位，正式的 Internet 应用都要部署到服务器上，Ubuntu 服务器版已成为重要的服务器操作系统。本项目将通过 4 个典型任务，引领读者掌握 Ubuntu 服务器的安装和远程管理、文件服务器的部署和 LAMP 平台的部署方法，让读者具备部署和配置 Ubuntu 服务器的实操能力。Ubuntu 支持的网络服务非常丰富，本项目重点讲解常用的文件服务器和 LAMP 平台，LAMP 是主流的开源网站服务器。

【课堂学习目标】

☞ 知识目标

> 了解 Ubuntu 服务器。
> 了解 Ubuntu 服务器的远程管理方案。
> 了解 NFS 协议和 Samba 共享服务。
> 了解 LAMP 平台和虚拟主机技术。

☞ 技能目标

> 学会 Ubuntu 服务器的安装和网络配置。
> 掌握远程管理 Ubuntu 服务器的方法。
> 掌握文件服务器的部署方法。
> 掌握 LAMP 平台的部署方法。
> 掌握 Apache、MySQL 和 PHP 的配置方法。

☞ 素养目标

> 培养服务器部署和运维的实战能力。
> 培养触类旁通的学习钻研能力。
> 培养统筹协调的工作能力。

任务 10.1　安装 Ubuntu 服务器

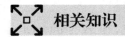 任务要求

Ubuntu 服务器的安装、维护简单，经过初始配置工作后，剩下的大多可以由系统自动进行安全配置。本任务的要求如下。

（1）了解服务器的概念和 Ubuntu 服务器版。

（2）学会安装 Ubuntu 服务器。

（3）熟悉 Ubuntu 服务器的网络配置方法。

相关知识

10.1.1　什么是服务器

服务器（Server）是指在网络环境中为用户计算机提供各种服务的计算机，承担网络中数据的存储、转发和发布等关键任务，是网络应用的基础和核心；使用服务器所提供服务的用户计算机就是客户机（Client）。

服务器大都采用了部件冗余技术、RAID 技术、内存纠错技术和管理软件。高端的服务器采用多处理器，支持双 CPU 以上的对称处理器结构。在选择服务器硬件时，除了考虑档次和具体的功能定位外，需要重点了解服务器的主要参数和特性，包括处理器架构、可扩展性、服务器结构、输入输出能力、故障恢复能力等。根据应用层次或规模档次划分，服务器可分为入门级、工作组级、部门级和企业级。

服务器与客户机的概念有多重含义，有时指硬件设备，有时又特指软件。在指软件的时候，服务器和客户机也可以称为服务（Service）和客户（Client）。同一台计算机可同时运行服务器软件和客户机软件，既可充当服务器，也可充当客户机。

10.1.2　Ubuntu 服务器版

由于具有完善的网络功能和较高的安全性，Linux 主要用作服务器操作系统，可实现各种网络服务，如文件服务、邮件服务、Web 服务、DNS 服务、防火墙、代理服务等。企业级应用是 Linux 使用率增长极为迅速的领域，Linux 现已成为企业重要服务器的首选操作系统之一。

Ubuntu 服务器版是 Linux 的一个重要发行版本，不再局限于传统服务器的角色，不断增加新的功能。它为快速发展的企业提供灵活、安全、可随处部署的技术，无论是部署简单的文件服务器，还是构建上万个节点的云，Ubuntu 服务器版出色的性能和通用性都能满足需求。

Ubuntu 服务器版获得业内领先硬件原始设备制造商（Original Equipment Manufacturer，OEM）的认证，并提供全面的部署工具，让企业的基础架构可以物尽其用。

Ubuntu 服务器版通过定期的更新和升级保证用户使用最新的开源软件。Canonical 公司为 Ubuntu 服务器长期支持版本提供为期 5 年的安全更新支持。

简化的初始安装和整合式的部署与应用程序建模技术，使 Ubuntu 服务器版成为简化大规模部署和管理的理想解决方案。

![任务实现图标] **任务实现**

10.1.3 安装 Ubuntu 服务器

安装 Ubuntu 服务器非常便捷，通常可以在半小时内安装好 Ubuntu 服务器，并能够使其立即运行。安装之前要做一些准备工作，如硬件检查、分区准备、分区方法选择。读者可以到 Ubuntu 官方网站下载服务器版的 ISO 镜像文件，可以根据需要将其刻录成光盘。安装包可以任意复制，在任意多台计算机上安装。

下面以通过虚拟机安装 Ubuntu 服务器为例示范安装过程，使用的安装包是 64 位服务器版 ubuntu-20.04.3-live-server-amd64.iso。值得一提的是，Ubuntu 服务器版只能通过文本的方式安装，没有 Ubuntu 桌面版的图形用户界面，但是整个安装过程非常容易。

（1）启动虚拟机（实际装机大多是将计算机设置为从光盘启动，将安装光盘插入光驱，重新启动），引导成功出现图 10-1 所示的欢迎界面，选择语言类型，这里选择 "English"，按 <Enter> 键。

图 10-1　欢迎界面

（2）由于本例选择的是 LTS 版本，安装过程中会提示有更新的安装器可用，这里从底部菜单中选择 "Continue without update" 选项，按 <Enter> 键，不用更新继续后面的操作。

（3）出现 "Keyboard configuration" 对话框，选择键盘配置，这里选择 "Chinese"，从底部菜单中选择 "Done" 选项，按 <Enter> 键。

（4）出现图 10-2 所示的对话框，根据需要配置网络连接，这里保持默认设置（通过 DHCP 服务器自动分配），按 <Enter> 键。

图 10-2　配置网络连接

（5）出现"Configure proxy"对话框，根据需要配置 HTTP 代理，这里保持默认设置（不配置任何代理），按 <Enter> 键。

（6）出现图 10-3 所示的对话框，根据需要设置 Ubuntu 软件包安装源，这里保持默认设置（Ubuntu 官方的源），按 <Enter> 键。

以后可以根据需要将软件包安装源改为国内的，如阿里云提供的 Ubuntu 软件包安装源。

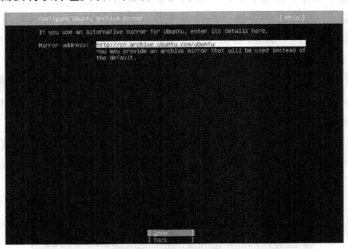

图 10-3　配置 Ubuntu 软件包安装源

（7）出现图 10-4 所示的对话框，配置存储，这里保持默认设置，使用 LVM，确认后从底部菜单中选择"Done"选项，按 <Enter> 键。

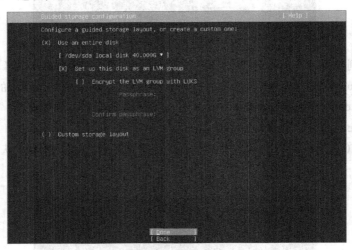

图 10-4　配置存储

服务器大多处于高度可用的动态环境中，调整磁盘存储空间有时不可重新引导系统，采用 LVM 就可满足这种要求。

（8）出现图 10-5 所示的对话框，给出文件系统设置摘要，这里从底部菜单中选择"Done"选项确认这些设置，按 <Enter> 键。如果要修改，可以选择"Reset"选项重新设置。

（9）弹出对话框提示接下来的磁盘格式化操作具有"破坏性"，这里选择"Continue"选项并按 <Enter> 键，继续后面的操作。

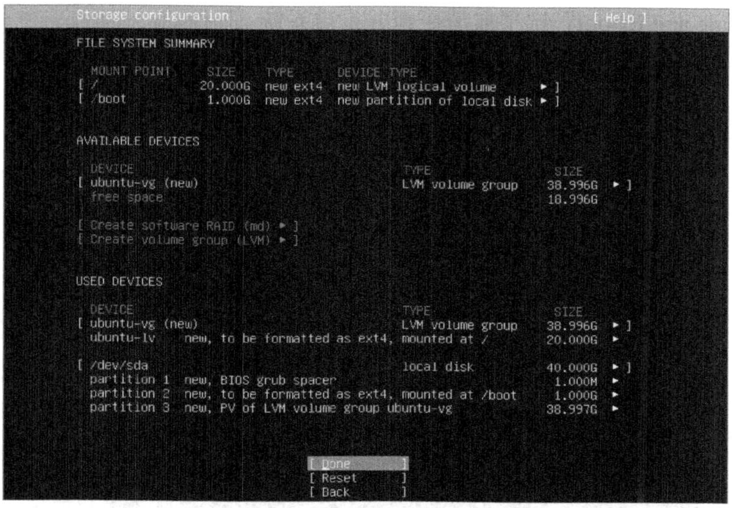

图 10-5　确认文件系统设置

（10）出现图 10-6 所示的对话框，依次设置 "Your name"（用户全名）、"Your server's name"（服务器主机名）、"Pick a username"（用户名 / 账户）、"Choose a password"（密码）及 "Confirm your password"（确认密码），按 <Enter> 键。

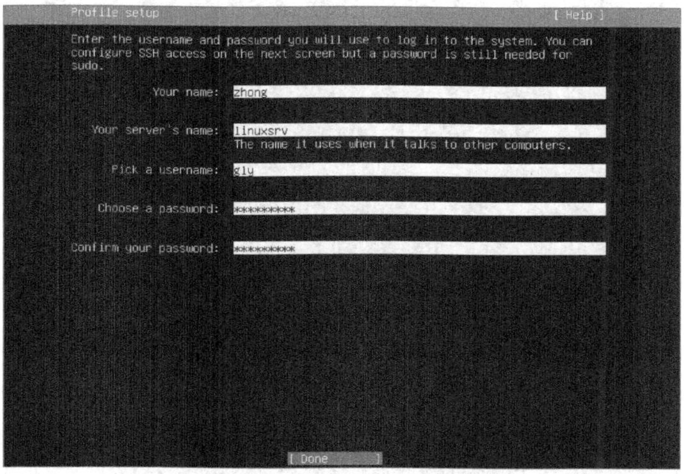

图 10-6　用户账户和主机名设置

（11）出现图 10-7 所示的对话框，勾选 "Install OpenSSH server" 复选框以安装 SSH 服务器提供远程管理服务，其他选项保持默认设置，按 <Enter> 键。

（12）出现图 10-8 所示的对话框，选择特色服务器的 Snap 安装，列出了适合服务器环境的流行软件的 Snap 软件包，作为示范，这里勾选 "docker" 复选框以安装 Docker，按 <Enter> 键。

Docker 是目前非常流行的软件容器平台，提供传统虚拟化的替代解决方案，越来越多的应用程序以容器的形式在开发、测试和生产环境中运行。这里作为示例安装。

（13）如图 10-9 所示，正式开始安装 Ubuntu 服务器版。安装过程中可从底部菜单选择 "View full log" 选项查看完整的安装日志。

安装过程中可能还会自动下载和安装安全更新，此时如果不想安装更新，则可从底部菜单中选择"Cancel update and reboot"选项取消更新并重启系统。

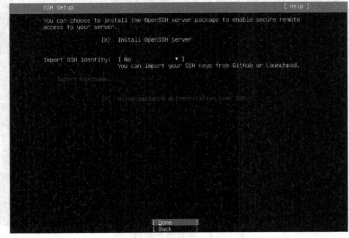

图 10-7　SSH 设置

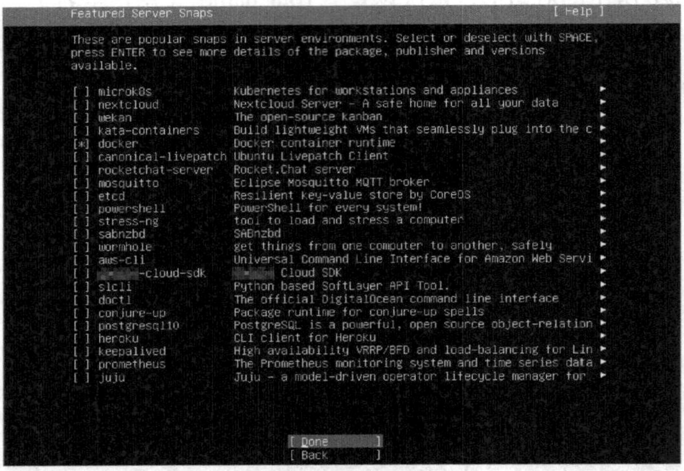

图 10-8　选择安装特色服务器

图 10-9　正在安装

（14）安装完毕出现"Install complete！"对话框，从底部菜单中选择"Reboot Now"选项并按 <Enter> 键，立即重启服务器。

此时可以移除安装介质（例中通过虚拟机操作很简单），否则启动过程中会给出相关的提示。系统启动完成之后，按 <Enter> 键，出现登录提示，分别输入用户名和密码即可登录，成功登录 Ubuntu 服务器如图 10-10 所示。

图 10-10　成功登录 Ubuntu 服务器

提示　为节省系统资源（内存和计算能力）符合绿色低碳发展理念，通常情况下服务器操作系统不带图形用户界面，管理员需要通过文本模式的终端来操作服务器。与面向普通用户的 Ubuntu 桌面版不同，Ubuntu 服务器版的软件包主要是为运行网络服务而定制的。

10.1.4　调整网络配置

微课10-2
调整网络配置

新版本的 Ubuntu 服务器的网络配置的方式与之前版本的相比有了很大的改动，并且服务器版与桌面版有所不同。Ubuntu 20.04 LTS 服务器网络配置使用的是 netplan 工具，它将网卡的配置都整合到一个 YAML 格式文件 /etc/netplan/*.yaml 中，不同版本的文件名不尽相同。

netplan 是抽象网络配置生成器，是一个用于配置 Linux 网络的简单工具。不管选用的是何种底层管理工具，netplan 只需使用一个 .yaml 文件描述每个网络接口所需要的配置，即可生成所需的网络配置。netplan 从 /etc/netplan/*.yaml 读取配置，配置可以是管理员或者系统安装人员配置的；也可以是云镜像或者其他操作系统部署设施自动生成的。在系统启动阶段早期，netplan 在 /run 目录下生成配置文件并将设备控制权交给相关后台程序。

登录到新安装的 Ubuntu 服务器上，查看 /etc/netplan 目录的内容。

```
gly@linuxsrv:~$ ls /etc/netplan
00-installer-config.yaml
```

可以发现其中有一个名为 00-installer-config.yaml 的配置文件。查看该文件的内容，得知当前配置如下：

```
network:
    ethernets:
        ens33:
            dhcp4: true
    version: 2
```

.yaml 文件使用缩进表示层级关系，缩进只能使用空格，不能使用制表符。每项设置用键值对表示，只是键名冒号后面一定要加一个空格。ethernets 键表示以太网。网络接口采用的是一致性网络设备命名，本例中为 ens33，这是一个以太网卡（en），使用的是热插拔插槽索引号（s），索引号是 33。"dhcp4: true" 键值对表示 IP 地址以及 TCP/IP（Transmission Control Protocol/Intenet Protocol，传输控制协议 / 互联网协议）参数由 DHCP 服务器自动分配。

服务器应当使用静态 IP 地址，这里通过修改上述配置文件来调整网络配置，可使用 Vi 或 Nano 工具修改。本例修改如下：

```
network:
  ethernets:
    ens33:
      addresses: [192.168.10.11/24]
      gateway4:  192.168.10.2
      nameservers:
          addresses: [114.114.114.114, 8.8.8.8]
      dhcp4: no
      optional: no
  version:  2
```

其中 addresses 键设置静态 IP 地址 [以无类别域间路由选择（Classless Inter-Domain Routing，CIDR）格式表示，网络掩码以子网长度的形式设置，可以设置多个 IP 地址，用逗号隔开]；gateway4 键设置默认路由（IPv4 网关）；nameservers 键设置 DNS 服务器；optional 键表示是否允许在不等待这些网络接口完全激活的情况下启动系统，true 值表示允许，no 值表示不允许。

修改配置完成后执行以下命令更新网络的配置，使配置生效：

```
gly@linuxsrv:~$ sudo netplan apply
```

再次使用 ip a 命令查看服务器 IP 设置，会发现其中的 ens33 网络接口设置如下：

```
2: ens33: <BROADCAST,MULTICAST,UP,LOWER_UP> mtu 1500 qdisc fq_codel state
UP group default qlen 1000
    link/ether 00:0c:29:e3:31:86 brd ff:ff:ff:ff:ff:ff
    inet 192.168.10.11/24 brd 192.168.10.255 scope global ens33
      valid_lft forever preferred_lft forever
    inet6 fe80::20c:29ff:fee3:3186/64 scope link
      valid_lft forever preferred_lft forever
```

使用 ip route 命令查看网关设置：

```
gly@linuxsrv:~$ ip route
default via 192.168.10.2 dev ens33 proto static
172.17.0.0/16 dev docker0 proto kernel scope link src 172.17.0.1 linkdown
192.168.10.0/24 dev ens33 proto kernel scope link src 192.168.10.11
```

如果当前是 SSH 远程登录操作，则需要重新登录，因为 IP 地址更改了。

任务 10.2　远程管理 Ubuntu 服务器

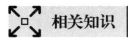

任务要求

生产性服务器部署在专门的场所，平常不会直接在服务器上操作，而是远程管理维护，一般都是通过远程登录实现的。远程登录是指将用户计算机连接到服务器，作为其仿真终端远程控制和操作该服务器，与直接在服务器上操作一样。本任务的具体要求如下。

（1）了解 SSH 协议。

（2）掌握通过 SSH 远程登录服务器的方法。

（3）掌握使用 Webmin 远程管理服务器的方法。

相关知识

10.2.1　SSH 概述

Internet 发展初期，许多用户采用 Telnet 方式来访问 Internet，将自己的计算机连接到高性能的大型计算机上，作为大型计算机上的一个远程仿真终端，使其具有与大型计算机本地终端相同的计算能力。一般将 Telnet 译为远程登录。

Telnet 本身存在许多安全问题，其中最突出的就是 Telnet 协议以明文的方式传送所有数据（包括用户账户和密码），数据在传输过程中很容易被入侵者窃听或篡改。因此，它适合在对安全要求不高的环境下使用，或者在建立安全通道的前提下使用。因此，通常使用安全性更高的 SSH 来进行远程登录。

SSH 是一种在应用程序中提供安全通信的协议，通过 SSH 可以安全地访问服务器，因为 SSH 基于成熟的公钥加密体系，将所有传输的数据进行加密，保证数据在传输时不被恶意破坏、泄露和篡改。SSH 还使用了多种加密和认证方式，解决了传输中数据加密和身份认证的问题，能有效防止网络嗅探和 IP 欺骗等攻击。SSH 协议有 SSH1 和 SSH2 两个版本，它们使用了不同的协议来实现，因而互不兼容。SSH2 不管在安全、功能还是性能上都比 SSH1 有优势，所以目前广泛使用的是 SSH2。

10.2.2　远程桌面

SSH 是字符界面的远程登录工具，有些初学者希望使用图形用户界面远程登录工具，有两种解决方案。

一种解决方案是使用远程桌面。VNC 是图形用户界面的远程登录和管理软件。VNC 可以让管理员开启一个远程图形会话来连接服务器，用户可以通过网络远程访问服务器的图形用户界面。首先在 Ubuntu 服务器上安装图形化桌面环境，最简单的方式是通过 Tasksel 工具安装，可以执行 sudo tasksel install ubuntu-desktop 命令为服务器安装 Ubuntu 桌面环境。然后通过 VNC 来远程访问 Ubuntu 服务器的桌面，具体请参见项目 1。

但是，考虑到服务器的运行效率，并不建议采用这种为服务器安装桌面环境的方式。初学者可以考虑使用另一种解决方案，即通过 Web 图形用户界面远程管理 Ubuntu 服务器。Webmin 是一个基于 Web 图形界面的系统管理工具，结合安全套接字层（Secure Socket Layer，SSL）安全协议可以作为一种安全可靠的远程管理工具。

任务实现

10.2.3 通过 SSH 远程登录服务器

微课10-3
通过SSH远程
登录服务器

OpenSSH 是免费的 SSH 协议版本，是一种可信赖的安全连接工具，在 Linux 平台中广泛使用 OpenSSH 程序来实现 SSH 协议。

1. 安装和配置 SSH 服务器

在 Ubuntu 服务器安装过程中可以选择安装 "OpenSSH server" 服务器软件，参见 10.1.3 小节。如果没有安装该软件，可以通过 Tasksel 工具安装，执行 sudo tasksel install openssh-server 命令直接安装 OpenSSH 服务器。

安装之后，系统默认将 OpenSSH 服务器设置为自动启动，即随系统启动而自动加载。通过 systemctl 命令查看 SSH 服务的当前状态。

```
gly@linuxsrv:~$ systemctl status sshd.service
● ssh.service - OpenBSD Secure Shell server
 Loaded: loaded (/lib/systemd/system/ssh.service; enabled; vendor preset: enabled)
     Active: active (running) since Mon 2022-02-28 02:38:29 UTC; 7h ago
```

如果 SSH 服务没有启动，则需要执行 systemctl start ssh 命令启动该服务。

注意，开放防火墙 SSH 端口，以便 Ubuntu 操作系统接受 SSH 连接。

```
gly@linuxsrv:~$ sudo ufw allow ssh
Rules updated
Rules updated (v6)
```

OpenSSH 服务器所使用的配置文件是 /etc/ssh/sshd_config，可以通过编辑该文件来修改 SSH 服务配置。该文件的配置选项较多，但多数配置选项都使用 "#" 注释掉了。可以使用 grep 工具查看该配置文件的默认设置（去除注释和空行）。

```
gly@linuxsrv:~$ grep -v "^#" /etc/ssh/sshd_config | grep -v "^$"
Include /etc/ssh/sshd_config.d/*.conf
ChallengeResponseAuthentication no
UsePAM yes
X11Forwarding yes
PrintMotd no
AcceptEnv LANG LC_*
Subsystem sftp  /usr/lib/openssh/sftp-server
PasswordAuthentication yes
```

其中可以显式定义的选项不多。一般使用默认配置的 OpenSSH 服务器就能正常运行。这里介绍一些常用的选项及其默认设置。

- Port：设置 sshd 监听端口，默认设置为 22。
- Protocol：设置使用 SSH 协议版本的顺序，默认设置为 2，表示优先使用 SSH2。
- ListenAddress：设置 sshd 服务器绑定的 IP 地址，0.0.0.0 表示监听所有地址。
- LoginGraceTime：设置用户不能成功登录时，在切断连接之前服务器需要等待的时间，默认设置为 2m（分钟）。

- PermitRootLogin：设置 root 用户是否能够使用 SSH 登录，默认设置为 no。
- StrictModes：设置 SSH 在接收登录请求之前是否检查主目录和 rhosts 文件的权限和所有权，默认设置为 yes。
- RSAAuthentication：设置是否允许只有 RSA 安全验证，默认设置为 yes。
- PasswordAuthentication：设置是否允许密码验证，默认设置为 yes。
- PermitEmptyPasswords：设置是否允许用密码为空的账户登录，默认设置为 no。

每次修改该配置文件后，都需重新启动 OpenSSH 服务器，或者重新加载配置文件才能使新的配置生效。

2. 在 Linux 主机上通过 SSH 客户端远程登录 Ubuntu 服务器

使用 SSH 客户端来远程登录 SSH 服务器，并进行控制和管理操作。Ubuntu 桌面版默认已经安装有 SSH 客户端程序。直接使用 ssh 命令登录到 SSH 服务器。该命令的参数比较多，最常见的用法为：

```
ssh -l [远程主机用户账户] [远程服务器主机名或 IP 地址]
```

本例中在 Ubuntu 桌面版中登录远程服务器主机的过程如下：

```
tester@linuxpc1:~$ ssh -l gly 192.168.10.11
The authenticity of host '192.168.10.11 (192.168.10.11)' can't be established.
ECDSA key fingerprint is SHA256:yanz4OSqPr9tv/wbHzJGakdUZhfLLkwtIfQDtYEY+jg.
Are you sure you want to continue connecting (yes/no/[fingerprint])? yes
Warning: Permanently added '192.168.10.11' (ECDSA) to the list of known hosts.
gly@192.168.10.11's password:
Welcome to Ubuntu 20.04.3 LTS (GNU/Linux 5.4.0-100-generic x86_64)
# 此处省略
Last login: Mon Feb 28 03:08:27 2022 from 192.168.10.128
gly@linuxsrv:~$ exit
logout
Connection to 192.168.10.11 closed.
tester@linuxpc1:~$
```

SSH 客户端程序在第一次连接到某台服务器时，由于没有将服务器公钥缓存起来，会出现警告信息并显示服务器的指纹信息。此时应输入"yes"确认，程序会将服务器公钥缓存在当前用户主目录下 .ssh 子目录中的 known hosts 文件里（如 ~/.ssh/known hosts），下次连接服务器时就不会出现提示了。如果成功地连接到 SSH 服务器，就会显示登录信息并提示用户输入用户名和密码。如果用户名和密码输入正确，就能成功登录并在远程系统上工作了。

出现命令行提示符，则表明登录成功，此时客户机就相当于服务器的一个终端，在该命令行上进行的操作，实际上是在操作远端的服务器，操作方法与操作本地计算机的方法一样。使用命令 exit 退出该会话（断开连接）。

提示　在 Ubuntu 桌面版的终端窗口中使用 ssh 命令远程登录到 Ubuntu 服务器上，进行服务器配置管理和维护操作十分方便，可以方便地输入、复制、粘贴命令，还可以同时打开多个终端窗口远程登录服务器。本项目后续的任务涉及 Ubuntu 服务器操作时，主要采用的就是这种远程操作方式。

除了使用 ssh 命令登录远程服务器并在远程服务器上执行命令外，SSH 客户端还提供了一些实用命令用于客户端与服务器之间传送文件。

如 scp 命令使用 SSH 协议进行数据传输，可用于远程文件复制，在本地主机与远程主机之间安全地复制文件。scp 命令可以有很多选项和参数，基本用法如下：

```
scp   源文件   目标文件
```

scp 命令必须指定用户名、主机名、目录和文件，其中源文件或目标文件的表达格式为：用户名 @ 主机地址 : 文件全路径名。

下面是一个简单的例子，用于将本地文件远程复制到 Ubuntu 服务器上。

```
tester@linuxpc1:~$ scp test1 gly@192.168.10.11:/home/gly
gly@192.168.10.11's password:
test1
```

3. 在 Windows 主机上通过 PuTTY 远程登录 Ubuntu 服务器

在 Windows 平台上可使用免费的 PuTTY 软件作为 SSH 客户端，这样可以方便地访问和管理 Ubuntu 服务器。这里给出主要的操作步骤，详细操作请参见项目 2。

启动 PuTTY，单击左侧目录树中的"Session"节点，设置 PuTTY 会话基本选项，如图 10-11 所示，在"Host Name(or IP address)"文本框中输入要连接的 Ubuntu 服务器的 IP 地址，单击"Open"按钮启动连接。首次启动到目标服务器的远程连接时会弹出 PuTTY 安全警告对话框，提示是否要信任该目标服务器，单击"Accept"按钮会出现 Ubuntu 服务器的登录界面。输入管理员的密码即可登录该 Ubuntu 服务器，如图 10-12 所示，与文本模式控制台一样，成功登录之后可以进行操作，执行 logout 或 exit 命令即可退出远程登录。

10.2.4　基于 Web 界面远程管理 Ubuntu 服务器

微课10-4

基于Web界面
远程管理Ubuntu
服务器

管理员使用浏览器访问 Webmin 服务可以完成 Linux 操作系统的主要管理任务，如设置用户账户、Apache、DNS、文件共享等。采用这种 Web 管理方式，管理员不必编辑系统配置文件，就能够方便地从本地和远程管理系统。Webmin 采用插件式结构，具有很强的扩展性和伸缩性，目前提供的标准管理模块几乎涵盖了常见的系统，还有许多第三方的管理模块。

在 Ubuntu 服务器上可以通过官方软件源来安装 Webmin，具体步骤如下。

图 10-11　配置 SSH 连接

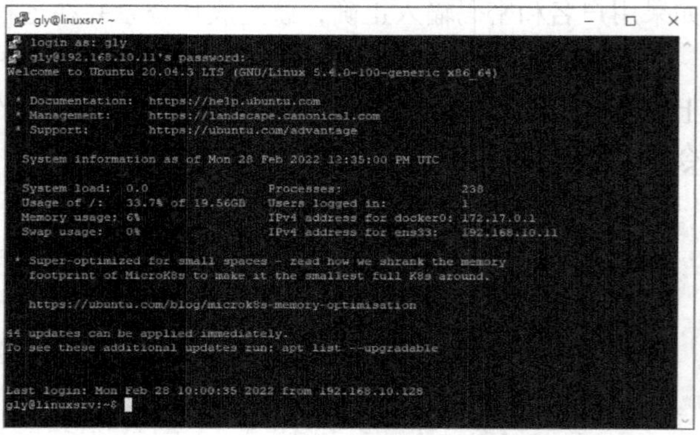

图 10-12　远程登录到 Ubuntu 服务器

（1）在 APT 源文件中添加 Webmin 的官方仓库信息，可以执行以下命令：

```
sudo nano /etc/apt/sources.list
```

打开 /etc/apt/sources.list 文件进行编辑，往该文件中添加以下内容：

```
deb http://download.webmin.com/download/repository sarge contrib
deb http://webmin.mirror.somersettechsolutions.co.uk/repository sarge contrib
```

（2）考虑到需要公钥验证签名，需要添加有关的 GPG 密钥。执行以下两条命令。

```
gly@linuxsrv:~$ sudo wget http://www.webmin.com/jcameron-key.asc
--2022-02-28 13:17:32--  http://www.webmin.com/jcameron-key.asc
Resolving www.webmin.com (www.webmin.com)... 216.105.38.11
Connecting to www.webmin.com (www.webmin.com)|216.105.38.11|:80... connected.
# 此处省略
2022-02-28 13:17:33 (399 MB/s) - 'jcameron-key.asc' saved [1320/1320]

gly@linuxsrv:~$ sudo apt-key add jcameron-key.asc
OK
```

（3）执行 sudo apt update 命令更新软件源。

（4）执行 sudo apt install webmin 命令安装 Webmin 软件包。

安装结束时会给出提示信息，下面列出其中的一部分：

```
Webmin install complete. You can now login to https://linuxsrv:10000/
as root with your root password, or as any user who can use sudo
to run commands as root.
Processing triggers for systemd (245.4-4ubuntu3.15) ...
Processing triggers for man-db (2.9.1-1) ...
Processing triggers for mime-support (3.64ubuntu1) ...
```

安装成功后，Webmin 服务就已启动，服务端口默认为 10000，而且会自动配置为自启动服务。

（5）为便于其他主机远程访问 Webmin 的控制台，需要执行以下命令在防火墙里开启默认端口 10000。

```
gly@linuxsrv:~$ sudo ufw allow 10000
Rules updated
Rules updated (v6)
```

至此便完成了 Webmin 的基本部署，接下来可以通过浏览器使用它来管理服务器。在 Ubuntu 桌面版计算机上打开浏览器访问服务器上的 Webmin 控制台，本例中访问地址为 https://192.168.10.11:10000。由于使用超文本传输安全协议（Hypertext Transfer Protocol Secure，HTTPS）需要安全验证，首次使用会给出安全风险警示，单击"高级"链接，然后单击"接受风险并继续"按钮。

接着可以看到登录界面，输入账户和密码，如图 10-13 所示，登录成功后显示图 10-14 所示的主界面。

图 10-13 Webmin 登录界面

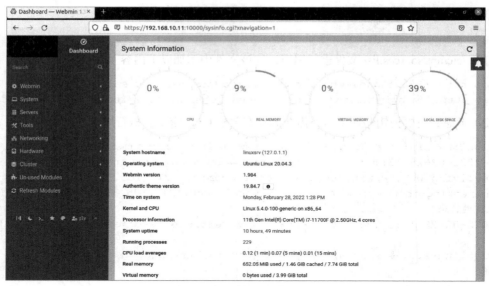

图 10-14　Webmin 主界面

所有的管理功能都是以模块的形式插入 Webmin 的。Webmin 对这些管理模块进行了分类，Webmin 界面左边以导航菜单的形式显示这些类别。

· "Webmin" 类别用于执行与 Webmin 本身有关的配置和管理任务。

· "System" 类别用于进行操作系统的总体配置，包括配置文件系统、用户、组和系统引导，控制系统中运行的服务等。

· "Servers" 类别用于对系统中运行的各个服务（如 Apache、SSH）进行配置，例如，SSH 服务器的管理界面如图 10-15 所示。

· "Tools" 类别用于执行一些系统管理任务，如命令行界面、文件管理器、SSH 登录、文本界面登录等。例如，文件管理器界面如图 10-16 所示，在其中可以以可视化方式执行文件和文件夹的管理操作。

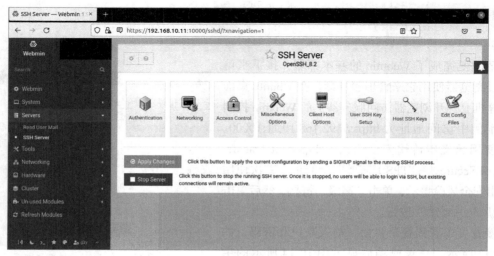

图 10-15　SSH 服务器的管理界面

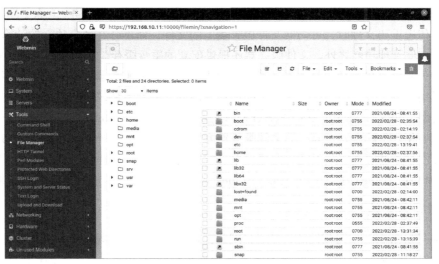

图 10-16　文件管理器界面

• "Networking" 类别提供的工具用于配置网络硬件和进行一些复杂的网络控制，如防火墙、网络配置。这些工具实际是通过修改标准的配置文件进行网络硬件配置和网络控制。

• "Hardware" 类别用于配置物理设备，主要是打印机和存储设备。RAID 和 LVM 都可以在这里进行管理操作。

• "Cluster" 类别的工具用于管理集群系统。

• "Un-used Modules" 类别用于列出未使用的模块。

任务 10.3　部署文件服务器

任务要求

文件服务是一种基本的网络应用服务。Linux 操作系统可以使用多种方式提供文件服务，网络文件系统（Network File System，NFS）用于文件共享，Samba 提供文件共享服务并能与 Windows 系统集成。本任务的具体要求如下。

（1）了解文件服务器的概念。

（2）了解 NFS 协议。

（3）了解 Samba 共享的基础知识。

（4）学会基于 NFS 部署文件服务器。

（5）学会基于 Samba 部署文件服务器。

相关知识

10.3.1　什么是文件服务器

服务器操作系统提供的文件服务器功能可满足多数文件共享需求。文件服务器负责共享资源的管理和传送接收,管理存储设备中的文件,为网络用户提供文件共享服务,也称文件共享服务器。当用户需要传送重要文件时,可访问文件服务器上的文件,而不必在各自独立的计算机之间传送文件。除了文件管理功能之外,文件服务器还提供配套的磁盘缓存、访问控制、容错等功能。

网络文件共享采用客户-服务器模式,客户程序请求远程服务器上的服务器程序为它提供服务,服务器接收请求并返回响应。它们之间使用专门的文件服务协议进行通信,此类协议目前主要有两种类型:NFS 和 SMB/CIFS(Server Message Block/Common Internet File System,服务器消息块/通用网络文件系统)。Linux 的文件服务器方案相应地分为两种,一种是类 UNIX 操作系统环境下的文件服务器解决方案 NFS,配置简单、响应速度快;另一种是用于 Linux 与 Windows 混合环境的 Samba,Samba 基于 SMB 协议为 Linux 客户端和 Windows 客户端提供文件共享服务。

10.3.2　NFS 协议

NFS 最早是由 Sun 公司开发的,其目的就是让不同计算机、不同操作系统之间可以彼此共享文件。NFS 使用起来非常方便,被 UNIX/Linux 操作系统广泛支持。NFS 对系统资源占用非常少,效率很高。

NFS 采用客户-服务器模式。在 NFS 服务器上将某个目录设置为共享目录后,其他客户端就可以将这个目录挂载到自己系统中的某个目录下,像本地文件系统一样使用。虽然 NFS 可以实现文件共享,但是 NFS 本身并没有提供数据传输功能,它必须借助于远程过程调用(Remote Procedure Call,RPC)协议来实现数据传输。要使用 NFS,客户端和服务器端都需要启动 RPC。

NFS 协议截至完稿时共有 4 个版本,分别是 v1、v2、v3、v4。前 3 个版本的 NFS 协议没有用户认证机制,而且数据在网络上传送的时候是明文传送,所以安全性极差,一般只能在局域网中使用。NFSv4 继承了 NFSv2/NFSv3 的功能,同时整合了文件锁和挂载协议,增强了协议的安全性,新增了客户端缓存、聚合操作和国际化功能,在 Internet 环境中也能稳定地运行。NFSv4.1 开始支持并行存储。NFSv4.2 结合 Kerberos 5 认证加密与 autofs 工具,可以在生产环境中实现按需自动挂载。实际应用中尽可能使用新版本。另外,NFSv4 文件系统的命名空间发生了变化,服务器端必须设置一个根文件系统(fsid=0),其他文件系统挂载在根文件系统上导出。

10.3.3　Samba 基础

SMB 协议用于规范共享局域网资源的结构。CIFS 可以看作公共的或开放的 SMB 协议版本,使程序可以访问远程 Internet 计算机上的文件。Windows 计算机之间使用 SMB/CIFS 协议进行网络文件与打印机共享。Linux 计算机安装支持 SMB/CIFS 协议的软件后,也可以像 Windows 计算机一样实现网络文件与打印机共享。

Samba 是一种基于 SMB 协议的网络服务器软件,是 SMB 在 Linux/UNIX 操作系统上的实现。如图 10-17 所示,Samba 采用客户-服务器模式,Samba 服务器负责通过网络提供可用的共享资源给客户端,服务器和客户机之间通过 TCP/IP 等协议进行连接。一旦服务器和客户端之间建立了连接,客户端就可以通过向服务器发送命令完成共享操作,比如读、写、检索等。

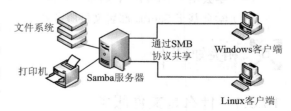

图 10-17　Samba 服务器网络环境

1. Samba 的功能

• 文件和打印机共享：这是 Samba 的主要功能，SMB 进程实现资源共享，将文件和打印机发布到网络之中，以供用户访问。

• 身份验证和权限设置：支持用户安全模式和域安全模式等身份验证和权限设置模式，通过加密方式可以保护共享的文件和打印机。

• 名称解析：可以作为网上基本输入输出系统（Network Basic Input/Output System，NetBIOS）名称服务器提供计算机名称解析服务，还可作为 Windows 网络名称服务（Windows Internet Name Service，WINS）服务器。

• 浏览服务：局域网中的 Samba 服务器可成为本地主浏览服务器，保存可用资源列表，客户端使用 Windows 网络发现时会提供浏览列表，显示共享目录、打印机等。

2. Samba 主配置文件

Samba 服务器启动时会读取主配置文件 /etc/samba/smb.conf，以决定如何启动和提供哪些服务，提供哪些共享资源。该文件为纯文本文件，可使用任何文本编辑器编辑。

（1）文件格式。

/etc/samba/smb.conf 文件分成若干节（段）。每一节由一个用方括号标注的节名开始，包含若干参数设置，直到下一节开始。参数采用以下格式定义：

参数名 = 参数值

节名和参数名不区分大小写。参数值主要有两种类型，一种是字符串（不需加引号），另一种是逻辑值（可以是 yes/no、0/1 或 true/false），个别情况下也可以是数字。

每行定义一个参数，在行尾加上"\"可以续行。注释行以"#"和";"开头。

[global] 是一个特殊的节，用于全局配置，定义与 Samba 服务整体运行环境有关的参数。其他节都是用于设置要共享的资源（包括目录共享和打印机共享），每节定义一个共享项目。而 [homes] 和 [printers] 是专用的节，分别定义主目录共享和打印机共享。

（2）全局设置。

全局设置所涉及的参数非常多，常用的参数列举如下。

• workgroup：设置 Samba 服务器所属的域或工作组，如 workgroup = WORKGROUP。

• server string：设置 Samba 服务器的描述信息。

• server role：设置服务器角色，如 server role = standalone server。根据 Windows 网络的管理模式，Samba 服务器可以在局域网中充当域控制器、域成员服务器和独立服务器这 3 种角色。一般充当独立服务器（standalone server）或成员服务器（member server），充当活动目录域控制器（active directory domain controller）较少。

• security：设置 Samba 服务器的安全模式，与 server role 参数的意义相同，值可以是 user、domain 或 ads，对应 server role 参数值 standalone server、member server 和 active directory domain controller。这两个参数只需设置一个。

• map to guest：设置用户不是有效账户的处理方式，如 map to guest = Bad User。

• hosts allow：设置允许访问 Samba 服务器的主机或网络。

• passdb backend：设置 Samba 服务器用户身份验证方式，共有 3 种，分别是 smbpasswd、tdbsam 和 ldapsam，默认值为 tdbsam。也可以改用 idmap config * : backend 参数，passdb bakend = tdbsam 等同于 idmap config * : backend = tdb。

（3）Samba 服务器共享定义。

/etc/samba/smb.conf 文件的共享定义部分分为多个节，每节以 [共享名] 开头，定义一个共享项目。其中的参数设置针对的是该共享资源的设置，只对当前的共享资源起作用。除设置共享文件系统外，还可设置共享打印机。共享定义的参数非常多，常用的列举如下。

- path：设置要发布的共享资源的实际路径，必须是完整的绝对路径。
- browsable：设置该共享资源是否允许用户浏览。
- valid users：设置允许访问的用户或组列表。
- invalid users：设置不允许访问的用户或组列表。
- read only：设置共享目录是否只读。
- writable：设置共享目录是否可写。
- write list：设置对共享目录具有写入权限的用户列表。
- guest ok：设置是否允许匿名访问。

（4）Samba 变量。

/etc/samba/smb.conf 文件中可以使用变量（相当于宏）来简化参数定义，如 %U 表示当前会话的用户名，%G 表示当前会话的用户的主组，%h 表示正在运行的 Samba 服务器的 Internet 主机名。

3. Samba 服务器部署流程

部署 Samba 服务器的基本流程如下，其中的关键是定制 Samba 配置文件。

（1）安装 Samba 服务器软件。

（2）规划 Samba 共享资源和设置权限。

（3）编辑主配置文件 /etc/samba/smb.conf，指定需要共享的目录或打印机，并为它们设置共享权限。用户最终访问共享资源的权限是由两类权限共同决定的，一类是在配置文件中设置的共享权限，另一类是 Linux 操作系统本身设置的文件权限，且以两类权限中最严格的为准。

（4）设置 Samba 共享用户。

（5）重新加载配置文件或重新启动 SMB 服务，使配置生效。

（6）测试 Samba 服务器。

（7）SMB 客户端实际测试。

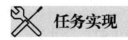任务实现

微课10-5

部署NFS
服务器

10.3.4　部署 NFS 服务器

NFS 是类 UNIX 环境下的通用文件服务器解决方案，下面示范在 Ubuntu 操作系统上的 NFS 服务器部署。

1. 安装 NFS 服务器软件

在 Ubuntu 服务器上可以执行以下命令安装 NFS 服务器软件（包名为 nfs-kernel-server）。

```
gly@linuxsrv:~$ sudo apt install nfs-kernel-server
```

安装完成后，NFS 服务（服务名为 nfs-server）会自动启动，可以执行以下命令进行验证。

```
gly@linuxsrv:~$ systemctl status nfs-server
● nfs-server.service - NFS server and services
```

```
      Loaded: loaded (/lib/systemd/system/nfs-server.service; enabled; vendor
preset: enabled)
      Drop-In: /run/systemd/generator/nfs-server.service.d
              └─order-with-mounts.conf
      Active: active (exited) since Tue 2022-03-01 07:49:57 UTC; 5h 59min ago
```

默认情况下，Ubuntu 20.04 系统中 NFSv2 被禁用，NFSv3 和 NFSv4 可以使用。可以执行以下命令查看 Ubuntu 所支持的 NFS 版本信息，其中 "+" 表示支持，"-" 表示不支持。

```
gly@linuxsrv:~$ sudo cat /proc/fs/nfsd/versions
-2 +3 +4 +4.1 +4.2
```

2. 配置 NFS 共享目录

NFS 服务器的配置比较简单，关键是对主配置文件 /etc/exports 进行设置，NFS 服务器启动时会自动读取该文件，决定要共享的文件系统和相关的访问权限。/etc/exports 文件包括若干行，每一行提供一个共享目录的设置，由共享路径、客户端以及针对客户端的选项构成，基本格式如下：

```
共享路径    [客户端][(选项1,选项2,...)]
```

如果将同一目录共享给多个客户端，采用以下格式：

```
共享路径    [客户端1][(选项1,选项2,...)]  [客户端2][(选项1,选项2,...)] ...
```

共享路径与客户端之间、客户端彼此之间都使用空格分隔，但是客户端和选项是一体的，之间不能有空格，选项之间用逗号分隔。在配置文件中还可使用 "#" 提供注释。如果有空行，将被忽略。

下面示范在服务器端配置 NFS 共享目录的操作步骤（例中使用的 NFSv3）。

（1）执行以下命令，在服务器端创建要提供共享的目录并赋予最高权限。

```
gly@linuxsrv:~$ sudo mkdir /nfs
gly@linuxsrv:~$ sudo chmod -R 777 /nfs
```

还可以改变共享目录的所有者和所属组，结合 /etc/exports 文件中的 all_squash 选项使得客户端使用 NFS 共享目录的用户被限定为使用指定用户的权限。

（2）编辑 /etc/exports 文件，在其中添加以下定义，指定要共享的目录。

```
/nfs *(rw,sync,no_root_squash)
/home/gly  192.168.10.*/24(rw)     *(ro)
```

其中第一行中的 "*" 表示允许任何网段 IP 地址的客户端访问 /nfs 目录，且具有读写权限。

第二行表示 192.168.10.0/24 这个网段的客户端对共享目录 /home/gly 有读写权限，其他所有客户端只具有只读权限。

括号中的选项用于对客户端的访问进行控制（权限参数），也是可选的设置项。选项总是针对客户端设置的，常用的选项列举如下。

- ro：对共享路径具有只读权限。
- rw：对共享路径具有读写权限。
- sync：数据同步写入内存与硬盘。
- async：数据会先暂存于内存当中，而非直接写入硬盘。
- root_squash：root 用户使用共享路径时被映射成匿名用户（与匿名用户具有相同权限）。

- no_root_squash：root 用户使用共享路径的权限与 root 权限相同，这容易带来安全问题。
- all_squash：共享目录的用户和组都被映射为匿名用户，适合公用目录。
- not_all_squash：共享目录的用户和组维持不变。
- secure：要求客户端通过 1024 以下的端口连接 NFS 服务器。
- insecure：允许客户端通过 1024 以上的端口连接 NFS 服务器。
- wdelay：如果多个用户要写入 NFS 目录，则并到一起再写入。
- no_wdelay：如果有写操作，则立即执行，当使用 async 选项时无须此选项。
- subtree_check：共享 /usr/bin 之类的子目录时，强制 NFS 检查父目录的权限。
- no_subtree_check：共享 /usr/bin 之类的子目录时，不要求 NFS 检查父目录的权限。

如果不指定任何选项，将使用默认选项，默认的选项主要有 sync、ro、root_squash、not_all_squash、secure、no_wdelay、subtree_check 等。

（3）保存 /etc/exports 文件，重新启动 NFS 服务。

```
gly@linuxsrv:~$ sudo systemctl restart nfs-server
```

3. 测试 NFS 服务器

通常采用以下方法测试 NFS 服务器。

（1）检查 /var/lib/nfs/etab 文件。

通过查看 NFS 服务器上的 /var/lib/nfs/etab 文件来检查所共享的目录内容。该文件主要记录 NFS 共享目录的完整权限设定值。

```
gly@linuxsrv:~$ sudo cat /var/lib/nfs/etab
/home/gly 192.168.10.*/24(rw,sync,wdelay,hide,nocrossmnt,secure,root_
squash,no_all_squash,no_subtree_check,secure_locks,acl,no_pnfs,anonuid=65534,a
nongid=65534,sec=sys,rw,secure,root_squash,no_all_squash)
/home/gly *(ro,sync,wdelay,hide,nocrossmnt,secure,root_squash,no_all_
squash,no_subtree_check,secure_locks,acl,no_pnfs,anonuid=65534,anongid=65534,s
ec=sys,ro,secure,root_squash,no_all_squash)
/nfs       *(rw,sync,wdelay,hide,nocrossmnt,secure,no_root_squash,no_all_
squash,no_subtree_check,secure_locks,acl,no_pnfs,anonuid=65534,anongid=65534,s
ec=sys,rw,secure,no_root_squash,no_all_squash)
```

（2）使用 showmount 命令显示 NFS 共享目录。

showmount 命令用于显示 NFS 服务器的挂载信息，语法格式如下：

```
showmount [选项] [主机名 | IP 地址]
```

-a 或 -all 选项表示以"主机：目录"格式显示客户端主机名和挂载点目录；-d 或 -directories 选项仅显示被客户端挂载的目录名；-e 或 -exports 选项显示 NFS 服务器的共享资源列表。

执行以下命令显示当前 NFS 服务器所提供的 NFS 共享目录。

```
gly@linuxsrv:~$ showmount -e
Export list for linuxsrv:
/nfs       *
/home/gly (everyone)
```

4. 配置和使用 NFS 客户端

Linux 或 UNIX 计算机都支持 NFS 客户端。配置 NFS 服务器以后，客户端在使用共享的文件系统之前必须先挂载该文件系统。与一般文件系统挂载类似，用户既可以通过 mount 命令手动挂载，也可以通过在 /etc/fstab 配置文件中加入相关定义来实现开机自动挂载。

（1）在 Ubuntu 主机（本例为 linuxpc1）上执行以下命令安装 NFS 客户端。

```
tester@linuxpc1:~$ sudo apt install nfs-common
```

（2）使用 showmount 命令查看 NFS 服务器上可共享的资源。本例要查看 IP 地址为192.168.10.11 的服务器上的 NFS 共享资源，执行以下命令。

```
tester@linuxpc1:~$ showmount -e 192.168.10.11
Export list for 192.168.10.11:
/nfs         *
/home/gly (everyone)
```

（3）使用 mount 命令挂载和卸载 NFS。先创建挂载点目录，再将 NFS 挂载到该挂载点。

```
tester@linuxpc1:~$ sudo mkdir  /mnt/testnfs
tester@linuxpc1:~$ sudo mount -t nfs 192.168.10.11:/nfs  /mnt/testnfs
```

NFS 的名称由文件所在的主机名加上被挂载目录的路径名组成，两个部分通过冒号连接。

卸载 NFS 更为简单，使用 umount 命令像卸载普通文件系统一样进行卸载。

（4）编辑 /etc/fstab 文件实现开机自动挂载 NFS。在 /etc/fstab 文件中添加一行，声明 NFS 服务器的主机名或 IP 地址、要共享的目录，以及要挂载 NFS 共享的本地目录（挂载点）。

```
192.168.10.11:/nfs  /mnt/testnfs nfs  default 0 0
```

10.3.5　部署 Samba 服务器

Samba 充当文件和输出服务器，可以让 Windows 用户访问 Linux 主机上的共享资源。

微课10-6

安装和配置
Samba 服务器

1. 安装 Samba 服务器软件

在 Ubuntu 服务器上可以执行以下命令安装 Samba 服务器软件（包名为samba）。

```
gly@linuxsrv:~$ sudo  apt  install  samba
```

也可以使用 Tasksel 工具安装，执行 sudo tasksel install samba-server 命令。

安装完成后，Samba 服务（服务名为 smbd）会自动启动，可以执行以下命令进行验证。

```
gly@linuxsrv:~$ systemctl status smbd
● smbd.service - Samba SMB Daemon
   Loaded: loaded (/lib/systemd/system/smbd.service; enabled; vendor preset: enabled)
   Active: active (running) since Tue 2022-03-01 08:45:15 UTC; 59s ago
```

2. 在 Samba 服务器上配置安全共享

本例要对共享资源增加用户身份验证，只有提供有效的用户名和密码的用户才能访问指定的共享资源。

（1）创建一个用户和一个用户组，用于测试安全共享访问。

```
gly@linuxsrv:~$ sudo groupadd smbgroup
gly@linuxsrv:~$ sudo useradd -s /sbin/nologin smbtester
```

（2）将以上用户添加到以上用户组，并为该用户设置 SMB 密码。

```
gly@linuxsrv:~$ sudo smbpasswd -a smbtester
New SMB password:
Retype new SMB password:
Added user smbtester.
```

（3）创建一个用于 Samba 共享的目录，并设置其权限。

```
gly@linuxsrv:~$ sudo mkdir -p /samba/testshare
gly@linuxsrv:~$ sudo chown -R smbtester:smbgroup /samba/testshare
gly@linuxsrv:~$ sudo chmod -R 777 /samba/testshare
```

（4）编辑主配置文件 /etc/samba/smb.conf 配置共享资源。

编辑该文件之前，先执行以下命令备份该文件。

```
gly@linuxsrv:~$ sudo cp  /etc/samba/smb.conf  /etc/samba/smb.conf.bak
```

编辑该文件，将其内容修改如下。

```
# 全局设置
[global]
    workgroup = WORKGROUP
    server string = %h server (Samba, Ubuntu)
    security = user
    passdb backend = tdbsam
    map to guest = bad user
# 共享定义，test_share 是共享资源名
[test_share]
    path = /samba/testshare
    writable = yes
    browsable = yes
    guest ok = no
    valid users = @smbgroup
```

（5）执行命令 testparm 检测主配置文件，确认配置正确。

```
gly@linuxsrv:~$ testparm /etc/samba/smb.conf
Load smb config files from /etc/samba/smb.conf
Loaded services file OK.
Weak crypto is allowed
Server role: ROLE_STANDALONE
```

（6）重启 Samba 服务。

```
gly@linuxsrv:~$ sudo systemctl  restart  smbd
```

3. Windows 计算机访问 Samba 共享资源

微课10-7
Windows 计算机访问 Samba 共享资源

在 Windows 计算机中访问 Samba 共享资源就与访问 Windows 系统的共享文件夹一样，使用通用命名规则（Universal Naming Convention，UNC）定位共享资源的全称，采用"\\ 服务器名 \ 共享名"格式，本例中可用 \\192.168.10.11\test_share。目录或文件的 UNC 名称还可包括路径，采用"\\ 服务器名 \ 共享名 \ 目录名 \ 文件名"格式。可直接在浏览器、文件资源管理器等地址栏中输入 UNC 名称来访问 Samba 共享资源。

下面以 Windows 10 计算机为例进行示范。Windows 10 计算机默认情况下可能无法正常访问 Samba 共享资源，这需要先修改相应的设置，再进行访问。

（1）启用 SMB 1.0/CIFS 文件共享支持。打开"控制面板"，选择"程序"→"启用或关闭 Windows 功能"选项，弹出图 10-18 所示的对话框，勾选"SMB 1.0/CIFS File Sharing Support"复选框。

（2）启用不安全的来宾登录功能。单击"开始"图标，选择"运行"命令，在"打开"文本框中输入 gpedit.msc，按 <Enter> 键打开"本地组策略编辑器"，展开"计算机配置"→"管理模板"→"网络"→"Lanman 工作站"节点，单击"启用不安全的来宾登录"选项弹出图 10-19 所示的窗口，选中"已启用"单选按钮，然后单击"确定"按钮。

图 10-18 启用 SMB 1.0/CIFS 文件共享支持

图 10-19 启用不安全的来宾登录功能

（3）重启 Windows 系统。

（4）打开文件资源管理器，在地址栏中输入 Samba 服务器的 UNC 名称（本例为 \\192.168.10.11），按 <Enter> 键，会显示该服务器提供的共享资源，如图 10-20 所示。

（5）单击共享资源名称以连接共享目录，弹出图 10-21 所示的对话框，输入设置的 Samba 用户名和密码，单击"确定"按钮进行身份验证，身份验证成功后即可正常访问 Samba 共享资源。

Windows 7 和 Windows 8 计算机一般默认就支持 Samba 共享资源访问。打开文件资源管理器，在地址栏中直接输入 UNC 名称，打开该共享资源，根据提示进行用户认证，输入正确的用户名和密码后，就能正常访问该共享资源。

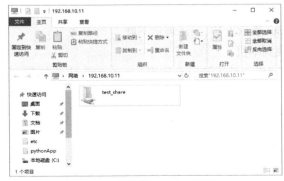

图 10-20 访问 Samba 服务器

图 10-21 Samba 用户身份验证

4. Linux 客户端访问 Samba 共享资源

微课10-8

Linux 客户端访问Samba 共享资源

Linux 提供 smbclient 命令行工具来访问 Samba 服务器的共享资源，也可使用文件系统装载命令来将共享资源装载到本地。

（1）使用 smbclient 命令行工具访问共享资源。

smbclient 用于在 Linux 计算机上访问服务器上的共享资源（包括网络中 Windows 计算机上的共享文件夹）。默认情况下，Ubuntu 并没有安装 smbclient，需要执行以下命令安装它。

```
tester@linuxpc1:~$ sudo apt install smbclient
```

一般先使用 smbclient 查看服务器上有哪些共享资源，基本用法如下：

```
smbclient -L // 服务器主机名或 IP 地址　[-U 用户名]
```

然后使用 smbclient 访问服务器上指定的共享资源，基本用法如下：

```
smbclient // 服务器主机名或 IP 地址 / 共享文件夹名　[-U 用户名]
```

以上两种用法中还可通过 -U 选项提供用户密码，格式为 "-U 用户名 % 密码"。

本例中的操作如下。先查看 Samba 服务器上的资源。

```
tester@linuxpc1:~$ smbclient -L //192.168.10.11 -U smbtester
Enter WORKGROUP\smbtester's password:
    Sharename       Type        Comment
    ---------       ----        -------
    test_share      Disk
    IPC$            IPC         IPC Service (linuxsrv server (Samba, Ubuntu))
SMB1 disabled -- no workgroup available
```

登录到 Samba 服务器上，就可以执行 smbclient 的一些命令，如执行 ls 命令查看当前文件，执行 q 命令退出。

```
tester@linuxpc1:~$ smbclient //192.168.10.11/test_share -U smbtester
Enter WORKGROUP\smbtester's password:
Try "help" to get a list of possible commands.
smb: \> ls
  .                                   D        0  Tue Mar  1 20:39:33 2022
  ..                                  D        0  Tue Mar  1 17:09:18 2022
  hosts.txt                           A      862  Thu May 13 11:22:15 2021
          20511312 blocks of size 1024. 12091116 blocks available
smb: \> q
```

还可以像用 ftp 命令一样上传和下载文件，put 表示上传，get 表示下载。

（2）使用 mount 命令将 Samba 共享资源挂载到本机。

Samba 共享资源实际上是一种 CIFS 格式的网络文件系统，也能用 mount 命令直接挂载，与挂载其他文件系统的操作相同，基本用法如下：

```
mount -o username=用户名,password=密码　// 服务器 / 共享文件夹名　挂载点
```

可以加上 "-t cifs" 选项指定文件系统格式。这里给出一个例子：

```
tester@linuxpc1:~$ sudo mkdir /mnt/testsmb
tester@linuxpc1:~$ sudo mount -o username=smbtester,password=xxx
//192.168.10.11/test_share /mnt/testsmb
```

执行 mount 命令查看当前挂载的文件系统，可发现 Samba 共享资源：

```
//192.168.10.11/test_share on /mnt/testsmb type cifs (rw,relatime,vers=3.1
.1,cache=strict,username=smbtester,uid=0,noforceuid,gid=0,noforcegid,addr=192.
168.10.11,file_mode=0755,dir_mode=0755,soft,nounix,serverino,mapposix,rsize=419
4304,wsize=4194304,bsize=1048576,echo_interval=60,actimeo=1)
```

卸载该文件系统更为简单，使用 umount 命令像卸载普通文件系统一样进行卸载。

还可以编辑 /etc/fstab 文件，添加以下定义实现开机自动挂载该 Samba 文件系统。

```
//192.168.10.11/test_share /mnt/testsmb   cifs   auto, username=smbtester,
password=xxx 0 0
```

任务 10.4　部署 LAMP 服务器

任务要求

LAMP 是 Web 网络应用和环境的优秀组合，仍然是 Linux 服务器端最重要的应用平台之一。在 Ubuntu 服务器上可以方便地构建 LAMP 平台。安装 LAMP 之后，根据实际需要进行相应的配置，应重点掌握 Apache 和 MySQL 服务器的配置。本任务的具体要求如下。

（1）了解 LMAP 平台。

（2）了解 Tasksel 工具。

（3）掌握安装 LAMP 的方法。

（4）学会配置 Apache 服务器及虚拟主机。

（5）学会配置 PHP。

（6）学会配置 MySQL 数据库服务器。

相关知识

10.4.1　LAMP 平台

LAMP 是一个缩写，最早用来指代 Linux 操作系统、Apache 网络服务器、MySQL 数据库和 PHP（Perl 或 Python）脚本语言的组合，由这 4 种技术的首字母组成。后来 M 也用于指代数据库软件 MariaDB。这些产品共同组成了一个强大的 Web 应用程序平台。

Apache 是 LAMP 架构中核心的 Web 服务器软件，开源、稳定、模块丰富是 Apache 的优势。Apache 提供了自己的缓存模块，可以有效地提高访问响应能力。作为 Web 服务器，它也是负载 PHP 应用程序的最佳选择。

Web 应用程序通常需要后台数据库支持。MySQL 是一款高性能、多线程、多用户、支持 SQL、基于客户 - 服务器架构的关系数据库软件，在性能、稳定性和功能方面是首选的开源数据库软件。中小规模的应用可以将 MySQL 和 Web 服务器部署在同一台服务器上，但是当访问量达到一定规模后，应该将 MySQL 数据库从 Web 服务器上独立出来，在单独的服务器上运行，并保持 Web 服务器和 MySQL 服务器的稳定连接。

PHP 全称为 PHP Hypertext Preprocessor（超文本预处理器），是一种跨平台的服务器端嵌入式脚本语言。它借用了 C、Java 和 Perl 的语法，同时创建了一套自己的语法，便于编程人员快速开发 Web 应用程序。PHP 程序执行效率非常高，支持大多数数据库。Perl 和 Python 在 Web 应用开发中的普及程度不如 PHP，因而 LAMP 平台中大多选用 PHP 作为开发语言。

LMAP 所有组成产品均为开源软件，是国际上比较成熟的网站服务器架构。与 Java/J2EE 架构相比，LAMP 具有 Web 资源丰富、轻量、快速开发等优势；与 .NET 架构相比，LAMP 具有通用、跨平台、高性能、低价格等优势。因此，LAMP 无论是从性能、质量还是价格上考虑，都是企业搭建网站的首选平台，很多流行的商业应用就是采用这个架构。

10.4.2　Tasksel 工具

以前在 Linux 操作系统中安装 LAMP 这样的软件包集合需要分别安装多个软件包，为实现安装的便捷性，Debian 推出了专门的安装套件工具 Tasksel。Tasksel 将软件包按任务分组，提供一种根据任务需要安装所有软件包的便捷方式。Ubuntu 从 Debian 继承了这种工具。使用 Tasksel 工具可以方便地安装一个完整的 LAMP 套件，而无须关心具体需要哪些包来构成这个套件。除了 LAMP 之外，Tasksel 还能用于安装 DNS 服务器、邮件服务器等套件。

Ubuntu 20.04 LTS 桌面版默认没有安装 Tasksel 工具，可以执行 sudo apt install tasksel 命令安装。Tasksel 工具的基本用法如下：

```
tasksel install <软件集>
tasksel remove <软件集>
tasksel [选项]
```

其中，install 用于安装软件集，remove 用于卸载软件集。-t 或 --test 选项表示测试模式，不会真正执行任何操作；--new-install 选项表示自动安装某软件集；--list-tasks 选项用于显示软件集列表并退出（u 表示当前未安装，i 表示已安装）；--task-packages 选项用于列出某软件集中的软件包；--task-desc 选项用于显示某软件集的说明信息。

另外，执行 tasksel 命令时不使用任何选项和参数会打开一个基于文本的用户界面（仿图形用户界面），用户可以从列表中直观地选择要安装的软件包，如图 10-22 所示。

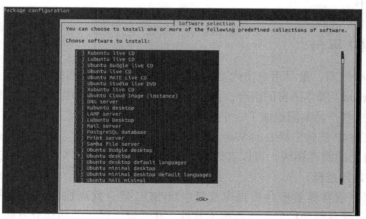

图 10-22　选择要安装的软件包

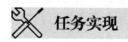

10.4.3　在 Ubuntu 服务器上安装 LAMP

可以通过 Tasksel 工具一键安装 LAMP，执行以下命令开始下载和安装 LAMP。

微课10-9

在 Ubuntu 服务器上安装 LAMP

Ubuntu Linux 操作系统（项目式微课版）

```
sudo tasksel install lamp-server
```

执行以下命令也可以达到相同的效果。注意末尾一定要加上"^"。

```
sudo apt install lamp-server^
```

这种方式会显示详细的安装过程，包括各组件版本信息。

LAMP 安装完毕即可测试。首先测试 Apache。转到 Ubuntu 桌面版，使用 Web 浏览器访问首页网址（本例为 http://192.168.10.11），看到"It works!"，如图 10-23 所示，这表示 Apache 安装成功并正常运行。

图 10-23 测试 Apache

接着测试 PHP 模块。Apache 默认主目录为 /var/www/html，在该目录下创建用于测试 PHP 的脚本文件 test.php，使用命令 tee 将内容输入该文件：

```
gly@linuxsrv:~$ echo "<?php phpinfo(); ?>" | sudo tee /var/www/html/test.php
<?php phpinfo(); ?>
```

tee 命令会从标准输入设备读取数据，将其内容输出到标准输出设备，同时保存成文件。在 Web 浏览器中输入测试网页地址（本例为 http://192.168.10.11/test.php），看到一个显示关于所安装的 PHP 的信息的网页，如图 10-24 所示，这表示 PHP 模块成功安装并运行。

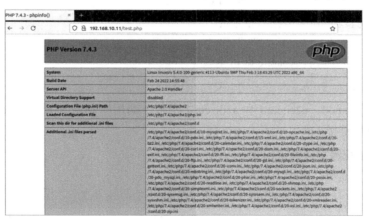

图 10-24 测试 PHP

10.4.4 在 Ubuntu 服务器上配置 Apache

配置 Apache 服务器的关键是对配置文件进行设置。Apache 服务器启动时自动读取配置文件内容，根据配置指令决定 Apache 服务器的运行。可以直接使用文本编辑器修改该配置文件。配置文件改变后，只有下次启动 Apache，或重

微课10-10

在Ubuntu服务器上配置Apache

新启动 Apache 才能生效。

1. Apache 配置文件体系

Linux 操作系统中的 Apache 将各个设置项分布在不同的配置文件中，虽然复杂一些，但是这样的设计更为合理。Ubuntu 操作系统中 Apache 配置文件的层级结构如下：

```
/etc/apache2/
├── apache2.conf
├── conf-available
├── conf-enabled
├── mods-available
├── mods-enabled
├── ports.conf
├── sites-available
└── sites-enabled
```

apache2.conf 是主配置文件，Apache 在启动时会自动读取这个文件的配置信息，由该文件将所有其他 Apache 配置文件整合在一起。而其他的一些配置文件，如 ports.conf 等，则是通过 Include 指令包含进来。ports.conf 配置文件用于设置 Apache 使用的端口。

位于 mods-enabled、conf-enabled 和 sites-enabled 目录中的配置文件分别包含用于管理模块、全局配置和虚机主机配置的特别配置片段。这 3 个目录都有对应的 mods-available、conf-available 和 sites-available 目录。*-available 目录用于存放实际的配置文件，*-enabled 目录用于存放链接文件，Apache 默认仅读取 *-enabled 目录中的配置文件。在这两类目录中手动创建好配置文件和相应的链接文件之后，重启 Apache 即可使配置生效。

也可以使用 Apache 提供的专门工具来启用和停用相应的配置文件。a2ensite 命令根据网站配置文件名称在 sites-enabled 目录中创建指向 sites-available 目录相应网站配置文件的符号链接，而 a2dissite 命令则反过来删除 sites-enabled 目录中的符号链接。例如：

```
sudo a2dissite 000-default.conf
sudo a2ensite info-abc-com.conf
```

然后执行以下命令重启 Apache 即可生效：

```
sudo systemctl restart  apache2
```

a2enmod、a2dismod、a2enconf 和 a2disconf 等命令则用于相应地操作 mods-enabled 和 conf-enabled 目录的符号链接。

2. Apache 配置文件语法格式

Apache 配置文件每行有一个指令，格式如下：

```
指令名称  参数
```

指令名称不区分大小写，但参数通常区分大小写。如果要续行，可在行尾加上"\"。以"#"开头的行是注释行。参数中的文件名需要用"/"代替"\"。以"/"开头的文件名，服务器将视为绝对路径。如果文件名不以"/"开头，将使用相对路径。文件路径可以加上引号作为字符串，也可以不加引号。

配置文件中也使用容器来封装一组指令，用于限制指令的条件或指令的作用域。容器语句成对出现，格式如下：

```
< 容器名   参数 >
    一组指令
< 容器名 >
```

<Directory>、<Files> 和 <Location> 分别用于限定作用域为目录、文件和 URL，通过一组封装指令对它们实现控制。<VirtualHost> 用于定义虚拟主机。

在主配置文件 apache2.conf 中通过 Include 或 IncludeOptional 指令将其他配置文件包含进来，默认定义有以下 Include 语句。

```
# Include module configuration:
IncludeOptional mods-enabled/*.load
IncludeOptional mods-enabled/*.conf
# Include list of ports to listen on
Include ports.conf
# Include generic snippets of statements
IncludeOptional conf-enabled/*.conf
# Include the virtual host configurations:
IncludeOptional sites-enabled/*.conf
```

Include 和 IncludeOptional 两个指令的区别在于，如果参数使用了通配符却不能匹配任何文件，前者会报错，而后者则会忽略此错误。

3. Apache 全局配置

主配置文件 apache2.conf 用于定义全局配置，设置 Apache 服务器整体运行的环境变量，设置方法如下。

（1）设置连接参数。TimeOut 指令用于设置连接请求超时的时间，单位为 s，默认值为 300。KeepAlive 指令设置是否启用持久连接功能，默认值为 On，表示启用。MaxKeepAliveRequests 指令设置在一个持久连接期间所允许的最大 HTTP 请求数目，默认值为 100，值为 0 则表示没有限制。KeepAliveTimeout 指令设置一个持久连接期间所允许的最长时间，默认设置为 5（单位为 s）。

（2）配置目录访问控制。使用 <Directory> 容器封装一组指令，使其对指定的目录及其子目录有效。该指令不能嵌套使用，其用法如下：

```
<Directory   目录名 >
    一组指令
</Directory>
```

目录名可以采用文件系统的绝对路径，也可以是包含通配符的表达式。Apache 提供访问控制指令（如 Allow、Deny、Order）来限制对目录、文件或 URL 的访问。Apache 可以对每个目录设置访问控制，下面是对 "/"（文件系统根目录）的默认设置。

```
<Directory />
# 允许使用符号链接
    Options FollowSymLinks
# 禁止使用 htaccess 文件
    AllowOverride None
# 拒绝所有访问
    Require all denied
</Directory>
```

对网站目录 /var/www 的默认设置如下。

```
<Directory /var/www/>
# 允许目录浏览和使用符号链接
    Options Indexes FollowSymLinks
# 禁止使用 htaccess 文件
    AllowOverride None
# 允许所有访问
    Require all granted
</Directory>
```

10.4.5　在 Ubuntu 服务器上配置 Apache 虚拟主机

微课10-11

在Ubuntu服务器上配置Apache虚拟主机

Apache 支持虚拟主机，让同一 Apache 服务器进程能够运行多个 Web 网站。Apache 支持两种虚拟主机技术，一种是基于 IP 地址的虚拟主机，每个 Web 网站拥有不同的 IP 地址；另一种是基于名称的虚拟主机，每个 IP 地址支持多个网站，每个网站拥有不同的域名。Ubuntu 中配置 Apache 虚拟主机的方法与其他操作系统有所不同，Apache 默认会读取 /etc/apache2/sites-enabled 中的网站配置文件。

1. 配置默认网站

默认情况下，该目录下只有一个名为 000-default.conf 的链接文件，指向 /etc/apache2/sites-available 中的网站配置文件 000-default.conf，该文件的主要内容如下：

```
<VirtualHost *:80>
#ServerName www.example.com
ServerAdmin webmaster@localhost
DocumentRoot /var/www/html
ErrorLog ${APACHE_LOG_DIR}/error.log
CustomLog ${APACHE_LOG_DIR}/access.log combined
#Include conf-available/serve-cgi-bin.conf
</VirtualHost>
```

Apache 使用 <VirtualHost> 容器定义虚拟主机。VirtualHost 指令的参数提供 Web 服务的 IP 地址和端口。默认端口为 80。如果将服务器上的任何 IP 地址都用于虚拟主机，可以使用参数 "*"。如果使用多个端口，应当明确指定端口（如 *:80）。

默认情况下，配置文件 000-default.conf 发布的是默认网站。IP 地址和端口为 "*:80"，这表示没有指定具体的 IP 地址，凡是使用该主机上的任何有效地址，端口为 80 的都可以访问此处指定的内容。

Apache 在 <VirtualHost> 容器中使用 DocumentRoot 指令定义网站根目录。例中为 /var/www/html。每个网站必须有一个主目录。主目录位于发布的网页的中央位置，包含主页或索引文件以及到所在网站其他网页的链接。主目录是网站的根目录，映射为网站的域名或服务器名。用户使用不带文件名的 URL 访问 Web 网站时，请求将指向主目录。

2. 配置多个虚拟主机的方法

对于要使用多个虚拟主机的情况，可以在 /etc/apache2/sites-available 目录下为每个虚拟主机创建一个网站配置文件，然后在 /etc/apache2/sites-enabled 目录下创建相应的链接文件。也可以直接在 000-default.conf 文件中添加所需的虚拟机定义。

在 <VirtualHost> 容器中定义虚拟主机，使用 ServerName 指令设置服务器用于识别自己的主机名和端口，这个指令是可选的，只有部署基于主机名的虚拟主机时才是必需的；使用 DocumentRoot 指令设置主目录的路径，这个指令是必需的。主目录的目录访问可以在全局配置中设置，也可以在此处设置。

注意，修改配置文件之后，应当重启 Apache 服务器使配置修改生效。

3. 部署基于 IP 地址的虚拟主机

基于 IP 地址的虚拟主机使用多个 IP 地址来实现，将每个网站绑定到不同的 IP 地址，如果使用域名，则每个网站域名对应独立的 IP 地址。用户只需在浏览器地址栏中输入相应的域名或 IP 地址即可访问网站。这就要求服务器必须同时绑定多个 IP 地址，可通过在服务器上安装多块网卡，或通过虚拟网络接口（网卡别名）来实现，即在一块网卡上绑定多个 IP 地址。这种技术的优点是可在同一台服务器上部署多个 HTTPS 安全网站，而且配置简单，但是容易浪费 IP 地址。

下面通过一个实例示范这种虚拟主机的配置步骤。假设服务器有两个 IP 地址 192.168.10.11 和 192.168.10.12，对应的域名分别为 info.abc.com 和 sales.abc.com，需要建立两个网站。

（1）为服务器分配两个 IP 地址，本例为 ens33 网卡分配 192.168.10.11 和 192.168.10.12 两个 IP 地址。修改服务器的 /etc/netplan/00-installer-config.yaml 文件，在 addresses 字段中添加 192.168.10.12：

```
addresses: [192.168.10.11/24, 192.168.10.12/24]
```

修改完成后执行 sudo netplan apply 命令更新网络的设置。

（2）为虚拟主机注册所要使用的域名。本例需分别为 192.168.10.11 和 192.168.10.12 两个 IP 地址注册域名为 info.abc.com 和 sales.abc.com。为简化实验，在 Ubuntu 桌面版中直接使用 /etc/hosts 文件实现简单的域名解析，修改该文件，添加以下两行定义并保存该文件。

```
192.168.10.11    info.abc.com
192.168.10.12    sales.abc.com
```

（3）在服务器上为两个网站分别创建网站根目录。

```
gly@linuxsrv:~$ sudo mkdir -p /var/www/info
gly@linuxsrv:~$ sudo mkdir -p /var/www/sales
```

（4）在两个网站根目录中分别创建主页文件 index.html。

```
gly@linuxsrv:~$ sudo echo "This a info site" > /var/www/info/index.html
gly@linuxsrv:~$ echo "This a info site" | sudo tee /var/www/info/index.html
```

（5）编辑 /etc/apache2/sites-available/000-default.conf 文件来定义虚拟主机，本例添加以下内容：

```
<VirtualHost 192.168.10.11>
     ServerName info.abc.com
     DocumentRoot /var/www/info
</VirtualHost>

<VirtualHost 192.168.10.12>
     ServerName sales.abc.com
     DocumentRoot /var/www/sales
</VirtualHost>
```

对于基于 IP 地址的虚拟主机配置来说，在 <VirtualHost> 容器中，DocumentRoot 指令是必需的，常见的可选指令有 ServerName、ServerAdmin、ErrorLog、TransferLog 和 CustomLog 等。几

乎任何 Apache 指令都可以包括在 <VirtualHost> 容器中。

（6）保存以上设置，重新启动 Apache 服务器。

（7）在 Ubuntu 桌面版中使用浏览器分别访问两个不同的网站进行测试。基于 IP 地址的虚拟主机可使用对应的域名访问，也可直接使用 IP 地址访问。

对 <VirtualHost> 容器中未定义 IP 地址的请求，都将指向主服务器。

4. 部署基于名称的虚拟主机

基于名称的虚拟主机将多个域名绑定到同一 IP 地址。多个虚拟主机共享同一个 IP 地址，各虚拟主机之间通过域名进行区分。一旦来自客户端的 Web 访问请求到达服务器，服务器将使用在 HTTP 头中传递的主机名（域名）来确定客户请求的是哪个网站。这是首选的虚拟主机技术，可以充分利用有限的 IP 地址资源来为更多的用户提供网站业务，适用于多数情况。这种方案唯一的不足是不能支持 SSL 安全服务。

实现基于名称的虚拟主机有一个前提条件，就是要保证 DNS 服务支持将多个域名映射到同一 IP 地址。重点是要使用 <VirtualHost> 容器指令为每一个虚拟主机进行配置。

这里修改以上基于 IP 地址的虚拟主机的实例，部署一个 IP 地址、多个域名的虚拟主机。

将 info.abc.com 和 sales.abc.com 这两个域名解析到服务器上的 IP 地址 192.168.10.11。为简化实验，在 Ubuntu 桌面版中将 /etc/hosts 文件新增加的两行定义修改如下，并保存该文件。

```
192.168.10.11    info.abc.com
192.168.10.11    sales.abc.com
```

编辑 /etc/apache2/sites-available/000-default.conf 文件来定义虚拟主机，本例将上例中新添加的内容修改如下：

```
<VirtualHost 192.168.10.11:80>
    ServerName info.abc.com
    DocumentRoot /var/www/info
</VirtualHost>

<VirtualHost 192.168.10.11:80>
    ServerName sales.abc.com
    DocumentRoot /var/www/sales
</VirtualHost>
```

保存以上设置，重新启动 Apache 服务器。使用浏览器访问网站进行测试。可以发现，使用不同的域名可以访问不同的网站。但是，使用 192.168.10.11 地址只能访问第一个虚拟主机（info 网站），而使用 192.168.10.12 地址访问的是默认网站。

提示 虚拟主机按一定的顺序响应请求。当一个请求到达时，Apache 服务器首先检查它是否使用了一个与 VirtualHost 匹配的 IP 地址及端口。如果是，就会逐一查找使用该 IP 地址的 <VirtualHost> 容器，并尝试找出一个与 ServerName 或 ServerAlias 指令所设置参数与所请求的主机名（域名）相同的 <VirtualHost> 容器，如果找到，则使用该虚拟主机的配置，并响应其访问请求，否则将使用符合这个 IP 地址的列出的第一个虚拟主机。这就意味着，排在最前面的虚拟主机成为首选虚拟主机。当请求的 IP 地址与 VirtualHost 指令中的地址相匹配时，默认网站将不会响应。

Ubuntu Linux 操作系统（项目式微课版）

5. 部署基于端口的虚拟主机

利用 TCP 端口号可在同一服务器上架设不同的 Web 网站。通过附加端口号，服务器只需一个 IP 地址即可维护多个网站。除了使用默认 TCP 端口号 80 的网站之外，用户访问网站时需在 IP 地址（或域名）后面附加端口号，如 "http://192.168.10.11:8080"。这种技术的优点是无须分配多个 IP 地址，只需一个 IP 地址就可创建多个网站。其缺点有两处，一是要输入非标准端口号才能访问网站，二是开放非标准端口容易导致被攻击。严格地说，这不是真正意义上的虚拟主机技术。这里给出一个简单的例子，一个 IP 地址使用两个不同端口支持两个网站。

在 /etc/apache2/ports.conf 文件中添加端口设置：

```
Listen 80
Listen 8080
```

编辑 /etc/apache2/sites-available/000-default.conf 文件，增加基于端口的虚拟主机的设置。

```
<VirtualHost 192.168.10.11:80>
ServerName www.abc.com
DocumentRoot /var/www/info
</VirtualHost>
<VirtualHost 192.168.10.11:8080>
ServerName www.abc.com
DocumentRoot /var/www/sales
</VirtualHost>
```

10.4.6 在 Ubuntu 服务器上配置 PHP

Ubuntu Linux 上的 PHP 配置文件不像 Windows 上的 PHP 配置文件那样简单，它将各个设置项分布在不同的配置文件中，虽然复杂一些，但是这样的设计更为合理。

1. PHP 配置文件体系

10.4.3 小节中一键安装的 LAMP 平台中，PHP 版本为 7.4，相应的 PHP 配置文件默认放在 /etc/php/7.4 目录下。在该目录下有 3 个子目录：apache2、cli 和 mods-available。apache2 和 cli 目录下都有 php.ini 文件且彼此独立。这两个目录还有 conf.d 子目录，且均是指向 /etc/php/7.4/mods-available/ 目录相应配置文件的符号链接。

不同的服务器端应用程序接口（Server Application Programming Interface，SAPI）使用不同的配置文件。SAPI 提供一个与外部通信的接口，是 PHP 与其他应用交互的接口。PHP 脚本执行有多种方式，可以通过 Web 服务器执行，也可以直接在命令行下执行，还可以嵌入在其他程序中执行。如果通过 Apache 执行脚本，则使用 etc/php/7.4/apache2 目录下的配置文件；如果通过命令行执行脚本，则使用 /etc/php/7.4/cli 目录下的配置文件。/etc/php/7.4/mods-available 目录下存放的则是针对某一扩展的额外配置文件，并且对 Apache 和命令行都是通用的。

在 Windows 系统中，PHP 配置文件通常只有 php.ini。Ubuntu 中的 PHP 分类配置使配置信息更加清晰和模块化。修改 PHP 配置文件要视具体情况而定，作为 Apache 的模块运行 Web 服务就要修改 apache2 目录下的 php.ini，作为 Shell 脚本运行则修改 cli 目录下的 php.ini。

2. PHP 配置文件格式

PHP 配置文件中每行一个设置项，格式如下：

```
指令名称 = 值
```

指令名称区分大小写，值可以是一个字符串、一个数字、一个 PHP 常量（如 E_ALL），也可以是一个表达式（如 E_ALL & ～ E_NOTICE），还可以是用引号标注的字符串（如 " foo"）。

表达式仅限于位运算符和括号。&、|、^、～和! 分别表示 AND（与）、OR（或）、XOR（异或）、NOT（二进制非）和 NOT（逻辑非）。

10.4.7　在 Ubuntu 服务器上配置和管理 MySQL

微课10-12

在 Ubuntu 服务器上配置和管理 MySQL

MySQL 是 LAMP 平台的后台数据库，配置和管理它很重要。

1. 了解 MySQL 配置文件

Ubuntu 上的 MySQL 主配置文件为 /etc/mysql/my.cnf，该文件默认嵌入两个配置子目录。基本配置位于 /etc/mysql/mysql.conf.d/mysqld.cnf 文件中，每行一个设置项，格式如下：

```
参数  = 值
```

例如，下面一行定义 MySQL 服务运行时的端口号，默认为 3306。

```
port = 3306
```

出于安全考虑，需要将 MySQL 绑定至本地主机 IP 地址。可以在配置文件中检查 bind-address 参数的设置。

```
bind-address            = 127.0.0.1
```

默认配置只允许从本地登录 MySQL 客户端，要从其他主机远程登录 MySQL 客户端，可以将 bind-address 的值修改为 0.0.0.0。

要使修改的配置文件生效，先保存该文件，然后执行以下命令重启 MySQL：

```
sudo systemctl restart mysql
```

2. 设置 MySQL 用户和密码

一键安装 LAMP 平台的过程中安装数据库服务器 MySQL 时未提示输入密码，为默认管理员账户 debian-sys-maint 自动生成的密码保存在 /etc/mysql/debian.cnf 文件中：

```
gly@linuxsrv:~$ sudo cat /etc/mysql/debian.cnf
# 自动生成
[client]
host     = localhost
user     = debian-sys-maint
password = fuVxqbqKiDRPlihp
socket   = /var/run/mysqld/mysqld.sock
[mysql_upgrade]
host     = localhost
user     = debian-sys-maint
password = fuVxqbqKiDRPlihp
socket   = /var/run/mysqld/mysqld.sock
```

在服务器上通过 debian-sys-maint 用户名和自动生成的密码直接登录 MySQL 进行操作：

```
gly@linuxsrv:~$ mysql -u debian-sys-maint -p
Enter password:
Welcome to the MySQL monitor.  Commands end with ; or \g.
Your MySQL connection id is 29
```

```
Server version: 8.0.28-0ubuntu0.20.04.3 (Ubuntu)     # 安装的是 MySQL 8.0
# 此处省略
mysql>
```

登录之后可以设置新的用户名和密码。要注意 MySQL 8.0 没有 password 字段，密码存储在 authentication_string 字段中。下面示范新建管理员账户 root 并设置密码的过程。

```
# 切换当前数据库为 MySQL
mysql> use mysql
Reading table information for completion of table and column names
You can turn off this feature to get a quicker startup with -A
Database changed
# 首先清除 root 的密码
mysql> update user set authentication_string='' where user='root';
Query OK, 0 rows affected (0.00 sec)
Rows matched: 1  Changed: 0  Warnings: 0
# 为 root 设置密码（加密方式为 mysql_native_password）
mysql> alter user 'root'@'localhost' identified with mysql_native_password
by 'abc123';
Query OK, 0 rows affected (0.00 sec)
# 新设置用户或更改密码后需刷新 MySQL 的系统权限表
mysql> flush privileges;
Query OK, 0 rows affected (0.00 sec)
# 退出交互登录
mysql> quit;
Bye
```

3. 使用 MySQL 命令行管理工具

可以使用 mysql 命令连接到 MySQL 服务器上执行简单的管理任务，基本语法如下：

```
mysql -h 主机地址 -u 用户名   -p 密码
```

登录本地主机可以省略主机地址。选项与其参数之间可以不加空格，如果最后一个选项与其参数之间加空格，则该参数会被视为要操作的数据库。例如，执行以下命令，输入 root 的密码，即可登录到 MySQL 服务器。登录成功后，显示相应提示信息，可输入 MySQL 命令或 SQL 语句，结束符使用分号或 "\g"。例如执行 show databases 命令显示已有数据库。注意，命令末尾一定要使用结束符。

```
mysql> show databases;
+--------------------+
| Database           |
+--------------------+
| information_schema |
| mysql              |
| performance_schema |
| sys                |
+--------------------+
4 rows in set (0.00 sec)
```

还可以在系统中使用命令行工具 mysqladmin 来完成 MySQL 服务器的管理任务。基本语法格式如下。

```
mysqladmin -h[ 主机地址 ] -u[ 用户名 ] -p[ 密码 ]  子命令
```

下面给出一个查看 MySQL 的例子，注意排在最后的选项 **-p** 与密码参数之间没有空格。

```
gly@linuxsrv:~$ mysqladmin -uroot -pabc123 status
mysqladmin: [Warning] Using a password on the command line interface can
be insecure.
    Uptime: 447  Threads: 2  Questions: 7  Slow queries: 0  Opens: 135  Flush
tables: 3  Open tables: 54  Queries per second avg: 0.015
```

4. 使用 phpMyAdmin 管理 MySQL

除通过命令行访问 MySQL 服务器，实际应用中更倾向于基于图形用户界面的 Web 管理工具访问 MySQL 服务器。phpMyAdmin 是用 PHP 语言编写的 MySQL 管理工具，可实现数据库、表、字段及其数据的在线管理，功能非常强大。

一键安装 LAMP 之后，按照以下步骤安装 phpMyAdmin 工具。

（1）执行 sudo apt install phpmyadmin 命令安装 phpMyAdmin。

（2）安装过程中出现图 10-25 所示的对话框，提示选择为 phpMyAdmin 配置的 Web 服务器。使用键盘上的方向键，使用空格键来选择 "apache2"，按 <Enter> 键继续。

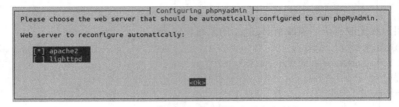

图 10-25　为 MySQL 配置 phpMyAdmin

（3）出现图 10-26 所示的对话框，提示 phpMyAdmin 包在使用之前必须安装一个数据库并进行适当的配置，还询问是否要用 dbconfig-common 工具为 phpMyAdmin 配置数据库。这里选择 "Yes" 并按 <Enter> 键。

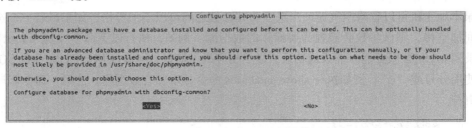

图 10-26　为 phpMyAdmin 配置数据库

（4）出现图 10-27 所示的对话框，为 phpmyadmin 账户设置 MySQL 应用程序密码，设置完成后选择 "Ok" 并按 <Enter> 键继续。如果不设置，则将自动生成一个密码。

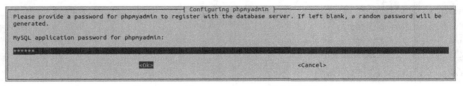

图 10-27　为 phpmyadmin 账户设置密码

（5）出现 "Configuring phpmyadmin" 对话框，提示确认 phpmyadmin 账户的密码，此时重复输入与步骤（4）中一样的密码，选择 "Ok" 并按 <Enter> 键，完成 phpMyAdmin 的安装。

完成 phpMyAdmin 的安装之后即可进行测试。转到 Ubuntu 桌面版，打开 Web 浏览器，输入地址 http://192.168.10.11/phpmyadmin/，进入 phpMyAdmin 初始界面。如图 10-28 所示，选择语言，输入相应的登录信息，单击"执行"按钮。phpmyadmin 账户的权限有限，要全权管理 MySQL 数据库，需要使用管理员账户 debian-sys-maint 或 root 登录，这里使用 root 账户登录。

图 10-28　phpMyAdmin 初始界面

成功登录之后即可进入 phpMyAdmin 主界面，如图 10-29 所示，可以对 MySQL 服务器和数据库进行在线管理。

图 10-29　phpMyAdmin 主界面

项目小结

服务器操作系统专门用于运行 Web 网站、网络应用程序、文件服务器、邮件服务器、媒体服务器、数据库服务器。Ubuntu 作为一个重要的 Linux 分支，用户无须付费就可以获取其服务器版。Ubuntu 服务器版日益受到国内企业的青睐，使用它作为服务器操作系统有助于降低企业的资源消耗和成本。通过本项目的实施，读者应当掌握 Ubuntu 服务器安装、远程管理方法；学会在 Ubuntu 服务器上部署文件服务器，能够为 Linux 和 Windows 计算机提供文件共享服务；能够快速搭建 LAMP 平台并进行相应的配置管理，以便托管 Web 网站和应用程序。值得一提的是，除了 LAMP 之外，还有许多用户会选择 LNMP 平台作为网站服务器，其中的"N"指的是 Nginx，Nginx 是一款小巧而高效的 Web 服务器软件，性能稳定、功能丰富、运维简单、处理静态文件速度快、消耗系统资源极少。

课后练习

一、选择题

1. 以下使用 netplan 配置 IP 地址的键值对中，正确的是（　　）。

   A. addresses:[192.168.10.10/24]

   B. address: 192.168.10.10/24

   C. addresses: [192.168.10.10]

   D. addresses: [192.168.10.10/24,192.168.10.20/24]

2. 以下关于 SSH 的说法中，不正确的是（　　）。

   A. 通过 SSH 可以安全地访问服务器

   B. Windows 计算机可以通过 SSH 访问 Linux 服务器的桌面

   C. 可以在 Ubuntu 桌面版的终端窗口中使用 ssh 命令远程登录服务器

   D. Ubuntu 操作系统使用 OpenSSH 程序实现 SSH 协议

3. 以下关于文件共享的说法中，不正确的是（　　）。

   A. NFS 服务器适合类 UNIX 操作系统环境

   B. Samba 服务器适合 Linux 与 Windows 混合环境

   C. Linux 主机不能作为 Samba 客户端

   D. NFS 服务器通过 /etc/exports 文件指定要共享的目录

4. Samba 服务器的主配置文件是（　　）。

   A. /etc/samba/smb.conf　　　　　　　　B. /etc/smbd/smb.conf

   C. /etc/samba/samba.conf　　　　　　　D. /etc/samba/smbd.conf

5. Apache 是（　　）。

   A. 内容服务器　　　　B. FTP 服务器　　　　C. Web 服务器　　　　D. 邮件服务器

6. 以下关于 Ubuntu 的 Apache 配置文件的说法中，正确的是（　　）。

   A. Apache 的配置涉及多个配置文件

   B. apache2.conf 是主配置文件，包含其他配置文件

   C. Apache 默认仅读取 *-enabled 目录中的配置文件

   D. a2enconf 命令用于在 conf-enabled 目录中添加 conf-enabled 目录指向 conf-available 目录的配置文件的链接文件，无须重启 Apache 即可使配置更改生效

7. 以下关于 Apache 虚拟主机的说法中，不正确的是（　　）。

   A. Apache 的虚拟主机就是一个 Web 网站

   B. 不管什么场景，都应当首选基于名称的虚拟主机方案

   C. 可以为多个虚拟主机分别创建多个配置文件

   D. 必须在 <VirtualHost> 容器中定义虚拟主机

8. 以下 MySQL 命令行用法中，不正确的是（　　）。

   A. mysql -h srv1 -uroot -pabc123　　　　B. mysqladmin -u root -p abc123 status

   C. mysqladmin -uroot -pabc123 status　　D. mysql -u root -pabc123

二、简答题

1. 为什么要使用 SSH 远程管理服务器？
2. 什么是 LAMP 平台？它有什么优势？
3. Apache 支持哪两种虚拟主机方案？
4. 简述 Apache 配置文件体系。

项目实训

实训 1　安装 Ubuntu 服务器版

实训目的

掌握 Ubuntu 服务器版的安装。

实训内容

（1）准备服务器（建议用虚拟机）和 Ubuntu 服务器版的 ISO 镜像文件。

（2）运行 Ubuntu 服务器版安装向导。

（3）安装过程中设置文件系统，建议使用 LVM。

（4）安装过程中选择安装 OpenSSH server 以提供远程管理服务。

（5）使用 netplan 工具修改服务器的网络配置，将 IP 地址改为静态的。

实训 2　远程管理 Ubuntu 服务器

实训目的

掌握 SSH 和 Webmin 两种服务器远程管理方式。

实训内容

（1）在服务器上安装 OpenSSH server。

（2）在 Linux 主机上通过 SSH 远程登录服务器。

（3）在 Windows 主机上通过 SSH 远程登录服务器。

（4）在服务器上安装 Webmin 软件包。

（5）通过浏览器访问 Ubuntu 服务器上的 Webmin 控制台，测试 Webmin 的管理功能。

实训 3　部署 NFS 服务器

实训目的

掌握 NFS 服务器的部署和使用。

实训内容

（1）在 Ubuntu 服务器上安装 NFS 服务器。

（2）在 NFS 服务器上配置共享目录。

（3）在 Linux 主机上使用 NFS 共享目录。

实训 4   部署 Samba 服务器

实训目的

掌握 Samba 服务器的部署和使用。

实训内容

（1）在 Ubuntu 服务器上安装 Samba 服务器。

（2）在 Samba 服务器上配置共享目录。

（3）在 Windows 主机上使用 Samba 共享目录。

（4）在 Linux 主机上使用 Samba 共享目录。

实训 5   安装 LAMP 平台

实训目的

掌握 Ubuntu 服务器上的 LMAP 平台部署。

实训内容

（1）使用 Tasksel 工具安装 LAMP。

（2）测试 Apache 服务。

（3）测试 PHP 模块。

实训 6   配置和管理 MySQL

实训目的

掌握 MySQL 的配置管理。

实训内容

（1）查看 MySQL 配置文件。

（2）设置 MySQL 用户和密码。

（3）使用 MySQL 命令行管理工具。

（4）在服务器上安装 phpMyAdmin。

（5）使用 phpMyAdmin 基于 Web 界面管理 MySQL。